JN237952

学校で教えない教科書

面白いほどよくわかる
化学

身近な疑問から人体・宇宙までミクロ世界の不思議発見!

科学ジャーナリスト 大宮信光

日本文芸社

まえがき〜物質から化学物質へ〜

わたしたちは誰しも、日々暮らしながら、時々、ふとこれはどうしてなんだろう、なぜだろうと思うことがありますよね。たとえば「海の水はなぜしょっぱいんだろう」とか、「テレビはどうして映るんだろう」とか、ね。この本は、そんな素朴な疑問を１００集めて、化学の眼で答えようとするものです。

そんな素朴とはいいながら、どこか根源的な、哲学的とさえも言える疑問が心に浮かんだことなんてないよなー、と頭から否定される方もいらっしゃるでしょうね。でも、心の片隅に浮かんでも、すぐ握りつぶし、押さえ込んでしまうだけかもしれませんよ。

いやいや、わたしは断じて、そんな疑問は思ったこともないぞ、と言われる向きも結構多いでしょう。でも生活に追われ、世間を渡っていくほうに気をとられて、そうおっしゃる人は本書を手にもしないでしょう。楽しみを追うのに忙しい人も、この本に目も留めないでしょう。

しか〜し、そういう方々にこそ、生きる流れから、ほんのちょっと身を離し、この本を読むような心の余裕を持ってほしいですな。生活に追われないで済む方法が、もしかしたら、もしかしたらですよ、見つかるかもしれませんから、ね。また、楽しみをもっと深められるかもしれませんよ。ダイビングのときに、海のしょっぱいわけを知っていれば、もっと楽しくなる（かな）。テレビを見るとき、映るわけを知っていれば、さらに楽しくなる（のかいね）。

いや、やはり本書をお買い上げ、お読みくださる方は大人になっても、瑞々《みずみず》しい少年少女の心を喪わず、素朴な疑問を発する方々でしょう。そうなんです。本書の何よりの特徴は「素朴な疑問」なんです。素朴な疑問を化学で答える本というのは、わたしの知る限り、、かつてありません。

素朴な疑問をその力を借りて読み解こうとするのが、たまたま化学なんではありません。素朴な疑問のほとんどは化学に浅かれ深かれ、関わりがあるからです。なぜなら、**化学はごく大雑把に言えば、物質とその変化の学問だからです**。この世はほとんど物質が深く関与してますからね。物理学だって、という声が上がりそうですが、ここではその議論はしません。ただ化学は、生物学や地学とも隣接し重なり合いますが、とりわけ物理学と深く深く係わりあっていることをお忘れなく、とだけ言わせてください。

ところで、物質と化学物質の違いをご存知ですか。「物質を、目に見えるままにマクロにとらえるのではなく、ミクロにとらえ、その組成を調べ、各成文の役割

を考えようとすると、途端に化学物質なのです。」（「化学物質の小事典」岩波書店のはしがきより）

たとえば水という物質を分解した水素と酸素は、化学物質ってわけです。化学は化学物質とその変化の科学というほうが、じつはより正しいのです。それはともあれ、化学は見えるままではなく、目に見えないミクロにとらえようとするものですから、目に見えるものへの素朴な疑問に対して、そのドアを開けるのに化学が格好の武器たることは保証されているようなもの。

しかし、この武器は恐るべき問題を提起してきます。人の目に見えるわかりやすい世界から、わざわざ目に見えない、わかりにくい世界へ潜りこもうというのですから、なかば自動的に難しくなってしまうのです。

この問題を克服して人を楽しませる楽器にしようとするのはそれは演奏家の腕次第ってところ。本書の基本コンセプトは「面白いほどよくわかる化学・素朴な疑問」なので、なんとか面白く読めるように努力したのですが、その点は自称「科学お笑い屋」にしては、未熟でしょうね。なんとか、読者のあなたの御協力を会い俟ちまして、お楽しみ頂けるよう、切に切にお願い申し上げます。

ユーラシア東端にある島の寓居にて

大宮　信光

まえがき……001

第1章 日用雑貨の化学

001 鉛筆で文字が書けるわけ……010
002 消しゴムはなぜ鉛筆の字を消せるか……013
003 ボールペンの秘密……016
004 セロハンテープという謎の物体……018
005 接着剤はなぜくっつくのか……021
006 紙おむつからおしっこが漏れない秘密……024
007 やかんはなぜアルミで作られるの?……026
008 包丁と日本刀の秘密……028
009 茶碗はなぜ硬いのか……031
010 窓ガラスはなぜ歪みもなく透き通っている?……034

第2章 先端テクノロジーの素朴な疑問

011 電池はどうやって電気をためているの……038
012 写真はなぜ撮れるのか……040
013 テレビはなぜ映る?……043
014 液晶に映像が映る仕組み……047
015 リモコンでどうして遠隔操作ができるのか……051
016 ビデオはなぜ録画や再生ができるの……054
017 電気オーブン・電子レンジ・電磁調理器はどう違う?……057
018 冷蔵庫って何で冷えるのかな?……060
019 エアコンはなぜ1台で冷房も暖房もできるの?……062
020 話題のマイナスイオンの正体……065

第3章 美とスポーツ、楽しみの化学

021 ブルージーンズの謎……068
022 アッという間に進化したパンスト……070
023 発泡スチロールで公園の丘ができた!……072
024 水族館の水槽のパネルが巨大にできるわけ……075
025 花火は化学の饗宴だ……077
026 チタンがスポーツ用品から宇宙開発にまで使われるわけ……080
027 クルマの塗装はなぜきれいか……083
028 洗剤はなぜ汚れを落とすのか……086
029 芳香剤はなぜ匂う?……088
030 化粧品を化学する……090

第4章 料理の化学

031 焼いた肉はなぜおいしい?……094
032 石焼きイモが甘い秘密……096
033 「煮る」ことの効用……099
034 「ご飯」の化学……102
035 もち米はなぜ「蒸す」のか……104
036 「揚げる」は立ち会い勝負……106
037 古女房が「糠みそ女房」といわれるわけ……108
038 チーズはなぜ固まるのか……111
039 お酒はなぜできる?……113
040 アイスクリームの作り方……116

第5章
「噛む・飲む・食べる」モノの化学

041 ガムは噛むとなぜ軟らかくなるのか？ …… 120
042 近ごろよく聞くサプリメントって何？ …… 122
043 お茶の化学 …… 124
044 薫製はなぜおいしいのか？ …… 127
045 小麦の秘密 …… 129
046 ラーメンを化学すると… …… 133
047 魚は「死後硬直」がうまい？ …… 136
048 寒天はノーベル賞級の大発明!? …… 139
049 ナスの色の不思議 …… 142
050 「木の子（キノコ）」は「木の親」 …… 144

第6章
人体を化学の目で見てみると

051 ペニスはなぜ勃起するのか …… 148
052 サウナで火傷しないのはなぜ？ …… 151
053 魔女の鼻はなぜ高い？ …… 153
054 体の筋肉はどうして動くのか …… 155
055 心臓はなぜドキドキするのか …… 159
056 呼吸の不思議 …… 163
057 オシッコを化学する …… 165
058 二日酔いはなぜ起こる？ …… 168
059 皮膚と粘膜は生体防衛軍の最前線！ …… 170
060 “免疫系”のやさしい仕組み …… 173

第7章

生老病死の化学

061 胃潰瘍はなぜ起こる? …… 178
062 近ごろ話題のピロリ菌って何者? …… 182
063 ウイルスとは何なのか …… 184
064 インフルエンザはなぜ怖い? …… 187
065 微生物はなぜ病気を引き起こすのか …… 190
066 花粉症で殺人事件が起きる? …… 193
067 老いを化学する …… 196
068 そもそもガンとは何なのか …… 201
069 「狂牛病」は終わっていない! …… 206
070 予防接種の化学 …… 209

第8章

毒と薬の化学

071 コレラ菌復活の謎 …… 214
072 抗生物質が人類の生存を脅かす!? …… 219
073 抗ガン剤は何をしているのか …… 222
074 "火"がつくる毒 …… 224
075 植物が毒にも薬にもなるわけ …… 226
076 フグ、カエル、ヘビ、ハチの毒学 …… 228
077 「麻薬」はなぜ「魔薬」なのか …… 232
078 若くなるクスリの話 …… 236
079 頭の良くなるクスリ!? …… 239
080 食品添加物はどこまで安全か …… 242

第9章 地球の生物を化学する

081 蛍はなぜ光る……246
082 虫はなぜどこにでもいるのか……249
083 植物はなぜ緑なのか……251
084 花はなぜ咲くのか……254
085 木はどうしてできるか……258
086 木は腐らないシステムを持っている！……261
087 ニワトリはなぜ卵をたくさん産むか……263
088 恐竜はなぜデカイ？……266
089 鯨を化学する……268
090 ヒトの心には化学的な基礎があるのか……271

第10章 自然の謎を化学する

091 海の水がしょっぱいわけ……276
092 海水はなぜ染み込んでいかないのか……278
093 火山はなぜ噴火するのか……280
094 地球ってどんな星なの……283
095 地球はどうして生まれたの……286
096 太陽はなぜ輝いているのか……290
097 オーロラって何？……292
098 彗星はどこからくるのか……296
099 石炭はなぜ地球の地下に埋まっているの……299
100 ものはなぜ燃えるのか……303
索引……311

編集協力・DTP／セマーナ株式会社　装丁・カバー／若林繁裕　図版制作／モリヤマカツヒロ、ホリイ　ミエコ

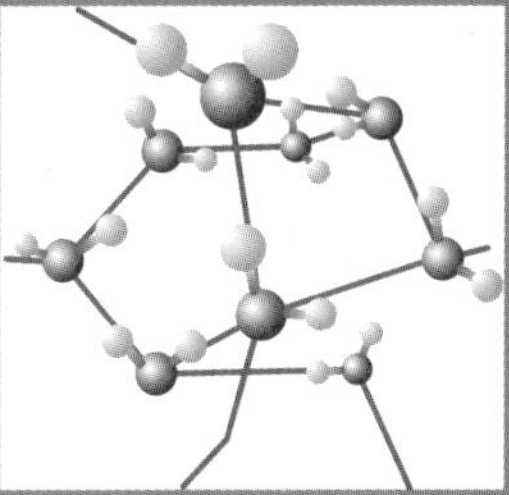

001
▼
010

第1章

日用雑貨の化学

001 鉛筆で文字が書けるわけ
002 消しゴムはなぜ鉛筆の字を消せるか
003 ボールペンの秘密
004 セロハンテープという謎の物体
005 接着剤はなぜくっつくのか
006 紙おむつからおしっこが漏れない秘密
007 やかんはなぜアルミで作られるの？
008 包丁と日本刀の秘密
009 茶碗はなぜ硬いのか
010 窓ガラスはなぜ歪みもなく透き通っている？

001 鉛筆で文字が書けるわけ

Point 鉛筆で書いた文字が紙に残るのは、紙の細かい繊維のすき間に黒鉛の粒がからみつくからだ。

鉛筆で文字や線が書けるのは、真っ黒い芯のおかげ。芯の材料になるのは黒鉛（注1）。黒鉛だけでは軟らか過ぎるので粘土を加える。粘土が多くなると、H、2H…と硬くなる。HBでは黒鉛七、粘土三の割合だ。

黒鉛は石墨とも、グラファイトともいい、炭素原子からなる。黒鉛とダイヤモンドとは炭素原子の配列と結合のしかたが異なる同素体である。同素体とは黒鉛とダイヤモンドのように、同じ元素の単体（注2）だが、性質や構造の異なるものをいう。酸素Oの同素体には酸素O_2とオゾンO_3がある。

炭素Cは古くから木炭やススの形で知られていたが、黒鉛やダイヤモンドが純粋な炭素であるということは一八世紀になって初めて見出された。第三の同素体はないものと約二〇〇年間考えられていたが、一九八五年に「フラーレン」（C_{60}。炭素六〇個が結合したもの）が合成されたのだった。

黒鉛を筆記用具に使い始めたのは、一五六五年、英国で黒鉛の鉱山が発見されてから。掘り出された黒鉛の鉱物を細長く切り、糸で巻いたり、木ではさんだり

注1〔黒鉛〕
黒鉛は鉱物として産出されるが、今日では工業的に無煙炭、石炭コークス、カーボンブラックなどの無定形炭素を原料として人造黒鉛が多量に作られている。金属に似て電気の良導体で、融点がきわめて高く、酸やアルカリなど薬品に対して安定しており、侵されにくい。それで、黒鉛は鉛筆だけでなく、電気炉・電気分解・乾電池などの電極、るつぼ、減摩剤、鋳型などに用いられ、また原子炉の中性子減速剤にも使用される。
なお、カーボンブラックは黒色の炭素粉末。天然ガスやタールなどの炭化水素を不完全燃焼して生じたススを集めるか、または炭化水素を熱分解して製造する。

●鉛筆の芯のつくり方

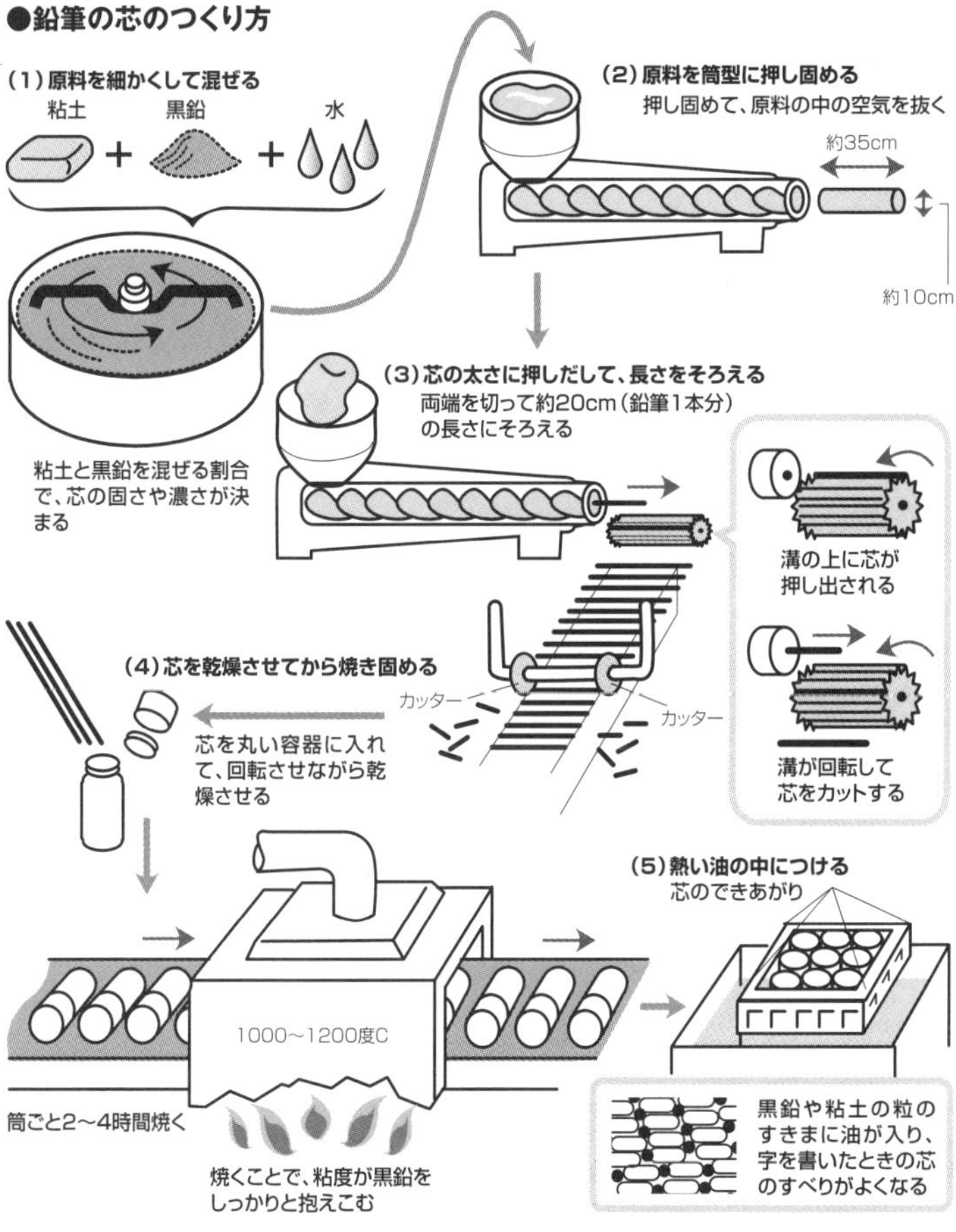
(1)原料を細かくして混ぜる
粘土
黒鉛
水
粘土と黒鉛を混ぜる割合で、芯の固さや濃さが決まる
(2)原料を筒型に押し固める
押し固めて、原料の中の空気を抜く
約35cm
約10cm
(3)芯の太さに押しだして、長さをそろえる
両端を切って約20cm(鉛筆1本分)の長さにそろえる
溝の上に芯が押し出される
溝が回転して芯をカットする
カッター
カッター
(4)芯を乾燥させてから焼き固める
芯を丸い容器に入れて、回転させながら乾燥させる
1000〜1200度C
筒ごと2〜4時間焼く
焼くことで、粘度が黒鉛をしっかりと抱えこむ
(5)熱い油の中につける
芯のできあがり
黒鉛や粘土の粒のすきまに油が入り、字を書いたときの芯のすべりがよくなる

注2〔単体〕
一種類の元素からできている物質を単体という。たとえば黒鉛、ダイヤモンド、鉄、水素ガスなど。単体と元素は時に同じ意味に使われるが、元素はもともと物質を意味せず、物質を構成する要素の種を示すものなのだ。

※色鉛筆
色鉛筆の芯は、色を出すための顔料や染料、滑らかに描けるように蝋や滑石、固めるための糊などを混ぜてつくる。粘土を使わず、焼かないので軟らかい。芯を五〇度Cで乾かすだけ。だから芯が折れないように、力が平均してかかるようにするために、軸が丸い。

して使った。が、鉱山は二〇〇年ほどで掘りつくされてしまう。粉々になって散らばっていた黒鉛を硫黄などで固めた芯を作ったが、書き心地がよくなかった。一七九五年になって、フランス人のコンテが、黒鉛の粉を粘土に混ぜて焼いた芯を作った。今でも鉛筆の芯は基本的にこの方法で作られている。

粘土は、岩石が長い年月の間に風化してバラバラになり、そこに有機物が混じって土となり、そのうち、細かい粒が比較的均質に集まったもの。水を含むと柔らかくなり、焼くと固まる焼結性があり、成形性がある。これを利用したのが、そう、土器だ。この製法は今でも、瓦や煉瓦づくりに使われる。鉛筆の芯を作るのにも、成形性が利用される。

一方、シャープペンシルの芯は細く、裸のままで使うので、ある程度強くないとすぐ折れる。鉛筆の芯は粘土が黒鉛を抱えているが、シャープペンシルの芯は粘土の代わりに、合成樹脂を混ぜる。この合成樹脂が焼くと炭素化して、黒鉛と同じように字を書く役割を果たすと同時に、黒鉛と結び付いて固まり、芯を強くして支えている。

鉛筆で字が書かれるほうの紙は、木の細かい繊維でできている。紙の上に鉛筆の芯をこすり付けると、黒鉛は粘土とともに削られ、紙の繊維のすき間に入り込み、それらの粒が繊維にからみつく。だから、いつまでも書いた字が残る。

002 消しゴムはなぜ鉛筆の字を消せるか

Point
消しゴムで文字が消えるのは、消しゴムの可塑（かそ）剤の油が、黒鉛の粒をまるで磁石が鉄を吸いつけるように、吸い取っているからだ。

消しゴムは文字通り、昔は天然ゴムで作っていたが、今はほとんどプラスチック製。しかし、どうしてプラスチックで字が消せるのか？

プラスチック消しゴムの原料は、塩化ビニル樹脂（注1）、可塑剤のフタル酸ジオクチル、セラミックスの粉だ。それらを二対三対一の割合でよく混ぜる。

プラスチックの塩化ビニル樹脂は、可塑剤をしっかり抱えこむ役割をしている。可塑剤は、一般に塑性変形を起こさせるのに高熱や高圧が必要なプラスチックを、より低温や低圧でできるようにするために添加する物質である（塑性変形については24項のハミダシ「プラスチック」を参照）。塩化ビニル樹脂だけでは、加工時の流動性が悪く、熱安定性も低いのでフタル酸ジオクチルのような可塑剤だけでなく、熱安定剤を添加して使用する。つまり、もともと可塑剤は物質としては熱安定剤とともに、あくまで主役を助ける脇役。主役はプラスチックの塩化ビニル樹脂なのだが、消しゴムという用途では、字を消す役割の可塑剤を抱え込むという脇役を勤める側に回る。プラスチック消しゴムといいながら、それ自体は字

注1〔塩化ビニル樹脂〕
塩化ビニル（CH_2CHCl）の重合体で、ポリ塩化ビニルともいい、PVCと略称される。機械的性質や耐薬品性にすぐれ、可塑剤が〇から五％と少ない硬質ポリ塩化ビニルはパイプ、容器、板などに使われ、可塑剤が三〇から五〇％と多い軟質ポリ塩化ビニルはフィルム、シートなどに使われる。それらに比べて、消しゴムでは可塑剤が一五〇％と異常に多い。

を消す働きをしていない。可塑剤のフタル酸ジオクチル（カルボン酸エステルの一種で無色油状の液体）が、鉛筆の字を消す主役だ。

では、どう消しているのか？　紙の表面を顕微鏡で見ると、紙の繊維がからまった草むらのようだ。そこに鉛筆の芯の黒鉛の粒がくっついて字になっている。消しゴムの可塑剤の油は、黒鉛の粒と結びつく力がとても強い。粒が紙につく力の数百倍もある。そのため、可塑剤が黒鉛の粒に触れると、まるで磁石が鉄を吸いつけるように、粒を繊維の草むらから吸い取り、紙から取り去ってしまう。消しゴムは紙を削って字を消していると誤解されるが、そうではなく、吸い取って消しているのだ。もっとも、原料であるセラミックスの粉が、紙を痛めない程度に表面を削り、繊維の中の黒鉛をかきだして、可塑剤とよく触れさせる働きをしているが、それも直接字を消すためでなく、そのための可塑剤を助けるためなのだ（図1）。消しゴムは塩化ビニル樹脂が、字を消す役割の可塑剤を適当なほどほどの強さでかかえこんでいるのが、機能のポイント。適当な強さだからこそ、字をこすると塩化ビニル樹脂の中から可塑剤が出てきて消すことができる。

消しゴムは十八世紀にイギリスで発明された。塩化ビニル樹脂（注2）のプラスチック消しゴムは一九五二年、日本で発明された。普及したのは品質の改良が進んだ一九六五年以降のことだ。

※〔カルボン酸ジオクチル〕カルボン酸エステルの一種。エステルは酸とアルコールから水が取れてできる化合物の総称。エステルの中で、カルボン酸エステルはカルボン酸とアルコールから水が取れてできた化合物。カルボン酸には蟻酸、酢酸、乳酸などがある。ポリ塩化ビニルには可塑剤として約一〇種類のフタル酸ジエステルが使われ、カルボン酸ジオクチルはその一種。

注2〔塩化ビニル樹脂〕塩化ビニル樹脂はごみとして燃やされると、有害なダイオキシンを発生することがある。今ではそれ以外のプラスチックを使った消しゴムも登場している。

●図1 可塑剤とセラミックスの働き

●図2 さまざまな形の消しゴムの作り方

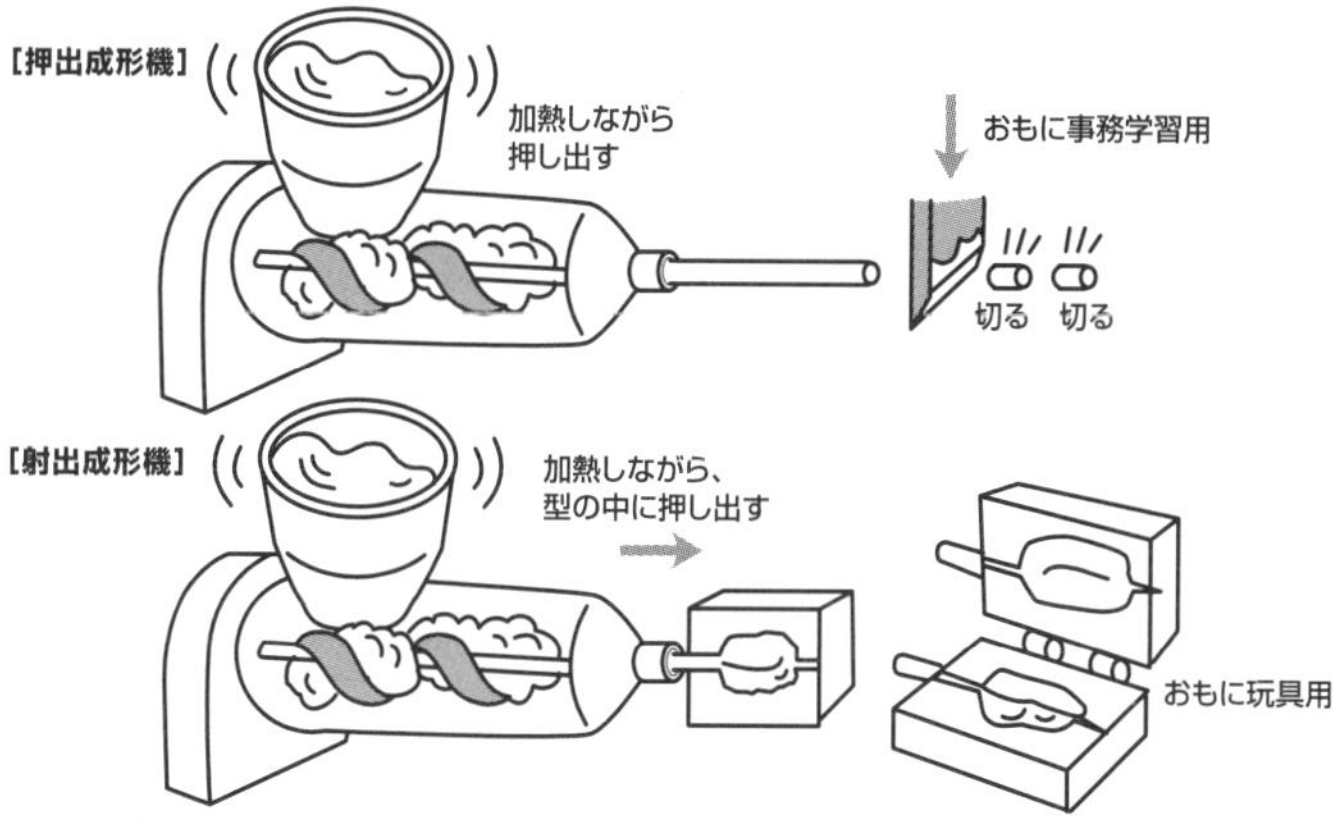

●図3 鉛筆の文字が消える仕組み

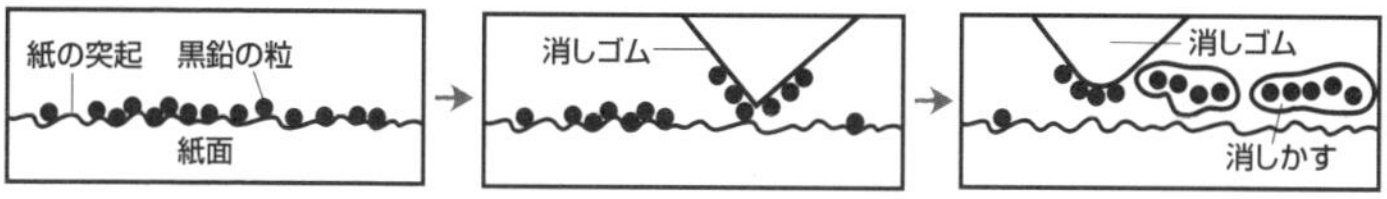

003

ボールペンの秘密

Point
ボールペンの仕組みは、いわば超小型の印刷機。先端部のボールがインクを引き出し、さらに回転してインクを紙に転写している。

ボールペンが滑らかに書けるのは、先端のボール部分に秘密がある。

ボールの直径は〇・五〜〇・七ミリで、ボールの丸みに合わせて加工されている受座でボールは保持される。受座の穴には、ボールをハンマーで押し込む。穴の中央にボールがしっかりとおさまる。この時ボールは直径の三〇％ほどが外に露出している。

つぎに、ボールの外側の金具の端を、小さなローラーで回転しながら締め付ける。金具の端が内側へ絞られて、ボールがはずれなくなる。あまり締め付け過ぎて、ボールが回転できないと、ボールペンの用をなさない。

ボールペンは先端部のボールが、筆記時に紙の抵抗を受けて、回転することでインクを引き出して、付着させたインクをさらに回転して紙に転写するという、いわば超小型の印刷機といえるのだ。インクが垂れ流し状態で漏れているわけでは決してない。

ボールとそれが組み込まれてある受座のあるホルダーの部分をチップといい、

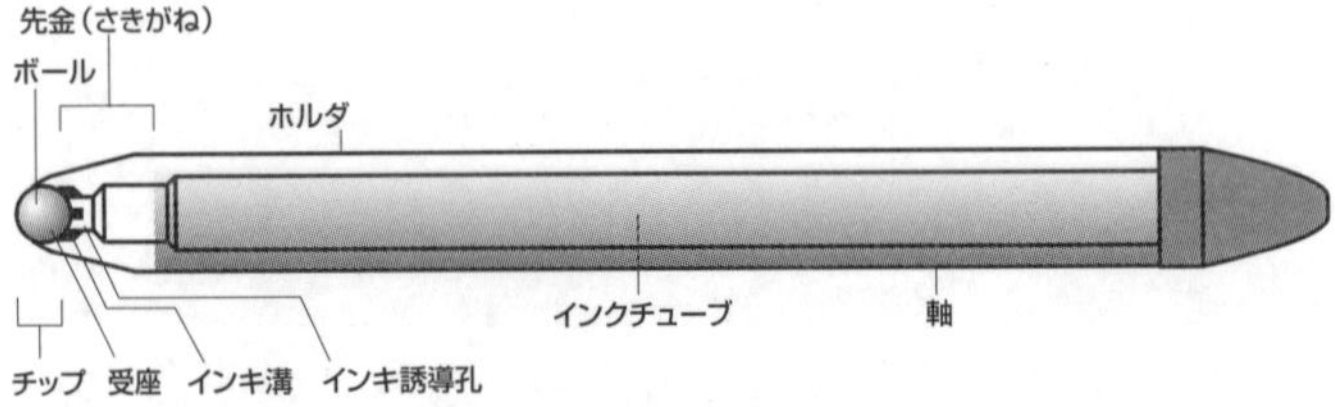

インクの入っているチューブとつながっている。ボールペンの性能は、チップとインクにかかっている。

快適な書き味を実現するには、ボールが滑らかに回転しなければならず、そのためには真球であることが必要だ。ボールの真球度は一万分の三ミリ以下で、腕時計の精密部品以上の精度が求められる。また、インクが通るボール保持部分とボールとの隙間も非常に微小でなければならず、チップ部分は精密加工機でミクロン単位の加工精度で仕上げられる。一ミクロンは一〇〇〇分の一ミリメートル。

さらに、一秒間に一〇センチの線を引くと、直径〇・七ミリのボールで四五回転、〇・五ミリのボールで六〇回転にもなる。これは新幹線の車輪より速く回っていることになる。そのためボールは摩擦に強く、耐摩耗性に優れていることが必要で、主にタングステンカーバイド（注1）、あるいはルビーやセラミックスという非常に硬い素材が用いられる。ボールの材質とそれを受けるホルダーの相性が重要で、ホルダー部分にはステンレス鋼が使われている。

一方、インクにも二つの役割が生じる、紙面に転写される時の印刷インクとしてだけでなく、ボールとホルダーの間で磨耗を防ぐ潤滑油の働きもしているのだ。そのために流れが一定で、長時間にわたり変質しないこと、そして日本では特に寒暖の温度差に影響されないことが、インクに必要とされる。

注1〔タングステンカーバイド〕炭化タングステンWCのこと。硬度10のダイヤモンドに次いで硬く、硬度7である。金属加工用の切削刃などに使われる。炭化タングステンをコバルトで焼結したものが、最初に開発された超硬合金である。今では、炭化タンタルなど、炭化タングステン以外の高融点炭化物がある。窒化物を添加したものが数多く開発され、切削用、線引ダイス、各種耐摩耗工具に用いられている。

004

セロハンテープという謎の物体

Point

薄いように見えるセロハンテープ。実は四つの層からなり、一番内側にある粘着剤がものをくっつける役目を果たしている。

セロハンテープは紙などに貼るとなかなか取れないが、巻いてある製品から引き出す時は、簡単にはがれる。いったい、なぜか。その秘密は、セロハンテープが一ミリの二〇分の一という極薄なのに、四つの層から成る構造にある（図1）。

セロハンテープのベースとなるセロハンフィルムは、普通の紙と同じように木材パルプでつくる。しかし、紙は木の繊維をそのまま使うのに、セロハンは繊維を一度溶かして、きれいにしてから、並べ替えて固める。

まず、原料になるパルプを苛性ソーダ（注1）に入れ、おかゆ状にし、強く絞ったあと、細かく粉砕する。それをしばらくほって置き、「老成」させると、繊維が切れて、溶けやすくなり、できあがりのセロハンの強さが適度なものになる。

これに二硫化炭素を加え、さらに再び苛性ソーダを加えて、フィルターで濾過しゴミなどを取り除き、泡抜きをし熟成をすると、粘り強く固まりやすい「ビスコース（セロハン原液）」ができる。そのビスコースに硫化ソーダ（注2）、グリセリン（注3）などを加えてセロハンフィルムができあがる。セロハンフィルム

注1〔苛性ソーダ〕
水酸化ナトリウム（NaOH）のこと。食塩水の電気分解によって製造される。硫酸と並び、工業原料として最も広範囲に使用される。合成繊維、化学薬品工業だが、そのほか石油精製、織物、ゴムの再生、そしてパルプ工業などにも用いられる。

注2〔硫化ソーダ〕
硫化ナトリウム（Na_2S）のこと。ゴム・色素の製造・加工、精錬用などに用いられる。

注3〔グリセリン〕
動植物界にエステルの形で広く分布し、粘度の高い甘味のある液体状の3価アルコール。石鹸製造の副産物として得られる。ダイナマイトの製造原料でもある。

●セロハンテープの断面図

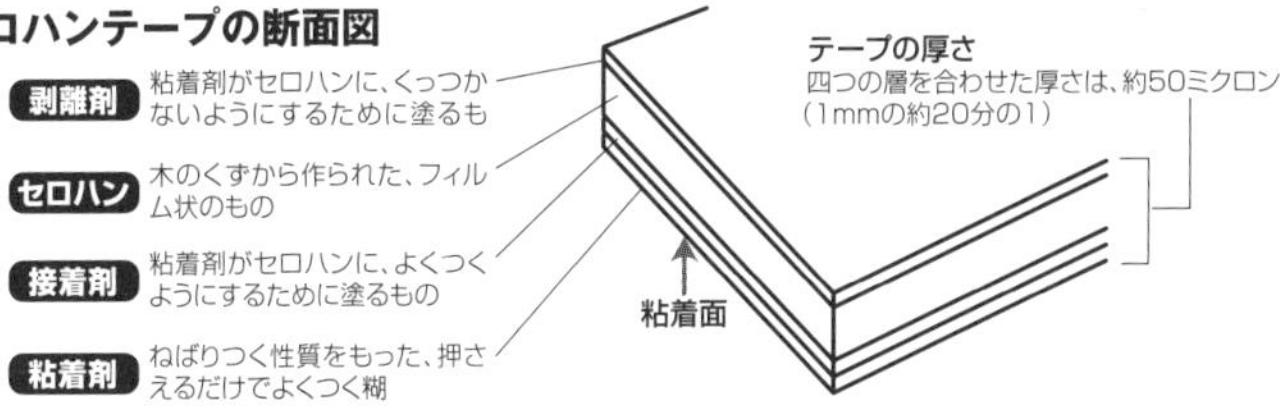

●1 原液（ビスコース）製造工程

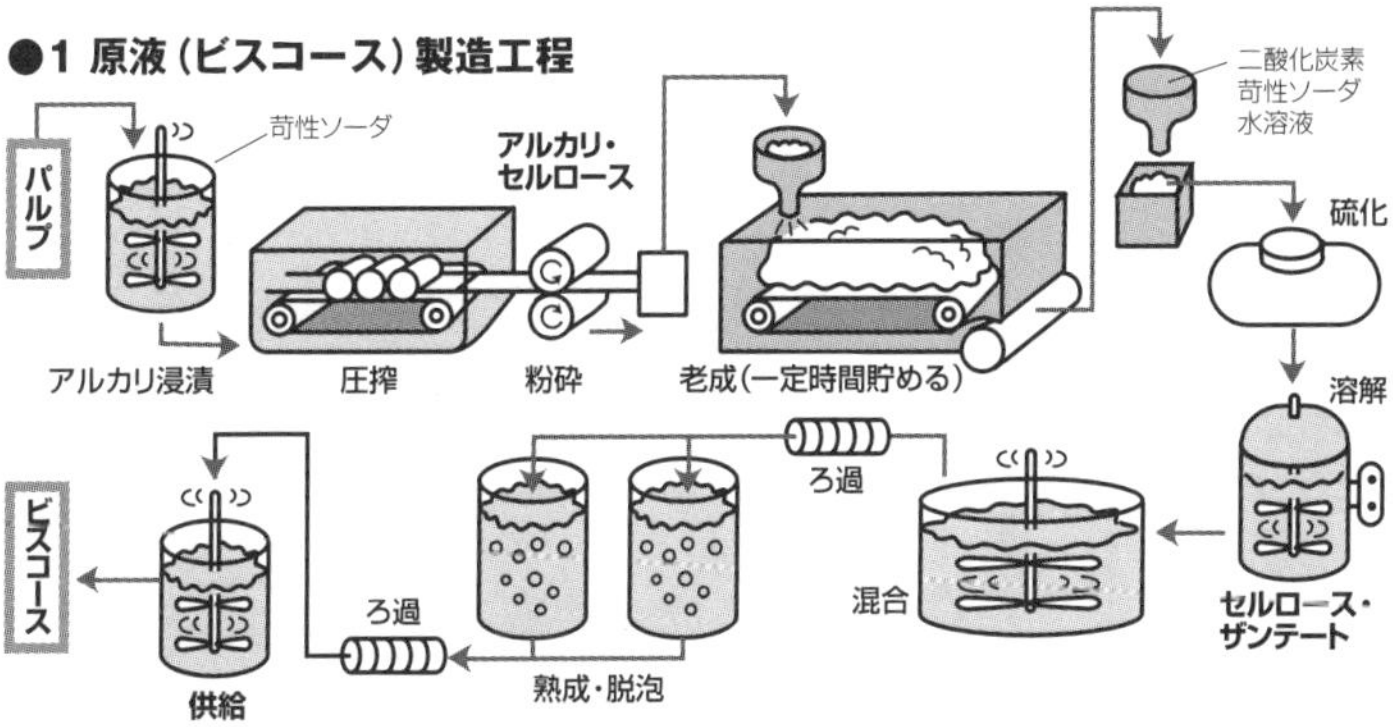

●2 セロハンフィルムの製造

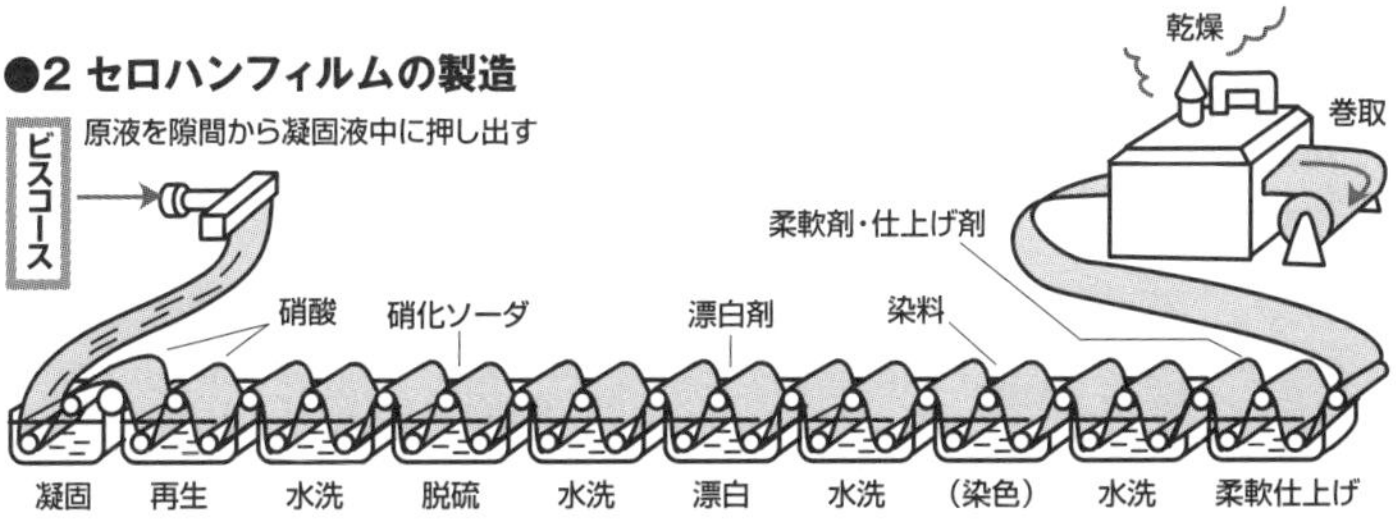

注4〔シリコン〕ケイ素のこと。シリコーンは有機ケイ素化合物の重合体のうち、シリコーンゴム、シリコーン樹脂、シリコーン油などの総称。

注5〔ヘキサン〕C_6H_{14} 無色透明の液体。

注6〔トルエン〕$C_6H_5CH_3$ 無色で特異な臭いをもつ液体。工業的に重要な化合物で、溶媒としても広く使われる。石油の分解・改質、コールタールの分留などによって得られる。

※粘着テープ事始め
粘着テープの原点は、一八七〇年代に米国で開発された生ゴム使用による「ゴム絆創膏」にある。セロハン紙が発明されたのは、一九

の外側にはシリコン（注4）などの剥離剤を塗り、内側に接着剤を塗って、巻き取って乾かす。剥離剤は、粘着剤がセロハンにつかないようにするためのもの。

さて、セロハンテープの命ともいえるのが、その粘着剤。なにしろ粘着剤がセロハンテープをものにくっ付ける役割を果たす。接着剤がその役割をするのかと誤解されやすいが、接着剤はあくまでセロハンフィルムと粘着剤をつなぐ下塗り剤の働きをする。

粘着剤は、溶剤の入った釜の中に、粘着力を上げるための樹脂や老化防止剤を入れ、それから渦巻状の天然ゴムの塊りを入れ、釜のなかの羽根を回して四～五時間撹拌し、タンクで一昼夜寝かして造る。

天然ゴムはスリランカなどからゴムの木の傷をつけ、そこから流れ出た白い液を集めて固めたものを輸入している。そのままでは溶剤にとけにくいので、大きなローラーにかけ、何度も伸ばすと、ごわごわしていた天然ゴムがだんだん柔らかくなっていく。それを運びやすいように渦巻状にまとめる。樹脂も、ほとんどマツなどの樹液からつくられる天然素材。溶剤はヘキサン（注5）やトルエン（注6）など、石油を精製してつくられる液体だが、セロハンフィルムに粘着剤が塗られた後に乾かす際に、蒸発した溶剤が集められ、何度でも再使用される。

こうして造られた粘着剤が、セロハンフィルムの接着剤を塗った面に塗られる。

〇八年。さらに時を跳んで、一九三〇年、セロハン粘着テープが米国で初めて販売され、自動車の塗装で色を塗り分ける時のライン出しに使われたりした。日本では一九四一～四二年頃に、試作品ができ、軍用航空機の塗装や、風防窓の割れ止め、地図の補修などにテストされた。一九四七年にＧＨＱ（連合国最高司令部）の要請で、初めて日絆薬品株式会社（現・ニチバン）が国産品を大量生産してから一般に普及した。そのため、「セロテープ」がニチバンの商品だけにつけられる登録商標で、「セロハンテープ」が一般的に使われる一般名称だ。

005 接着剤はなぜくっつくのか

Point
接着剤は、水やシンナーといった溶剤を蒸発、揮発させて固まるのに対し、粘着剤は粘性のある物質を接着剤の代わりに使って弱い圧力で接着させる。

接着剤と粘着剤の違いを知るには、最適の素材がある。ポスト・イットの商品名で知られる再剥離式の付箋である。これにも、セロハンテープと同様、接着剤と粘着剤の両方がうまく使い分けられている。

付箋でもセロハンテープでも、モノにくっつくのは接着剤ではなく、粘着剤。接着剤は付箋では付箋用紙と粘着剤の間にあって両者をつなぎ、セロハンテープでもセロハンと粘着剤をつないでいる。どうして、そんな仕組みなのか。

まず、接着剤の接着力には、物理的な作用と化学的・分子的な作用とがある。

物理的な作用は、紙や木のような材料に細かい穴がたくさん空いていて、その穴に接着剤が入り込んで固まると、船が錨を下ろしたようにしっかりと固定され、接着される。これを投錨効果といい、こうなると引っ張っても剥がれなくなる。

糊という接着剤が固まるのは水が蒸発するため。合成接着剤では、シンナーが揮発して固化する。このように接着剤は、水やシンナーといった溶剤を蒸発、揮発させて常温で固まる。それに対し、瞬間接着剤の場合、相手の金属の表面には目には見えないが、わずかな水分がついていて、この水分にふれると瞬間的に固化する物質、たとえばシアノアクリル酸エステル（シアノアクレート）を含んでいるので、溶剤の蒸発を待つ必要がない。

化学的・分子的な結合とは、接着剤の分子と材料の分子が絡みあうこと。その分子結合のしかたは材料や接着剤によって変わってくる（図1）。接着という現象は、複数の原因が重なり合い、固まって起こると考えられているのに対し、粘着剤は接着剤のように固まることでくっつくのではない。粘着剤は粘性のある物質を接着剤の代わりに使って弱い圧力で接着できるものをいい、感圧接着という。

さて、付箋の粘着部に使われているのは、アクリル樹脂系の特殊な粘着剤。超微小の丸い粒状になり、何列もビーズのように並んでいる。貼ったときに粒が変形してくっつくが、粒に弾力性があるので剥がすと、元の状態に戻る。それで、何度でも貼ったり剥がしたりが簡単に繰り返せる。糊では貼った時に、糊のデンプンの粒がつぶれて接着面にしっかりくっつき、簡単には剥がせなくなる。

簡単に剥がれる付箋の粘着剤は、剥がしたときに紙などにくっつかないような仕掛けも持っている。それが、プライマー剤という接着剤だ。プライマー剤が付箋用紙と粘着剤の間をつなぐ力のほうが、粘着剤と貼った紙との粘着より強いので、紙に粘着剤が残って汚すことなくきれいに剥がれるのだ。

注1 〔多機能テープ〕
多機能テープは〇・〇五一ミリメートルという薄さ。貼る前は薄い乳白色だが、貼ったとたんにほとんど透明化する。まるでカメレオンのよう。それというのも、マットフィニッシュという

●図1 分子結合のいろいろ

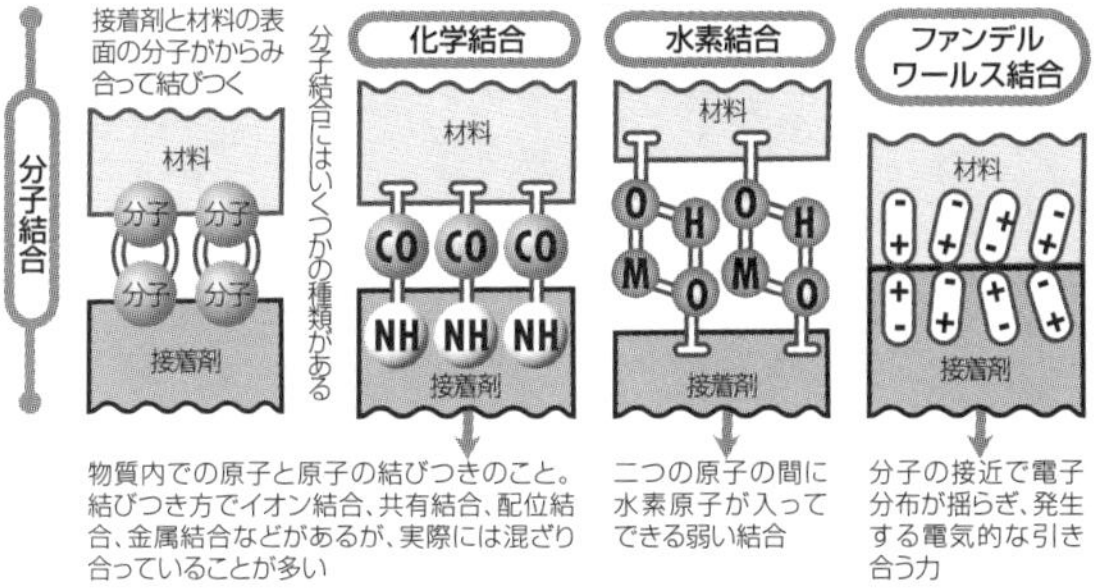

●図2 付箋用紙の仕組み

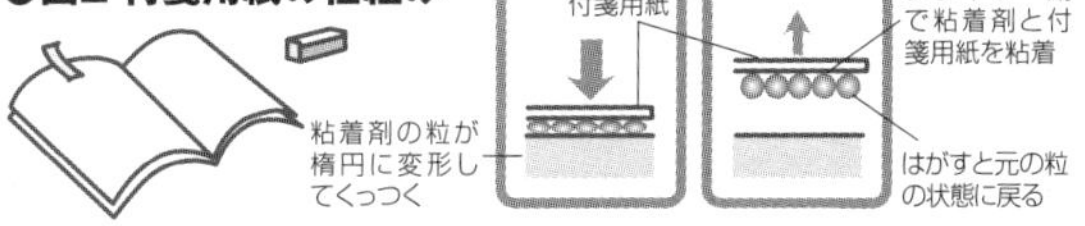
プライマー剤で粘着剤と付箋用紙を粘着

セロハンテープの場合、巻かれてある状態から、下のテープにくっつかずにきれいに剥がせるのは、テープの背面に剥離剤が塗られているからだ。それができるのは、その剥離剤がひと巻き上の粘着剤と接しているためだ。もし粘着剤ではなく接着剤だったら、さすがの剥離剤も剥がせない。

セロハンテープで一度くっつけたものを剥がそうとすると、貼り付けた紙が剥がれて汚くなることがある。その点を改良したのが、近頃オフィスや家庭で重宝されている多機能テープ（注1）。付箋と同じアクリル樹脂系の特殊粘着剤が粘着部に使われているので、貼り損なってもきれいに剥がせる。

「つや消し加工」のためにテープの表面が薄い紙のようになっているからだ。テープの上に字が書けるのも、表面が紙と同じだから。紙は植物性の繊維を漉いて作られ、顕微鏡で見ると短い繊維がくねくねと絡み合っている。その繊維間にできる隙間のように、この多機能テープの表面にも目には見えない穴が無数に点々と空いている。小さな穴は光の通り道になるので、コピー時のピカッと光も通す。コピーは、光を通さない部分を黒く印刷するメカニズムなので、光を完全に透過できるテープは、コピーにとっても写らないという次第。それに対し、セロハンテープは光を反射するので、これを貼ったままコピーすると、その部分が黒くなって出てくる。

006

紙おむつからおしっこが漏れない秘密

Point
紙おむつの高分子吸収材は、化学的吸水によって、水を水素結合することによって多量の尿を吸収している。

紙おむつは一般に表面材・吸収材・防水材で構成される。尿は、皮膚に直接接する表面材の不織布《ふしょくふ》を通過する。不織布はナイロン、ポリエステル、ポリプロピレンなどの合成繊維、あるいは天然繊維を織らずに並べ、縫製などによって不規則に配列させたり、絡ませたりして作った生地である。

不織布を通り抜けた尿は、吸収紙、綿状パルプに吸収され、さらに高分子吸収材が完全に尿を吸収する。なにしろ高分子吸収剤の粉末は水だと自重の五百倍から一千倍も吸収し、尿でも自重の五十倍から百倍も吸収してゼリー状になって、乳幼児などの体重がかかっても尿が後戻りしない。

紙おむつは素材の面から見ると、吸収紙、綿状パルプなどの天然素材が六〇〜七〇％を占め、残りが高分子吸収材などの石油化学製品が使われている。その高分子吸収材が尿を漏らさない秘密の主役。高分子吸収材（注1）が初めて紙おむつに使われたのは、一九八〇年代前半の日本。高分子吸収材自体は、一九七〇年頃、米国農務省の研究所でデンプンから開発されたのが最初だ。

※紙おむつの由来
どうしていまだに「紙おむつ（Paper Diaper）」というのか。じつは紙おむつが本当に紙でできていたことがあった。一九四〇年半ば、ナチス・ドイツの経済封鎖に苦しんでいたスウェーデンで発明された。ティッシュペーパーを何枚も重ね、メリヤスの袋を被せた簡単なものだった。第二次大戦後、ヨーロッパスタイルの紙おむつは、米国に渡ってパンツタイプに改良された。

●紙おむつの断面図

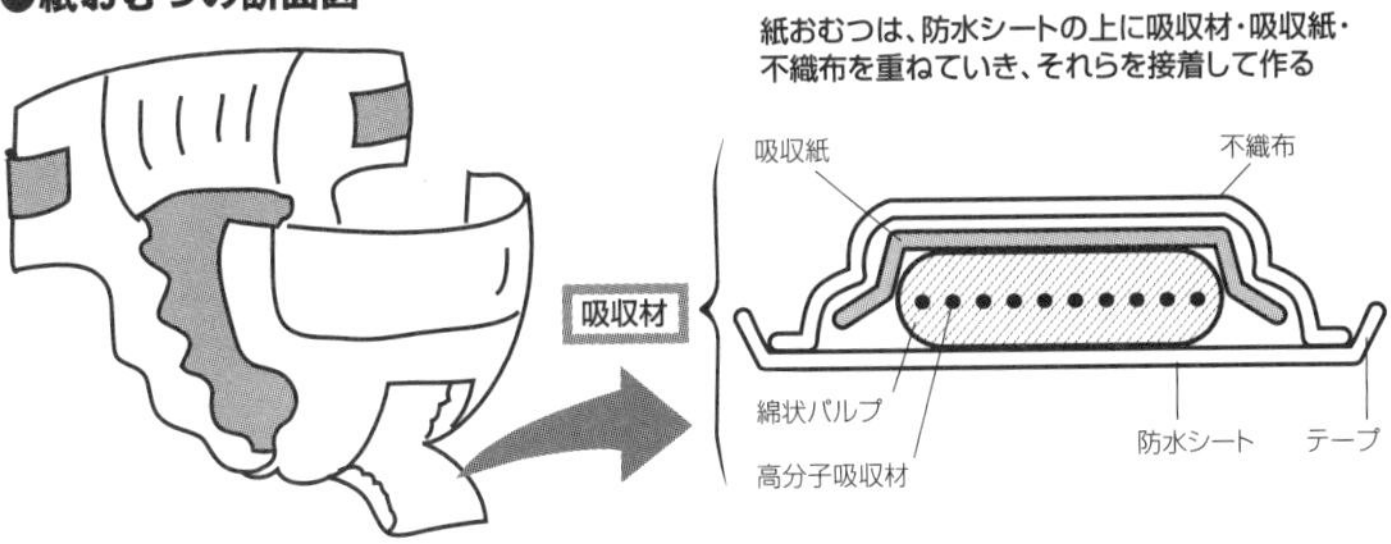

紙おむつは、防水シートの上に吸収材・吸収紙・不織布を重ねていき、それらを接着して作る

一般に物質が水を吸収する仕方には、物理的吸水と化学的吸水とがある。物理的吸水とは、昔から使われる紙や綿、パルプ、スポンジ、海綿などによるもので、水は毛細管現象で物体の隙間に入り込んでいるだけ。吸水能力は自重の二十倍程度が限度。

一方、化学的吸水とは、物質の分子そのものの化学的な結合による吸水だ。分子の中に水と結合しやすい親水基があり、水の分子はこの親水基に水素結合（前項の図参照）することによってどんどん繋がっていく。高分子吸収材は分子内にこの親水基をたくさん持っているので、そこに水が水素結合することで、物理的吸水よりもはるかに多量に吸収できるのだ。

注1〔高分子吸収材〕
高分子吸収材は、紙おむつや生理用ナプキンだけでなく、砂漠の緑化や作物の栽培にも役立っている。水の少ない砂漠で水を抱え込ませ、植物のための得水剤として使っている。高分子吸収材に抱え込まれた水は、指でギュッと押しても出てこない。それなのに植物はどうして吸い取るのか。そのメカニズムは未だ解明されていない。
高分子吸収材に似た物質がある。コンニャクだ。粉コンニャクに湯を注ぎ、かき混ぜると、多量の湯が化学的吸水で分子の中に入っていく。

007 やかんはなぜアルミで作られるの？

Point
アルミは熱伝導率がよく、加工も簡単。耐食性があり、人体に被害がないことからも、やかんにアルミが使われている。

アルミの熱伝導率は鉄の約三倍もあり、そのためやかんや鍋などの台所・家庭用品だけでなく、冷暖房装置や自動車のエンジン部品、工業用熱交換器などに広く利用されている。軽くて、陽極酸化皮膜（アルマイト）が金属表面にできて耐食性があり、人体に被害がない。作る側にしても、軟らかで展性・延性に富み、加工しやすいという理由からだ。

アルミ工場で地金を展ばして円板に打ち抜かれたアルミは、やかん工場に運ばれる。金型でやかんの形になったアルミは、磨かれ、つぎ口などを溶接されて、最後に本体を硫酸やシュウ酸などの薬品の液に浸けられる。本体を陽極にして電気を流すと、表面にアルマイトの薄い膜ができる。

アルミは空気中で自然に酸素と化合して、表面に非常に薄い酸化アルミニウムの皮膜を生成する。この酸化皮膜によって、アルミの中身までが腐食することを妨げている。それに対し、やかん工場のように、人工的にアルミを処理して、自然にできる酸化皮膜よりも厚くて強固な酸化皮膜を電気化学的にアルミの表面に

※アルミの特性
アルミは、地殻中で酸素、ケイ素についで三番目に多い元素で、地球上の金属元素の中では最も多い。しかし一八八六年にアルミの電解精錬法が発明されるまでは、大量には使われなかった。他の元素と固く結びつき、切り離すのが難しかったのだ。金や銀よりも高価であった。
アルミは光や熱をよく反射するので暖房器具の反射板、赤外線反射装置、反射鏡に利用される。また電磁気の磁場にほとんど影響されず、自身も磁気を帯びないので、磁気遮蔽材料に使われ、船舶の磁気コンパスやパラボラ・アンテナなどに欠かせない。アルミの電気伝導率は銅の約六〇％だ

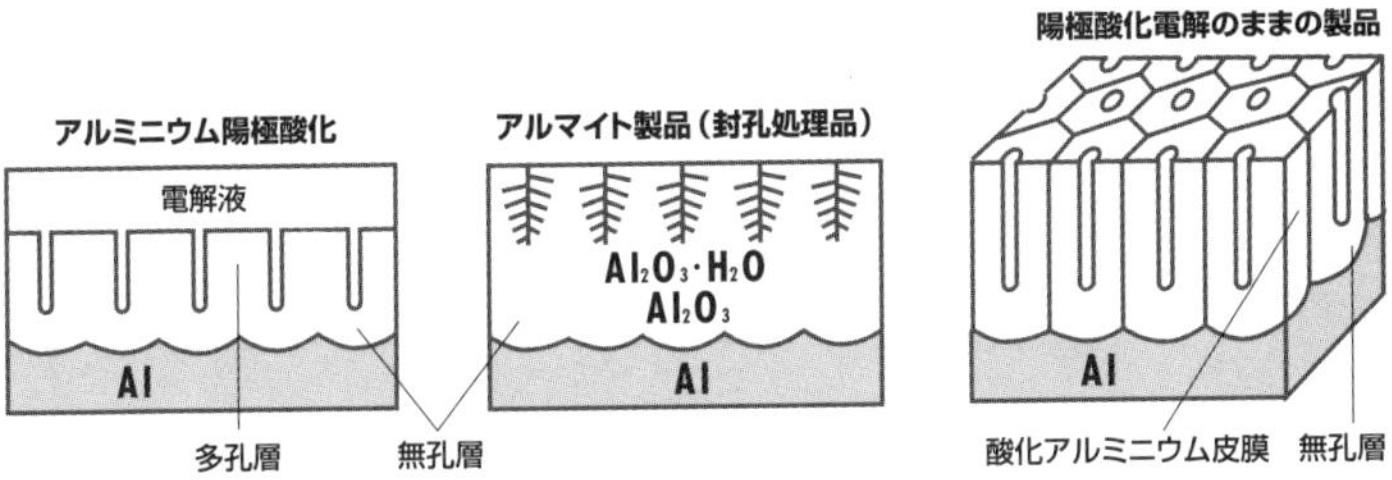

●アルマイトとメッキの違い（断面図）

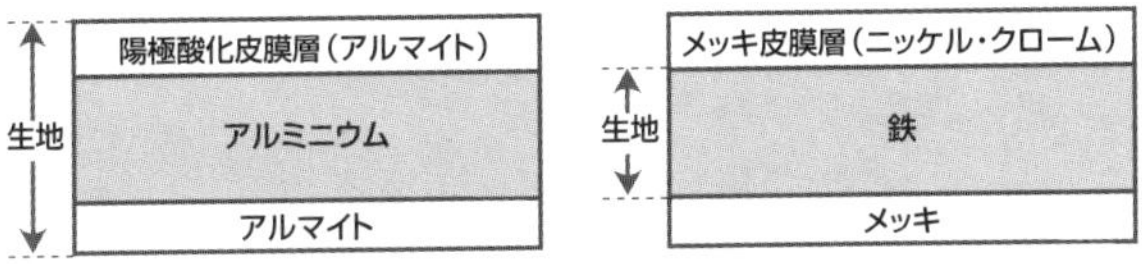

施したものを、アルマイトという。正確には「陽極酸化皮膜」といい、耐食性と対磨耗性がより高まる。

薬品の種類、温度、電気の強さ、アルミ合金の種類などをいろいろ組み合わせ、金・銀・赤などの色や皮膜の厚みを変化させることができる。

陽極酸化皮膜はメッキに似ているが、本質的に違う表面加工だ。メッキが下地の金属と異質の金属を表面に付けるのに対し、陽極酸化皮膜は下地の金属、すなわちアルミそのものから生成される。

やかんには本体の他に、ふたも取手も必要だ。ふたは同じ方法で作り、ふたのつまみや取手のにぎりは、ベークライト（注1）などが使われる。

が、重さが約三分の一なので、同じ重さで銅の約二倍もの電気を通す。そのため、アルミは送電ケーブルや配電線に銅に代わって広く利用されるようになっている。

注1〔ベークライト〕米国の化学者・発明家ベークランドが、一九一〇年に開発したフェノール樹脂の商品名。世界初の合成樹脂。現在はフェノールとホルムアルデヒドからつくる熱硬化性樹脂の総称。フェノールはコールタールから分離するか、ベンゼンから合成して工業的に大量生産されている。白色結晶で、有機合成化学工業の重要な原料だ。ホルムアルデヒドは水によく溶け、三七%の水溶液、ホルマリンとして知られる。

008 包丁と日本刀の秘密

Point 鉄を使った日本の包丁は、焼き入れ、焼き戻し、という方法によって、鋼の性質を強くしている。

台所で一番働いている包丁（注1）のもとは鉄の板だ。この鉄といわれるモノは実は合金。化学記号でFeと表すが、このFeだけの純粋な鉄をつくるのは非常に困難で、もしできたとしても軟らか過ぎて使い物にならない。一般に使われている鉄には、鉄のほかにいろいろな元素を含む。

そのなかでも特に炭素が鉄の性質に重要な影響を与える元素。炭素の含有量によって、純鉄、鋼（〇・〇三〜一・七％）、銑鉄（一・七％以上）と呼ばれ、鋼と銑鉄を総称して鉄鋼という。炭素の量が多くなると、鉄は硬さを増す一方で脆くなる。炭素の量が少なくなると、軟らかくなり粘り強くなる。

そこで日本の包丁（和包丁）は、両方を両立させるために、硬い鋼と軟らかく粘り強い鉄とを重ね、火で焼き、トンテンカンと叩いて展ばしてつくる。日本刀では、もともと、たたら製鉄（注2）で得られる最高の鋼「玉鋼」を使い、刀の芯には炭素分の少ない軟らかで弾力性のある鋼を、まわりは炭素分の多い硬い鋼で包む形になっている。しかし、これだけでは硬さも粘り強さも足りない。そこ

注1〔包丁〕
日本の和包丁（菜切り包丁や出刃包丁など）に対し、スーパーで買える洋包丁は、ほとんどステンレスやセラミックス製。ステンレスは、錆びないという意味。学名はクロム鋼。鋼におもにニッケルとクロムを混ぜた合金。もともとは飛行機の部品をつくるために英国やドイツで開発された。こんな合金は役に立ちそうもないと、いったんは捨てられた。数ヵ月後たまたま、錆びてないことに気づかれた、というエピソードが伝わっている。

●包丁の種類と鋼

＜日本刀の断面＞
しんがね
（ねばり強く折れにくい鋼でできている）
かわがね
（硬い鋼でできている）

■もろ刃 菜切り包丁など
鋼
軟鉄
■片刃 出刃包丁など
鋼
軟鉄
■洋包丁
牛刀などは全部が鋼

●買ったままの金ノコの刃は……

両はじを持って曲げる
少し曲げただけなら、離すともとに戻る
ある程度以上曲げると、ポキッと折れる

●熱の加え方の違いによる鋼の性質

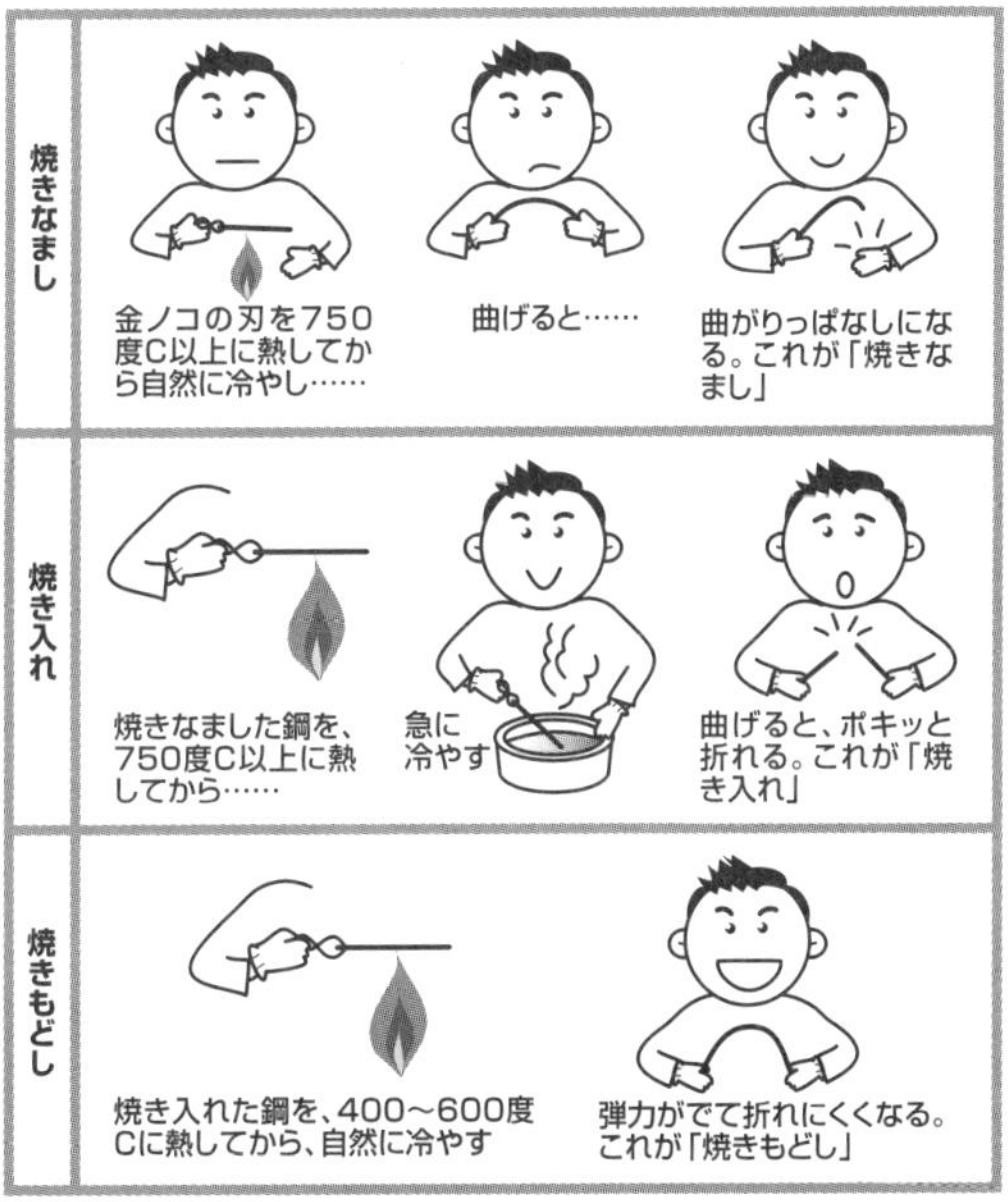
焼きなまし
金ノコの刃を750度C以上に熱してから自然に冷やし……
曲げると……
曲がりっぱなしになる。これが「焼きなまし」
焼き入れ
焼きなました鋼を、750度C以上に熱してから……
急に冷やす
曲げると、ポキッと折れる。これが「焼き入れ」
焼きもどし
焼き入れた鋼を、400〜600度Cに熱してから、自然に冷やす
弾力がでて折れにくくなる。これが「焼きもどし」

注2〔たたら製鉄〕
日本古来の砂鉄精錬法。江戸時代、とくに中国地方の山奥、現在の島根、鳥取、岡山、広島の県境付近で、いい砂鉄が得られるので、盛んになり産業として鉄を造っていた。その精錬炉を「たたら」といい、また送風装置のふいごを「踏鞴」の文字を使ってたたらと呼び、さらに精錬炉、ふいごなどを設備した建物を高殿と書いてたたらと呼んだ。幕末に洋式製鉄法が移植されると衰微し、大正時代に姿を消した。「玉鋼」は現在の製鉄技術でも造ることができないという。

で「焼き入れ」「焼き戻し」などの方法で鉄を鍛え、鋼の性質を強くする。

鉄は温度の違いで、原子の並び方（結晶）がいろいろな形に変わる。炭素分の多い鋼は、温度を上げていくと、炭素分が鉄の間にきちんと収まって並ぶ。もし、これをゆっくり冷やすと、又元通りになる。だが、温度を上げておいて、水や油などで急に冷やすと、元の状態に戻れず、そのまま固定し、炭素を包み込んで、硬い鋼になる。これが焼きを入れた状態だ。

焼き入れした鋼を、四〇〇～六〇〇度Cにすると、再び鉄と炭素の並び方が変わり、ゆっくり冷やすと、軟らかく粘り強い鋼になる。これを、焼き戻しという。

和包丁では焼き入れをする前に、焼き土や砥粉（とのこ）（黄土を焼いて作った粉）を水でどろどろに溶かして、包丁の前面に塗る。焼いた時に熱が全体に広がるように、また冷めにくくするためだ。

日本刀も刀の表面に粘土をつけ、焼き入れをする。その際、刃の方には粘土を薄く塗り、刃と反対側の峰の方には粘土を厚く塗る。こうしておいて全体を熱し、水に入れて焼き入れをする。すると、刃の方は粘土が薄くしか塗っていないので、急激に冷え、焼きがよく入る。反対に、峰の方は粘土が厚く塗ってあるので、ゆっくり冷え、粘り強くなる。この方法で、硬さと粘り強さという両立し難い矛盾を解決しているのだ。

009 茶碗はなぜ硬いのか

Point
茶碗など陶磁器に欠かせないのは、粘土、珪石、長石の三要素である。とくに骨格成分の珪石は重要だ。

日本各地の有名な陶磁器の里は、良い陶土（茶碗や皿などの陶器にする土）に恵まれた場所。良い陶土とは、茶碗など陶磁器の骨格成分となる珪石、成形のための粘土、それに焼き固める「焼結」のために加えられる長石の三要素が適当な割合で混じりあったものだ。

珪石は、二酸化珪素《けいそ》（注1）から成る。二酸化珪素はフッ酸以外の酸に侵されず、アルカリとも高温で処理しない限り反応せず、適度に硬い。まさに陶磁器の骨格成分たるに相応しく、耐食性、耐熱性、硬質性をすべて兼ね備えている。だが、珪石だけでは、粉末にして水と練っても、茶碗などの形を作れない。たとえ形が作れても、乾燥すると再び粉々に崩れてしまう。

成形のためには粘土が必要だ。粘土は、二酸化珪素だけでなく酸化アルミニウム（注2）や水が層状になっている。層と層の間に水が入ると滑りやすくなり、力を加えると滑って形を変え、力を取り除いても、その形のまま残る。しかも乾燥すると、層と層の間の結合が強くなり、成型した形が保たれる。

注1〔二酸化珪素〕
SiO_2　無水珪酸ともシリカともいい、天然には石英、水晶、瑪瑙（めのう）などとして産出する。純粋な二酸化珪素の結晶は無色透明な固体だが、多くは不純物を含み不透明、有色である。

注2〔酸化アルミニウム〕
Al_2O_3　アルミナともいう。アルミニウムの原料。白色無定形の粉末。金属アルミニウムを燃焼させるか、揮発性の酸のアルミニウム塩を加熱分解して得られる。

だが、そのままでも、火を通して固めても、ちょっと手荒に扱うと割れてしまう。それを防ぐには、高温になると粘性を持ち液体となる成分を加える必要がある。高温で濡れた粉同士は、常温まで冷やすとしっかり結合する。この結合を「焼結」という。天然の鉱物では長石がこの役割を果たす。長石には多くの種類があるが、正長石の化学成分は二酸化珪素、酸化アルミニウムのほかに、アルカリ成分の酸化カリウムK_2Oである。

以上、三つの要素（注3）すなわち珪石、粘土、長石が適度に混じって得られた機能が容器であり、茶碗となる。しかし、このままでは水が漏る。あるとき灰をかけ、熱を逃がさないための囲い、窯で焼いてみた。すると、土器の表面が滑らかになり、水も漏れにくくなった。この灰が釉《ゆう》（釉薬。うわぐすり）の始まりだ。

骨格成分として珪石以外の物はないかと試みられた結果、アルミナ（酸化アルミニウム）に目がつけられた。アルミナ原料の純度を高め、原料粉体の粒径を細かくしていき、原料のファイン（純粋）化が図られた。その結果生まれたのがファイン・セラミックスである。高純度の微粒子原料を精密に成形し、よく制御された焼結法で焼結させることによって、高度の寸法精度をもって作られた製品の好例がアルミナ焼結体だ。ＩＣの基板材料として情報化社会をまさしく基盤から支えている。

注3〔三つの要素〕
日本に三要素が適度に混じった陶土が出る場所が存在するのは、日本列島が四つのプレート（太平洋、北米、ユーラシア、フィリピン）が押しくらまんじゅうして、ぐしゃぐしゃになり、砂山列島と言われる位に様々な鉱物が混ぜ合わされたからである。

●茶碗ができるまで

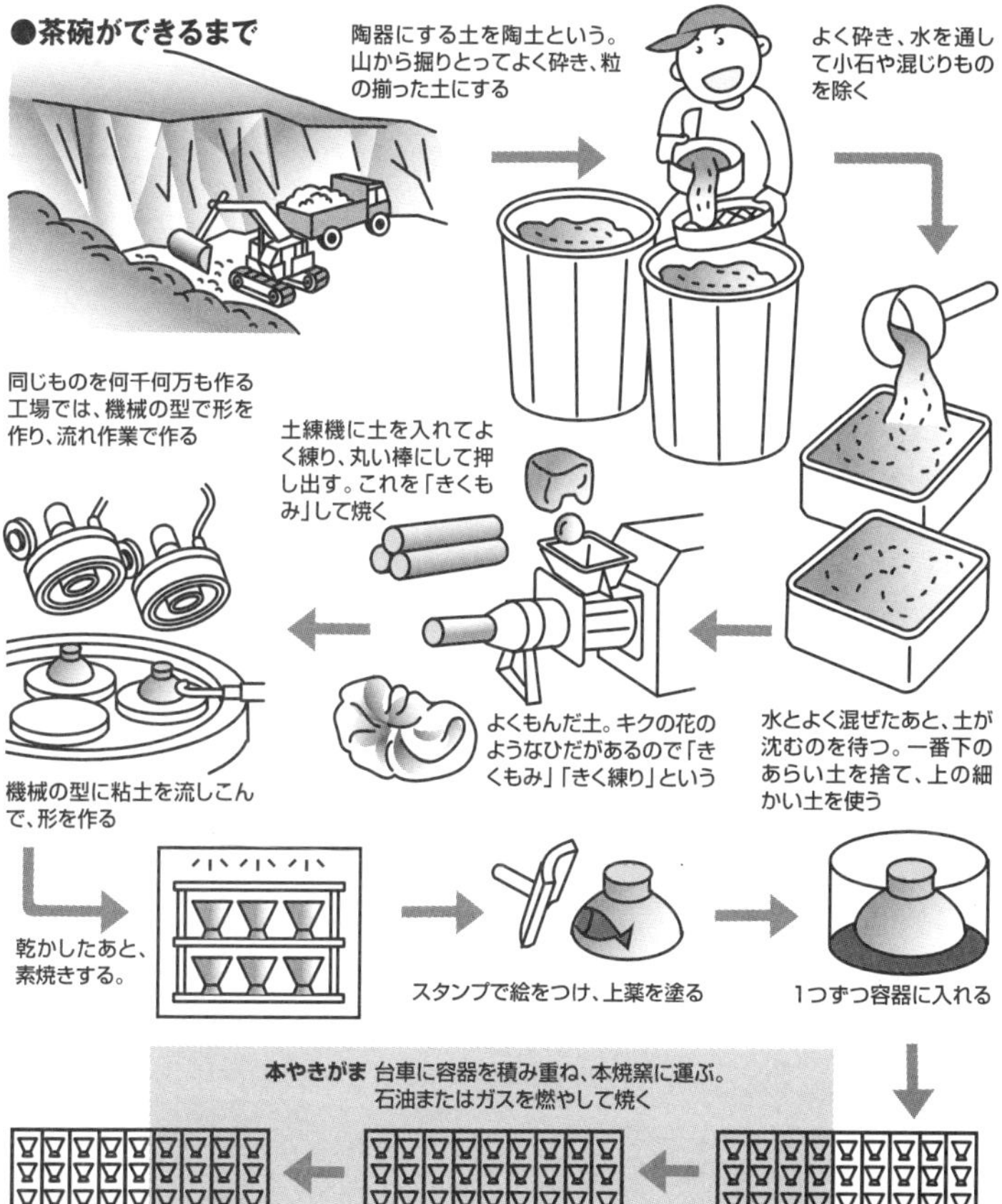
陶器にする土を陶土という。山から掘りとってよく砕き、粒の揃った土にする
よく砕き、水を通して小石や混じりものを除く
水とよく混ぜたあと、土が沈むのを待つ。一番下のあらい土を捨て、上の細かい土を使う
よくもんだ土。キクの花のようなひだがあるので「きくもみ」「きく練り」という
土練機に土を入れてよく練り、丸い棒にして押し出す。これを「きくもみ」して焼く
同じものを何千何万も作る工場では、機械の型で形を作り、流れ作業で作る
機械の型に粘土を流しこんで、形を作る
乾かしたあと、素焼きする。
スタンプで絵をつけ、上薬を塗る
1つずつ容器に入れる
本やきがま 台車に容器を積み重ね、本焼窯に運ぶ。石油またはガスを燃やして焼く

010 窓ガラスはなぜ歪みもなく透き通っている？

Point
ガラスが透明なのは、原子の並び方がバラバラなまま、結晶を作らずに固まっているからだ。

ガラスの発見話の一つに、今から五千年ほど前、メソポタミアの湖の砂浜で焚き火をしていた人のエピソードがある。焚き火の中から見なれない、水のようなものが流れ出し、火の消えた後も、それはきらきらと輝く、透き通った小さな塊になって残っていた。湖の水に含まれている天然のソーダ（注1）が砂浜で水が蒸発し、残ったソーダと白い砂に含まれる珪砂（注2）とが焚き火の熱で偶然溶け合ったものだったろう。そんな偶然のきっかけから始まった古代メソポタミア文明のガラス製品は、大部分が不透明な色ガラスの美しさを生かした宝石細工のような小型のもので、ほとんど王侯貴族の独占物だった。

ガラスの生産革命が起きたのは二千年ほど前。地中海の東海岸にあったシドンという町のガラス職人が、吹きガラス技法を発明した。溶けたガラスを鉄パイプの先に水飴を巻くようにして巻き取り、パイプの反対側の口から息を吹き込むと、ガラスは風船ガムのように膨らみ、すぐに固まった。

この吹きガラス技法は、鋳型で作るそれまでの方法に比べ、一日に作れる量が

注1〔ソーダ〕
狭義には炭酸ナトリウムのこと。広義には水酸化ナトリウム、炭酸水素ナトリウムなどを含めていうこともある。ナトリウム化合物中のナトリウムをソーダとよぶこともある。〔ソーダ灰〕は無水炭酸ナトリウムの工業的慣用名。〔ソーダガラス〕はソーダ石灰ガラス、石灰ガラスともいい、板ガラス、窓ガラス、ガラス瓶などに使われる最も普通のガラス。

注2〔珪砂（けいしゃ）〕
石英粒を主とする砂。二酸化珪素を九〇％以上含み、そのほか長石、ジルコン、磁鉄鉱などを含む。二酸化珪素は溶かすと液体になり、冷え固まって、無色透明のガラスに変わる。しかし、二酸化珪素を溶かすに

●板ガラスができるまで

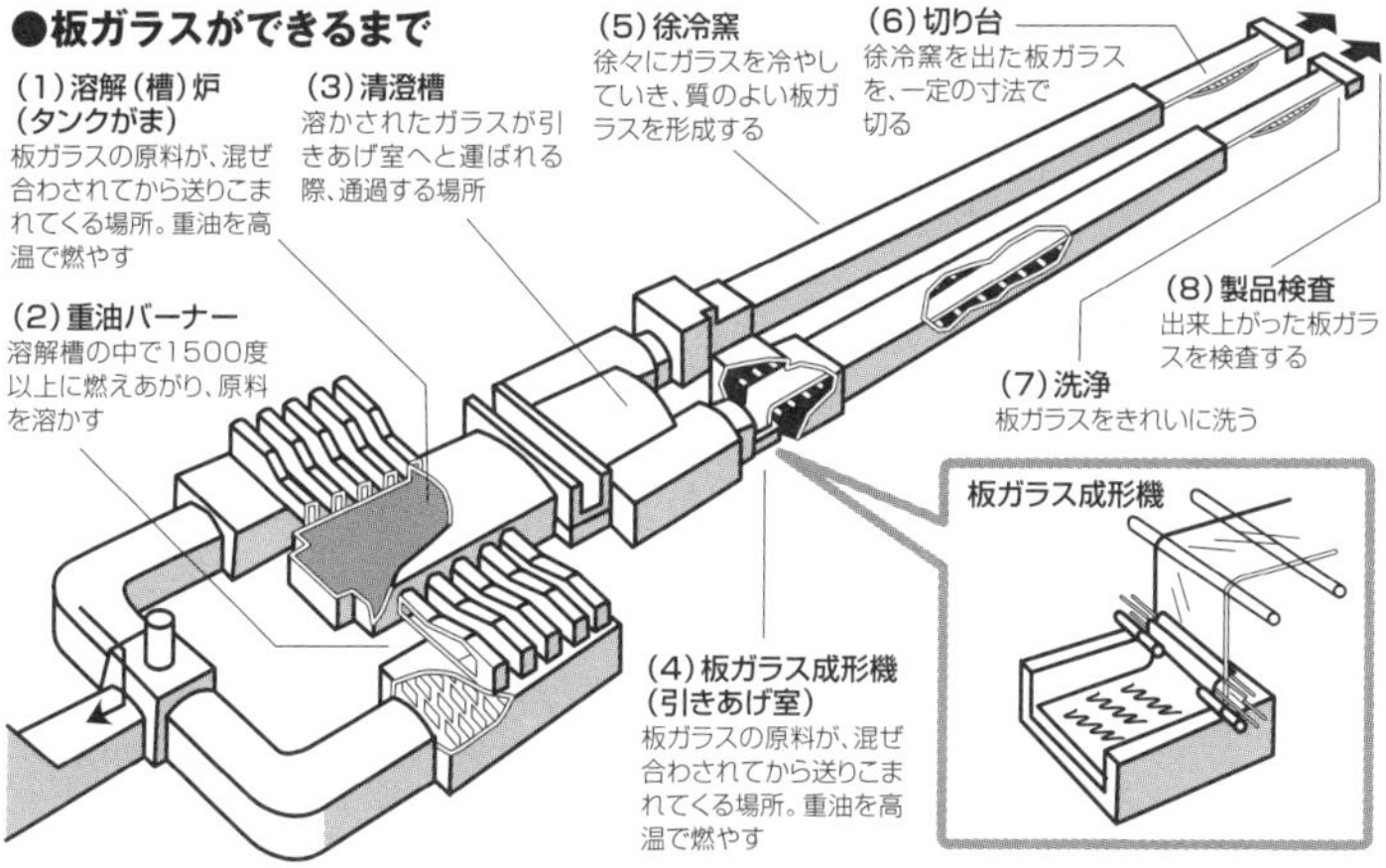
(1)溶解(槽)炉
(タンクがま)
板ガラスの原料が、混ぜ合わされてから送りこまれてくる場所。重油を高温で燃やす
(2)重油バーナー
溶解槽の中で1500度以上に燃えあがり、原料を溶かす
(3)清澄槽
溶かされたガラスが引きあげ室へと運ばれる際、通過する場所
(4)板ガラス成形機
(引きあげ室)
板ガラスの原料が、混ぜ合わされてから送りこまれてくる場所。重油を高温で燃やす
(5)徐冷窯
徐々にガラスを冷やしていき、質のよい板ガラスを形成する
(6)切り台
徐冷窯を出た板ガラスを、一定の寸法で切る
(7)洗浄
板ガラスをきれいに洗う
(8)製品検査
出来上がった板ガラスを検査する
板ガラス成形機

約二百倍。日常使える実用的なものが何でも作れ、しかも薄く作ることができるので、透明な美しさが強調されるようになり、中が透けて見える特性が大いに利用されるようになった。

しかし、完全に平らな板ガラスが作られるようになったのは二十世紀の中頃になってから。錫《すず》などの低い温度で溶ける金属が溶けてたまっている厚いプールの上に、溶けたガラスを流すというもの。ガラスの比重が小さいので、ガラスは金属のプールの上に浮かぶ。金属のプールの表面は完全に平らなので、その上を流れるガラスの方も完全に平ら。ガラスの表面も表面張力で完全に平らとなるのだ。

では、ガラスはどうして透き通って

は二〇〇〇度Cもの高い温度が必要。そこで、古代のガラス職人たちは、ソーダか苛性カリを珪砂に加えると、もっと低い温度で溶けることを発見した。だが、こうしてできたガラスは、水に溶ける。ガラスを長持ちするには、さらに石灰（※）を加えればよいことに気づいたのも、古代のガラス職人。われわれの目にするガラスは、現代のガラス工業の産物だが、その土台になっているのは古代のガラス職人たちの仕事なのだ。

※〔石灰〕
生石灰（酸化カルシウム）、消石灰（水酸化カルシウム）のことを、石灰という。石灰岩は大部分、炭酸カルシウムから成る水成岩（沈積岩）。

いるのか。

物質はみな原子からできているが、溶けて液体のときは原子の並び方はバラバラ。冷えて固まると、きれいに規則正しく並んで結晶を作る。ところが、物質の中には、原子の並び方がバラバラのまま固まる物がある。珪素や硼素の酸化物や酸化物塩がそう。これらの、結晶を作らないまま固まった物が、ガラスだ。

液体状態の原子を、校庭でバラバラに遊んでいる小学生たちにたとえよう。列をつくって、きちんと並んでいるのが、結晶だ。みながひまで、手があいているとき、外から友達が飛び込んでくると、ちょうどいいと一緒に遊んで離さない。外からとびこんでくるのが光で、光を捕まえ、通せんぼの形になってしまうのが鉄などの光を通さない結晶。これを量子化学で説明すれば、電子がエネルギー準位の下の方にいて、光を受け止め励起して、通さないということ。

列をつくっている結晶の原子が、とても手の離せない用事をしていて、すでに励起されていたら、外から光が飛び込んできても、光の相手ができず、光を通してしまい、透き通って見える。それが氷や水晶だ。ガラスは結晶ではなく、その中身は小学生が校庭で遊んでいる状態のまま凍りついたようなもので、列をつくらず励起されたままなので、飛び込んできた光がそのまま抜けていく。仕組みが違うのに、同じように透き通って見える——、まさに物質の魔可不思議!

第2章

先端テクノロジーの素朴な疑問

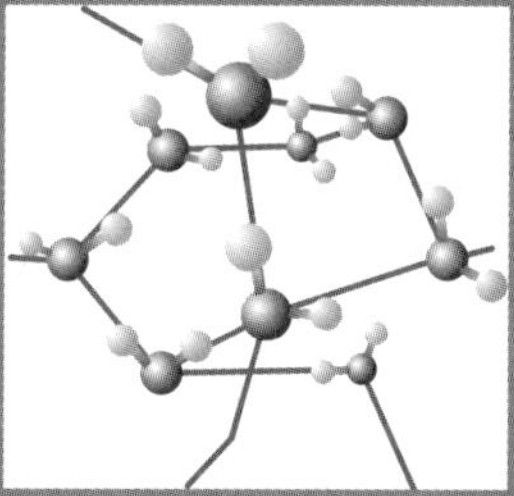

011
▼
020

011 電池はどうやって電気をためているの
012 写真はなぜ撮れるのか
013 テレビはなぜ映る?
014 液晶に映像が映る仕組み
015 リモコンでどうして遠隔操作ができるのか
016 ビデオはなぜ録画や再生ができるの
017 電気オーブン・電子レンジ・電磁調理器はどう違う?
018 冷蔵庫って何で冷えるのかな?
019 エアコンはなぜ1台で冷房も暖房もできるの?
020 話題のマイナスイオンの正体

011

電池はどうやって電気をためているの

Point

電池は、違った種類の金属が近くに存在し、そこに水が介在すると「電池作用」が起きる。この作用は「腐食」とも大きく関係している。

じつは電気はどこにでも偏在している。それは簡単な実験で顕現できる。ボールペンをティッシュペーパーでキュッキュッと擦る。小さな紙に近づけると、紙をひきつける。私もやってみたが、ちょっとした感動だった。それは、原子のレベルで、原子核に比べてはるかに軽い電子が出入りして、プラス・マイナスの電気の釣り合いが破れ、異なる電気が引き付けあう結果なのだ。さて、身近なモノからも簡単に電気を取り出すことができる。レモンを半分に切り、十円玉の銅と一円玉のアルミニウムを図のように刺し込むとテスターの針がちゃんと動く！

このレモン電池に、電池の原理がよく現われている。レモンの酸っぱい汁という電解液（イオンが溶ける水溶液）と、二種類の異なる金属を刺し込む、というのが電池のミソ。アルミニウムは銅に比べると、イオンになりやすい傾向を持っている（イオン化傾向が大きい、と化学ではいう）ので、アルミニウムの小さな原子が電子を離し、イオンになり、電解液に溶け込んでいく。電線をつけると、離された電子が電線の中を動いていく、という仕組み。レモン電池は、電流を流

注1〔分極〕
分極とは、本来の電極の働きを邪魔する、別の極ができてしまう現象。電池では、この邪魔な分極の影響を消したり減らしたりするのに「消極剤」や「減極剤」を使っている。いま世界で最も使われているマンガン乾電池には、減極剤として二酸化マンガンが使われ、分極の水素を酸化（※）して水にしているのだ。

●レモン電池

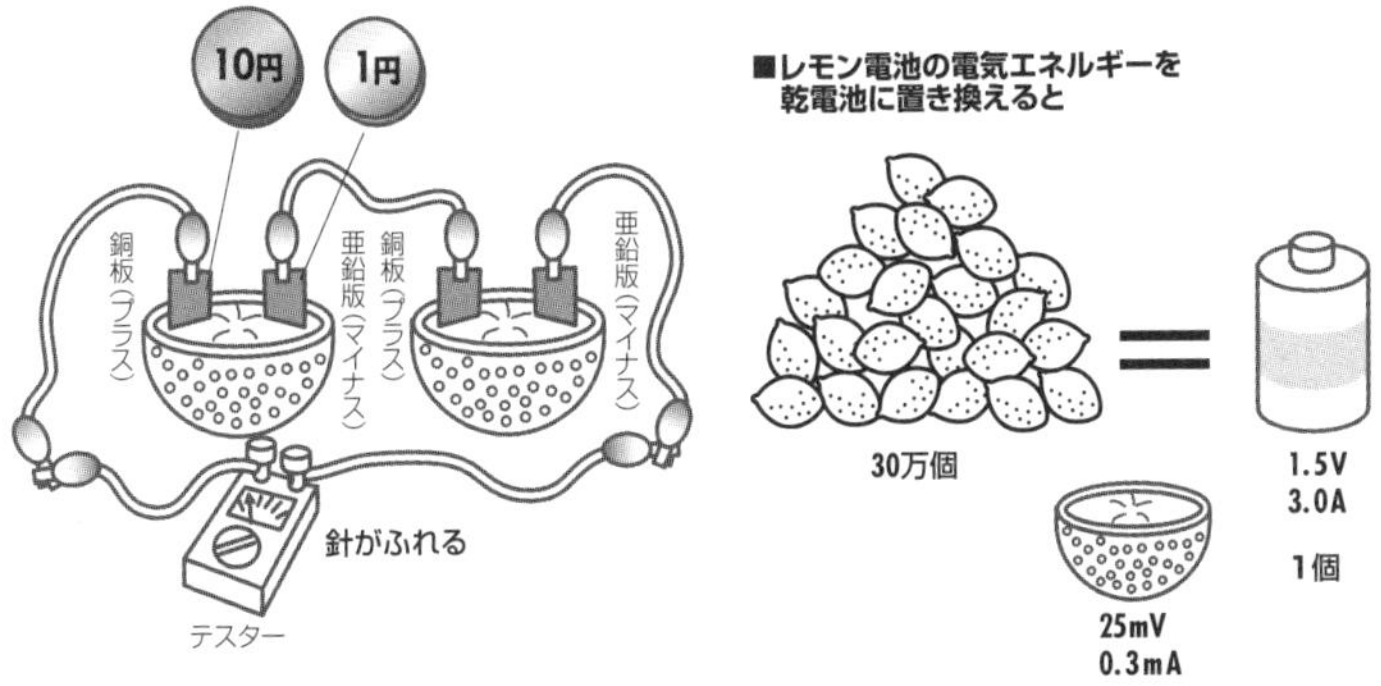

していうちに使いものにならなくなる。これは、電池というもののむしろ基本的な性質で、分極（注1）という現象だ。

電池の働きは、電池の中だけで行われているのではない。たとえば鉄と銅のように違った種類の金属が近くに存在し、そこに水が介在すると、水が電池の電解液の働きをして「電池作用」が起き、腐食、つまり「錆び」が進行してしまうのだ。

土中のガス管、家庭の電気温水器など、電池作用による錆びの被害との戦いは、工業社会の宿命。その性質をコントロールして、うまく活用すれば「電池」、人類にとってそうなって欲しくない電池作用が「腐食」なのだ。

※〔酸化〕
物質が酸素と結びつくことを酸化といい、酸素を失うことを還元という。水素は酸化されて水となる。このとき水素は電子を酸素に奪われ陽イオンに、酸素は陰イオンとなり、陰陽引き合うイオン結合の間柄に入る。それなら電子を失うのが酸化、奪うのが還元ということもできる。レモン電池ではアルミニウムが電子を失って還元され、銅が電子を受け取って酸化され、酸化と還元の組み合わせで電子が流れる。さらに拡張して、酸化数が増えて酸化、減って還元という。

012 写真はなぜ撮れるのか

Point
フィルムは、物質が光を吸収して変化する光化学反応を利用し、臭化銀で「潜像」を作り、これを還元することによって、像を印画紙に定着させている。

被写体からの光が凸レンズを通って、カメラの内部に実像をつくるところまでは、フィルムカメラもデジタルカメラも同じ。それから先、レンズを通して集められた光の画像が、どう記録されるかで異なってくる（図1）。

フィルムカメラでは、物質が光を吸収して変化する光化学反応が利用されている。そもそも物質が光を吸収すると、高いエネルギーの状態になり、ふつうは何らかの形でエネルギーを放出して元の状態に戻る（図2）。ところが、物質によっては光のエネルギーによって化学構造が変化し、別の物質に変わってしまうことがある。これが光化学反応だ。

写真のフィルムは、臭化銀（注1）の微粒子をゼラチン（注2）の水溶液に分散させて作った乳液を、プラスチックの膜の上に塗ったものだ（図3）。

これに光が当たると、臭化銀の結晶の中で電子が臭化物陰イオンから銀陽イオン（Ag^+）へと移動し、銀原子が少しできる。これがフィルムにできる隠れた像、"潜像"である。

注1〔臭化銀〕
AgBr　淡黄色の固体で、銀塩の水溶液に臭化アルカリの水溶液を徐々に加えるとできる。光線に当たると、徐々に分解し、銀を遊離して暗色になり、しまいに黒色となる。チオ硫酸ナトリウムに可溶。感光性がハロゲン化銀中最も大で、写真フィルム・乾板・印画紙の感光主体として広く用いられている。

注2〔ゼラチン〕
コラーゲンを熱水で処理して得られる誘導タンパク質の一種。コラーゲンは動物界に広く存在し、体皮、腱、軟骨、じん帯、結合組織などを構成する繊維状のタンパク質。脊椎動物では、全タンパク質の約3分の1を占める。

●図1 フィルムカメラとデジタルカメラ

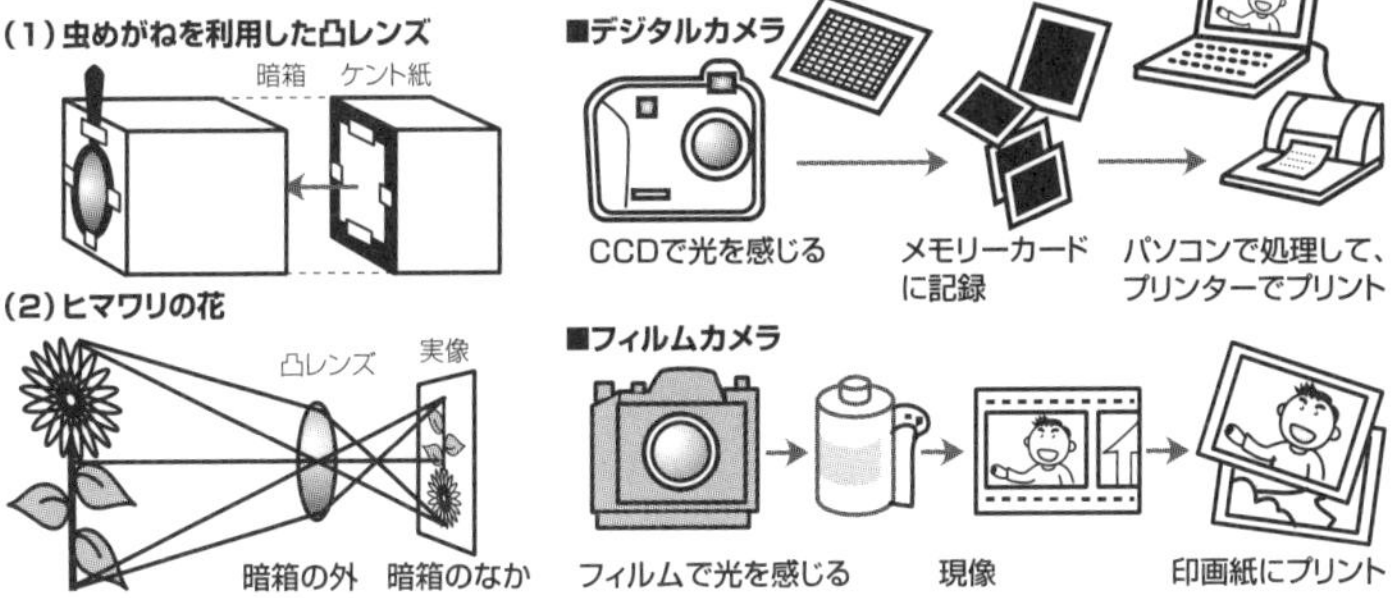

●図2 光の吸収による物質のエネルギー状態の変化(a)と熱としてのエネルギーの放出(b)

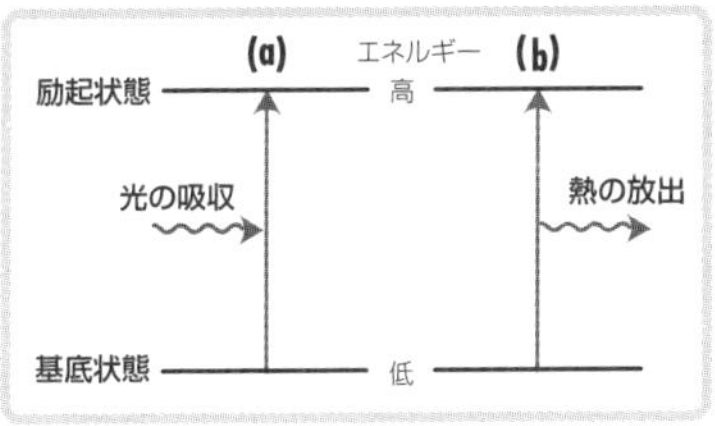

●図4 CCDの構造

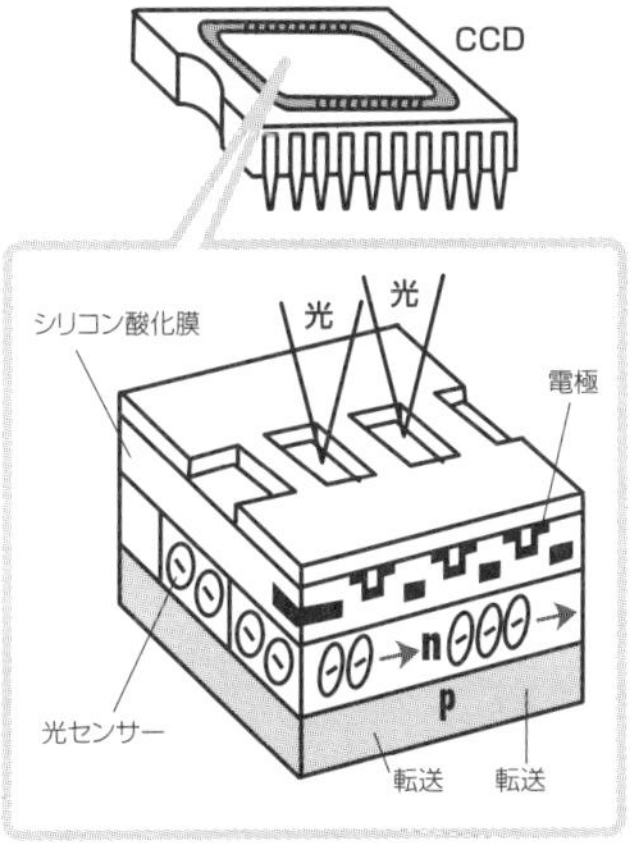

●図3 写真フィルム片の模式図

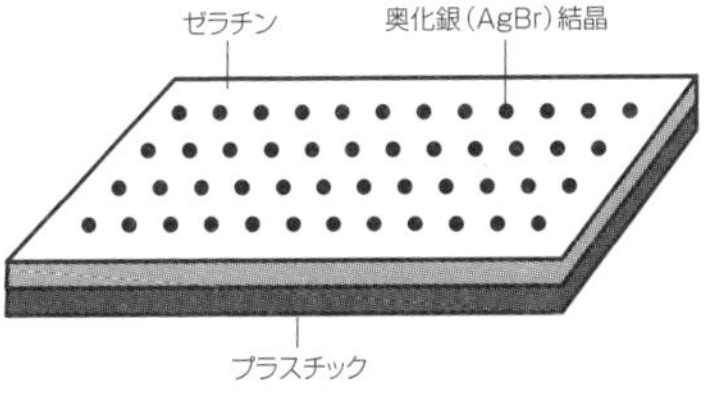

注3〔ヒドロキノン〕$C_6H_6O_2$　無色針状の結晶。還元性が強く、写真現像に使われるが、医薬品などの酸化や重合を防ぐ薬剤としても添加される。

注4〔酢酸〕CH_3COOH　食酢の主成分をなし、刺激性が強く、酸性の無色液体の脂肪族カルボン酸。

注5〔チオ硫酸ナトリウム〕$Na_2S_2O_3$　ハロゲン化銀に反応し、水溶性の錯塩をつくるので、写真の定着に使われる。硫化染料を合成する際の副産物として生成されたものが使われる。

潜像は”現像“してやらなければならない。いったん銀原子ができると、臭化銀が還元されやすくなる。この場合の還元はAg^{+}に電子が与えられ、Agに成ることだ。電子を与える物質が還元剤のヒドロキノン（注3）で、還元をすることで潜像の近くに金属銀を増やし、黒い画像にして現像する。

還元を長く続けると、感光していない臭化銀も還元され、全体が黒くなってしまう。それを避けるために、適当なところで酢酸（注4）のプールに入れ、”停止浴“をして反応を止める。残っている臭化銀をチオ硫酸ナトリウム（注5）の水溶液と反応させて、取り除くと画像が定着される。こうして現像されたフィルムは、印画紙に化学反応でプリントされる。

カラーフィルムでは臭化銀の微粒子に、青、緑、赤の光に感じるそれぞれ別の、”カプラー“といわれる有機化合物を吸着させたものを含む乳剤の層が重ねてある。それらと、現像の際に使う還元剤が酸化されて、反応して発色する。

一方、デジタルカメラではフィルムではなく、ＣＣＤ（注6）で光を感じ、その画像情報をデジタル信号に変換してメモリーカードに記録する。それをパソコンで処理して、プリンターでプリント・アウトする。

デジカメの解像度を示す二〇〇万画素とか三〇〇万画素とかいった画素数は、その光センサーの数のこと。画素数が多いほど、より精細な画像が得られる。

注6〔ＣＣＤ〕
Charge Coupled Deviceの略。電荷結合素子。外部からの光映像信号を電気信号に変換する光センサーの半導体素子のこと。ＣＣＤは、二センチメートル角ほどの大きさのシリコン基板の表面上に、多数の光センサーをびっしりと敷き詰めたもの。光センサーは、レンズを通して入った光を受けると、受けた光の明暗に応じて、電子を発生する。発生した電子は、一定方向に転送され、メモリーカードにデータとして保存される。

013 テレビはなぜ映る？

Point テレビやパソコンのブラウン管は、蛍光現象を利用し、電子が当たると、そのエネルギーで光が出る仕組みを採用している。

写真や印刷物などと、テレビやパソコンとは、同じ画像や文字を我々が見るにしても、光の出る仕組みは根本的に違う。写真や印刷物では何らかの光源、たとえば太陽光からの光の一部を吸収して、反射された残りの光を我々は見ている。テレビやパソコンではブラウン管の物質が出す光を見ている。

「物質が光を出す」とは、熱や電気などのエネルギーを吸収して物質がエネルギーの高い状態になり、元の状態に戻る時にエネルギーを光の形で出すことである（図1）。それに対し、写真や印刷物などのように物質が光を先に吸収して、エネルギーの高い状態になり、多くは熱という形で出して元の状態に戻るのとは、発光の原理は順序が逆。電灯で光を出すのはタングステンでできたフィラメントに電流が流れて、エネルギーの高い状態になり、それが元の状態に戻るときで、発光の原理に従っている。その時、熱も同時に出る。電灯は電気のエネルギーを光と熱のエネルギーに変換する装置だ。

蛍光灯も、電気を物質の出す光に変えるが、その働きは電灯よりも少し込み入

●図1 発光の原理

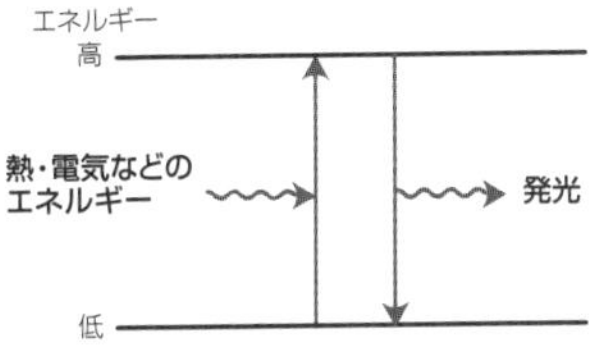

っている。蛍光灯はガラス管に不活性ガス（注1）を封入し、少量の水銀の蒸気が入れてあり、ガラス管の内壁には蛍光を出す物質（蛍光体）が塗ってある（図2）。ガラス管の両端の間に放電をすると、電子の流れが生じ、電子が水銀の原子に当たり、エネルギーの高い状態に励起され、元に戻るとき紫外線を出す。紫外線が蛍光体に吸収されると、より波長の長い可視光が出る。

物質がある波長の光を吸収して、エネルギーの高い状態になったあと、ある種の物質はエネルギーを、まず熱として少し放出して、やや低いエネルギーの状態になり、それから光を放出して、元の状態に戻る。その際に出る光は、吸収された光よりエネルギーが小さいので、波長は吸収光よりも長くなる。それができる物質を蛍光体といい、そうした現象を蛍光という。それで、蛍光灯の蛍光体が紫外線を吸収すれば、可視光を蛍光として出す（図3）。

さて、テレビも原理は蛍光灯と同じで蛍光現象を利用する。ブラウン管の前面の裏側には蛍光体が塗られた面があり、そこに電子が当たると、そのエネルギーで光が出る。

テレビアンテナが受信した映像信号は、ブラウン管の後部にセットされた電子銃に伝わり、電子が次々にビーム状になって放たれる。電子ビームは映像の電気信号の制御によって、強弱を調節され、偏向コイル（偏光ヨーク）の磁力で方向

注1〔不活性ガス〕ヘリウム、ネオン、アルゴン、クリプトン、キセノン、ラドンの六気体元素をまとめて、共通して化学的に不活性なので、不活性ガスという。大気中の含量が非常に少ないので、希ガスともいう。

●図2 蛍光灯の仕組み

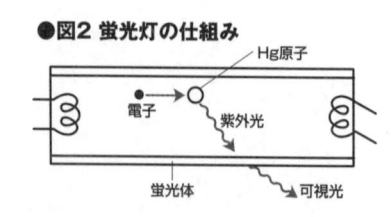

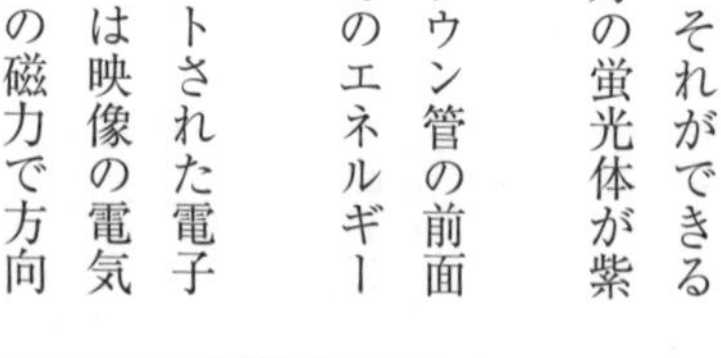

●図5 蛍光灯を光らせる仕組み

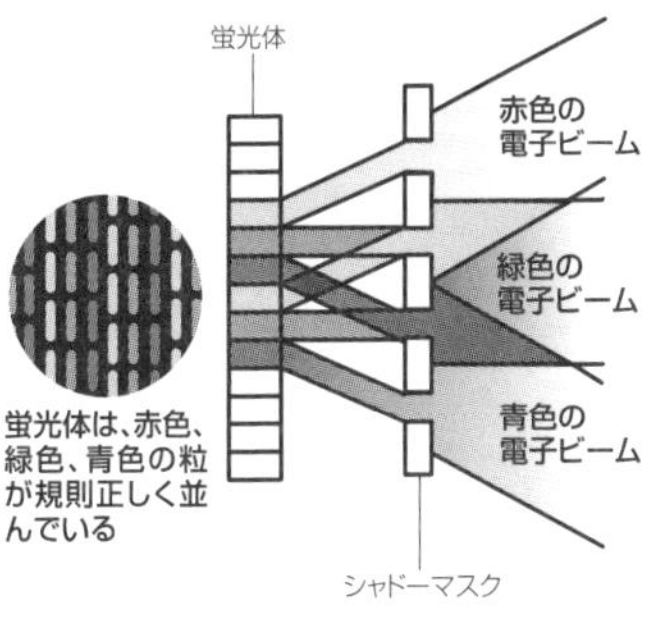

荒井正／塚野浩「分解図鑑6 テレビ・れいぞうこのしくみ」（岩崎書店）より

●図6 テレビの色の作り方

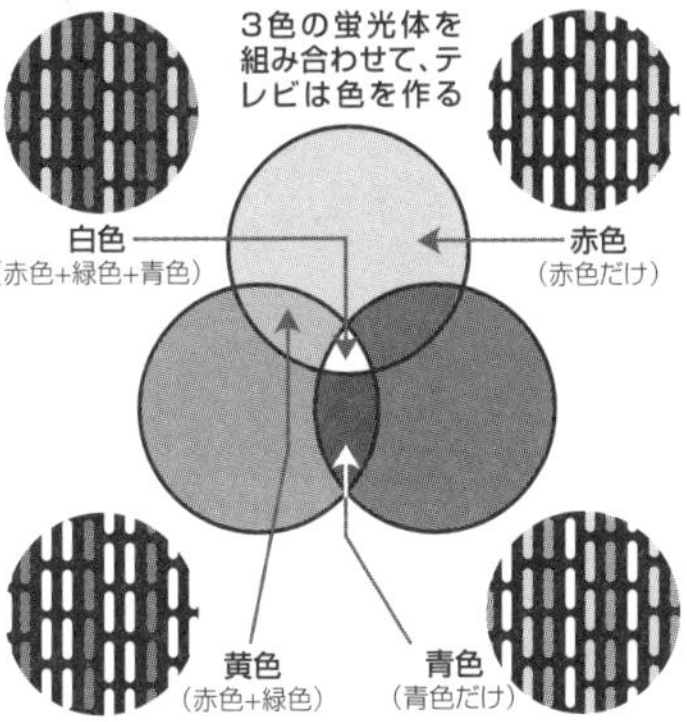

を調節され、シャドーマスクという小さな穴を通過し、三十分の一秒の間にパネル上に五百二十五本の軌跡（走査線）を描く。蛍光体は、電子ビームの強さの変化に応じて、様々な強さで軌跡に沿って一つ一つ発光し、画像を作り出していく（図４）。

カラーテレビの場合、赤、緑、青用の三本の電子銃があり、パネルには赤、緑、青の三つで一組の蛍光体が多数並んでいる。電子銃からは三本の電子ビームが同時に発射されるが、電子銃とパネルの間に置かれた鉄とニッケルの合金製のシャドーマスクに遮られ、赤用の電子ビームは赤の蛍光体に、緑用の電子ビームは緑の蛍光体に、青用の電子ビームは青の蛍光体に、それぞれ

●図4 白黒テレビの仕組み

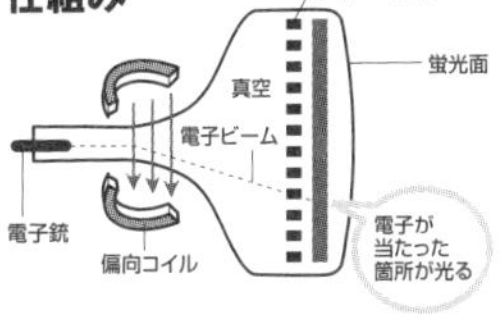

●図3 蛍光の原理

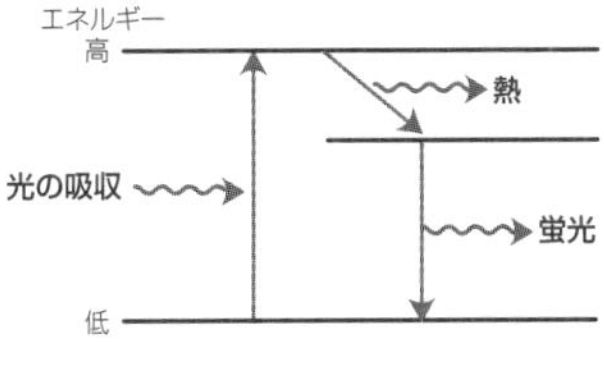

当たるように穴が開いている（図5）。この三色の強さを調節することで、さまざまな色を映し出しているのを我々の眼が見る。カラーテレビを間近で、虫眼鏡を使ったりして見ると、赤、緑、青の長方形の蛍光体発色が集まり、画像を作り出していることが分かる（図6）。

蛍光体に使われる物質は、青には銀、塩素を含む硫化亜鉛（ZnS）、緑には銅、金、アルミニウムを含む硫化亜鉛、赤にはユーロピウム（注2）を含むイットリウムオキシサルファイド（Y_2O_2S）が使われる。

これらの物質はメーカー各社で少しずつ異なる。カラーテレビの性能を向上させる上で、赤色発光をする蛍光体の開発が鍵となった。そのため、一時期、新型テレビの商品名に「キド〇〇〇〇」と希土類化合物を使っていることを示すものが多かった。

蛍光体が発する光の三原色のストライブがくっきりするほど画面がきれいに見える。そのためパネル上にはグラファイト（黒鉛）製のブラックマトリックスを置いて外光の反射を抑えている。

また、画面をより明るくするために、蛍光体の内側にアルミの薄膜を設け、内側に向かう蛍光体の光を外側に反射させている。

注2（ユーロピウム）
元素記号Eu、原子番号63。希土類元素（ランタノイド）のひとつ。他の希土類元素とともに、モナド石、ガドリン石などに含まれ産する。一九〇一年、フランスの化学者ドマルセイによって発見された。

014 液晶に映像が映る仕組み

Point
液晶は、液体と結晶の中間状態の物質だ。それに電圧をかけることによって、文字や画像を表示している。

液晶ディスプレイはテレビだけでなく、パソコン、携帯電話、デジカメ、電卓、時計などに使われ、今や情報機器産業の基幹製品の一つになっている。では、その液晶とは何だろう?

固体の結晶では、分子や原子の配置や並んでいる方向が規則正しい。液体は、配置も並んでいる方向もバラバラで、入れる容器次第で形も変わる。ところが、分子の並んでいる間隔は乱れて液体のように流動性を示すのに、分子の方向は一定していて、規則性が残り、結晶のような秩序を示す、液体と結晶の中間状態の物質が見つかった。いわば物質の世界の両生類。そのような両性物質を液体の"液"と結晶の"晶"の字を取り、液晶とした。液晶には、石鹸のような棒状物質を溶媒に溶かしたときに生じるリオトロピック液晶(注1)と、化合物の温度を変化させることで生まれるサーモトロピック液晶(注2)とに大別できる。

液晶は分子の方向によって光の通り方が異なる。液晶になる物質を電極の間に挟み、分極した電子は電場に応じて向きを変えようとして配列が乱れ、図1のよ

注1(リオトロピック液晶) 棒状分子を溶媒に溶かした液晶なので、異なる化学物質に対し化学変化を起こし、その構造が変化する。そのため、洗剤が洗浄作用をする(28項を参照)。また、我々生物を構成する細胞の生体膜には、リン脂質という棒状分子を中心にした二分子膜の層より形成されているが、これもリオトロピック液晶だ。つまり、我々生物の生命現象は、すべて液晶の変化による、ともいえる。それなら生命進化の果てに、我々ヒトが液晶テレビを見るのは必然かもね。

うに光が通らなくなる。あるいは逆に通しやすくなるものもある。この性質を利用したのが、液晶表示だ。

液晶になる物質は共有結合でできた中性の物質なので、電気を通さない絶縁体だ。ところが、分極した構造のために、電場の影響は受ける。このような性質を誘電性という。液晶表示は物質の誘電性を利用した装置、といえる。液晶表示は少ないエネルギーで変化を起こすので、広く利用されるようになった。

液晶状態になる有機化合物が現在、数千種見つかっているが、そのなかで液晶ディスプレイに主に使われているのが、サーモトロピック液晶のうち、ネマチック液晶と呼ばれているものだ。実際に使う際には、数種類のネマチック液晶がブレンドされている。その目的は電圧の変化ですばやく分子の並びが変えられるように、粘度が低く、しかも広い温度範囲で液晶となり、熱や温度に対して安定したものにすることだ。

液晶ディスプレイでは、この液晶が二枚のガラス基板の間に封入される。そのガラス基板の両内側には、前もって配光膜と呼ばれる、〇・一ミクロン（一ミリの一万分の一）ほどの厚さの高分子膜が印刷され、ラビング処理（注3）されている。

こうした処理を施した上下のガラス基板を、傷の溝の向きを九〇度変えて向き

注2〔サーモトロピック液晶〕
分子配列の仕方で、さらにヌメクチック液晶、ネマチック液晶、コレステリック液晶の三つに分類される。

注3〔ラビング処理〕
ラビングとは「こする」という意味で、柔らかい布を巻いたローラーで配光膜上を一方向にこすり、平行に多数の傷を付ける。そこに液晶分子が接すると、その傷の溝に入り込むように、液晶分子が同じ方向に並ぶ。それを配光するという。

●図1 液晶表示の仕組み

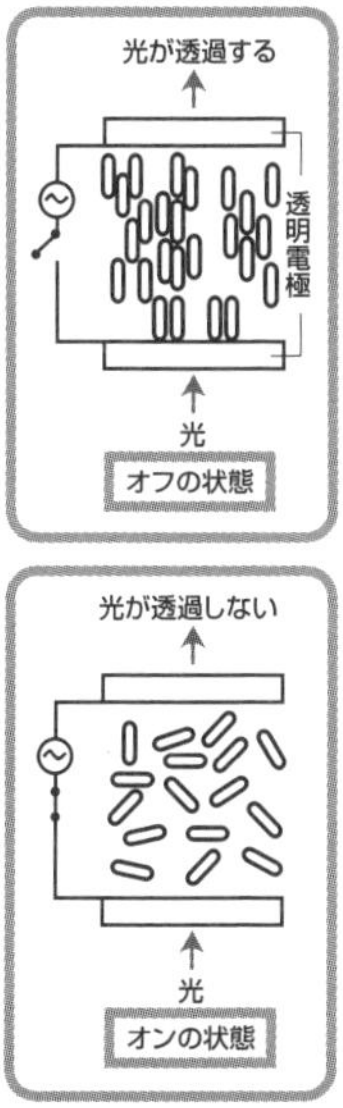

●図2 液晶デバイスの見える原理

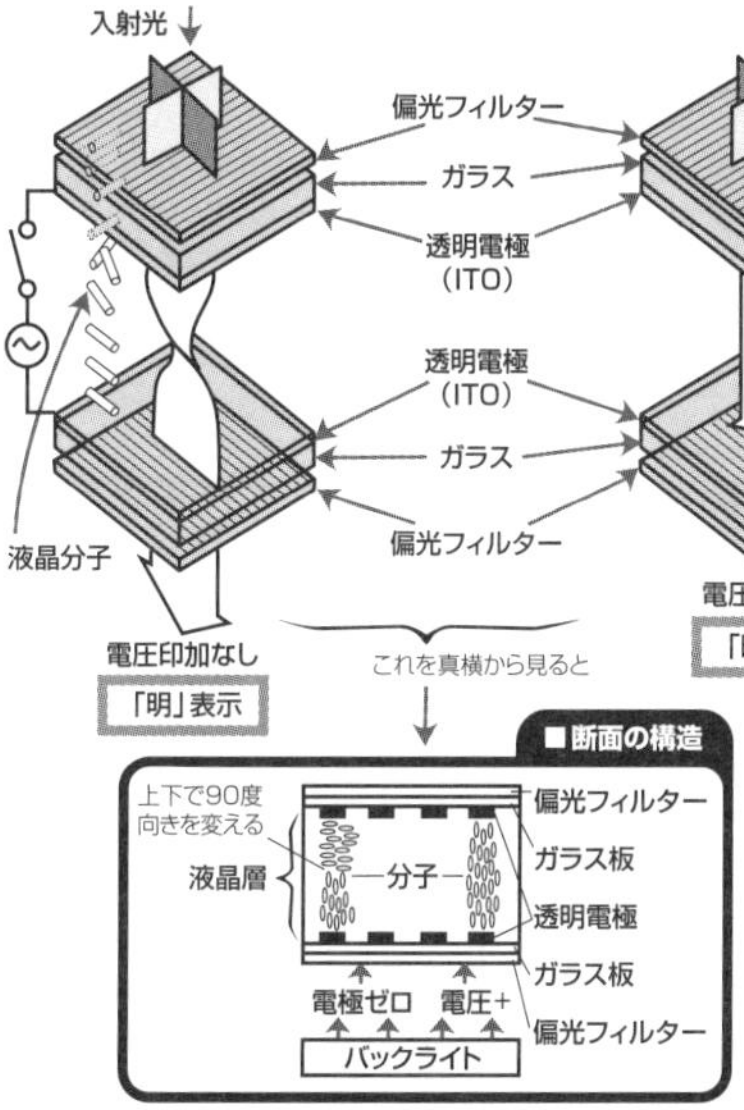

●図3 液晶ディスプレイ 荒井正／塚野浩「分解図鑑6 テレビ・れいぞうこのしくみ」(岩崎書店)より

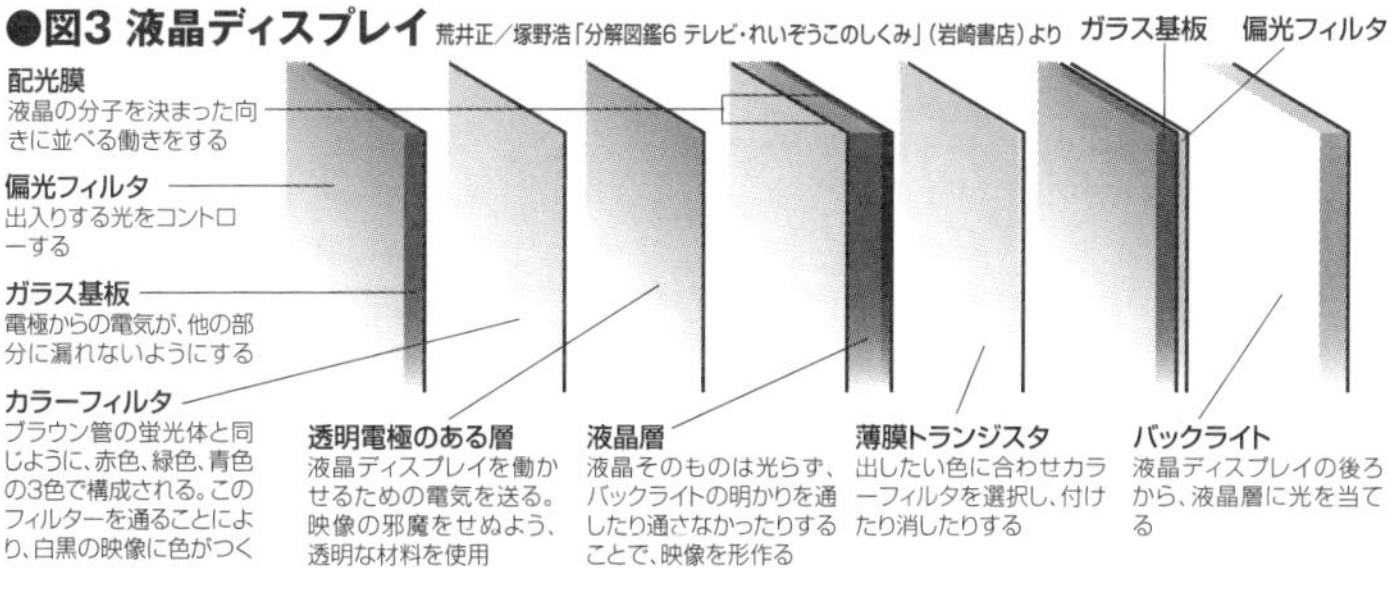

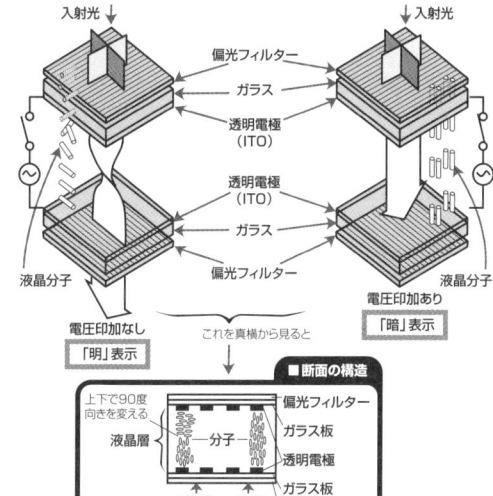

合わせて、その間に液晶が封入されている。すると、液晶分子は一方からもう一方の溝の向きに少しずつ方向を変え、あたかも南京玉すだれを九〇度ねじったような形に並ぶ（図2）。

二枚のガラス基板の両外側に一つの方向にだけ振動する光を通す偏光フィルターが、規制する光の方向を液晶分子の並びと同じ向きに貼られている。これに片側から、液晶ディスプレイでは後部のバックライトから光を当てると、光は液晶のなかで分子の並びに沿って九〇度ねじれ、偏光フィルターを通過して「明」表示ができる（もう一度、図2参照）。

液晶ディスプレイには、液晶を挟むガラスの両内側に透明電極（注4）が付けられている。透明電極の電源をオンにして電圧をかけると、液晶分子の向きが電圧をかけた方向に並ぼうとして、ねじれがなくなる。その結果、光は振動方向を変えることなく液晶を通過するので、反対側の偏光フィルターで遮断されてしまい、「暗」表示となる（三度目ですが、図2）。

これらの明暗の反応をそれぞれの透明電極ごとに、電源のオフ・オンで制御し、文字や画像を表示する。通した光に、赤、緑、青の三色のカラーフィルターで色をつけ、カラーの映像にする。出したい色に合わせてカラーフィルターを選び、点けたり消したりするのは薄膜トランジスターの役割だ（図3）。

注4〔透明電極〕
半導体物質の酸化インジウムに、抵抗を下げるための酸化スズを添付したもの。これを可視光波長と同じくらいの薄膜にして、液晶に接する側のガラス基板に貼り付けると、銅の一〇〇分の一くらいの導電性を持ち、光を九〇％ほど透過する電極となる。

015 リモコンでどうして遠隔操作ができるのか

Point
リモコンは波長の短い近赤外線を使い、発光ダイオードとフォト・ダイオードで命令の伝達を行なっている。

リモコンは、リモート・コントローラー（遠隔操作機）の略。リモコンからテレビなどのリモコン受信部へは、目には見えない赤外線で命令の暗号が飛ぶ。赤外線は、可視光線と電波の間の〇・〇〇〇七八～〇・一㎜までの波長の電磁波だ。赤外線というと電気ごたつや磁気治療器などに使われる遠赤外線が連想されるが、リモコンに使われるのは、可視光線に近い方の、波長のより短い近赤外線だ。

リモコンの内部には赤外線発光ダイオードとＩＣ回路（リモコン送信用マイクロコンピューター）と電池が入っていて、一つ一つのボタンに対応した暗号（リモコンコード）が、赤外線で発射、送信されるようになっている。

テレビなどのリモコン受信部では、リモコンからの赤外線を受け、暗号をメモリーと付き合わせて解読して、どのボタンが押されたかを判断し、電源を入れたり、チャンネルを変えたり、音を大きくしたり、スイッチを切ったりする。

リモコンコードは、「1」と「0」の数字の組み合わせからなり、四つの数字を使うと、全部で二の四乗、つまり十六個のコードが得られる。あらかじめ送信

注1〔赤外線発光ダイオード〕
赤外線を出す発光ダイオード。ダイオードとは、電子現象を利用する二端子の素子のことで、真空管ダイオードと半導体ダイオードとがある。そのうち半導体ダイオードは、第二次大戦後、半導体（※）の技術が目覚しく進歩するとともに、いろいろなものが開発された。発光ダイオードが属する接合ダイオードも、それらの一つ。
接合ダイオードは、プラスの電荷を持つホール（正孔）が動いて電流を運ぶp型半導体と、マイナスの電荷を持つ電子が動いて電流を運ぶn型半導体とを接合したもので、電気を一方向にしか流さない性質を持つ。

側と受信側で、どのコードがどの機能に対応するかを決めておき、それぞれメモリーにコードデータとして記憶させておく。

リモコンのボタンを押すと、押されたボタンから信号がＩＣ回路に送られる。そのボタンからの信号に対応するコードデータを、ＩＣ回路のメモリーからレジスタに移し、右から一つずつ数字を取り出し、リモコンコードを作る。これをパルスの時間間隔の長短で「1」と「0」を表わすようにする。それから40kHz（キロヘルツ）の搬送波で変調してリモコン信号をつくり、遠くまで届くように増幅した後、赤外線発光ダイオード（注1）から送信する（図1）。

赤外線発光ダイオードは、リモコンのＩＣ回路からの電気を受け取ると、p型とn型の二つの半導体の接合面で、電子とホールが結合し、エネルギーが生じて電磁波、つまり赤外線が発生し、リモコンを向けた方向に飛び出していく。

受信部には発光ダイオードと逆の働きをするフォト・ダイオードが設置され、そこで赤外線をキャッチする。すると、そのエネルギーで新たにホールと電子が生じて、移動を始め、電気信号が流れる。それを増幅してから、搬送波を除き（検波）、リモコンコードを取り出す。これをメモリーに持っているコードと比較し、解読する。その情報がチューナーへの指示となり、チャンネルを選び出して、テレビ受信回路に送り、絵と音が取り出される（図2）。

※〔半導体〕

電気伝導率が金属などの導電体とガラスなどの絶縁体の中間にあって、ある程度電気を通す物質。半導体には珪素（シリコン）単体がコンピュータなどの電子デバイスに不可欠であり、人類の文明をすっかり変えてしまった。また太陽電池にも大量に使用され始めている。さらにガリヒ素（ヒ化ガリウム）、硫化亜鉛、酸化スズなどの化合物半導体は発光ダイオードのほか、高速トランジスターや半導体レーザーなどの用途に用いられる。CDプレイヤー、レーザープリンターには、その半導体レーザーが使われている。

純粋な単体半導体や化合物半導体に微量の不純物を添加すると、望みどおりの物性を持つ半導体を作ること

●図1 リモコン送信機

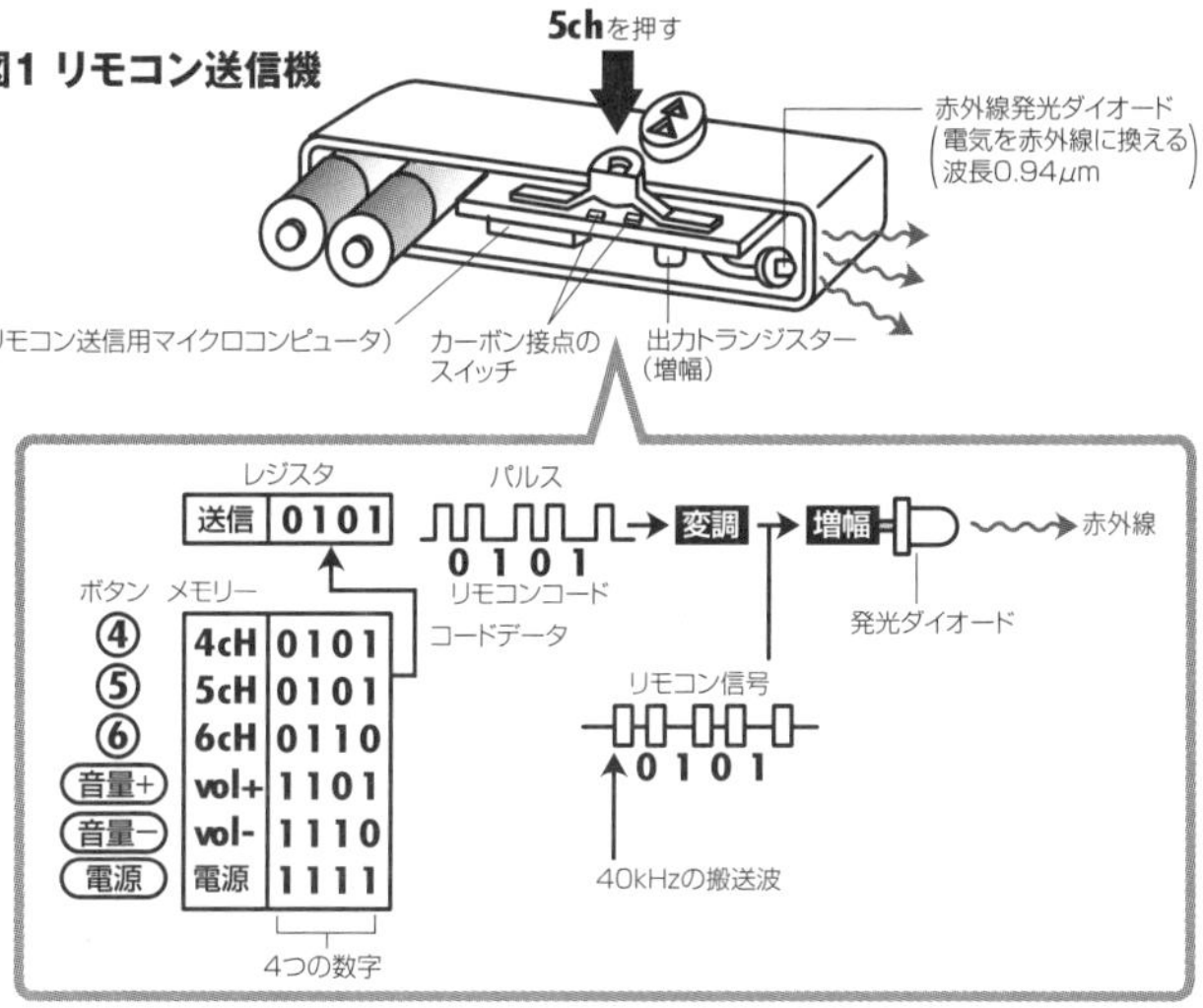

●図2 遠隔操作の仕組み

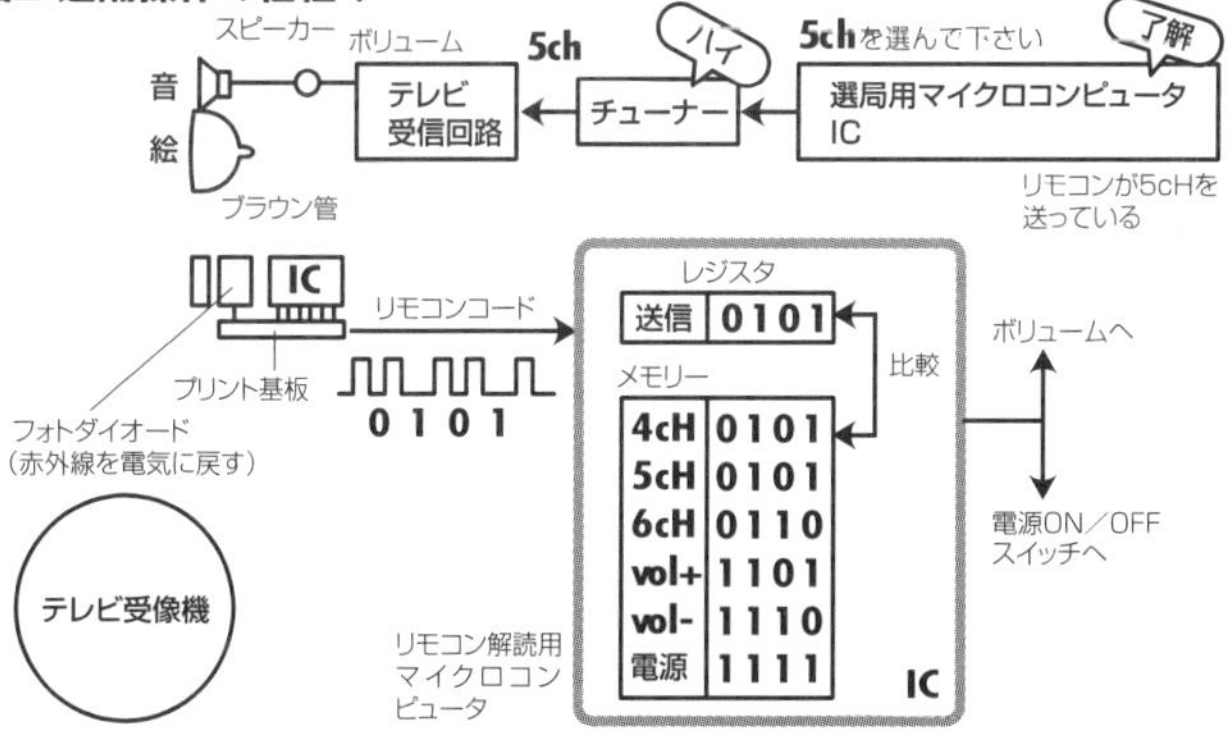

ができる。超微量の不純物を添加するには、通常の化学的方法はあまり使用できず、高真空中でイオンを打ち込む物理的方法が使われる。

016 ビデオはなぜ録画や再生ができるの

Point ビデオは、映像や音声の電流信号を磁化させることによって録画、再生を可能にしている。

鉄釘に磁石をくっつけて長時間置くと、鉄釘は磁気を帯びるようになる。これを残留磁気現象という。ビデオはこの現象を利用して録画をする。

磁気は電荷が動くことによって生まれる。電気が円の形に流れると、その面に垂直な方向に磁気モーメントが生じる。モーメントとは運動を起こさせる能力のこと。磁気モーメントには方向性があるが、それは磁石の南北に当たる（図1のa）。電子は負の電荷を持ち、自転しているので、円電流と同様に磁気モーメントができる。電子はいわば微小な磁石である（図1のb）。

しかし、物質は原子から成り、原子には電子が含まれているが、多くの物質は磁性を示さない。それは、電子は物質の中で原子と原子の結合にかかわっているからだ。たとえば共有結合は二個の電子のペアー（電子対）でできている。そのときペアーになった電子は自転の向き（スピンという）が逆になっている。磁気モーメントも方向が逆でお互いに打ち消しあい、磁性を表わさないという次第だ。

それに対し、遷移金属元素（注1）の原子はペアーになっていない。磁性を示

●図1 磁気モーメント

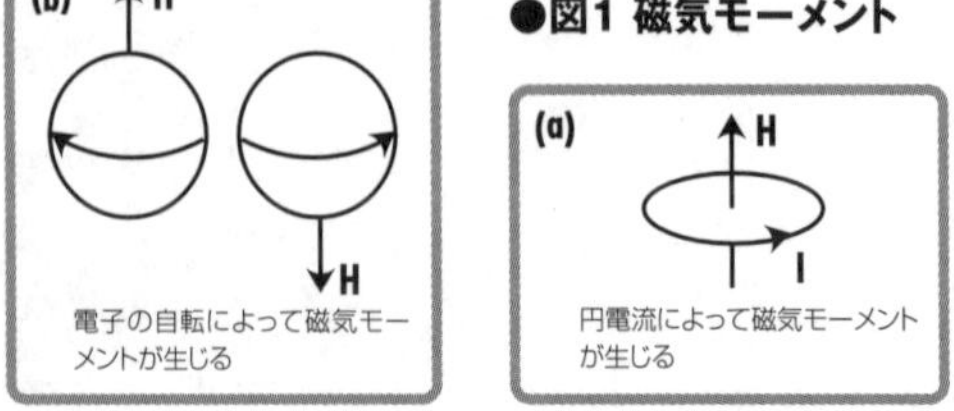

電子の自転によって磁気モーメントが生じる

円電流によって磁気モーメントが生じる

す遷移金属元素の化合物には、酸化鉄、酸化亜鉛、酸化ニッケル、酸化マンガンなどがあり、酸化物磁性材料といわれる。これらを原料にしてつくったのがフェライト磁石だ。酸化物粉末を焼き固めてつくるので、セラミックスの一種。もともと鉄の酸化物のことをフェライトといい、磁性をもつセラミックスのことを総称してフェライトというようになった。フェライトは、磁場を加えた時にどのように磁化するかによって、二種のものに分類される。

一つがハードフェライト。強い磁場を加えないと磁化しない。磁化の向きを反転させるのにも、逆の強い磁場が必要だ。一度磁化させると、半永久的に強い磁化が残留する。もう一つがソフトフェライト。こちらは微弱な磁場でも磁化するし、磁化の方向を反転させるにも逆の磁場をごくわずか加えるだけでいい。

このソフトフェライトの用途の一つに高周波トランスの磁心（鉄心ともいう）がある。磁化を反転させるときに流れる電流のことを渦電流というが、渦電流が電気―磁気の変換効率を下げる大きな原因となっている。フェライトは抵抗率が大きく、渦電流が小さくてすむので、金属系の磁石より高い周波数でも使える。

そして、針状の微粒子で、大きさが数ミクロン（一ミリの千分の一）ほどのソフトフェライトは、その一つ一つが小さな磁石となり、一つの磁化の向きが一ビットの情報記憶に対応させることができる。この微粒子の向きを揃え、均一にポ

注1〔遷移金属元素〕
元素周期表の中で3A族から7A族、8族および1B族に属する元素のこと。遷移元素はすべて金属で、したがって遷移金属元素という云い方ができる。
その特徴は原子番号の隣り合ったヨコの元素の化学的性質がよく似ていること。それに対し、典型元素は周期表のタテの元素が似ている。遷移元素がヨコで似るのは、遷移元素が不完全なdまたはf殻を持っているので、原子番号が増えるとき、それに伴い増えた外殻電子が最外殻のsまたはp殻には入らず、それより内側のdまたはf殻に落ちるように入る。その結果、最外郭電子の数は変わらず、したがってそれによって決まる化学的性質もあまり変化しないからだ。

リエステルなどのプラスチックのテープに塗ったものが、"情報を記録するテープ"だ。そう、これがビデオ・テープであり、コンピュータの大容量メモリーにも、フロッピーデスクにも使われる。なおフロッピーデスクはテープではなく、磁気シートを円盤状に打ち抜いたものだ。

ビデオ・テープを磁化するのは、ヘッドと呼ばれる電磁石だ。映像や音声の電流信号は増幅されてヘッドに流される。ヘッドに密着した磁気テープでは、その上に塗られたソフトフェライトが信号電流の強弱に応じて磁化されていく。これが録画。

逆に磁気テープに録画された「記憶」を再生するには、その磁気テープを再生ヘッドの上に通す。すると、電磁誘導によってその磁気の大きさに合った電流がコイルに流れる。これを増幅して信号として取り出せば、映像や音声として再生される仕組み（図2）だ。

●図2 録画と再生の仕組み

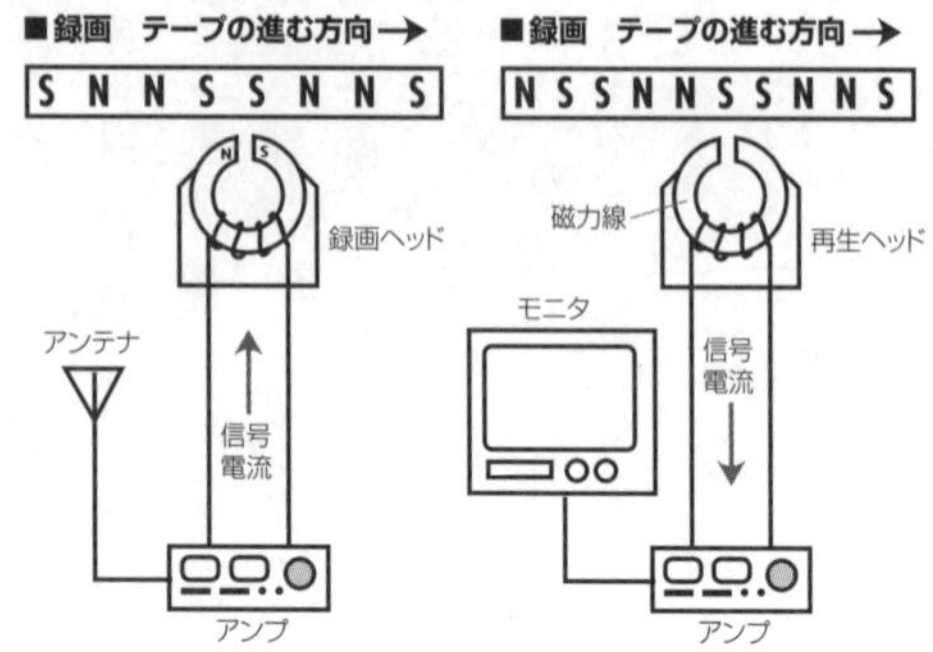

映像信号と音声信号がヘッドに流れると、テープがその信号電流の大きさに合わせて磁化される

再生ヘッドの上を録画されたテープが通過すると、電磁誘導によってコイルに磁力線

017 電気オーブン・電子レンジ・電磁調理器はどう違う?

Point
調理器具の加熱には、間接加熱と直接加熱があり、それぞれ適した調理法がある。

電気オーブンは、直接加熱しない間接加熱。それに対し電子レンジと電磁調理器は直接加熱。

電気オーブンの間接加熱は、上下に取り付けられたヒーターで百度C以上に加熱しながら、食品から発生する水蒸気をオーブン内部に閉じ込め調理する。つまり電気オーブンは調理材料を密閉し、空気を暖め、水蒸気で蒸すことで食品を間接的に加熱する。

一方、電子レンジは食品を直接に加熱する。電子レンジにはマグネトロンという強力な永久磁石による二極真空管が設置されている(図1)。その陰極から出た電子を陽極で超高周波の振動によって、マイクロ波を発生させる。それを導波管でレンジ内に導き、中央に置かれた食品に集中して当たるようにする。その結果、食品の水分子や油分子が回転や振動をし、そのため摩擦熱で食品が直接内部から加熱される。このような加熱をとくに"誘電加熱"という。

水などの分子が電磁波の周波数に応じて振動し回転するのは、分極といって、水などの分子の中にプラスとマイナスの極を持つからだ。

マイクロ波は、電磁波の中でも波長が1センチメートルと短いもの。周波数が高く、二四五〇メガヘルツもある。これはTVの約十倍、衛星放送の約五分の一に相当する周波数。毎秒二十四億五〇〇〇万回も分子を回転や振動をさせるので、摩擦熱が発生するわけだ。マイクロ波は人体に有害で、直接浴びると極めて危険。そのため、フタが黒く、外に漏れないように工夫されている。

使用中でも上部のプレートが熱くならない電磁調理器。そのわけは、電気と磁気の相関関係を活用した"電磁誘導過熱"にある。

まず耐熱性硬質セラミックスのトッププレートの下に、磁力発生コイルがあり、そこに高周波電流を流すと磁力線ができる。そのプレートに金属製の鍋を置くと、磁力線が鍋底を通り、電磁誘導の法則により、誘導電流の渦が発生する。この渦電流と鍋底の電気抵抗によって、ジュール熱（注1）が発生し、鍋を過熱する（図2）。

ちなみに電熱器や昔の電気炊飯器は、ニクロム線（注2）を発熱させて、鍋や内釜を加熱する仕組み。なお数年前にヒットしたIH炊飯器は、電磁過熱加熱を利用し、原理は電磁調理器とまったく同じだ。

注1〔ジュール熱〕
電気を通す導体に、電気が通り発生する熱のこと。その単位時間あたりの熱量は、電流の強さ（アンペア）の二乗に比例し、電気抵抗（オーム）に比例する。

注2〔ニクロム〕
ニッケルとクロムの合金。鉄、マンガンなどをわずかながら含む。加工が容易で、一般に線またはリボンとして電熱抵抗体に使われる。

※各調理器の特徴
〔電気オーブン〕
安定した温度で食品を加熱するので、調理に少し時間はかかるが、食品の水分や油分もそれほど抜けず、食品全体をじっくりと加熱する料理に適する。たとえばクッキーやスポンジケーキ、パン、ホイル包み焼き

●図1 電子レンジの仕組み

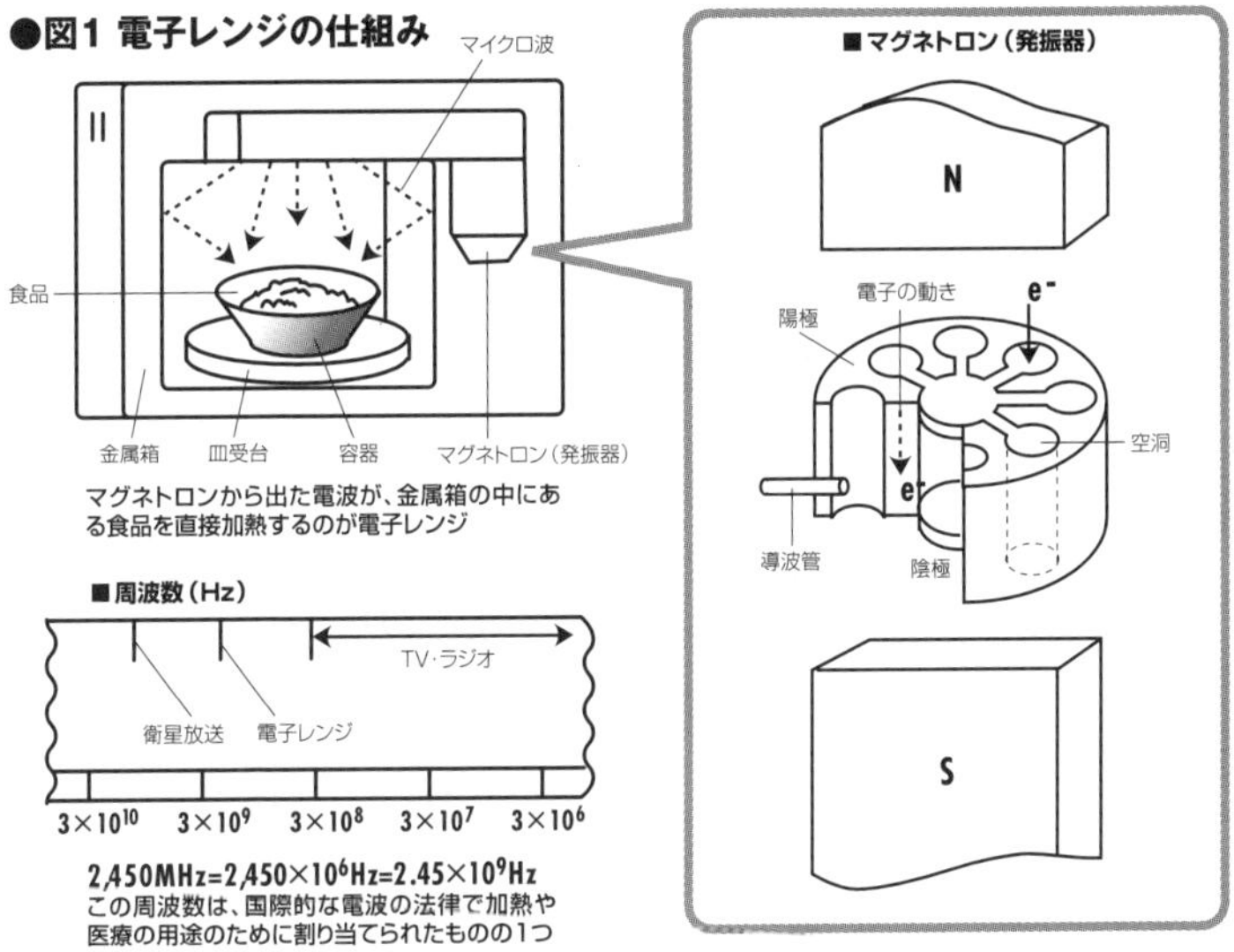

マグネトロンから出た電波が、金属箱の中にある食品を直接加熱するのが電子レンジ

2,450MHz=2,450×10^6Hz=2.45×10^9Hz
この周波数は、国際的な電波の法律で加熱や医療の用途のために割り当てられたものの1つ

●図2 電磁調理器の仕組み

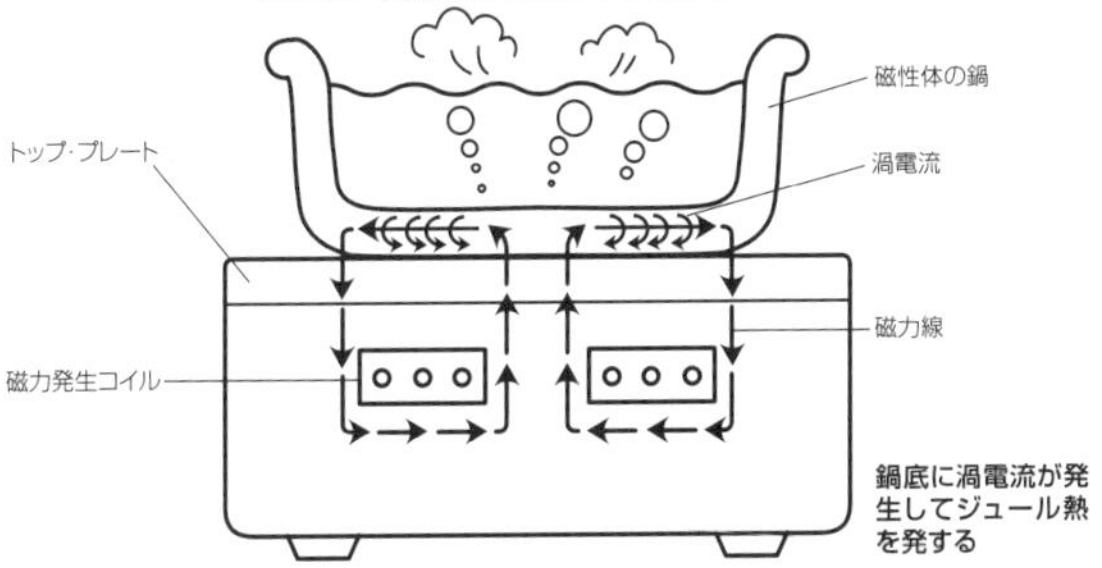

鍋底に渦電流が発生してジュール熱を発する

など。

【電子レンジ】

食品を内部から加熱する電子レンジは、調理時間が短く、かつ水をほとんど使わないので、熱などに弱いビタミン類や水の損失が少なくて済む。食器ごと加熱できるので料理や飲み物の温めに便利。なお、電子レンジで金属製の器が使えないのは、マイクロ波を反射してしまい、中の食品が温まらないため。アルミ箔も同じ理由でだめ。

【電磁調理器】

鍋そのものが発熱源であるので、その素材は磁性体である金属性がよく、鉄や鉄ホーロー、ステンレス、ニッケルなどの容器が適している。アルミなどは電気抵抗が小さく、ジュール熱が発生しにくいので使えない。陶磁器やガラスもだめ。

018

冷蔵庫って何で冷えるのかな?

Point

冷蔵庫は、液体が蒸発して気体になるとき、周囲の熱を奪う性質を、冷媒を使って人工的に作り出すものである。

液体には蒸発して気体になるとき、周囲の熱を奪って冷やす性質がある。庭や地面に水をまくと、一瞬ひんやりする。それは、水が蒸発するとき周囲の熱を奪い、熱が下がったからなのだ。

それというのも、液体から離れた分子が気化するとき、エネルギーを必要とするため。ここに目をつけたのが冷蔵庫。

気体となった液体をまた液体に戻し、液体—気体—液体を繰り返していけば、半永久的に冷やすことが可能ではないか。そんな発想から作られた。それなら冷蔵庫の中を冷やすために、液体—気体の循環はどのように行われているのか。

この循環に用いられる液体を冷媒という。冷媒として使われているのが、フロンガス(注1)。蒸発する際、周囲の熱を奪いやすく、気化し液化しやすいという特性を持つからだ。冷媒がどのように循環しているのか、追いかけてみよう。

まず圧縮機(コンプレッサー)のモーターを電気で動かし、冷媒ガスを圧縮する(※)。このとき冷媒ガスは約八十度Cの熱を持つ。その後、冷蔵庫の裏側に

注1〔フロンガス〕
フロンガスのうち「特定フロン」といわれるものは、オゾン層の破壊が問題となり、これを使った冷蔵庫の生産はすでに全廃された。そこでオゾン層への影響が少ない「代替フロン」への切り替えが進んだが、これも地球温暖化を引き起こすので、回収法などが課題だ。

●冷蔵庫の仕組み

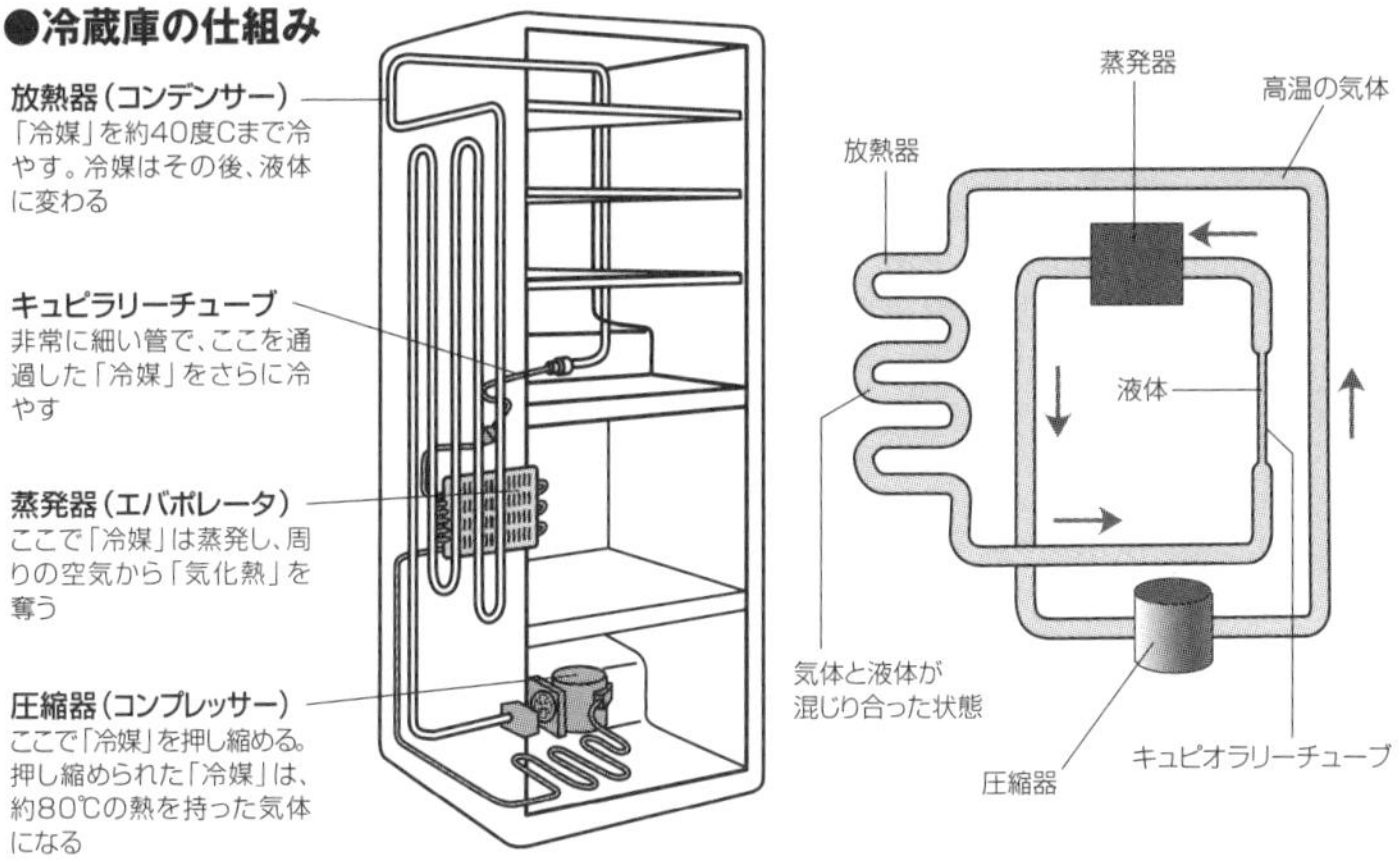
放熱器（コンデンサー）
「冷媒」を約40度Cまで冷やす。冷媒はその後、液体に変わる
キュピラリーチューブ
非常に細い管で、ここを通過した「冷媒」をさらに冷やす
蒸発器（エバポレータ）
ここで「冷媒」は蒸発し、周りの空気から「気化熱」を奪う
圧縮器（コンプレッサー）
ここで「冷媒」を押し縮める。押し縮められた「冷媒」は、約80℃の熱を持った気体になる
蒸発器
高温の気体
放熱器
液体
気体と液体が混じり合った状態
圧縮器
キュピオラリーチューブ

ある放熱機を通っているうち、空気で約四十度Cまで冷やされ、凝縮され液体に変わる。

　液化した冷媒はとても細い管（キャピラリーチューブ）を通りながら、管壁の抵抗で圧力を下げ、冷蔵庫の内部に設置された蒸発器（エバポレータ）へ。液体は圧力が下がると気化しやすくなり、蒸発器で急激に膨張すると気体になり、その際に冷蔵庫内部の熱を奪い吸収して、温度を下げる。電気冷蔵庫は圧縮、凝縮、蒸発のプロセスを繰り返し、冷蔵庫の内部で熱を奪い、外部で放熱をして、庫内をいつも冷たく保っているのだ。

※このようにわざわざ高圧をかけてから冷やすのは、一般に気体が圧縮して冷やした方が液体になりやすいという性質があるからだ。

019

エアコンはなぜ1台で冷房も暖房もできるの？

Point

エアコンも冷蔵庫と同じ仕組みであるが、暖房の際には、冷媒の流れを逆方向にしている。

エアコンには冷房専用のクーラーと、一台で冷房も暖房もできるヒートポンプ（意味については後述）式とがある。その原理はどちらも、前項で取り上げた冷蔵庫と同じで、「液体が気体に変わる時、周囲の熱エネルギーを奪う」という性質を利用する。

液体では、構成する分子がお互いに手をゆるやかに繋ぎ合い、分子運動をしている。外から熱エネルギーをもらうと、分子運動がより激しくなり、繋ぎ合っていた手を振り切って、分子同士が自由に飛び回る気体になる。この時、外から奪う熱エネルギーを気化熱という。液体が気体に化けるのに必要な熱だ。

たとえば暑い日に水浴びをすると涼しくなるのは、体についた水分が蒸発して気体になる際に、皮膚の熱を奪っていくからだ。奪われた熱は消えずに移動するので、冷蔵庫の後ろ側やエアコンの外側が熱くなるのは、このためだ。このとき熱を移動させる役目をするのが、冷媒ガス（前項参照）。

冷蔵庫やエアコンは、基本的に媒体ないし冷媒が熱を運ぶ通路で構成される冷

●図1 冷凍サイクル

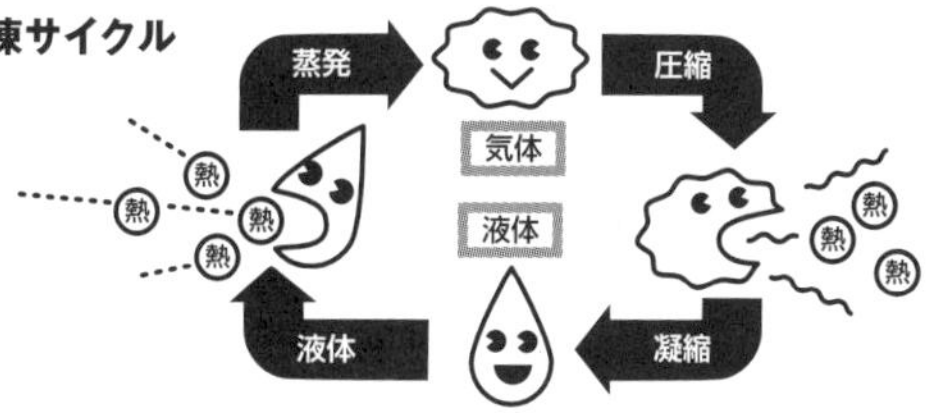
蒸発
圧縮
気体
液体
熱
液体
凝縮

●図2 エアコンの仕組み

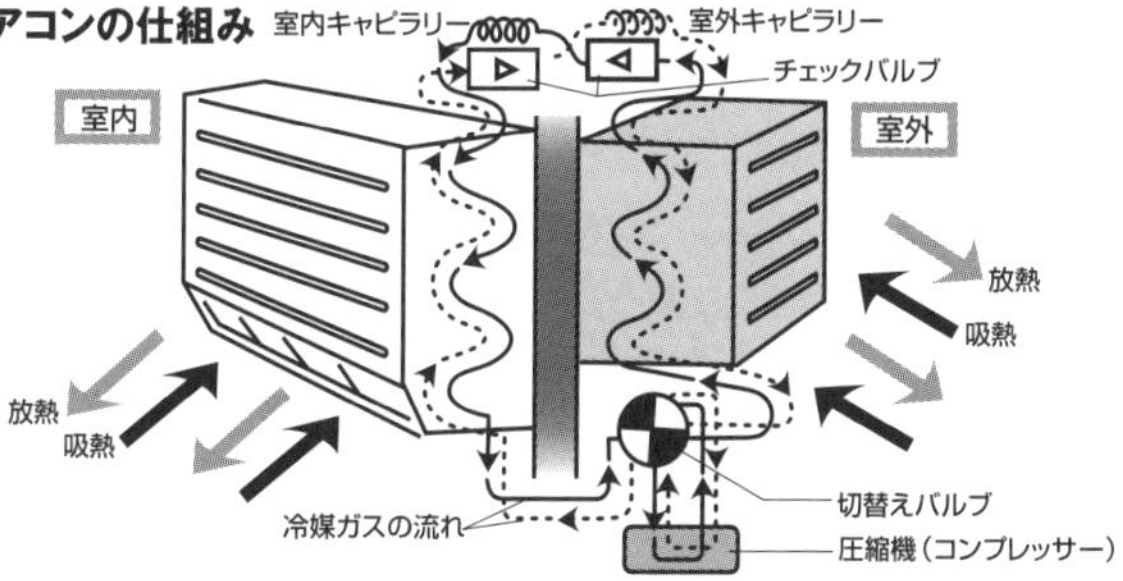
室内キャピラリー
室外キャピラリー
チェックバルブ
室内
室外
放熱
吸熱
放熱
吸熱
冷媒ガスの流れ
切替えバルブ
圧縮機（コンプレッサー）

■ヒートポンプの冷房運転

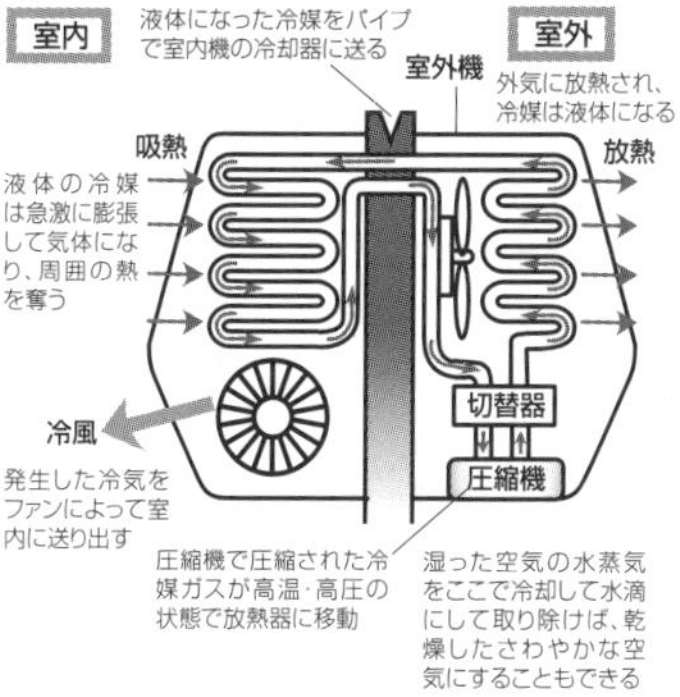
室内
液体になった冷媒をパイプで室内機の冷却器に送る
室外
室外機
外気に放熱され、冷媒は液体になる
吸熱
放熱
液体の冷媒は急激に膨張して気体になり、周囲の熱を奪う
切替器
圧縮機
冷風
発生した冷気をファンによって室内に送り出す
圧縮機で圧縮された冷媒ガスが高温·高圧の状態で放熱器に移動
湿った空気の水蒸気をここで冷却して水滴にして取り除けば、乾燥したさわやかな空気にすることもできる

■ヒートポンプの暖房運転

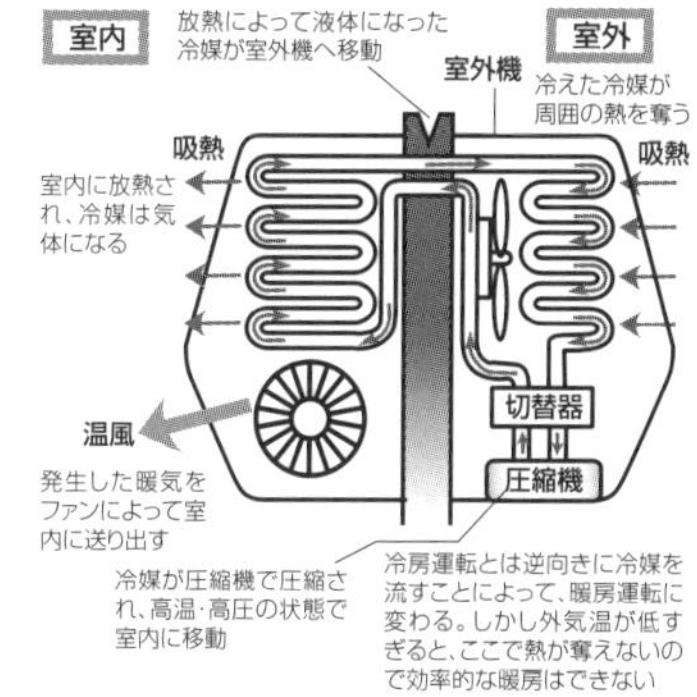
室内
放熱によって液体になった冷媒が室外機へ移動
室外
室外機
冷えた冷媒が周囲の熱を奪う
吸熱
吸熱
室内に放熱され、冷媒は気体になる
切替器
圧縮機
温風
発生した暖気をファンによって室内に送り出す
冷媒が圧縮機で圧縮され、高温·高圧の状態で室内に移動
冷房運転とは逆向きに冷媒を流すことによって、暖房運転に変わる。しかし外気温が低すぎると、ここで熱が奪えないので効率的な暖房はできない

注1〔直流〕
プラスからマイナスへ一方向に流れる電流。

注2〔交流〕
プラスとマイナスの間を一定周期で交互に流れる電流。一般家庭には交流が送られる。

注3〔インバーターエアコン〕
インバーターエアコンでは、家庭に送られてきた交流電流がまずエアコン内部の整流器で一度直流に切り替えられる。その後、インバーターで再び交流に切り替えられるが、その間にコンピュータが制御信号を操作し、交流の周波数をコントロールする。それにより東日本は五〇ヘルツ、西日

凍サイクルである（図1）。

その冷却の順序は、前項のおさらいになるが、まず気体の冷媒を圧縮機で圧縮し、高温・高圧のガスにする。このガスを冷却して、凝縮熱を放出させて液化する。それから液化した冷媒は減圧装置のキャピラリーでさらに低温・低圧の液体状態にされ、この液冷媒が蒸発器で蒸発するさいに、多量の気化熱を吸収して、低圧の気体になる。その蒸発器のところは部屋の空気を送風機によって強制対流させることで、室内を冷房できる。このようにクーラーの中の冷媒は、気体から液体へ、そして気体へと繰り返しながら熱を運搬している。

クーラーでは冷媒ガスが室内から室外へ流れるだけだが、ヒートポンプ式ではバルブを切り替え、冷媒の流れを逆方向にして、冷房と暖房を切り替える（図2）。

なお「ヒートポンプ」とは、熱を汲み上げるという意味。冷房運転では外気温度から熱を汲み上げて、室外機で放出する。いっぽう暖房運転では外気温度から熱を吸収して室内に運搬する。いずれの場合も、圧縮機が電力を消費した際の仕事熱も運搬する。

ここ数年発売された電気冷蔵庫やエアコンには「インバーター」なるキーワードを売り物にしている。インバーターとは〝反転〟の意で、電化製品を直流（注1）から交流（注2）に切り替えるシステムのことだ（注3）。

本では六〇ヘルツの周波数が三〇から九〇ヘルツの間で適切に変換され、圧縮機のモーターの回転数を自在に変えて、冷媒ガスの流れる量が無段階に調節される。

交流から直流へ、そして交流に切り替えるという回りくどい作業をするのは、コンピュータが制御信号を操作するには、電圧の低い直流電流のもとで行う必要からだ。インバーターが採用される前のエアコンは、モーターの回転が一定だったので、スイッチのオン・オフで温度調節をしていた。そのため温度の幅が不経済。そればかりか冷え過ぎ、温め過ぎで体調を崩すなどのデメリットがあった。こうした古いエアコンの使い勝手の悪さをインバーターはすべて解決した。

020 話題のマイナスイオンの正体

Point
実は化学では「マイナスイオン」というものはない。一般には、マイナスの電子が空気中の酸素と結合されたものとされている。

あちこちで目に付く〝マイナスイオン〟。なにやら怪しげで、人の心を惹きつけもする。しかし、家電製品であるからには、科学的に検出可能なマイナスイオンを放出する装置を備えている。

現在の家電業界で大勢を占めているマイナスイオンの定義は、化学でいうイオン（注1）のなかでも、「マイナスの電子が空気中の酸素と結合して、負に帯電した酸素分子が生成され、これにさらに複数の水分子が結合したもの」だ（「日経トレンディ」2002年9月号）。今や、エアコンから掃除機に至るまで、あらゆる家電に〝マイナスイオン〟が謳わている。どの家電製品も空気中に電子を放出し、空気中の酸素と反応させる方式。そのやり方は大きく二つに分けられる。

一つは、電子を直接、空気中に放出する放電方式（※）。

もう一つのやり方は、水破砕方式。水を細かく小さく破砕すると、プラスとマイナスの電気を帯びた微小な水滴になるというレナード効果を活用する。水を破砕するには、水を勢いよく噴出させ、障害物にぶつける。すると、マイナスに帯

注1〔イオン〕
普通、化学でイオンとは、正または負に荷電した原子または原子団のこと。電気的に中性の原子や分子が電子を失うか、あるいは過剰に電子を結合する場合に生じる。電子を失って正に荷電したものを正イオンまたは陽イオン、電子を得て負に荷電したものを負イオンまたは陰イオンという。本文のマイナスイオンも、負イオンまたは陰イオンのことだが、これでは売れそうにない。そこで誰か知恵者がいて、〝マイナスイオン〟とネーミングしたのかもしれない。

●マイナスイオンができるメカニズム

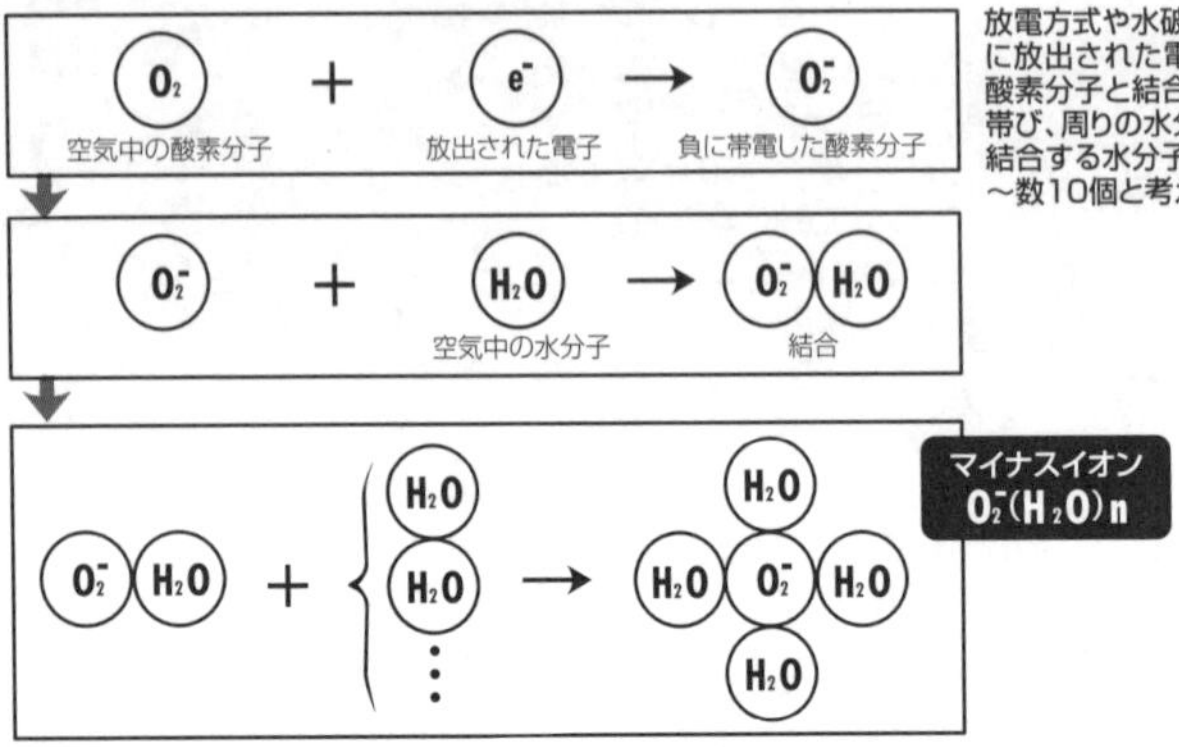

放電方式や水破砕方式で空気中に放出された電子が、空気中の酸素分子と結合して負の電荷を帯び、周りの水分子と結合する。結合する水分子の数（n）は数個～数10個と考えられている

電した水滴から電子が放出される。そう、滝や噴水と同じだ。

じつは自然界のいろいろな所でマイナスイオンが発生している。太陽からの紫外線、宇宙から降り注ぐ放射線（宇宙線）、地面からの放射線（地殻放射線）などが高いエネルギーを持ち、当たると空気中の窒素や酸素などの分子から電子を飛び出させる。電離作用という。この飛び出した電子と別の酸素分子が結合し、さらに複数の水分子とくっついて、マイナスイオンとなる。この天然のマイナスイオンは都市部では少なく、部屋の中ではさらに少ない。そこで、マイナスイオン家電なるものが登場し、その自然界の現象を再現した、と言えるかもしれない。

※これにはさらに、プラス極の有無でコロナ放電方式とパルス放電方式の二通りある。どちらも有害物質のオゾンを副産物として発生しやすく、それをいかに抑えるかがポイント。

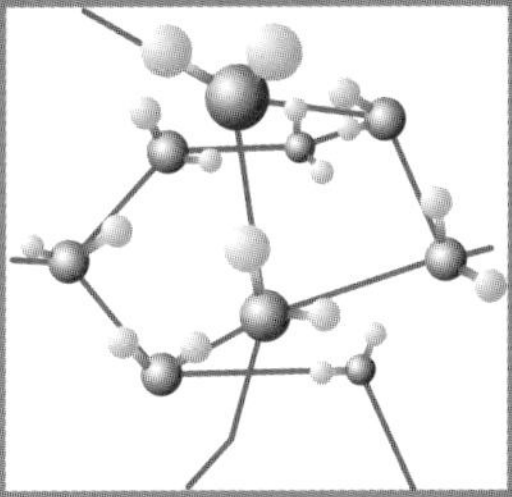

021
▼
030

第3章

美とスポーツ、楽しみの化学

021 ブルージーンズの謎
022 アッという間に進化したパンスト
023 発泡スチロールで公園の丘ができた！
024 水族館の水槽のパネルが巨大にできるわけ
025 花火は化学の饗宴だ
026 チタンがスポーツ用品から宇宙開発にまで使われるわけ
027 クルマの塗装はなぜきれいか
028 洗剤はなぜ汚れを落とすのか
029 芳香剤はなぜ匂う？
030 化粧品を化学する

021 ブルージーンズの謎

Point 色落ちしているジーンズは、塩素系の薬品の化学反応で色落ちさせたケミカルウオッシュ法という製法でつくられている。

一八四八年から始まった米国のゴールドラッシュの最中。リーバイ・ストラウスというイタリア人移民の仕立屋が幌馬車用のテント地をインディゴで染め、裁縫した作業着を売り出した。原料の布地が不足すると、ストラウスは当時繊維工業の中心であったフランスのニーム地方から厚手の綿生地を輸入。それがジーンズの基本素材となり、その名が「デニム」となった。

ジーンズは、もともと荷揚げ労働者がはいていたズボン。イタリアの港町ジェノアで織られた仕事着用の木綿の厚手の生地で、フランスの職人たちが「ジェーヌ（Jenes、ジェノア産の布）と呼んだ生地から、その名が生まれたという説と、海洋王国だったジェノアの帆布の特徴である「ジェノアの青（Bleu de Genes）」に由来するという説がある。欧米ではずっと仕事着であるという固定観念から脱け出ることができなかったが、それを世界の若者のファッションにしたのは、実は日本の力が大きかった。

一九八二年、ジーンズを工業用洗濯機の中で軽石と一緒に洗う方法（ストーン

●インダンスロン

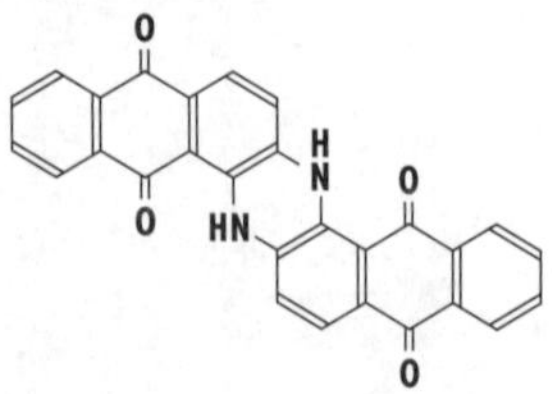

●インディゴ

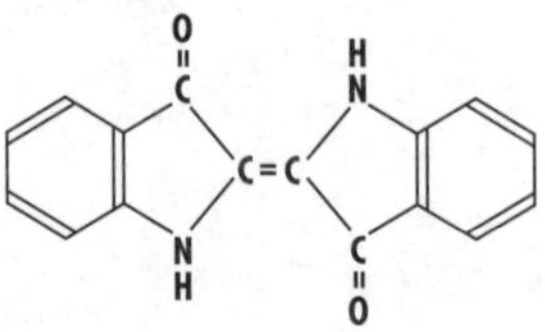

ウオッシュ加工）が日本で開発された。一九八六年にはやはり日本で、ジーンズを塩素系の薬品の化学反応で部分的に色落ちさせた、ケミカルウオッシュ法が開発された。

インディゴは天然染料である藍を人工的に合成したもので、長年、合成染料の王座に君臨してきた。しかし、インディゴは建染染料（注1）としては最も小さな分子で、セルロースと直接結合する度合いが低いので、木綿の表面にしか染着しない。そのうえ中央のエチレン結合が化学的な酸化処理で簡単にきれ、消色してしまう。建染染料としてより進化したインダストロンが発明されると、インディゴへの需要は減り、一九五〇年代には寿命が尽きかけていたのだったが、今日では世界中で約一七〇〇〇トンと大きく伸び、木綿用染料として最も重要な地位を占めるに至ったのは、日本のニュージーンズのおかげといっていいだろう。

●染料の繊維への結合の様式による分類

結合様式	水溶性染料	*水不溶性染料
水素結合・分散力・配向力などにより染着	直接染料	建染染料・硫化染料・ナフトール染料・分散染料
イオン結合により染着	酸性染料 カチオン染料	
イオン結合とキレート結合により染着	金属錯塩酸性染料 酸性媒染染料	
共有結合により染着	反応染料	

*染色時に水溶性であっても染色後繊維上で水不溶性になる染料を含む

注1〔建染染料〕
水に溶けないが、染色時にそのカルボニル基を還元剤（主にハイドロサルファイト）と水酸化ナトリウムによって水に溶けるものにして溶かし、それを繊維に付着させてから、酸化して発色させる染料。染料には、ほかに直接染料、硫化染料などいろいろあるが、表を参照されたい。

022

アッという間に進化したパンスト

Point

パンティ・ストッキングの進化は、高分子化合物であるナイロンの登場から始まった。

一九五〇年頃、若い女性たちの中には五〇〇〇円もの大金（月給の三〇〜四〇％）で絹のストッキングを買い、修理しながらはいている人もいた。そうした時代から、女性のストッキングほど大きく変化したモノは珍しいだろう。

素材でいえば、絹や木綿などの天然繊維からナイロンの合成繊維（注1）へ、形からすればうしろに「シーム」（縫い目）のあるフルファッションから、縫い目のないシームレスへ、さらにはシームレスのパンティ・ストッキング（パンスト）へと急激に進化を遂げた。パンストは画期的な発明だった。腰のパンティの部分は下着、足のストッキングの部分はもっぱら脚をひき立てる表着という「隠す」と「見せる」という衣服の二つの基本的な機能を同時に果たすものだった。ミニスカートが世代を越えて大流行したのも、パンストなしにはありえなかった。それもこれも、ナイロンという高分子化合物のお陰。

古来、人類は綿、羊毛、絹といった天然繊維、動物の皮やゼラチン、木材や紙など天然の高分子を利用してきた。しかし、それが高分子であることが分かった

注1〔合成繊維と天然繊維〕
ナイロンに続き、ポリエステル、アクリル繊維の工業化で、三大合成繊維がそろって飛躍的に発展した。合成繊維は石油などを原料としたポリマー（重合物）をノズル（口金）から押し出し、延伸して作る。そのため出てきた繊維は、一般に均一なものが多く、単純な構造をしている。
一方、天然繊維は綿や羊毛はいうに及ばず、絹でさえ顕微鏡でみれば表面は凹凸があり不均一。組織も多相構造を示して、これが天然繊維の高機能を発揮する理由。
蚕の口から作られる絹糸の速さはたかだか一分間に一メートル。羊毛や綿ではその百万分の一の成長速度。それに対し、合成繊維は繊維技術の発達とともに今

●天然繊維と合成繊維の違い

	天然繊維（綿）	合成繊維
原料	水と光と炭酸ガス	石油（単量体）
製造：方法、速度	光合成 8×10^{-7}m/分以下	重合と紡糸 1×10^{3}m/分以上
特徴：組織構造、性質	不均一で精巧で複雑（多相構造）生活環境下で優れた性質を示す	均一で単純「シシカバブ」（シシは「串」、カバブは「肉」）構造特殊環境下でも優れた性質を示す
用途	主として衣料用	衣料用・産業用資材
次世代の展望	1.高機能化 2.バイオテクノロジーによる生産技術改革（特に昆虫、クモから学ぶ繊維生産設計） 3.新しい天然繊維（特にカイコやクモの紡糸のメカニズム）	1.精密な分子配列制御から高次の構造材料や複合材料に進展する 2.人間工学、極限の機能や環境応答の各繊維に進展する 3.生体に学ぶ組織形態や構

●ポリエチレンの「シシカバブ」構造

Pennings et al J.polym,Sci.:polymSymp.1977,59,55

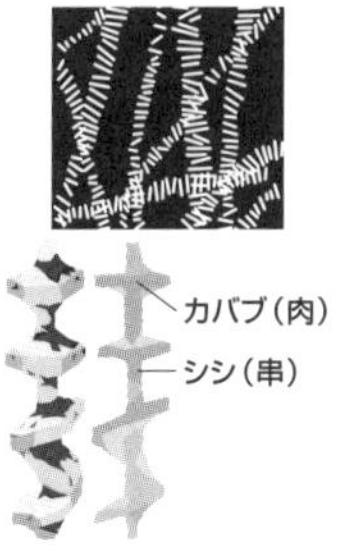

合成繊維の多くは繊維構造は「シシカバブ」構造、シシは"串"で、カバブは"肉"を意味する「焼き鳥」構造をとる。代表例はポリエチレンの「シシカバブ」構造である。

のは、意外に新しく一九三〇年頃、ドイツの科学者シュタウディンガーによる。それまでは小分子の集合体（ミセル）と考えられていたのだ。

なお、高分子化合物とは分子量（注2）が約一万以上の化合物のことで、そのように大きな分子を高分子、または巨大分子という（注3）。

シュタウディンガーの大発見に興味をもった一人が、米国デュポン社のカローザス。一九三五年、世界で初めて合成繊維の合成に成功した。それが一九三八年、デュポン社が「水と空気と石炭からできて、クモの糸より細く、鋼鉄より強い」の名文句で発表したナイロンだった。

や、作る速さは新幹線のスピードを通り越し、ジェット機並の速度で生産されている。

注2（分子量）
分子量は、分子を構成する原子の原子量の和。

注3（高分子）
高分子の中で、天然に存在するものを天然高分子、ナイロンやポリ塩化ビニルなどのように人工的につくられるものを合成高分子とよぶ。

023 発泡スチロールで公園の丘ができた！

Point
発泡スチロールは、ポリスチレンを型に入れ、約五〇倍に膨らませたもの。軽くて丈夫なところからさまざまな分野で活躍している。

東京ディズニーランドの川一つ隔てて東京都側にある、葛西臨海水族園。水族館の手前に海を見晴らす六メートル以上の小高い丘がある。じつはその下は発泡スチロールでできている。

水族館の建設が進み、内外装の仕上げ工事が始められた頃に時を遡ってみよう。建物の西側で白いブロックが雛壇状に積み重ねる作業が進んでいる。大きさは縦横が一メートル×二メートル、厚さが五十センチと大ぶりだが、大人一人で軽々と運んでいる。それが、カップラーメンの容器などでおなじみの発泡スチロール。

発泡スチロールのブロックはあまりに軽く、雨水などが内部にたまると全体が浮き上がってしまうので、底部には排水のための砕石層や排水溝が念入りに設けられた。非常に軽くて風に飛ばされやすいので、それぞれ爪付きの緊結金具（図1）でズレ止めをしながら作業をした。総量一万一〇〇〇個に及び、最大五段に積み重ねられ、その上に約一メートルの厚さで土がかぶせられた。

それにしても、どうして発泡スチロールが使われたのか。

●図1

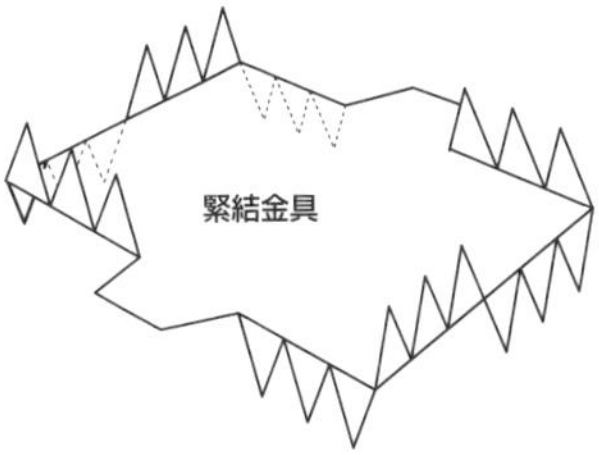

●図2

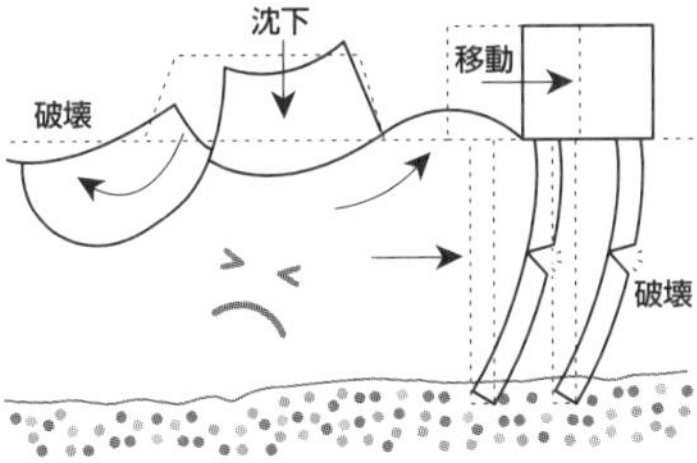

●表〈軽量盛土工報の種類と特徴〉

工法		使用する材料	単位体積重量(tf/m^3)	特徴
軽量材を用いる方法	発生材	軽量土砂（火山灰土等）	1.2～1.5	・天然の材料を用いることができる
		水砕スラグ	1.2～1.35	・粒状材であり、取扱いが容易である ・自硬性をもっている
		石炭灰	1.2～1.3程度	
		焼却灰	1.0程度	
	人工素材	発泡スチロール	0.02～0.04	・超軽量盛土材であり、施工が容易である
		気泡モルタル	0.3程度以上	・気泡材の量によって自重をコントロールすることができ、流動性がある
		高分子材料	中空の枠状のもの	・超軽量で排水機能をもっている
		計量廃棄物（空缶等）	0.1～0.18	・廃棄物の有効利用が図れる
現地発生土の軽量化による方法	混合処理	現地発生土/軽量材（発泡スチロールビーズ、気泡材、石炭灰等）/固化材（セメント、石灰等）	1.0前後	・現地発生土の有効利用ができる ・混合する計量材の量をコントロールすることにより、自重の調整が可能である ・固化材を入れることにより、強度を増大させることができる
	流動化処理	現地発生土/水/固化材（セメント系固化材、石灰等）/軽量材（発泡スチロールビーズ、気泡材等）	0.5程度以上	・同上 ・現地の高含水比粘性土の利用が可能である ・流動性があり、固化材の作用により締固めを必要としない

●ポリスチレン／製法0

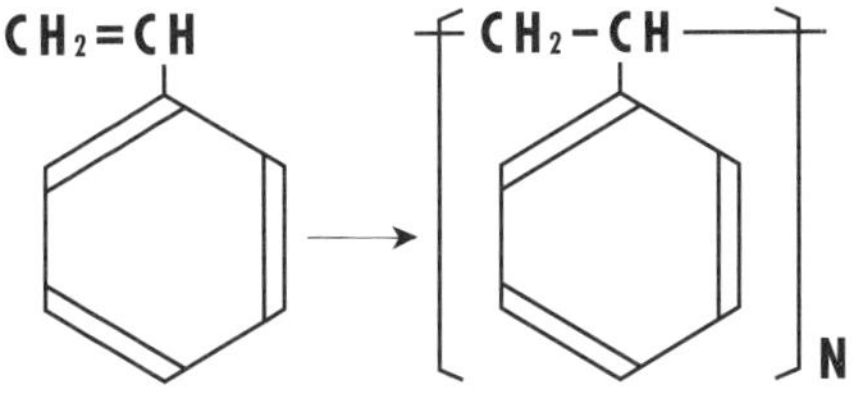

水族園のある場所は埋立地。埋め土の下に海底に積もった軟弱な粘土層が四十数メートル続く。そのため水族館は、約五五メートルという長さの高強度コンクリート杭約八〇〇本が打ち込まれた上に建設された。水族館に近接して計画された丘は新たに盛土をしなければならない。土で盛ると、軟弱な地盤に荷重がかかって沈下し、盛土近接部に側方流動と呼ばれる水平移動が発生し、周辺の構造物などに悪影響を及ぼしかねない（図2）。

そこで、加重を軽減する、いろいろな軽量盛土工法（表）のうち、最も軽い発泡スチロールを敷き込む方法が採用された。なにしろ発泡スチロールは重さが土の八〇から一〇〇分の一しかない。発泡スチロールは、ポリスチレン（注1）を型に入れ、約五〇倍に膨らませたもの。つまりほとんど空気でできている。軽いのも、トーゼンですね。

しかも、発泡スチロールは圧縮強度が一平方メートル当たり二から一四トンで、公園や道路の下などに敷くのに十分な強さを持つ。また、積み重ねたとき自立しやすく、横方向に膨らまないことも強み。ただし、土に比べるとかなり高価なので、投資効果を十分に吟味しなければならない。

軽くて丈夫な発泡スチロールは、水産、農産、マリンレジャー、土木、住宅など、さまざまな分野で活躍している。

注1〔ポリスチレン〕
ポリエチレン、ポリ塩化ビニル、ポリプロピレンとともに4大プラスチックのひとつ。無色で引火性があり、芳香のする液体のスチレンを熱、過酸化物、その他の触媒で重合したものが、ポリスチレンだ。
ポリスチレンに発泡剤としてブタン、ペンタン、ヘキサンなどを混ぜてスポンジにした粒子を、一〇〇度C押し固めると、板になる。これが発泡スチロール（発泡ポリスチレン）。これを適当な金型に入れ、金型に入れて加熱するだけで、二〇倍から七〇倍ほどに膨張して、軽くて丈夫な発泡成形品が得られる。

024 水族館の水槽のパネルが巨大にできるわけ

Point
水族館の水槽のパネルはガラスではなく、プラスチックの一種アクリルでできている。アクリルは比重がガラスより軽く、強度は十五倍もある。

二〇〇二年十一月、沖縄県本部町に開業した「美《ちゃ》ら海《うみ》水族館」には、高さ八・二メートル、幅二十二・五メートルを柱なしで一枚のパネルにした水槽がある。水槽のパネルとして世界最大。水槽のパネルはガラスではなく、じつは石油から造り出されたプラスチックの一種、アクリル製だ。厚さも六十センチ。同じ厚さのガラスでは、これほどの透明度は出ない。それに、水槽の中の水七千五百トンの圧力にガラスでは耐えられない。

アクリル樹脂は比重がガラスの二分の一と軽いが、強度は十五倍もある。加工性の高さも特徴で航空機の風防ガラスから、店舗のディスプレーや建材、家具、家電製品から医療用材料としてコンタクトレンズや義歯までがこの樹脂でつくられている。しかし、アクリル樹脂で厚いパネルを作るのは容易ではない（※）。

厚いアクリルパネルは、厚さが四センチまでのアクリル板を何層にも重ねるが、接着剤で単純に張り合わせるだけではダメ。アクリルと屈折率の異なる接着剤を間に挟むと、光を反射してしまう。十数枚も重ねれば向こうが見えない。

※ 特殊なアクリルパネルを作る専門メーカーがある。大型水槽用で世界の七五%のシェアを握る企業が香川県三木町に本社を置く「日プラ」だ。

注1（重合） 高分子化合物を構成する単位成分を単量体（モノマー）といい、それらが繰り返して結合してできた高分子化合物を重合体（ポリマー）という。単量体から重合体ができる反応を重合という。アクリル樹脂もアクリル酸やメタアクリル酸などのエステルからの重合体の一般名である。本文中のアクリル樹脂も、より細かく精確にいえば、メタクリル酸メチルエステル（略称はMMA）の重合体である。一般に「有機ガラス」とし

●合成高分子の種類

高分子化合物	有機高分子化合物	無機高分子化合物
天然	デンプン、セルロース、タンパク質、天然ゴム、天然樹脂（琥珀など）（半合成繊維:ニトロセルロース）	二酸化ケイ素（水晶、石英）、アスベスト、雲母、長石、フッ素ガラス（非晶質固体）
合成	［ 合成繊維 ］ナイロン、ポリエステル、アクリル繊維 ［ 合成樹脂 ］アクリル樹脂、ポリスチレン、ポリエチレン、ポリ塩化ビニルなど ［ 合成ゴム ］ポリブタジエン、ポリイソプレン、ポリクロロプレン	ゼオライト、シリコーン樹脂

●アクリル樹脂 MMA-ポリマーの性質

比重	1.19
ガラス転位点	105℃
光線透過率	93%
引張強さ	～800kg/cm^2
弾性率	3×10^{4}kg/cm^2
熱変形温度	(16.4kg/cm^2)～100℃
誘電率	(60サイクル/sec)4
tanδ	(60サイクル/sec)0.04
体積抵抗	10^{15}Ωcm
吸水率	0.3%

まず、二枚のアクリル板の間に、液体のアクリルを流し込む。それから、アクリルの変形が始まる八二度の直前の温度まで加熱し、重合（注1）と呼ばれる化学反応を起こさせる。うまく重合すれば、二枚のアクリル板同士が分子レベルで再結合して一体化する。

さて、アクリル樹脂は高分子化合物のうち、前項のポリスチレン、あるいはポリ塩化ビニルなどのように人工的につくられる合成高分子の一種。合成高分子は、天然高分子とともに有機、無機に分かれるが（表）、有機合成高分子は合成繊維、合成樹脂、合成ゴムの三つに大別される。合成樹脂と天然樹脂をひとくくりにした高分子の総称が、プラスチック（注2）だ。

て知られる。ちなみにエステルとは、酸とアルコールとから、水とともに生じる物質だ。

注2〔プラスチック〕物体に外力を加えると連続的に変形し、外力を取り去った後も変形が残ることを塑性（plasticity）という。熱や圧力によって、塑性変形させて成形することのできる高分子化合物の総称が、プラスチックだ。天然樹脂と合成樹脂がそう。なお塑性に対する言葉が、弾性だ。

プラスチックには、チョコレートのように熱を加えると軟化する熱可塑性プラスチックと、ビスケットのように熱を加えると硬化する熱硬化性プラスチックとがある。アクリル樹脂は熱可塑性プラスチックだ。

025 花火は化学の饗宴だ

Point 夜空に大輪の花を咲かせる花火は、さまざまな化合物が合わさって色彩をつくりだしている。

花火の歴史は鉄砲と黒色火薬の伝来に始まる。黒色火薬は硝石の粒子と硫黄、木炭を混ぜて製造される。硝石は日本に産せず輸入されていたが、鎖国令が出ると国内で製造され、幕末には硝石の斉養場（培養場）が幕府に提案されるようになる。魚のはらわたや動物の糞などの腐ったものを土と石灰にまぶしたものに灰汁を加え、上澄みを取って煮つめて硝石を得るというもの。

これを化学の言葉に翻訳すると、動物性のタンパク質中の窒素、または糞尿中のアンモニアが、土中の硝化バクテリアの働きで亜硝酸（HNO_2）になり、これが空気に触れて酸化され、硝酸（HNO_3）となる。この硝酸が土中のカルシウムと結合して硝酸カルシウム（$Ca(NO_3)_2$）となる。これに灰汁中の炭酸カリウム（K_2CO_3）が作用し、硝酸カリウム＝硝石（KNO_3）ができる。

明治維新後の文明開化の波で、百年ほど前にヨーロッパで発明された塩素酸カリウム（注1）が輸入され、花火に使われるようになる。それまでの花火は「和火」といわれるようになり、それに対し、燃焼温度が二〇〇〇度以上になり、赤

注1 〔塩素酸カリウム〕
$KClO_3$ 熱すると過塩素酸カリウム$KClO_4$になり、さらに熱すると塩化カリウムと酸素O_2になる。塩化カリウム水溶液を電気分解して得られる塩素ガスと水酸化カリウムを直接反応させて作る。マッチ、花火、爆薬などの原料や酸化剤として使われる。

や緑などの色が出るようになったのを「洋火」といって区別している。

昼に打ち揚げる花火は、音と煙が欠かせない。明治以降、発音剤（雷薬）として塩素酸カリウムと、硫化砒素を主成分とする鶏冠石を混合してつくる「赤爆」が使われていたが、赤爆はとても危険。今日では、塩素酸カリウムのかわり過塩素酸カリウム（$KClO_4$）、鶏冠石のかわりにアルミニウムとチタン粉を使うようになり、より安全になった。

一方、漆黒の夜空に絢爛豪華な火の花を開くのが夜の割物。割物の一般的な構造は、玉の中央部に玉を割るための火薬―割薬を包んだ袋を置き、その周囲に星を密に配置し、この星の外側を、新聞紙などを張り合わせた内皮でくるみ、さらにその上を和紙やクラフト紙などの丈夫な玉皮で覆う。

花火玉を打ち揚げるには、揚げ薬と打揚げ筒を使う。揚げ薬の働きは、玉を揚げると同時に玉の導火線への点火である。そのために、黒色火薬を砂粒状にしたものを使う。黒色火薬を使うのは、火の粉を出すので他の火薬に火をつける着火力が勝れているからだ。それは炭火を燃やしていて、火の粉のほうが炎よりも物を燃やしやすいのと同じことだ。

赤、緑、青に輝く星の色は、炎色反応（注2）による。色を出す配合については図を参照されたい。

注2〔炎色反応〕
元素またはその化合物が、炎の中でその元素に特有な色の炎を生ずること。原子やイオンなどはとりうる最も低いエネルギー準位にある状態を、基底状態という。外からエネルギーを与えると、それを吸収して励起され、高いエネルギー準位に上昇する。また、その励起状態にあるものは、エネルギー、すなわち光を放出して基底状態に向かう傾向を示す。炎の温度によって励起されない元素は発光しないし、また、励起状態から基底状態への遷移の種類が多いと、単色光に近い美しい炎色は生じない。

●非電気式花火の打揚げシステム

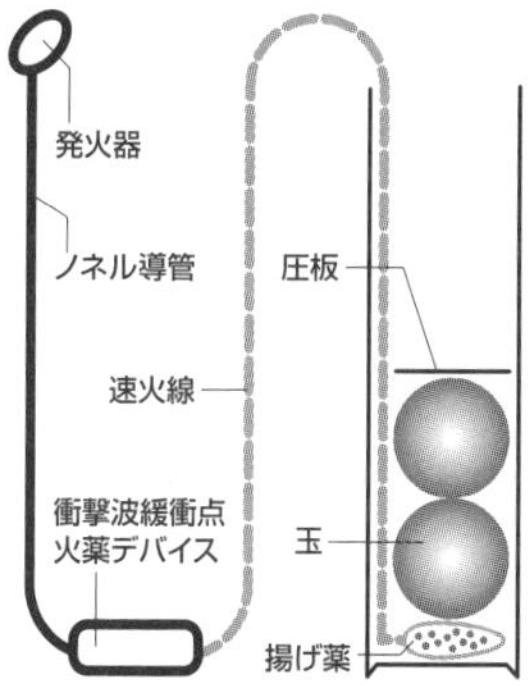

●割物

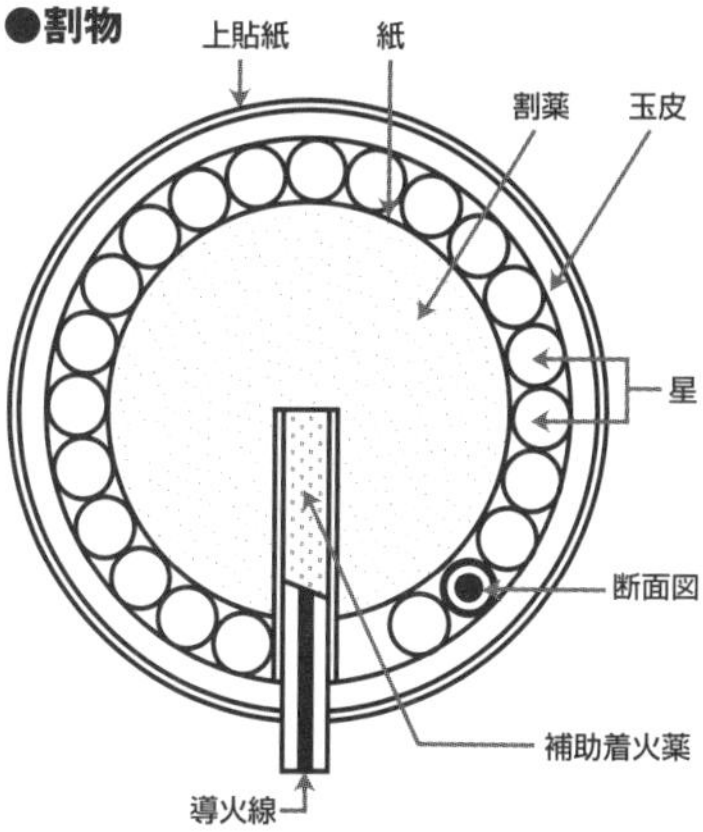

●花火の色の違いによる星配合薬

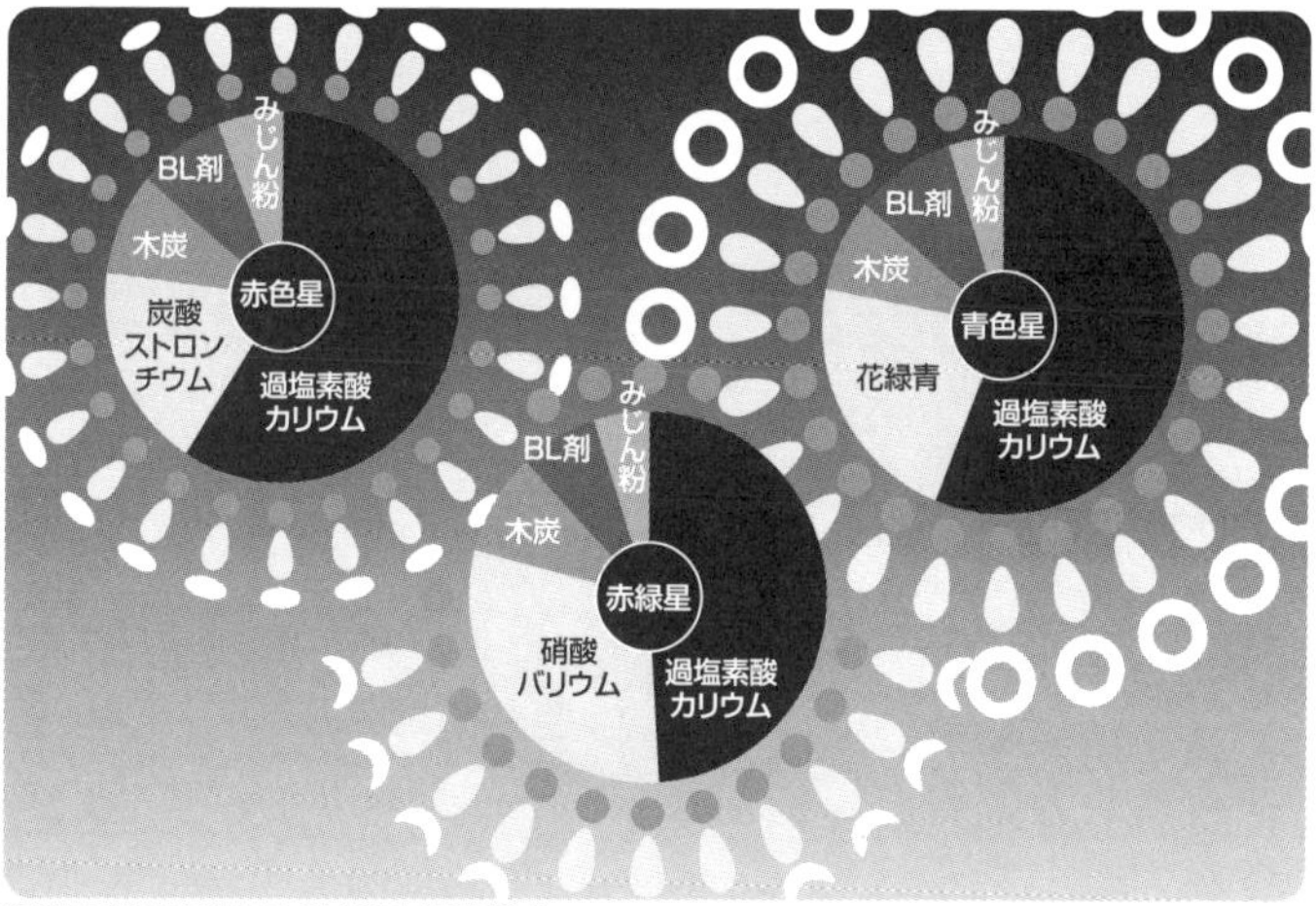

細谷政夫・細谷文夫「花火の化学」（東海大学出版会）より

026 チタンがスポーツ用品から宇宙開発にまで使われるわけ

Point
チタンは、軽く、強く、加工性にも優れている。ほとんどの金属とも合金をつくりやすいことから、幅広い用途を持っている。

チタン、英語でタイタニウム（Titanium）の名はギリシア神話の巨人族ティターンにちなむ。その発見は十八世紀に遡るが、金属材料として工業的につくられ始めたのは一九四七年以後のこと。

チタンは地殻中に広く分布している。ルチル（酸化チタン）などの鉱石を塩素で処理し、銅粉などで還元したりして四塩化チタンとし、これを蒸留精製してマグネシウムを還元すると、金属チタンが得られる。

これを加熱して不純物を除くと、スポンジチタンと呼ばれる純度九九・六〜九九・八五％の金属となる。冷やすともろく、簡単に粉砕され、粉末になる（図）。

スポンジチタンをヨウ素と二五〇〜三〇〇度Cで反応させて、ヨウ化チタンにして、その蒸気を熱分解すると九九・九六％程度の高純度チタンを得る。これにはたたいて伸びる展延性があり、侵されにくいという耐食性もある。熱にも強く、融点が１８００度Cとかなり高い。また、なによりの特徴は軽いこと。重さが鉄の六割、金の四分の一しかない。しかも自重に対する機械的強度比が鉄の約二倍、

※実用金属
今日、科学的に存在が知られている元素は、全部で百九種類。百九種類を金属と非金属に分類すると、驚いたことに約八十種類もの元素が金属の性質を示す。ところが、その金属元素のうち、われわれの生活に直接材料として大量に利用されている金属は、意外に少ない。鉄、金、銀、銅、鉛、アルミニウム、亜鉛、スズ、ニッケル、アンチモン、そしてチタンなどだ。これらを実用金属と呼ぶ。
実用金属は、元素として純粋なものを使うことが少ない。普通、金属は純粋にしていくほど、意外にやわらかくて、とても実用にならず、ほかの金属や炭素などの非金属元素とうまく混ぜて合金にしなければならない。しかし、チタンは純粋

●チタンの製造工程

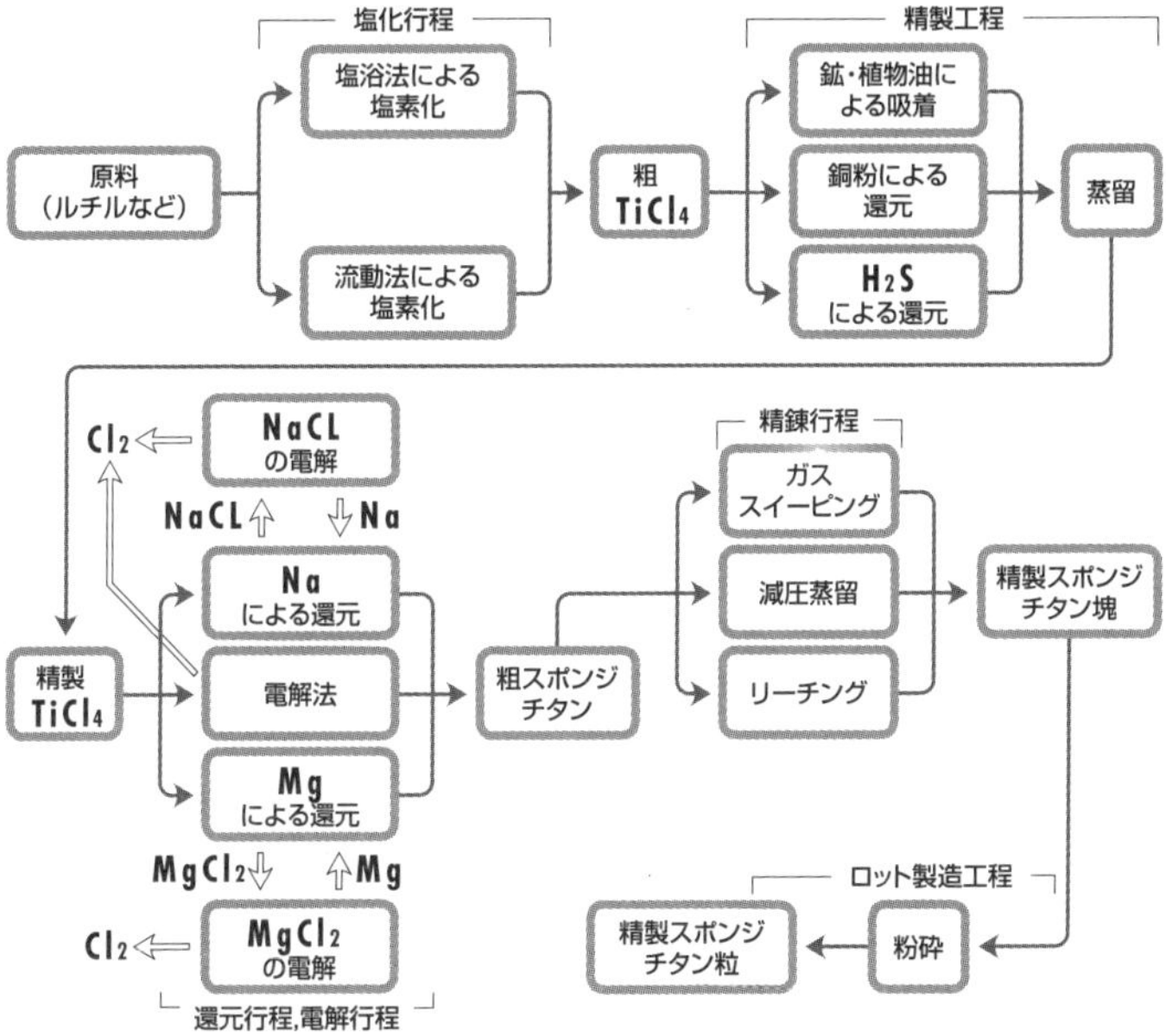

●元素周期表

（チタン：22 Ti ／ チタン族元素：40 Zr、72 Hf）

IA	IIA	IIIA	IVA	VA	VIA	VIIA	VIII	VIII	VIII	IB	IIB	IIIB	IVB	VB	VIB	VIIB	0
1 H																	2 He
3 Le	4 Be											5 B	6 C	7 N	8 O	9 F	10 Ne
11 Na	12 Mg											13 Ai	14 Si	15 P	16 S	17 Cl	18 Ar
19 K	20 Ca	21 Sc	22 Ti	23 V	24 Cr	25 Mn	26 Fe	27 Co	28 Ni	29 Cu	30 Zn	31 Ga	32 Ge	33 As	34 Se	35 Br	36 Kr
37 Rb	38 Sr	39 Y	40 Zr	41 Nb	42 Mo	43 Tc	44 Ru	45 Rh	46 Pd	47 Ag	48 Cd	49 In	50 Sn	51 Sb	52 Te	53 I	54 Xe
55 Cs	56 Ba		72 Hf	73 Ta	74 W	75 Re	76 Os	77 Ir	78 Pt	79 Au	80 Hg	81 Tl	82 Pb	83 Bi	84 Po	85 At	86 Rn
87 Fr	88 Ra																

ランタノイド（57〜71）	57 La	58 Ce	59 Pr	60 Nd	61 Pm	62 Sm	63 Eu	64 Gd	65 Tb	66 Dy	67 Ho	68 Er	69 Tm	70 Yb	71 Lu
アクチノイド（89〜103）	89 Ac	90 Th	91 Pa	92 U	93 Np	94 Pu	95 Am	96 Cm	97 Bk	98 Cf	99 Es	100 Fm	101 Md	102 No	103 Lr

にして初めて実用になり、しかも、たとえ合金にしても、結婚相手の元素が誰でなくてはイヤじゃと駄々をこねず、とやかく条件をつけない。そういう意味で、巨人族の姫君たるにふさわしい器量を持ちあわせている。

アルミニウムの約六倍に達し、熱伝導率、熱膨張率が小さい。加工性にも優れる。ほとんどすべての金属と合金をつくり、広い用途を持ちえる。

しかし、問題は炭素、窒素、酸素などの非金属元素の不純物が入ると、加工が難しくなるので、融解や鋳造、熱処理などは真空中かアルゴン気流中で行なうこと。精製雑なうえ、このような環境で冶金をするので、お値段がどうしても高くなる。だから、限られた分野から使われ始めた。そう、軍事目的である。戦闘機の機体の三分の一がチタンで、偵察機はほとんど一〇〇%がチタン合金でできているとされる。

しかし、その性能があまりに素晴らしく、何物にも代えがたいので、化学工業用耐食性容器や深海潜水調査船や海洋設備などといった特殊目的に利用され始めた。また、趣味やスポーツの世界では費用を惜しまぬ人々がいて、チタンの高性能に目をつける。ゴルフのヘッド、テニスのラケットなどである。また人体の皮膚に金属アレルギーを起こしにくいという優れた性質まで持っている。それなら身に着ける高級腕時計にピタリ、といった具合に用途が性能を掘り起こしながら広がっていったのだ。

また二酸化チタンのルチルは、チタンホワイト、チタン白ともいい、白色顔料としてきわめて広く使われている。前項で触れた花火にも使われている。

027 クルマの塗装はなぜきれいか

Point
クルマの塗装は、錆びなくするためにさまざまな塗装が施されている。その代表的なものが電着塗装だ。

クルマの塗装の主な目的は、錆びを防ぐことと美しく装うことである。錆びないということは、クルマの品質にとって、走る、曲がる、止まるなどといった基本性能と同じく必須な条件なのだ。

まず、クルマの車体防錆の要が、リン酸亜鉛の化成皮膜による前処理。これと下塗りの良し悪しで、防錆品質が決まる。下塗りには、塗料を「電着塗装」する方法が使われる。エポキシ樹脂（注1）のあちこちに陽イオンのひげを生やしたものをつくり、それを主成分にした液の入った槽の中に、クルマのボディをどっぷり浸ける。ボディをマイナス極、槽の金属をプラス極にして直流電圧をかけると、陽イオン性のエポキシ樹脂は引き寄せられてくっつく。

普通の金属めっきと違い、電着塗装はムラがほとんどできない。樹脂が付き始めた頃に、たとえムラがあってもクルマの鉄板に付いてしまった樹脂は電気を通さないので、残った裸に近い部分に樹脂が付いていく。これで凹凸がならされ、ムラのない下塗りになる。ムラのない下塗りができてこそ、中塗り、上塗りと塗

注1〔エポキシ樹脂〕分子末端に反応しやすいエポキシ環をもつ熱硬化性で、不溶性の樹脂。強い接着剤として使われ、耐化学薬品性がある。

●エポキシ環

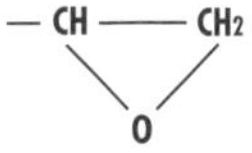

り重ねても外観が美しく仕上がるのだ。電着塗装こそ、防錆と美観を兼ねたクルマの塗装の主役といえる。

中塗り、上塗りの際に、霧吹きの原理の要領で粉を吹き付けて色を塗る、これを粉体塗装(注2)という。しかし、色の付いた粉を吹き付けるだけでは、きれいな色にならない。そこで霧吹きをする粉出機の先には、七万から九万ボルトものプラスの高電圧を加える針状電極を付ける。粉出機はこれに電気を送る高圧コード、塗料となる粉を送る管、さらに粉を拡散させるための空気を送る管の三本の接続コードをもっている。

粉出機から粉を勢いよく噴き出す際に、粉はプラスの電気を帯びる。飛び出す前の粉粒はそれぞれ、プラスの電気とマイナスの電気を同量持っている。それというのも粉がこの世の万物と同様に、プラスの電気の原子核とマイナスの電気の電子からできているからだ。ところが、針状電極にプラスの高電圧がかかっているので、飛び出す時に粉のマイナスの電子が針状電極のプラスに引かれ、そのため粉にプラスの電気が残ることになる。

一方、塗装される方の車体は、地面に埋め込んだアース導線とつながり、マイナスの電気を帯びさせられている。そのため、プラスの電気を帯びた粉粒がいっせいに車体に引かれて付着する。粉体塗装は静電気の力でなされるのだ。

注2〔粉体塗装〕
粉体塗装は、大気を清浄に保つ上で問題のある有機溶剤ではないので、地球環境保護の面からも評価されている。下塗りに使われる電着塗装も、水性の浸漬塗料なので問題ない。

●自動車の製造工程における塗装

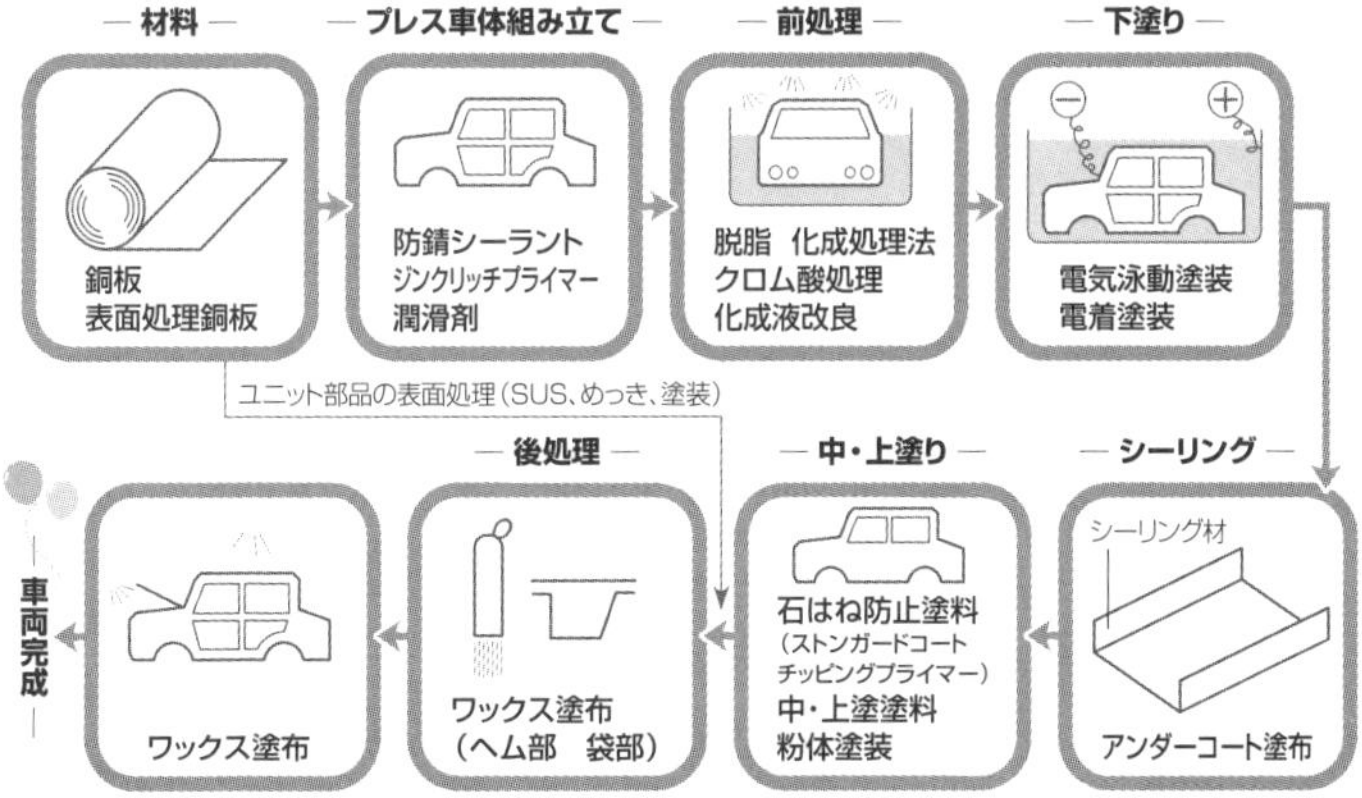

― 材料 ―
銅板
表面処理銅板
― プレス車体組み立て ―
防錆シーラント
ジンクリッチプライマー
潤滑剤
― 前処理 ―
脱脂 化成処理法
クロム酸処理
化成液改良
― 下塗り ―
電気泳動塗装
電着塗装
ユニット部品の表面処理(SUS、めっき、塗装)
― シーリング ―
シーリング材
アンダーコート塗布
― 中・上塗り ―
石はね防止塗料
(ストンガードコート
チッピングプライマー)
中・上塗塗料
粉体塗装
― 後処理 ―
ワックス塗布
(ヘム部 袋部)
ワックス塗布
― 車両完成 ―

●自動車塗膜の構成(断面図)

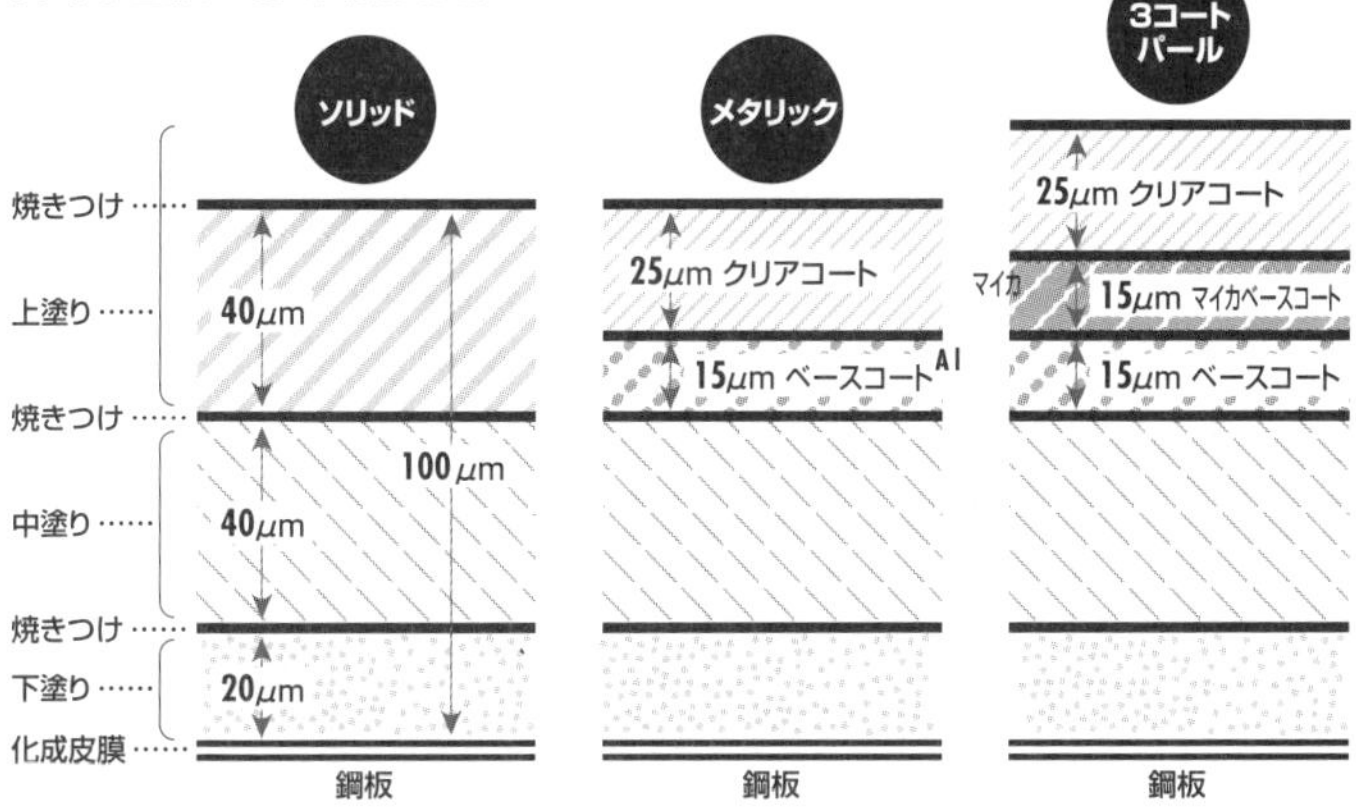

ソリッド
メタリック
3コート
パール
焼きつけ
上塗り
焼きつけ
中塗り
焼きつけ
下塗り
化成皮膜
40μm
40μm
20μm
100μm
25μm クリアコート
15μm ベースコート
Al
マイカ
15μm マイカベースコート
鋼板

028

洗剤はなぜ汚れを落とすのか

Point
汚れを落とす洗剤の仕組みは、界面活性剤と浸透力にある。水と汚れが接し合っている境界に働きかけるのだ。

頭を洗うシャンプーとリンス、顔や体を洗う石鹸、あるいは衣服を洗う合成洗剤といった洗剤の働きの秘密は、界面活性剤であることと、浸透力（注1）にある。

界面というのは、気体、液体、固体がお互いに接し合っている境のことで、境界面ともいう。この項で境界といえば、皮膚と脂の汚れが接し合っている境、水と汚れが接し合っている境のことだ。

界面活性剤は、界面の状態を変え、元気づけて活性化する物質だ。界面活性剤の洗剤の分子は、親油性の長い部分（親油基）と親水性の短い部分（親水基）とが細長く結合している（注2）。

親油基は油や汚れと親しむが、水とは反発する。反対に、親水基には水と親しむ力が働くが、油や汚れとは反発する。洗剤のパワーは、このように性質がまったく反対の部分が合体し、長い鎖状になっているところにある。

洗剤を水に溶かして汚れた衣類を入れると、長い鎖の親油基の方が汚れと衣類の界面に入り込み、活性化して汚れを布から引き出し、洗剤が汚れを球状に取り

注1〔浸透力〕
衣類などの繊維の細かい隙間に詰まっている汚れを取り出さないことには、洗濯にならない。そのために洗剤溶液がその細かい所まで浸透する必要がある。実はそうなったあとで界面活性剤としてのパワーが発揮され、繊維と汚れを剥離する。洗剤の浸透力と関わるのが、水の表面張力だ。水の表面張力は、水の分子間に働いている親和力。この親和力で油に落ちた水滴も水分子だけで集まり、最も小さな形になろうとして、球状になる。
布に落ちた水滴もしばらくは球状に保ったまま、乗っている。やがて水が布に染みこんでも、その細かい所までは浸透していかない。だから、水だけでは汚れはよく落ちない。洗剤を溶か

●一般的な界面活性剤の模式図

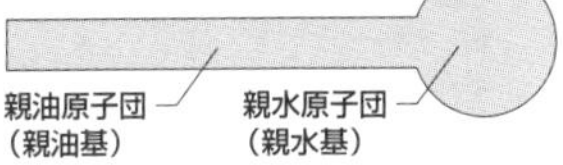
親油原子団
（親油基）
親水原子団
（親水基）

●石鹸の分子模型

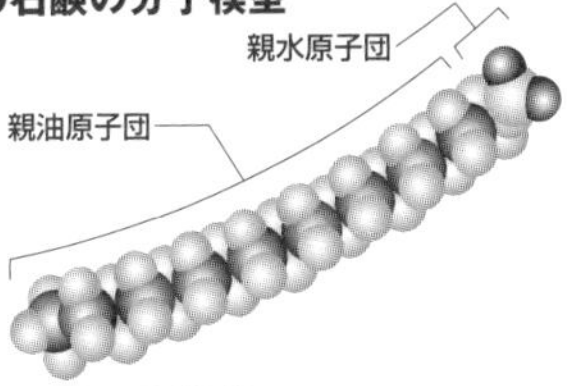
親水原子団
親油原子団

●石鹸の化学式

$CH_3CH_2CH_2CH_2CH_2CH_2CH_2CH_2CH_2$
$CH_2CH_2CH_2CH_2CH_2CH_2CH_2CH_2C(=O)O^-$

●石鹸が汚れをとる仕組み

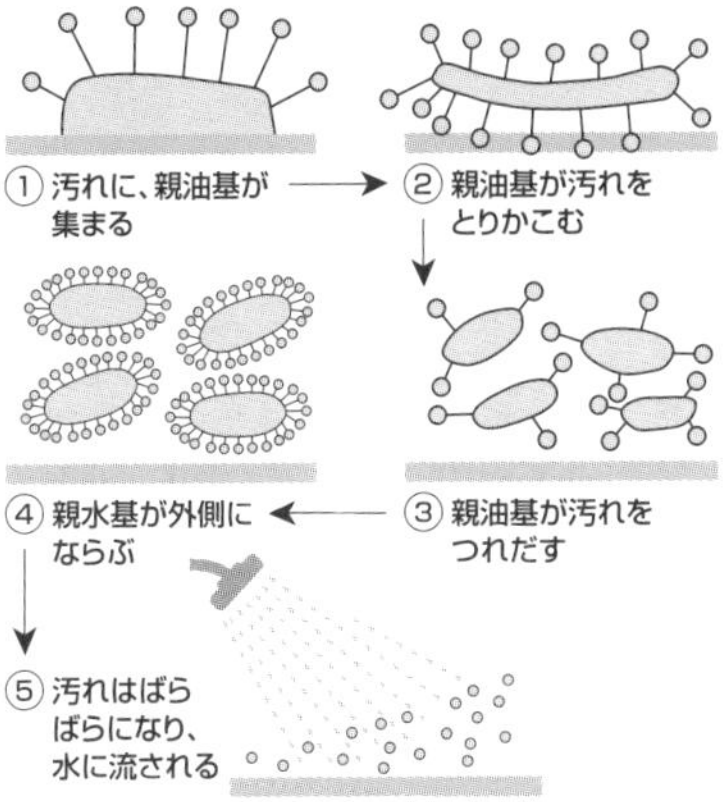
① 汚れに、親油基が集まる
② 親油基が汚れをとりかこむ
③ 親油基が汚れをつれだす
④ 親水基が外側にならぶ
⑤ 汚れはばらばらになり、水に流される

巻く。

　その時、一番外側に親水基が来て、多量の水と引き合う。水のなかでは水分子がつねに動き回り、分子運動をしているので、汚れを取り込んだ球状の洗剤粒は揺さぶられ、弾き出されて浮遊し、水を乳濁する。この乳濁作用はどの洗剤にも、どの界面活性剤にも共通した働きである。

　界面活性剤は洗剤ばかりか、前項でチラッと触れた化粧品にも、歯磨きにも、食品、消火剤、医薬品、農薬、繊維、写真材料、アスファルト舗装、コンクリートなどにも広く用いられている。それも界面活性剤の乳濁作用のためなのだ。

すと、水の表面張力は小さくなり、布の目の小さい所まで浸透するようになる。これぞ洗剤の洗浄効果のはじまりだ。

注2〔基〕化学反応のとき、まとまった原子の集団として一つの分子から他の分子に移ることができるような原子団。

029 芳香剤はなぜ匂う？

Point
香水が時間が経つにつれて香りが変わるのは、揮発する度合いが異なるさまざまな香料が調合されているからだ。

芳香剤（注1）の中でも最もよく使われるのが香水だ。香水は植物性香料、動物性香料および合成香料を配合し、これをエタノール（注2）に溶解させたもの。液体や固体が気化するとき、沸点以下の温度で気化することを揮発というが、エタノールは揮発の度合いが甚だしい。エタノールが揮発する際に、香料も引き連れていくので、香りが立つ。

香水のボトルを開けたとたん、あるいは香水を身にまとった瞬間から、時間が経つにつれ変化していく香りの状況を「香りの匂い立ち」という。それは、トップノート（表立ち《うわだち》）、ミドルノート（中立ち《なかだち》）、ラストノート（残立ち《あとだち》）の三段階にわけられる。この香りの変化は一つの香りの中に、揮発する度合いが異なるさまざまな香料が調合されていることによって起こる。まず揮発度が高く軽い物質、たとえばレモン、ベルガモット、オレンジなど柑橘系の香料で構成されているのがトップノート。

ミドルノートは、香りのイメージが最も強く表現されている心臓部。四大フロ

注1〔芳香剤〕
芳香剤とは、身体、衣服、部屋などに芳香を賦与するための化粧品であり、香料を溶解するか混合させたものである。

注2〔エタノール〕
エタノールは無色透明な揮発性の液体で、水とはどんな割合でも混じり、さまざまな有機化合物や無機塩の溶媒となる。香料も混ざる。炭化水素の水素原子を、水酸基OHで置き換えた化合物をアルコールという。炭化水素にはいろいろあるが、名前の語尾が共通にアン、エンだ。アルコールの

●表1 代表的芳香品の賦香率および賦香基剤の一覧表

芳香品の分類	賦香率	賦香する溶媒あるいは基剤
香水	15～30％	エタノール
オーデコロン	3～12％	エタノール
練香	5～10％	無臭のクリームあるいはペースト状の基剤
粉末芳香品	1～3％	粉末基剤
芳香セッケン	1.5～4％	セッケン基剤
浴用芳香油	2～10％	バスオイル基剤

●臭いを感じ取る仕組み

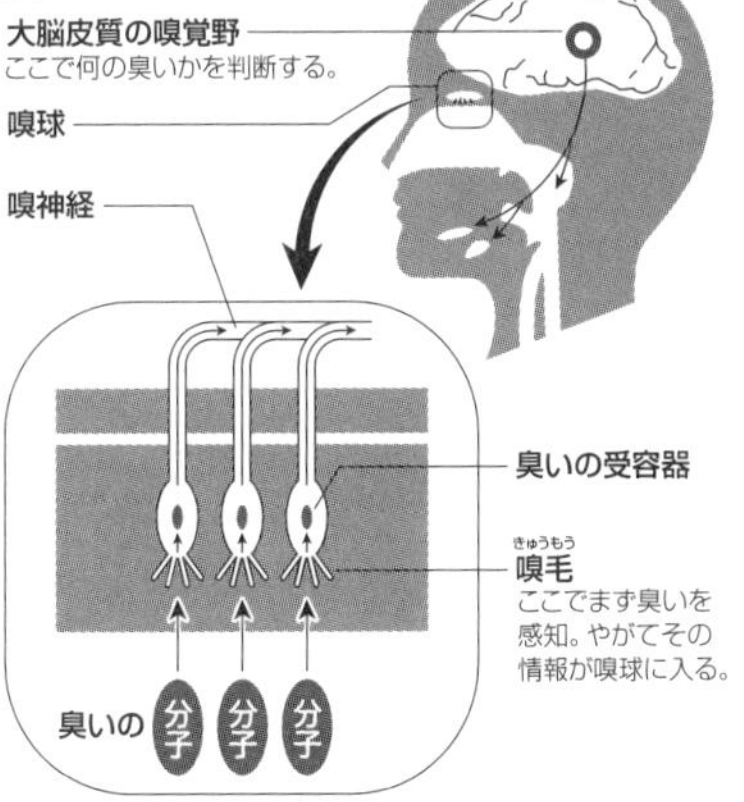

ーラルといわれるジャスミン、ローズ、ミュゲ、リラなど中間の揮発度と保留性を持つもので構成される。

そして最後に、残り香のラストノート。揮発度が低く、保留性に富む、ムスク、アンバーグリス、シベットなどの動物性香料などだ。

香水だけでなく、芳香剤には他に線香、粉末芳香品、浴用芳香品などがあるが（表1）、芳香剤に限らず、匂いの分子は鼻の穴から入り、その奥に広がる鼻腔の天井部分にある嗅覚野を刺激し、何の匂いか判断される。腐敗臭など生存に不利な匂いなら悪臭、気持ちのよくなる匂いなら芳香。したがって芳香剤がなぜ匂うのかといえば、脳による共同作業あってのことなのだ。

名前にするにはそれをオール、ノールにすればよい。たとえば炭化水素のメタンがメタノール、エタンがエタノールだ。エタノールはいわゆるアルコールで、工業的にはエチレンC_2H_4に水を付加させて生産されるが、飲料としては糖または糖を含む原料を発酵させて造る。香水用にはブドウ、麦、糖蜜などが使われるが、ブドウが芳醇な匂いでベスト。近年、合成アルコールが使われるようになってきている。

030 化粧品を化学する

Point
化粧品には、油性原料や界面活性剤を配合したものなど、物理化学的な効果を狙ったものや、肌の生理に働くものなどがある。

肌の手入れは、まず洗顔にはじまる。皮膚の上にはいろいろな汚れが付いていて、洗顔せずに長時間放置すると皮膚を刺激し、悪さをすることがあるからだ。ほこり、垢、汗など、水に溶ける汚れは泡立つ水性洗顔料の洗浄作用で泡のなかに汚れを包み込み、除去する。皮脂や前に化粧した際のメークアップ料など、油に溶ける汚れは、油性クレンジング料に配合された油性原料（表1）や界面活性剤（28項参照）で除去する。近頃ではたんぱく質や脂質を分解する酵素などを配合した商品もある。

洗顔後、肌は皮脂が除かれ、一時的に乾燥気味となる。そこで水分を十分に補うために、グリセリンやNMF成分（表2）などの保湿効果を持つ成分を配合した化粧水やエッセンスの使用が効果的。しかしこのままでは持続性の点で限界がある。そのため、さらに乳液やクリームを使い、油分を補うことで水分の蒸散を抑える。この効果をより高めるために、最近のものは細胞間脂質成分や抱水性油剤などが配合されたものが多い。

※メラニン色素
フェノール類が酸化、重合した黒褐色の色素の総称。動植物界に広く存在し、生体内で過剰な光の吸収に役立っている。蛸やイカのすみが黒いのも、日焼けして黒くなるのも、頭髪が黒いのもメラニンのせい。ヒトの皮膚の色もメラニンの量いかんによる。一番黒い皮膚と全く色素のない白子（しらこ）の皮膚との差は、わずかに1グラム強である。

●表1　基礎化粧料に使用される原料

日本化学会編「お化粧と科学」（大日本図書）より

分類	種類	代表例
油性原料	固形状	ミツロウ、カカオ脂、カルナバロウ、高級脂肪酸（ステアリン酸、ラウリン酸、ベヘニン酸）、固形パラフィン、セレシン、セチルアルコール、ベヘニールアルコール、ステアリルアルコールなど
	半固形状	ワセリン、ミンクワックス、ラノリン
	液状	スクワラン、オリーブ油、ホホバ油、ヒマシ油、マカデミアナッツ油、流動パラフィン、オレイン酸、リノール酸、トリ-2-エチルヘキサン酸グリセリン、ミリスチン酸オクチルドデシル、シリコーンオイルなど
水性原料	保湿剤	1,3　ブチレングリコール、グリセリン、ポリエチレングリコール、ソルビット、ヒアルロン酸ナトリウム、コンドロイチン硫酸ナトリウム、アミノ酸、コラーゲン、ピロリドンカルボン酸、各種動植物エキスなど
	増粘剤	カルボキシメチルセルロースナトリウム、ポリビニルアルコール、キサンタンガム、クィーンシードガム、カルボキシビニルポリマー、ヒドロキシプロピルセルロース、アラビアゴム、トラガントゴムなど
界面活性剤	非イオン	モノステアリン酸ポリエチレングリコール、モノステアリン酸ソルビタン、ポリオキシエチレン硬化ヒマシ油、グリセリン脂肪酸エステル、ポリオキシエチレンヘキシルデシルエーテル、ポリエーテル型変性シリコーンなど
	イオン	ラウリル硫酸ナトリウム、ラウリル硫酸トリエタノールアミン、N-ラウロイル-L-グルタミン酸ナトリウム、ラウリルリン酸ナトリウム（アニオン）、塩化ステアリルジメチルベンジルアンモニウム（カチオン）など
	天然	ショ糖脂肪酸エステル、カゼインナトリウム、レシチン、エラスチン、コラーゲンなど
特殊成分	その他	パラオキシ安息香酸エステル（防腐剤）、各種ビタミン（A、B_6、C、E）、有機酸および塩（ヴァッファー）、エチルアルコール（清涼感）、カオリン、チタン（粉体）、酸化防止剤、キレート剤、香料、色素、グリチルリチン酸カリウム（抗炎症）、アスコルビン酸リン酸マグネシウム、アルブチン（美白剤）、メトキシケイ皮酸オクチル、オキシベンゾン（紫外線吸収剤）、各種動植物エキス（美肌、細胞賦活）など

●表2　NMF（自然保湿因子）の組成

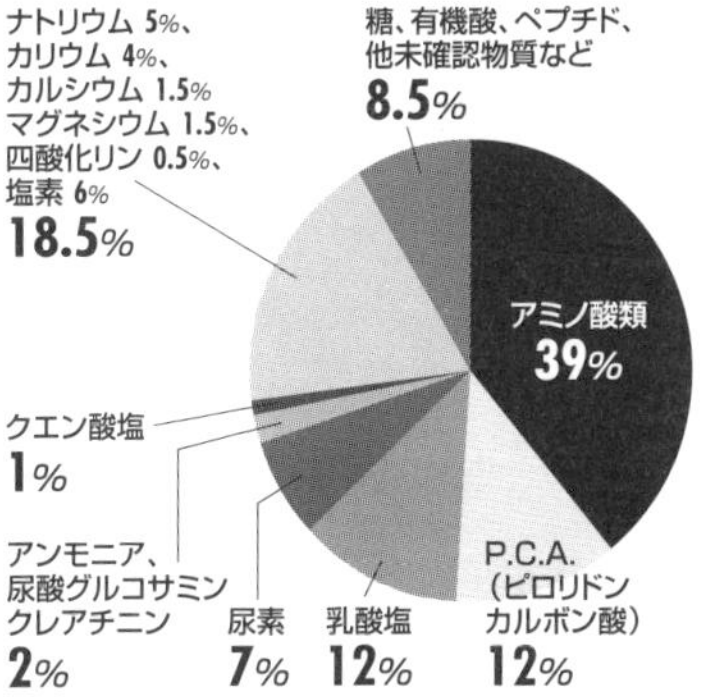

●UVカット化粧品の仕組み

肌に当たった紫外線の一部は吸収剤の働きで熱として放出され、残りの紫外線は散乱剤の働きではね返される。

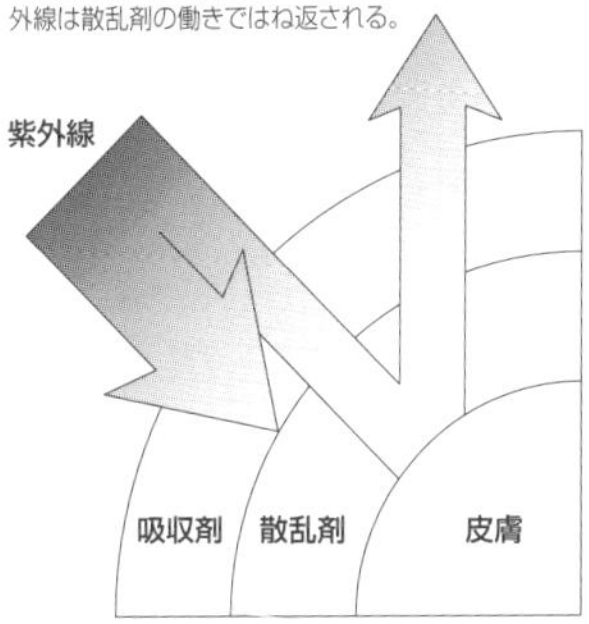

※ヒアルロン酸
体内の関節や皮膚、脳に多く存在し、細胞外マトリックスとともに細胞間の結合組織を構成し、ゲルをつくって多量の水を保つ。化粧品に使われるヒアルロン酸はもともと鶏のとさかから抽出され、量が少なく高価だった。現在は、バイオ技術で微生物につくらせることができるようになり、大量に生産され、若返りの効能をうたう化粧品によく配合されるようになった。しかし皮膚障害を疑う人もないではない。

こうした物理化学的な効果を期待できるもののほかに、肌の生理に有効に働く化粧品もある。その代表的な化粧品成分ビタミンCには、表皮の色素細胞（メラノサイト）のメラニン合成を阻害するが、シワと関係の深い真皮のコラーゲン合成を助ける作用もある。

最近、話題になりやすいのがUVカット化粧品。UVとは、ウルトラバイオレットの略で紫外線のこと。UVカット化粧品は「吸収剤」と「散乱剤」の二種類の方法で紫外線をカットする。吸収剤は有機化合物で構成された物質で、紫外線を吸収して構造が異なる化合物に変化する。吸収された紫外線のエネルギーはすぐ熱となって放出され、元の化合物に戻る。

散乱剤のほうには白粉の原料の二酸化チタンや亜鉛華などの微粒子が含まれ、物理的に紫外線を反射する。散乱剤を使っている商品には、光防御指数（SPF）が表示されている。この数が大きいほど、日焼け防止の効果が高くなる。散乱剤は塗布すると白く浮き上がりやすいので、微粒子をアミノ酸でコーティングして浮き上がりにくくしている。

男性が女性より皮膚癌の発症率が高いのは、化粧をしない男性のほうが紫外線の影響を受けやすいためという。オゾン層がさらに薄くなり紫外線が強くなれば、男性もみなUVカット化粧品を使わざるを得なくなるだろう。

※コウジ酸
ミソなどの工場でコウジを扱う作業者の手が白くなるので、肌を白くする作用があると考えられたもの。だが、チャイニーズハムスターの卵巣細胞で染色体異常を起こしたり、サルモネラ菌で突然変異を引き起こすので、発癌性が疑われている。

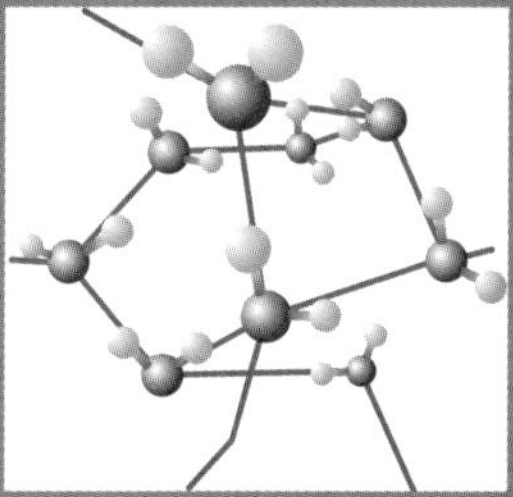

031
▼
040

第4章

料理の化学

031 焼いた肉はなぜおいしい?
032 石焼きイモが甘い秘密
033 「煮る」ことの効用
034 「ご飯」の化学
035 もち米はなぜ「蒸す」のか
036 「揚げる」は立ち会い勝負
037 古女房が「糠みそ女房」といわれるわけ
038 チーズはなぜ固まるのか
039 お酒はなぜできる?
040 アイスクリームの作り方

031 焼いた肉はなぜおいしい？

Point
焼いた肉がおいしいのは、加熱することによってコラーゲンがゼラチン化されて食べやすくなるとともに、新しい風味が加わり、旨味が内部に閉じこめられるからだ。

「焼く」は、人類が火を発見した時に始まる、最も古い原始的な料理法である。たかだか一万年ほどの歴史しかない「煮る」「蒸す」や、油を使いこなすようになって可能になった「揚げる」「炒める」という料理法に比べてケタ違いに古い。

話は飛ぶが、アフリカのカラハリ砂漠に生きるブッシュマンの主な食べ物の八割方は、女が採集してくる根や茎、果実などの植物だが、男たちは「獲物が見つかるかもわからず、まっすぐ飛ぶかどうかもわからないような貧弱な弓矢でおこなう狩猟」（田中二郎「砂漠の狩人」）に出かける。動物の肉はおいしいからだ。

しかし、動物は死ぬと、ただちに死後硬直を起こす（注1）。呼吸による酸素の供給が止まり、筋肉中のグリコーゲンから乳酸が生じ、浸透圧を大きくし、筋肉の中の水分を固定するからだ。筋肉は最大硬直を過ぎると、保水性が増しタンパク質分解酵素などの作用で自己消化が始まって軟らかくなり、タンパク質がアミノ酸まで分解され、旨味物質が生成され、風味もよくなる。しかし、そのままでは筋肉を筋繊維がコラーゲン（注2）の強靱な結合組織で囲み、食べにくい。

注1〔死後硬直〕
死後硬直は、飢えた動物の方が栄養のよい動物より速く、また、小動物のほうが大動物より速い。屠殺される時に苦痛を与えられた動物も速く進行する。

注2〔コラーゲン〕
コラーゲンは脊椎動物では全タンパク質の約三分の一を占める、細長い棒状の分子。ラセン構造をもつ三本のポリペプチド鎖が、さらに互いに巻き合って三重ラセン構造を成しているタンパク質の分子だ。

●タンパク質中のアミノ酸間の種々の結合

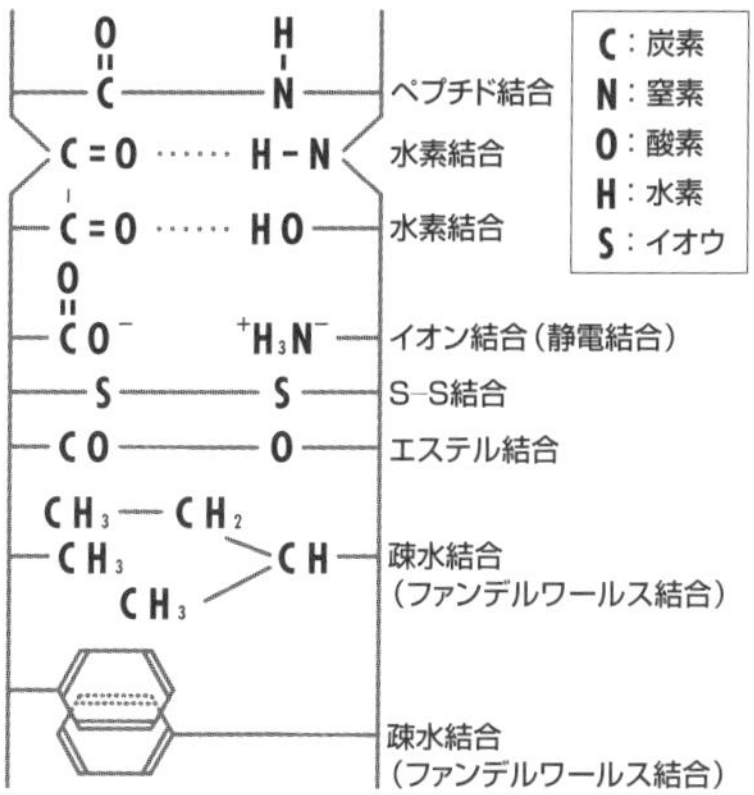

●タンパク質の二次構造

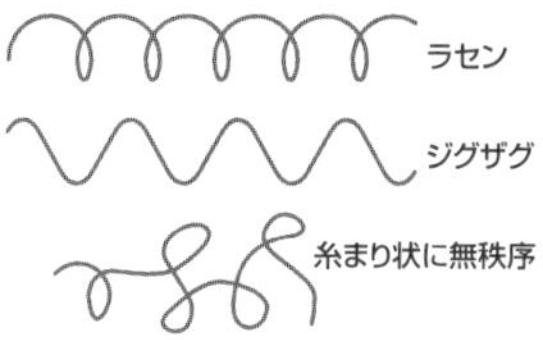

●タンパク質の三次構造

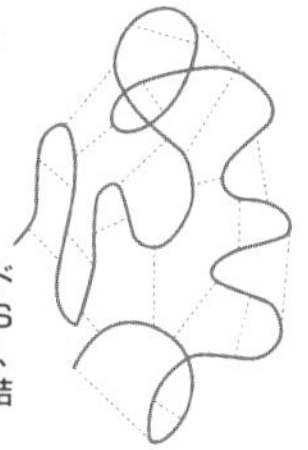

実線はポリペプチド鎖を示し、点線はS-S結合、水素結合、イオン結合、疎水結合などを示す

コラーゲンは、加熱すると収縮し、さらに加熱するとコラーゲンの鎖の間の結合が切れ、ゼラチン化が起きる。その結果、結合組織の強固な構造は弱くなり、筋繊維がほぐれ、肉は柔らかくなる。火で焼いた肉が食べやすくなるのは、おそらく山火事で焼け死んだ獣の肉を食べて偶然見つけたのだろう。一方、筋原繊維の構造タンパク質は、加熱によるタンパク質の変性凝固で硬くなる（注3）。加熱中の肉の硬さは、この筋原繊維の硬化とコラーゲンのゼラチン化の進行の兼ね合いで決定される。また、上手に焼くとメラノイジン（注4）ができ、とても香ばしくなる。ご飯のおこげや、テンプラの衣がそれだ。

注3〔タンパク質の変性〕
約20種のアミノ酸が配列されたポリペプチド鎖のアミノ酸の配列順序を、タンパク質の一次構造という。これがラセン、ジグザグあるいは糸まり状に無秩序に巻いたりしたものを二次構造、これがお互いに、あるいは分子内で引き合って一定の形に作り上げたものを三次構造、そして三次構造をもついくつかのタンパク質分子が一定の方法で会合し形成する空間構造を四次構造という。

注4〔メラノイジン〕
食品中の糖やアミノ酸が加熱によって褐変したもの。

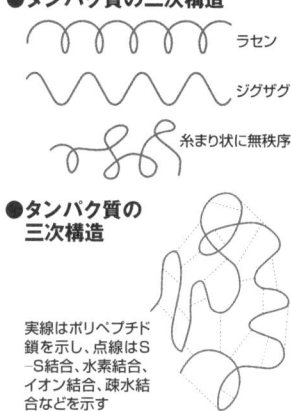

032

石焼きイモが甘い秘密

Point
食べ物が体内に吸収されるのは消化酵素の働きによる。この消化酵素は植物にもあり、成長に欠かせない働きをしている。

ふつう消化といえば、口から食道を下っていった食べ物が、吸収されて栄養になることと思われている。しかし、食べ物を消化器官に入れているだけでは、栄養素は体内に入っていかない。デンプン、脂肪、タンパク質などはどれも高分子化合物であるうえ、水に溶けにくく、このままでは消化管の壁を通り抜けて本当の体内に入らないからだ。消化管内は厳密な意味ではまだ体外なのである。

そこで、消化管内に消化のための酵素（注1）を分泌し、水に溶ける小さな低分子化合物に分解してから吸収する必要がある。この分解を化学的消化という。この化学的消化を助けるために、あらかじめ大きな塊の食べ物を小さな塊に粉砕し、消化液と食べ物とを混合する。これを機械的消化という。歯による咀嚼も、機械的消化だ。消化管の中で消化してから本当の体内に入れ、血液で運び、体中の細胞内に摂り込んで栄養にすることを、細胞外消化という。

ゾウリムシなどの原生生物やカイメンなどの海綿動物のような小さな生きものは、そんな面倒なことをしない。食物をそのまま細胞内に摂り込み、細胞内で消

注1〔酵素〕
地球上のほとんどの生物は細胞からできていて、その中で生きるためのすべての活動が営まれる。水以外の成分は大部分がタンパク質で、タンパク質の大部分が酵素の主成分になっている。酵素には、基質特異性といって、ある特定の基質にはある特定の酵素だけが働くという性質があるので、一つの反応に一つの酵素が必要になる。そのため生体内には物凄い数の酵素が働いているのだ。

●石焼きイモが甘いのはアミラーゼのおかげ

●炭水化物から見た栄養素の流れ

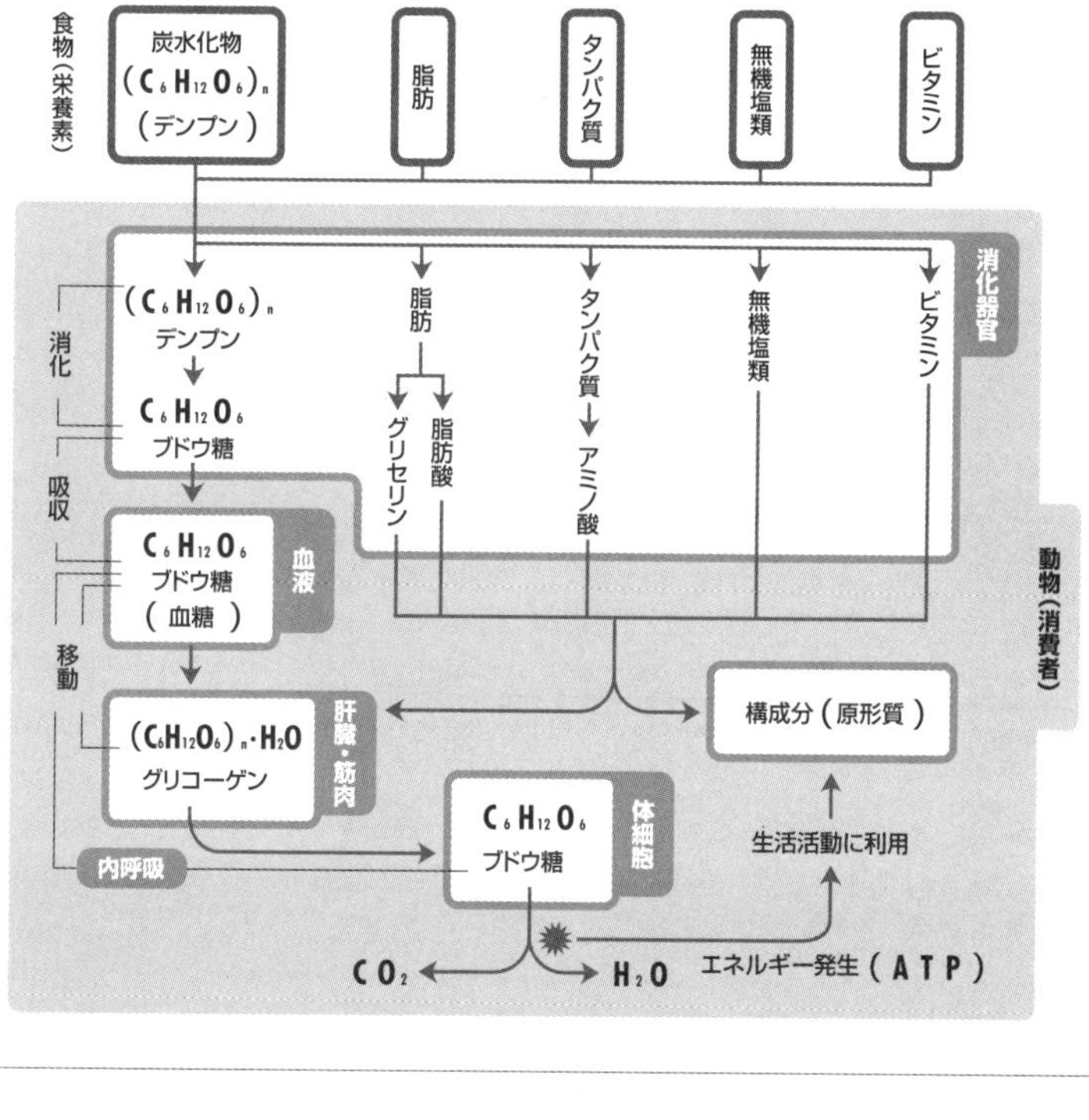

化酵素を分泌し、消化酵素で加水分解して消化する。これを細胞内消化という。われわれの場合は先述の細胞外消化だ。

細胞外消化では、消化酵素によってデンプン、脂肪、タンパク質などが分解されるが、それぞれの栄養素で働きかける消化酵素は異なる。たとえばデンプンにはアミラーゼという消化酵素が働き、糖分子に分解する。

ところで、サツマイモにもそのアミラーゼが存在する。そう、あの石焼きイモの中にも動物の消化酵素と同じアミラーゼが存在するのだ。何のために？ もちろん、人間に食べてもらうためではない。デンプンに限らず、脂肪、タンパク質をそれぞれ分解する酵素はサツマイモに限らず植物に広く存在し、種子の発芽に際して活躍したり、成長に役立ったりしている。その酵素が働く化学反応は細胞内で行なわれているが、動物の消化管内での消化とまったく同じ反応で、生物学者は同じく消化といっている。

サツマイモのアミラーゼは、サツマイモの内部温度が五〇度Cぐらいに上がるとデンプンの分解が盛んになり、糖分が増え、甘味が増す。ポカポカ温まっている時間が長く続くほど、甘味は強くなる。石焼きイモがおいしいのは、直火と違い、熱した石の中に埋めて焼くと、温度にムラもなくなるからだ。サツマイモは石焼きイモにこそふさわしい!?

033 「煮る」ことの効用

Point 日本の調理方法の特徴は水を媒体にした「煮る」調理だ。水は食品に味をつける運搬役、食べ物のアク抜きなど、さまざまな働きをしている

「煮る」という操作を少し難しく言うと、水を媒体にして熱の対流を利用する料理法だ。「揚げる」は油を媒体にし、熱の対流を利用する。「焼く」は水や油を媒体とせず、空気の存在下で熱の放射を利用する。

ここに登場した水、油、空気を熱の媒体として、三角形の三つの頂点に据え、これを底面にした三角錐の頂点に、熱源の火を置くと、「料理の四面体」ができる。火とそれぞれの頂点を結ぶ稜線を、

・水を媒体にする煮もののライン
・油を媒体にする揚げもののライン
・空気を媒体にする焼きもののライン

と名づけられる。底面は生もの領域だ。この玉村富男氏提唱の料理の四面体説を拡張して、わたしは料理の逆ピラミッド説を提出したことがある（本章の37項参照）。なお、熱の放射は、太陽からのそれのように空間を伝播してくるもので、必ずしも空気の存在を必要としないが、地球上での料理ということで「空気を媒

体」という表現を採った。

水の豊かな日本の食文化は「水」を媒体にした加熱調理が多く、中国が「油」、フランスが「焼く」を料理の中心に置いているのは、それぞれの風土や文化を反映しているようだ。

水を媒体にした調理は非常に加熱効率がよく、食品の中心部まで早く熱を通すことができるし、水がある限り温度は一〇〇度Cを超えないので、こげることなく、長い時間加熱してもさしつかえない。一万年ほど前、土器が発明され、「煮る」という操作が始まって以来、人類はほとんど何でも食べられるようになった。

水を媒体にした加熱調理は、水の溶媒としての面に着目する必要がある。溶媒としての水は、食品中の水溶性の成分が溶けだしたり、食品に味をつけるための調味料の運搬役を引き受けたりする。

食べ物として好ましくないアクと呼ばれる苦味、えぐみ、渋味や、アルカロイド（注1）、ナトリウム塩（注2）、カリウム塩などの多くも水溶性なので、多量の水でゆでると、アク抜きの効果がある。だからこそ、野山にはえる植物をよく食べた縄文人も、土器でアク抜きをして、生活が可能になった。アクは植物の動物に対する化学的防御兵器であるとすれば、人類は土器でその防御手段を突破克服したことに相成る。

注1〔アルカロイド〕植物に含まれ、ニコチン、コカイン、キニーネ、カフェイン、モルヒネなどのように、窒素を含む塩基性の有機化合物の一群。植物は動物に食べられまいとして、このような化学兵器を進化の過程で開発した、とされる。

注2〔ナトリウム塩〕塩化ナトリウム、水酸化ナトリウム、炭酸ナトリウムなど。

●熱の移動法

川端晶子「調理のサイエンス」（柴田書店）より

熱が食品に移動する仕組みは3つあり、調理法ではこれが単独か、2つ、3つが組み合わされる

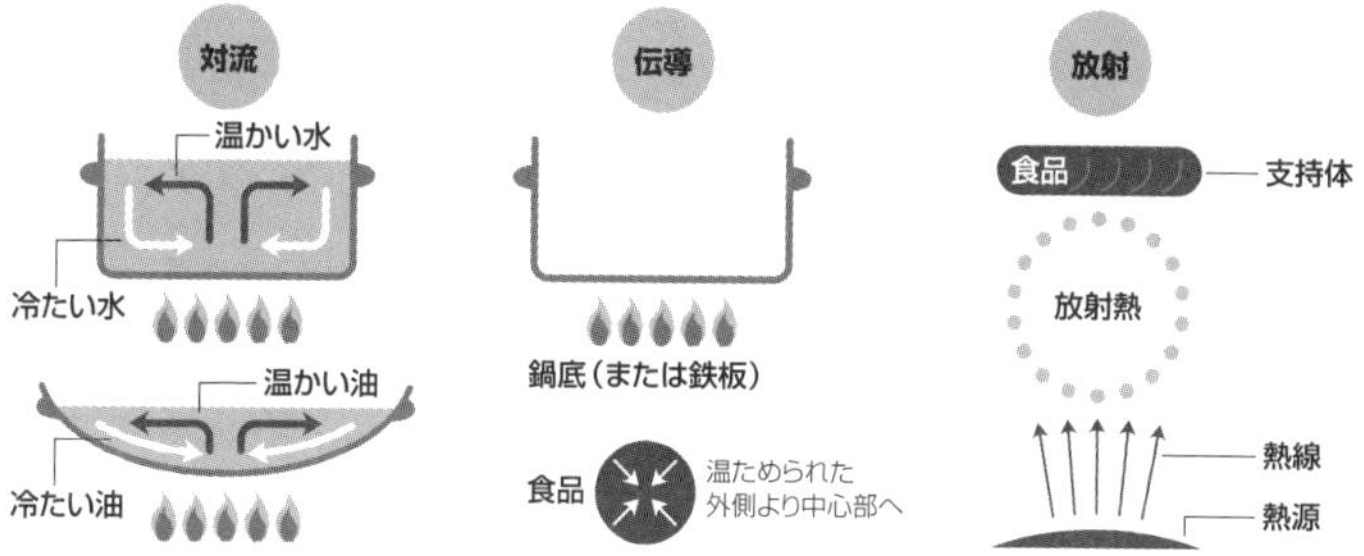

●料理の四面体

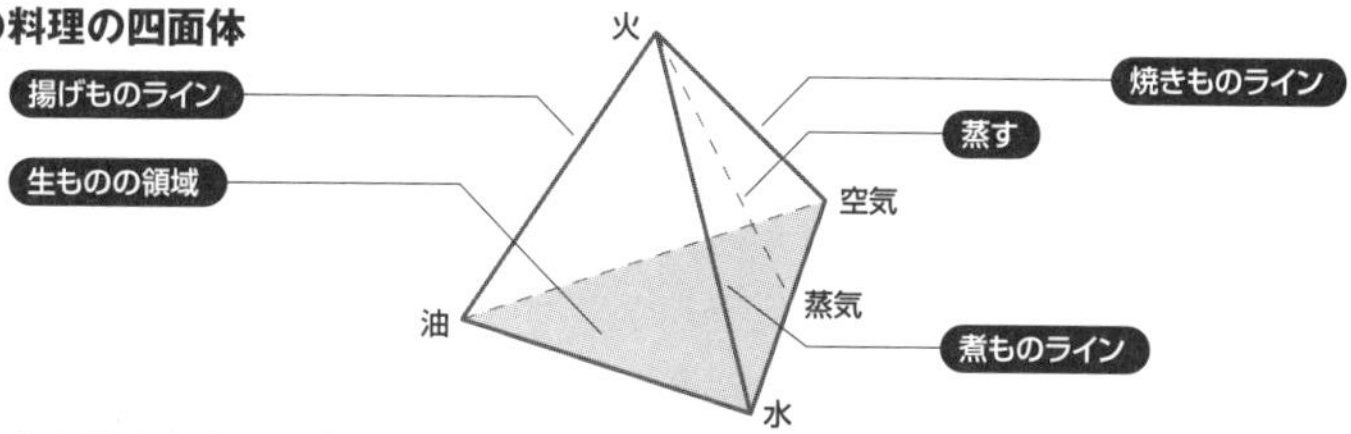

●水を媒体とする過熱調理

		味つけ	目的部分	浸透	容出
ゆでる	調理素材（食品）を水から、または温湯、熱湯中で過熱する。	不要	固形部	不要	不可
だしをとる	うま味成分を多く含む食品を、水から、または温湯、熱湯中で過熱し、うま味成分を摘出する。	不要	抽出液	不要	必要
煮る	調理料の入った煮汁の中で、食品を過熱する。	必要	おもに固形物	必要	不可
汁物を作る		必要	固形物と液	必要	可
炊く	コメに水を加え、過熱しながら吸水させ、遊離水が完全になくなるように仕上げる。	不要	固形物	不要	不可

034 「ご飯」の化学

Point 米の主成分はデンプン。しかしデンプンは生のままでは食べられない。加熱してはじめて食べられるが、おいしく食べるにはさらに「炊く」必要がある。

炊きたてのご飯はおいしいが、生米が食べられないのは、デンプンが水に溶けず、消化されにくいからだ。米の主成分は約七五・六%含まれるデンプン。

デンプンはグルコース（$C_6H_{12}O_6$）同士が反応し、水分子がとれてできた縮合物で（注1）、生物の細胞中に顆粒として存在する。その構造から、デンプンはアミロース（注2）とアミロペクチン（注3）に区別される。

水を加えて加熱していないデンプンは、グルコース鎖が水素結合で繋がり合い、一部が結晶上になっている。これをミセル（微結晶）といい、そのため水分子や酵素の分子が作用しにくく、消化が悪い。生のデンプンを食べたり、あるいは生煮えのデンプンを食べると、下痢をするのはそのせいだ。

水に溶けず、消化も難しいこのような生の状態のものをベータ・デンプンという。牛のように反芻《はんすう》胃を持たず、生のデンプンを消化する酵素がない人間は、デンプンに水と熱を加え、糊化《こか》しなければならない。この糊化したデンプンをアルファー・デンプンという。

注1〔縮合反応〕二個以上の分子が結合する際、水などの簡単な分子が取れる反応。

注2〔アミロース〕アミロースは、ふつうのデンプン中に二〇から三〇%含まれているが、もち米には含まれていない。アミロースの構造はグルコース分子が二〇〇から一〇〇〇個ほど縮合して長く鎖状に連なった形をし、ラセン状に巻く傾向がある。

注3〔アミロペクチン〕アミロペクチンもグルコース分子だけでできているが、長鎖状ではなく、鎖のところどころから枝分かれした複雑な構造をした巨大な分子。一分子が一五〇〇個以上のグルコース分子からできている。アミロペク

アルファー・デンプンでは、デンプンの粒子が水を加えて熱せられると、水を吸ってふくらみ、結晶構造が解かれ、グルコース鎖が不規則な状態になり、三次元の網目構造をつくり、粘りが出てくる。グルコース鎖の間隙も大きくなり、酵素が作用しやすく、消化しやすい。が、アルファー・デンプンはそのまま放置すると、じょじょにベータ型に戻る。これをデンプンの老化という。一日置いた冷やご飯やパンがザラザラと舌触りが悪いのはそのせいだ。老化を防ぐには、アルファー化した状態で急に水分を取り去るか、何らかの方法で、水分が作用しないようにすればよい。

話をご飯に戻そう。デンプンがアルファー化すれば、ヒトが消化・吸収でき、食べる目的を達する。原理的には、米は煮るだけで十分なのだ。だが、それだけではおいしく食べられない。

水が足りないと米が煮えないので、十分な水が必要。しかし炊き上がったとき、米がふっくらと芯まで煮えていながら、余分な水が残っていてはダメ。それどころか、米粒の表面が乾いているくらいでないといけない。そのためには加熱の後、十五～三十分の蒸らす過程が必要だ。このように、釜底の水分がなくなる加熱の方法を「炊く」という。釜の底の水分がなくなり、米と釜底との接触面が二二〇度C以上になると、釜底の米は薄く狐色になり、うまい米の風味となる。

チンはふつうのデンプン中に七〇から八〇％含まれるが、もち米はアミロペクチンのみからできている。

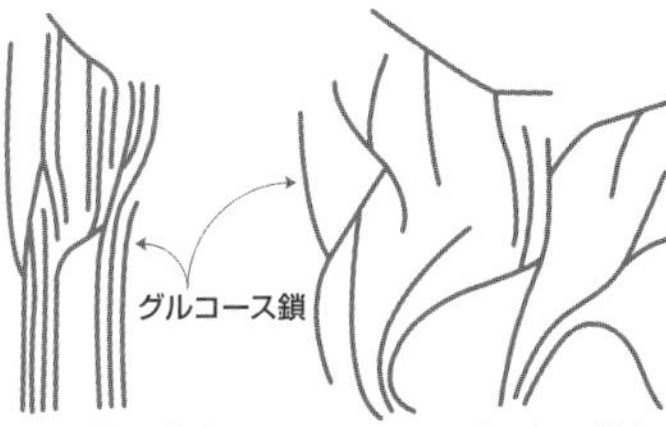

ベータ・デンプンの構造　アルファー・デンプンの構造

035

もち米はなぜ「蒸す」のか

Point

同じ米でありながら、もち米はうるち米のように炊く調理では食べられる状態にはならない。そこで「蒸す」という操作が必要になってくる。

赤飯に欠かせないもち米は、重量の一・八倍ほどの水で炊けば、適当な固さになる。しかし、うるち米と同じ量の水で普通の炊き方をすると、水面上に米粒が出てしまい、吸水せずにうまく炊くことが難しい。水によく浸したもち米でも、吸い込まれる水はせいぜいうるち米の三〇％。これではもち米のデンプンがアルファー化し、糊化して、食べられるようになるのはとうてい無理だ。

もち米は、デンプンが枝分かれ構造をもったアミロペクチン（前項を参照）が一〇〇％。粘度がうるち米よりはるかに大きく、煮ると表面が強く粘り、米粒同士がくっ付いてしまう。水の対流が極度に妨げられ、炊きムラができたり、焦げたりしやすいのだ。そこで「蒸す」という操作が必要になる。

「蒸す」という操作は、水蒸気を使って食品を加熱する。水を加熱の媒体にする湿式加熱（注1）の一種という点で、「煮る」と同じ。しかし、液体の水ではなく、気体の水を利用するのが違う。

蒸し器で温められた水は蒸発熱を大量に放出する。その蒸気は、蒸し器の中板

注1〔湿式加熱〕
水または水蒸気を媒体にして食品に熱を伝える加熱方式で、煮る、炊く、蒸すなどの操作がある。

やせいろの上に置かれた冷たい食品の表面に触れると冷えて液体に戻るが、そのとき前に持っていた熱が放出され、その分だけ食品の温度が上がるという仕組み。冷えて液体の水に戻るのは、冬、ガラス窓の内側が曇るのと同じことだ。

水は一〇〇度Cで沸騰し、それ以上はどんどん水蒸気になるだけで、温度は上がらない。そこで水が沸騰している限り、蒸し器内は一〇〇度Cに保たれる。これは火加減の上でまことに具合が良い。焼き物や揚げ物のような乾式加熱（注2）では、火加減の強弱が材料の温度に直接響く。その苦労が解消されるからだ。

一〇〇度Cは幸いにも物が焦げない温度。これがもし二〇〇度Cだったら、材料が炭になる。しかも水蒸気は容器の隅々まで行き渡る。また、蒸し物は煮物と違い、いろいろな成分が汁に溶け出さない。組織のしっかりした食品なら、蒸気を当ててもくずれたり、汁がにじみ出ることも少ない。そのため煮物に比べ、形、色、香り、味がかなり保たれる。栄養素の損失も少ない。つまり蒸し物は持ち味を生かす料理に適しているのだ。

蒸し物に最適なのは、大型で、適度な水分を含み、焦げずに長時間加熱したいものだ。こういう条件にピタリなのが、デンプン質、とくにサツマイモやトウモロコシ。それから、シュウマイや饅頭のように、小麦粉をこねて固めたもの、ということになる（注3）。

注2〔乾式加熱〕
乾式加熱は水を加えず加熱する方法で、焼く、炒める、揚げる操作がある。乾式加熱の特徴は、加熱温度が湿式加熱より概して高く、二五〇度Cくらいまで上がる場合もある。また、主な熱媒体はフライパンや鉄板などの金属、油、空気など。熱の伝わり方は伝導、対流、放射である。

注3〔蒸す調理の弱点〕
「蒸す」という操作は、加熱調理の原則である「一定温度の保持」、「均一な加熱」の二点に絶対的な強みを発揮するが、加熱調理のもう一つの原則である「任意の温度への調節」が難しい。さらに、味付けができない。これが蒸し物の煮物に対する泣き所ではある。

036 「揚げる」は立ち会い勝負

Point
「煮る」操作に似た「揚げる」は、じつは「焼く」操作に分類される。揚げることによって表面が焦げることからそれは推察される。

徳川家康も賞味した天ぷらに欠かせないのが油。食用油脂には、バターやマーガリン、ラードなどのような常温で固体のものと、植物性の油のように常温で液体のものとがある。前者を脂肪といい、後者を油といって区別するが、油脂を単に脂肪と呼ぶことも多い。

油脂は、グリセリン（$C_3H_5(OH)_3$）と高級脂肪酸とが水分子を放出して結合したもの。グリセリンはアルコールの一種で、水に溶け、甘味がある。脂肪酸は分子中にカルボキシル基（$-COOH$）一個をもつ有機物の酸の仲間。高級脂肪酸といっても、脂肪酸のうち炭素原子の数が多いものをいうに過ぎない。

脂肪酸が、その分子内の炭素原子と炭素原子の間で二重結合（注1）を持たず、これ以上ほかから原子を分子内に受け入れる"手"を持たないものを飽和脂肪酸。二重結合を持ち、その結合の"手"を解いて、ほかから原子を分子内に受け入れることができるものを不飽和脂肪酸という。

油脂の固体と液体の違いは脂肪酸の組成による。飽和脂肪酸が多いものが固体

天ぷらでタネを油に入れるときは鍋の縁に沿って

注1（二重結合）
二個の原子が互いに二本の、いわば"手"（正式には価標という）で結合しているもの。普通は二個の共有結合で構成される。二個の原子が三個の共有結合で結合しているものを三重結合という。これら二重結合あ

となり、不飽和脂肪酸の多いものが液体、すなわち油となる（注2）。

さて、「揚げる」は油のなかで材料を加熱し、油の対流によって熱を伝える調理法だ。液体の対流による加熱が「煮る」に似る。また、油が熱を伝える役目だけでなく、材料に吸収されて栄養価も風味も高まることも「煮る」に似ている。

「揚げる」が「煮る」と最も違うのは加熱温度。水は一〇〇度Cで沸騰し、その後どんなに火を強めても温度は上がらない。それに対し、揚げ物は一六〇度から一九〇度Cという高温で加熱し、材料の水分を急速に蒸発させ、カラッとなったところで食べ頃になる。この温度は食品の温度が焦げる温度。したがって表面がほどよく焦げ色になったら、そこで「揚げる」という操作はオワリ。煮物なら、一〇〇度Cで数十分でも加熱を続けられる。揚げ物は数分間で勝負が決まる。「高温短時間」が揚げ物の加熱の最大の特色だ。

表面が適度に焦げたとき、材料の中心部は食べられる状態になっている必要がある。これは「焼く」操作と同じで、だからこそ「揚げる」は乾式加熱に分類されていい。揚げる最中、最大の事件は「水分の変化」と「油脂の吸収」だ。たとえば高温の油にエビをむきだしで入れると、水分がたちまち蒸発し、エビの表面はカラカラになる。これでは持ち味の尊重どころか、エビの干物。これを防ぐのが衣だ。

るいは三重結合を持つ化合物は、他の物質との間で付加反応をおこして各原子の原子価を飽和した化合物になる。なお付加反応とは二種以上の分子が直接結合して、新しい別の化合物を生成する反応。

注2〔油脂〕

〔油脂〕

- 見た目で分けると
  - ・固体なら、脂肪
  - ・液体なら、油
- 成分に分解すると
  - ・脂肪酸＝脂質：細胞膜の成分や呼吸のための・燃料になったり、ビタミンやホルモンとしても働く
  - ・グリセリン：アルコールの一種で、甘い稠密な液体。甘味料、溶液、軟化剤、ニトログリセリンの原料など、1500種を超える用途を持つ化学物質

037

古女房が「糠みそ女房」といわれるわけ

Point
漬け物は「発酵」という化学とは切っても切れない深い縁がある。シンプルなようでいて、複雑なメカニズムが働いているのだ。

漬け物を大きく分けると、漬け込む材料が微生物の作用を直接受けない「無発酵漬け物」と、なんらかの形で微生物の作用を受けた「発酵漬け物」とがある。

無発酵漬け物には、ワイン漬け、福神漬け、梅干し、酢漬けなどがある。酢は酢酸菌によってつくられたものだが、酢に漬けた材料に微生物は直接作用しない。

発酵漬け物には、麹漬け、カブラずし、熟鮨（なれずし）などがあるが、何といっても代表は糠（ぬか）みそ漬けである。ダイコン、キュウリ、カブ、ナス、あるいはキャベツやニンジンなど好みの野菜を、米の副産物の糠の中に漬け込んで自然発酵させた糠みそ漬けは、まことに日本的な漬け物といえる。

糠みその原料となる米糠には、炭水化物（注1）やタンパク質、脂質、無機類、ビタミンなどが驚くほど豊富に含まれている。それを栄養源に乳酸菌や酪酸菌、酵母が猛烈な勢いで繁殖し、たったの一グラムの糠みその中に、なんと日本の人口よりはるかに多い一〇億個もの菌がひしめき合い、実に複雑多様な「ミクロフローラ（微生物の世界）」を生成している。

注1〔炭水化物〕
三大栄養素の一つである炭水化物は、言葉通り、炭素と水とが化合した物。ブドウ糖やグリコーゲンなどといった炭水化物の仲間には、水素と酸素が水の割合、すなわち水素二、酸素一の割合で必ず含まれている。それに対し、言葉が似ている炭水化物は、「炭」は炭素だが、「水」は水素の意で、炭素と水素の化合物。メタン、エタン、プロパンなどの仲間だ。

●塩の量で変わる腐敗の状態(温度30℃)

食塩	腐敗の状態(微生物の分布)
3〜5%	乳酸菌より他の腐敗菌が優勢(腐敗)
5〜8%	はじめ乳酸菌、のちに腐敗菌が優勢になる(長くおくと腐敗)
8〜10%	乳酸菌が腐敗菌より優勢(腐敗しない)
10%以上	乳酸菌も腐敗菌も育ちにくい(うまく漬からない)

足利:「調理科学事典(医歯薬出版)」より

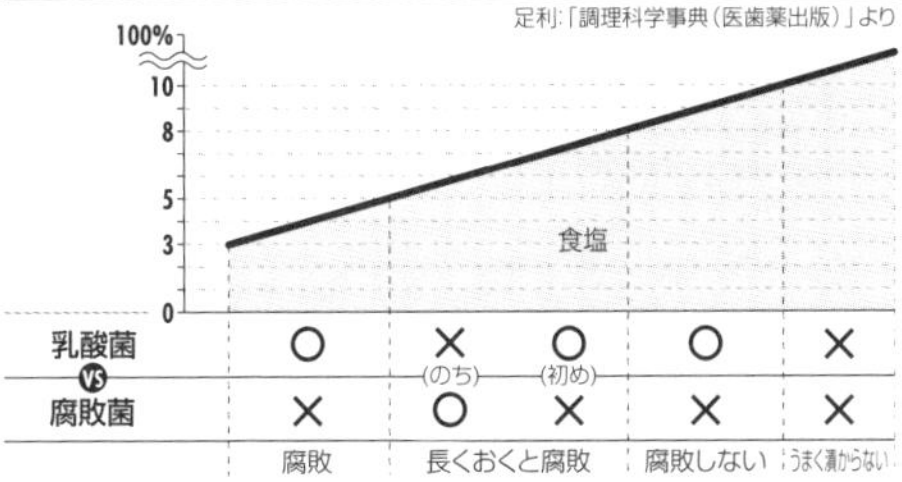

●料理の逆ピラミッド

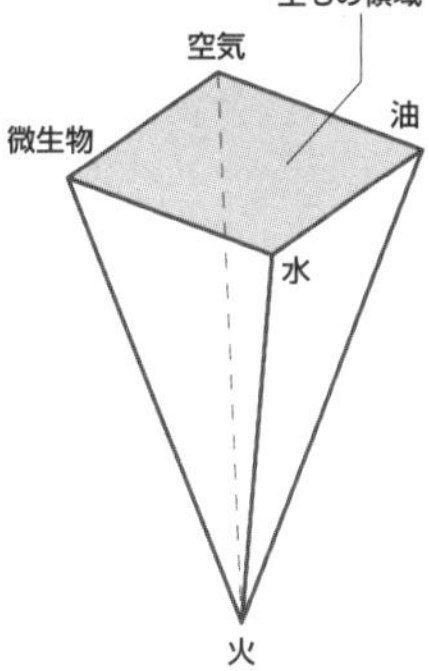

漬け物の独特な匂いは、かれら微生物が糠の成分を分解し、乳酸やアルコールといった風味物に変え、またタンパク質や硫黄を成分として含むアミノ酸なども分解しているから。微生物によって分解された糠のさまざまな成分が、漬け込んだ材料に浸透し、風味豊かなおいしい野菜に変えるのだ。生のダイコンと、糠みそ漬けにしたたくあん漬けを比べると、一味瞭然。糠にあった豊富な栄養成分、とくに無機質やビタミン類が漬け物の中に移行し、微生物群が発酵によって新たに生成したビタミン類も根菜に吸収される。

昔から糠漬けは質素な食生活のなかで貴重なビタミンやミネラルの補給剤になってきた。最近は動脈硬化、ガン、

注2〔食物繊維〕食物繊維に含まれる水溶性のペクチンなどの繊維は、血液中のコレステロールや胆汁酸の排泄を促し、動脈硬化や心臓病の予防に役立つ。不溶性の繊維は胃や腸などの消化器官を物理的に刺激して、インシュリンやホルモンの分泌を高めて便秘を解消し、糖尿病や直腸ガンなどを防ぐメカニズムが生まれる。

心臓病、高コレステロール、糖尿病などの成人病に漬け物が効果があることが明らかにされてきたのだ。

それというのも、漬け物は野菜から脱水した食べ物なので、繊維の含有量が相対的に多くなり、食物繊維（注2）を濃縮した形で摂取できるからだ。さらに、野菜にあるビタミンやミネラルなどの微量栄養成分が、漬け物にすればそのままの形で体に直接吸収される。

こんなにいいことだらけの漬け物も、以上述べたことだけだったら、あくまで微生物の恵み。人間が主役の調理とはいえないだろう。しかし、人が管理を怠ると、漬け物はたちまち腐敗する。実は発酵と腐敗は紙一重。微生物が有機化合物を酵素によって分解する化学反応だ、という点では全く同じ。反応の結果、人間にとって有益な化学物質が生まれれば発酵。有害なら腐敗、というだけなのだ。

糠みそ漬けは乳酸菌がないと成り立たない。乳酸菌は好気性菌といって、酸素が大好き。日に一回、底からかきまぜ、空気をいれてやる。熱くなれば朝晩かきまぜる。怠ると酪酸菌という嫌気性菌が優勢になり、チーズの腐ったような臭いが出る。こうなると、やはり漬け物は調理していると言っていい（注3）。

「糠みそ女房」候補の女房も、日に一度ぐらいじっくり付き合わないと、夫婦関係が腐敗して熟年離婚になりかねませんよ。

注3
本章の33項で取り上げた〔料理の四面体〕の底面が水、空気、油からできていて、発酵の入る余地がないのは、料理から発酵という沃野を排除することになる。わたしは底面の生ものの領域に微生物の頂点を導入し、〝火〟はイメージからいって、上に置かず、下にしたい。こうして、料理の逆ピラミッドができあがる。

038 チーズはなぜ固まるのか

Point
チーズの発見は、人類が山羊や羊、牛といった家畜の乳に着目したことに始まる。これを固めたチーズもまた偶然からの産物だった。

チーズは乳からつくられる。乳の利用は今から約六〇〇〇年前、中央アジアの草原で山羊や羊、つぎに牛や馬を飼い馴らし、そのミルクを人の子が飲み始め、人間が動物の子から横取りすることから始まったという。

そうした動物の乳房や乳首の周り、乳の分泌腺には、乳を発酵する主要菌の乳酸菌が多数生息している。棲みついている乳酸菌は、拮抗作用（注1）により幼獣に与える乳を有害な細菌で汚染されないように守っている。

乳の中には、乳酸菌が大好物にしている乳糖という糖がある。乳酸菌はまずラクターゼという酵素によって、乳糖を分解してブドウ糖とガラクトースにする。乳酸菌はこうして生じた糖を今度は体内に取り込んで乳酸発酵をし、生じた乳酸（注2）を体外に吐き出す。この乳酸には抗菌性があり、酸性なので多くの腐敗菌の繁殖を阻止する。だから搾られた乳も、発酵乳になると、腐敗菌が侵入しにくくなり、しばらくの間保存が効く。乳からできるヨーグルトやチーズが長持ちするのもそのためだ。

注1〔拮抗作用＝antagonism〕
微生物の世界では、ある生息環境に一定の数の微生物が存在すると、その微生物だけが繁殖して、そこを独占し、他の菌がいくら押し寄せても侵入や繁殖を断じて許さないという"掟"のようなものがある。それを拮抗作用という。その作用をもつ物質を、抗菌性物質とか抗生物質とかいう。微生物は体内でそのような物質を生産し、体外に分泌して、他の微生物を撃退する。

注2〔乳酸〕
筋肉の細胞は体内に貯めているグリコーゲンをブドウ糖に分解し、酸素と反応させてATPを作って、運動エネルギーに使っている。しかし、激しい運動をすると酸素の供給が追いつか

一番最初の発酵乳は、おそらくヨーグルトのようにブヨブヨした半固体状のものであったろう。そのブヨブヨを容器に取って毎日食べているうち、不思議なことに気付く。ブヨブヨが二、三日もすると、上の方が少し固まり、周りが水のような液体に被われる。棒でよく撹拌（チャーニング＝churning）し、均一にして食べようとすると、固体と液体が分かれてくる。チャーニングの衝撃で、ブヨブヨの乳脂成分を包んでいた膜が破れ、中の脂肪が丸裸になって浮遊凝集し、原始的なバターになっていたのだ。

このようにチャーニングで上部に浮遊してきた原始的なバターを取り、残った液体をよく観ると、今度は底の方に沈殿物がある。煮てみると、一転し凝集する。カゼインという乳中のタンパク質が凝固したのだ。これを手で搾り、丸い玉にし、塩を加えると、おいしいものが出来上がる。知恵者がいて、天日に干すと水分が飛び、味がさらに濃縮され、そのうえ保存が効く。チーズの誕生だ。

しかし、乳酸でスタートしてカゼインを凝固させるのは制約がある。乳酸菌が発育するのは、年間平均気温が三十度から四十度Cの暑い地域。このような条件がクリアーできるのが、モンゴル、チベット、ブータン、インド、そして中近東といわれる西南アジア。そうした条件が満たされない所では、ウシ科の反芻動物の幼獣の第四胃に存在する、レンネットと呼ばれるタンパク質分解酵素を使う。

ず、筋肉の細胞は酸欠状態になる。すると体は、酸素を使わず、ブドウ糖を分解して、エネルギーを作る。その時できて筋肉にたまるのが乳酸だ。このように筋肉内でブドウ糖が乳糖になることを解糖という。

039 お酒はなぜできる?

Point 発酵はお酒造りにも使われるが、アルコール度数をさらに高めるために、ヒトは「蒸留」という方法を発明した。

酒造りは、原料から糖質原料(注1)とデンプン質原料の二つに分けられる。

糖質原料というのは、ブドウ、リンゴなどの果物のように、糖類、なかでもグルコース(ブドウ糖)を含む原料。糖質原料は、酵母でアルコール発酵し、ブドウ酒、リンゴ酒などができる。モンゴルの馬乳酒は馬の乳の乳糖をアルコール発酵させて造ったものだ。

デンプン質原料は、米、麦、とうもろこしなどの穀類、ジャガイモやサツマイモなどのイモ類で、主成分がデンプン。デンプンはブドウ糖が連なったポリマー(高分子)で、酵母の仲間にはデンプンを分解して糖類にし、これを発酵させるものもあるが、普通お酒を造る酵母はデンプンを食べることができない。食べないことには、アルコール発酵(注2)させられない。

そこで、まず糖化という工程でデンプンを糖類にまで分解してやらなければならない。日本や東南アジアなどでは、カビを使い、麹をつくる。そのなかにできてくる酵素のアミラーゼ(本章32項を参照)で糖化し、それから酵母で発酵させ

注1〔糖質〕
化学では糖質を炭水化物ともいってきたが、今では、糖や糖から誘導され窒素やリンを含む物質の総称。糖には単糖類、二糖類、多糖類がある。単糖類はブドウ糖や果糖のように、加水分解しても、もうこれ以上小さな分子にならない糖。二糖類は麦芽糖のように、単糖二個からなる糖。多糖類はデンプンのように、たくさんの単糖類からなる糖だ。本文中の糖質原料とは、醸造学の言葉でブドウ糖原料の意。それに対比されるデンプン質原料も化学では糖質に分類される。

る。麹黴（こうじかび）をお米に生やして麹を造るのが清酒だ。

それに対し西洋では、麦芽（麦の芽）が出ると、そこにアミラーゼができ、それでデンプンを分解する。大麦から麦芽を使って造るのが、ビールだ。

要するに、カビがデンプンを食べて、エネルギーを取り出し、それを生きるのに使い、使えないものは要らないよとばかりに排泄するのが糖化で、排泄されたモノが糖類だ。こりゃぁうまいぜ、と酵母がパックリ食べて、やはりエネルギーを取り出し、排泄するのが発酵で、排泄されたものがアルコール。それを飲んで酔うのが、われわれヒトってわけだ。

それでも酔いが足りないのだろうか、ヒトはこうしてできた発酵酒を蒸すという蒸留の工程に入れ、もっとアルコールの濃い酒、蒸留酒を造る。ビールを蒸溜したのがウイスキー。ブドウ酒などの果実酒を蒸留して、ブランデー。米、麦、イモなどの発酵酒を蒸留して、焼酎などなど、これも多彩だ。

ちなみに、酵母はバラバラの細胞で、多くが芽を出し細胞分裂をする。カビは細胞が糸状につながり菌糸を造り、先っちょの細胞が分裂して伸びていく。酵母、カビはキノコとともに真菌類の仲間。キノコは菌糸を束ね、上に傘をつけたようなもの。真菌類は、細菌類と「菌」という字を共にし、なんだかまぎらわしく、しかも微生物としてひとくくりにされる。

注2（アルコール発酵）
アルコール発酵の基本の化学反応式は、一分子のブドウ糖から、二分子のエチルアルコール（エタノール）と二分子の炭酸ガス（二酸化炭素）が生成されることだ。ブドウ糖の化学式$C_6H_{12}O_6$には、水素Hと酸素Oの原子数の比が二対一で、水H_2Oと同じ比率。炭素と水が結合した形で「炭水化物」と言うが、それには深いわけがある。その分子構造が、炭素原子が極端に酸化された形のCO_2でなく、還元された炭化水素C_6H_{14}でもない。一つ一つの炭素原子が水素原子二原子、酸素一原子と結合した中間の酸化還元状態H-C-OHとなり、それが連なっている。これぞ、エネルギーが最も高い状態。だからこそ、これが酸化状態の二

●製法によるお酒の分類

原料		糖化	発酵	蒸留	混成
糖質原料	ブドウ リンゴ その他果実 糖蜜 獣乳 その他		ブドウ酒 リンゴ酒 ケフィール クミス ミード	ブランデー ラム	甘味ブドウ酒 薬酒 リキュール キュラソー アブサン ペパーミント みりん 合成清酒
デンプン質原料	米 大麦 ライ麦 トウモロコシ ジャガイモ サツマイモ その他	麹 麦芽	清酒 紹興酒 ビール	焼酎 茅台酒 ウイスキー（モルト、グレン） ウオッカ ジン	

●アルコール死の13階段（アルコール発酵の経路）

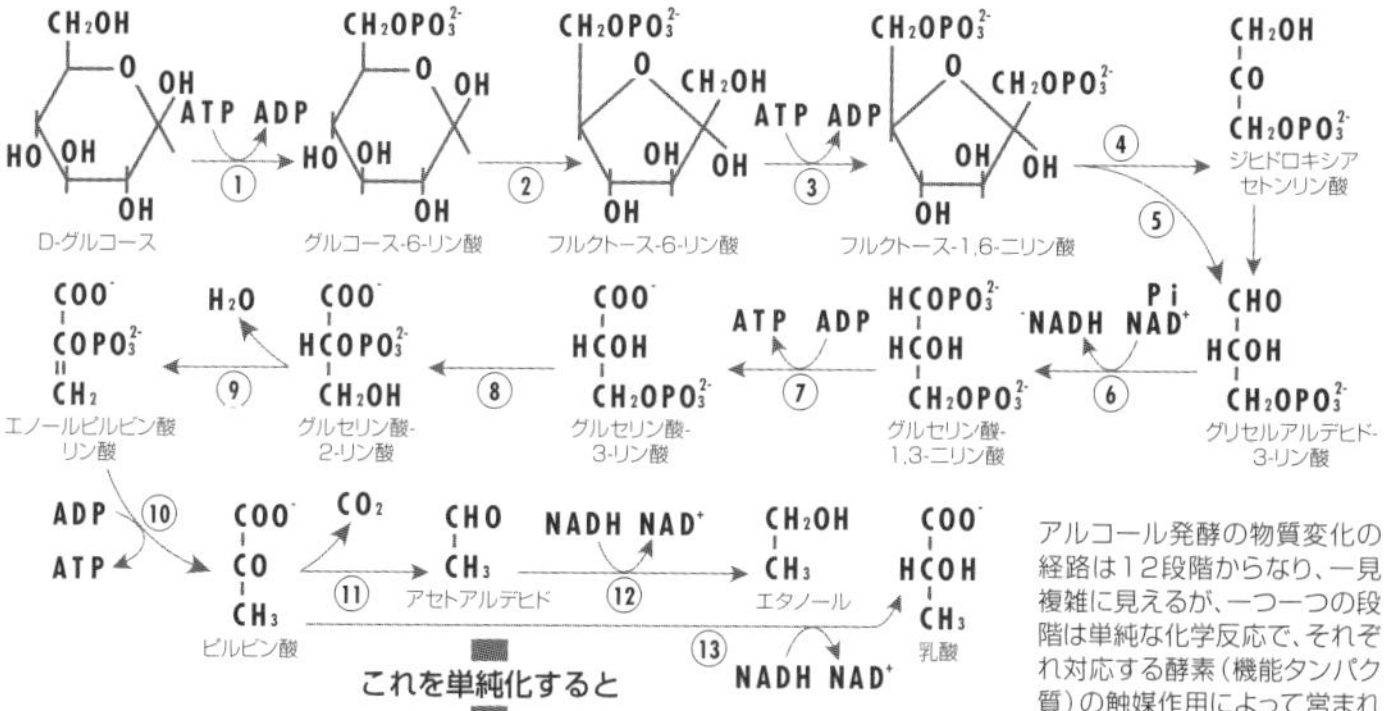

$$C_6H_{12}O_6 \longrightarrow 2C_2H_5OH + 2CO_2$$

グルコース（ブドウ糖）　エチルアルコール（エタノール）　二酸化炭素

$$\left(\begin{matrix}180\\180g\end{matrix} \longrightarrow \begin{matrix}46\times2\\=92g\end{matrix} + \begin{matrix}44\times2\\=88g\end{matrix}\right)$$

アルコール発酵の物質変化の経路は12段階からなり、一見複雑に見えるが、一つ一つの段階は単純な化学反応で、それぞれ対応する酵素（機能タンパク質）の触媒作用によって営まれている。分子量を使って計算すると、ブドウ糖の約半分がエチルアルコールになり、半分が二酸化炭素になる。そこでアルコール分15%の日本酒あるいはブドウ酒を造るには、2倍の重さの30%の糖が必要になる

酸化炭素と還元状態のエチルアルコールに変化することで、酵母はエネルギーが与えられ、取り出している。

040 アイスクリームの作り方

Point 何気なく食べているアイスクリームだが、水分と脂肪分を合わせるために、乳化剤としての卵黄がうまく使われている。

アイスクリームを作る時は、卵黄、卵白ともよく撹拌して泡立てる。泡立てるのは空気を取り込むのが目的。空気の取り込み量をオーバーラン（容積の増加率）という。たとえば一リットルの混合物に一リットル分の気泡を混ぜ、二リットルのアイスクリームができるとき、オーバーランは一〇〇％である。オーバーランはアイスクリームの食感を左右する。オーバーランが多いとふわふわした食感になり、少ないとねっとりとした重みがある。

アイスクリームは泡を賞味する食品だ。良いアイスクリームはとろりとした粘性を持ち、しかも口に入れたとき材料の風味が口いっぱいに広がるようでなければならない。そのためには、大きな氷の結晶ができないこと、また空気が均一で細かく混じっていることが必須条件だ。撹拌が不十分だと、水分と脂肪分が分かれ、大きな氷の結晶ができて、アイスクリームはザラつく。

十分空気の入ったアイスクリームは熱を伝えにくい。そこで、衣も空気をいっぱいに含ませ、高温でさっと揚げると、アイスクリームの天ぷらができる。

●H_2O分子の極性

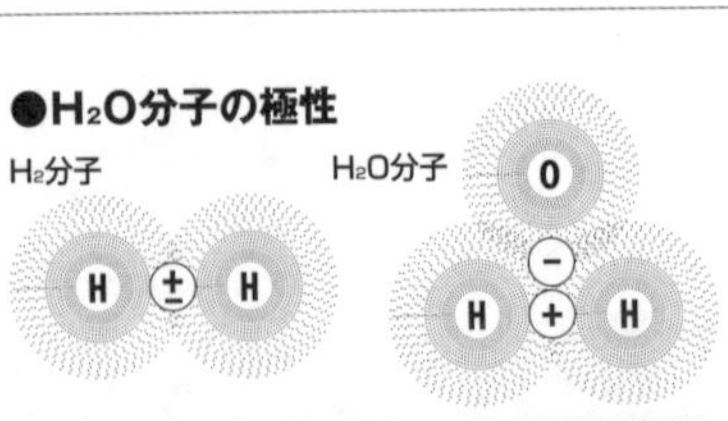

H_2分子では、プラス電気の重心とマイナス電気の重心とが一致している。しかし、H_2O分子ではその重心がずれているため、極性を持つ

●アイスクリームの作り方

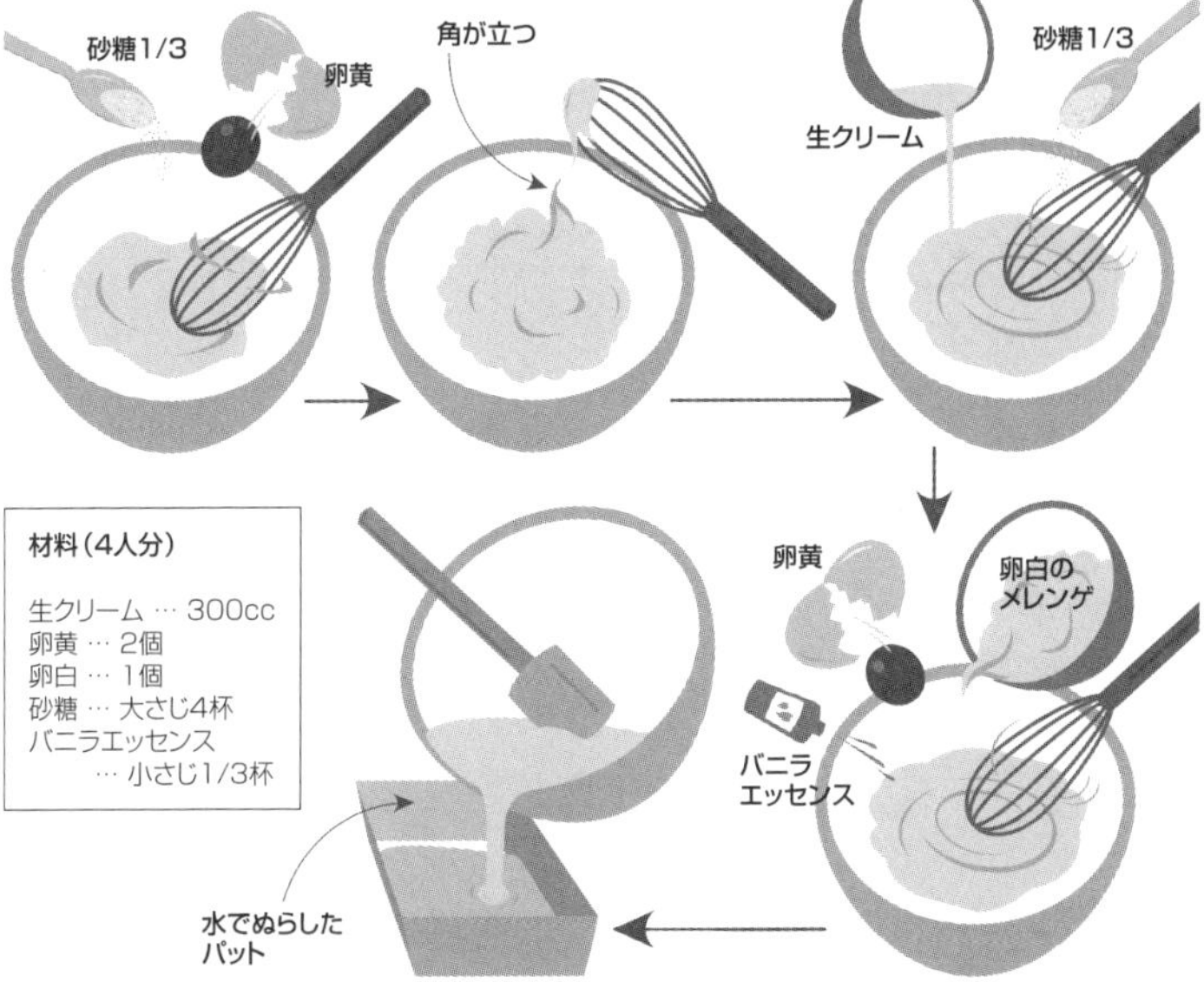

●乳化剤の構造と配列

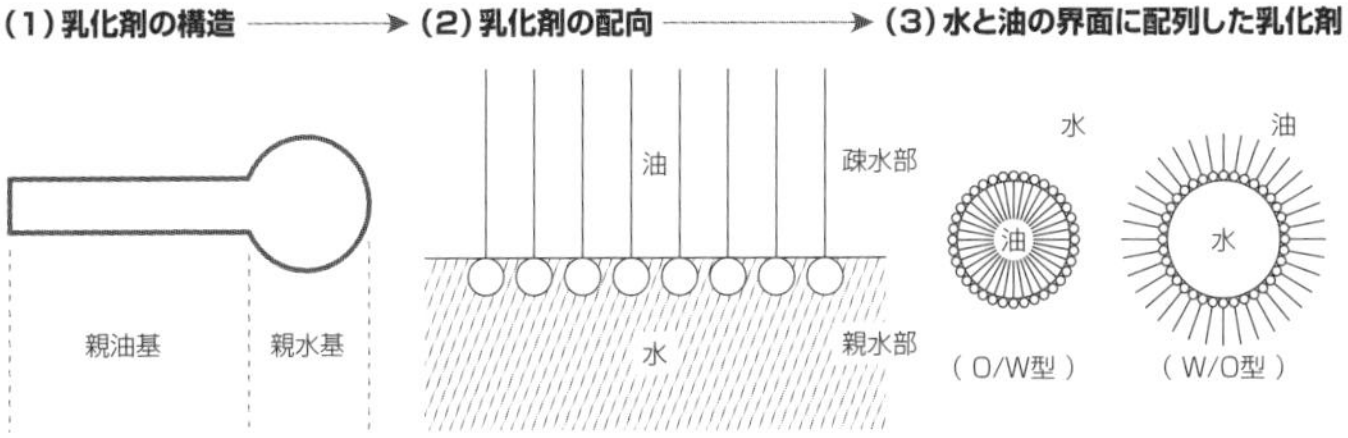

注1〔水分子の極性〕
水分子は酸素原子一個と水素原子二個から成るが、酸素の最外殻電子は六個。水素は一個。三つの原子が結合して水分子を作る際、酸素と水素の間で電子が共有されるが、共有される電子はどうしても数の多い原子の方に引き寄せられる。そのため、水分子のマイナス電気の分布の重心が、原子間の中央よりも、電気的に陰性の強い酸素のほうに偏る。こういう分子を極性を持つ分子という。極性を持ち、似たような構造の分子同士はよく混じり合う。水とアルコールがいい例。それに対し、油は酸素が少なく、極性を持たず、その構造も水分子とかなり異なる。だから、油は水と混じり合わない。

アイスクリームの組織は水相、油相、気相からできている複雑系のエマルション（乳濁液）である。それが凍結され固体になっているのが、アイスクリームの特徴だ。

しかし、それらの中でも水と油は、昔から相容れないものの例えによく使われる。それというのも水分子が極性をもち、持たない油とは構造がかなり異なることもあって、混じり合おうとしないからだ（注1）。ところが、乳化剤が存在すると、水と油の共生が成立し、乳濁液を作る。アイスクリームに卵黄が使われるのは、実は乳化剤（注2）としてである。

卵黄にはレシチンという特殊な脂質が含まれ、一つの分子の中に水を引きつける部分（親水基）と油を引きつける部分（親油基）の両方を持つ。このような分子は水と油の界面に吸着されやすく、水と油をうまくつなぎ合わせて乳化状態にすることができる。それだけでなく、界面張力を著しく低下させ、水または油の分散を助け、安定化にも役立つ。また乳濁液だからこそ、空気の泡はつぶれない。

泡を食べる食品には、ほかにも、サイダー、ラムネ、泡立て生クリーム、パン、スポンジケーキ、カステラ、クッキー、ソフトクリーム、マシュマロ、泡雪かん、ソフトクリームなどがある。泡立てることも大切な料理法の一つだ。

注2〔乳化剤〕

親水性がより強い乳化剤は水中油滴型（O／W型）、親油性のより強い乳化剤は油中水滴型（W／O型）のエマルションを作りやすい。卵黄は天然の乳化剤だが、化学的合成品ではグリセリン脂肪酸エステル、しょ糖脂肪酸エステルなどがある。乳化剤の働きとして、

（1）アイスクリームやバターケーキなどのように、油脂の乳化作用やクリーミング性の向上

（2）菓子一般に利用されるデンプンの老化防止

（3）ポンジケーキなどで、卵白の気泡性の向上

（4）チョコレート、ココア、キャラメルなどで、微粒子の分散作用などがある。

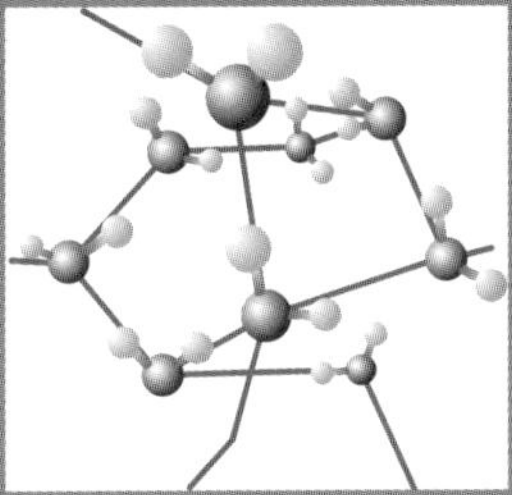

第5章

「噛む・飲む・食べる」モノの化学

041▼050

041 ガムは噛むとなぜ軟らかくなるのか?
042 近ごろよく聞くサプリメントって何?
043 お茶の化学
044 燻製はなぜおいしいのか?
045 小麦の秘密
046 ラーメンを化学すると…
047 魚は「死後硬直」がうまい?
048 寒天はノーベル賞級の大発明!?
049 ナスの色の不思議
050 「木の子(キノコ)」は「木の親」

041 ガムは噛むとなぜ軟らかくなるのか？

Point
噛んでいくうちに軟らかくなっていくガム。原料には、ポリマー（高分子）の一つであるポリ酢酸ビニルが使われている。

メキシコ西部、グァテマラ、ホンジュラスなど中央アメリカには、柿と同じような実を付けるサポディラという巨木がある。四世紀ごろ、その地に住んでいたマヤ族やアシティカ族がその樹皮に傷を付けて樹液を採取し、煮詰めて得られる天然チクルを噛んでいた。これが今日のチューインガムの原型だ。ちなみに、メキシコ語で「（ものを）噛む」ことを「チクル」という。

今日、ガムの原料は大きく四つに分けられる。チューインガムを噛んだ後に残るガムベース。ガムベースには、さきほどのチクルが代表する植物性樹脂（注1）がある。現在では、ポリ酢酸ビニルも使われる。数あるポリマー（注2）のなかでも、ガラス転移温度（注3）が室温と人体の体温との間にあるので、噛むうちに軟らかくなるからだ。そのほか、糖原料と香料。そしてガム全体を軟らかくして、噛み心地をよくするために使用される軟化剤だ。

糖原料は砂糖、ブドウ糖、水飴など。最近では虫歯をできにくくするために、パラチノースオリゴ糖やサンウーロンが配合されたガムが台頭している。

注1〔植物性樹脂〕
もともと「樹脂」という言葉は、マツやモミなどの幹に含まれる粘着性の液体（ヤニ）で、空気中で固化する物質を指していた。が、樹脂が二〇世紀に高分子量の有機物質の総称となり、今日では主に人造の高分子物質（プラスチック）をさすようになり、本家本元にわざわざ植物性と付けねばならなくなった。

注2〔ポリマー〕
構造の比較的簡単な分子が基本単位となって、数千から一万個以上つながってできる巨大分子がポリマー（高分子）だ。単位となる分子をモノマー（単量体）と呼ぶ。ヒトの体や営みは、タンパク質、炭水化物、脂肪といったポリマーによって成り立っている。

●ガムができるまで

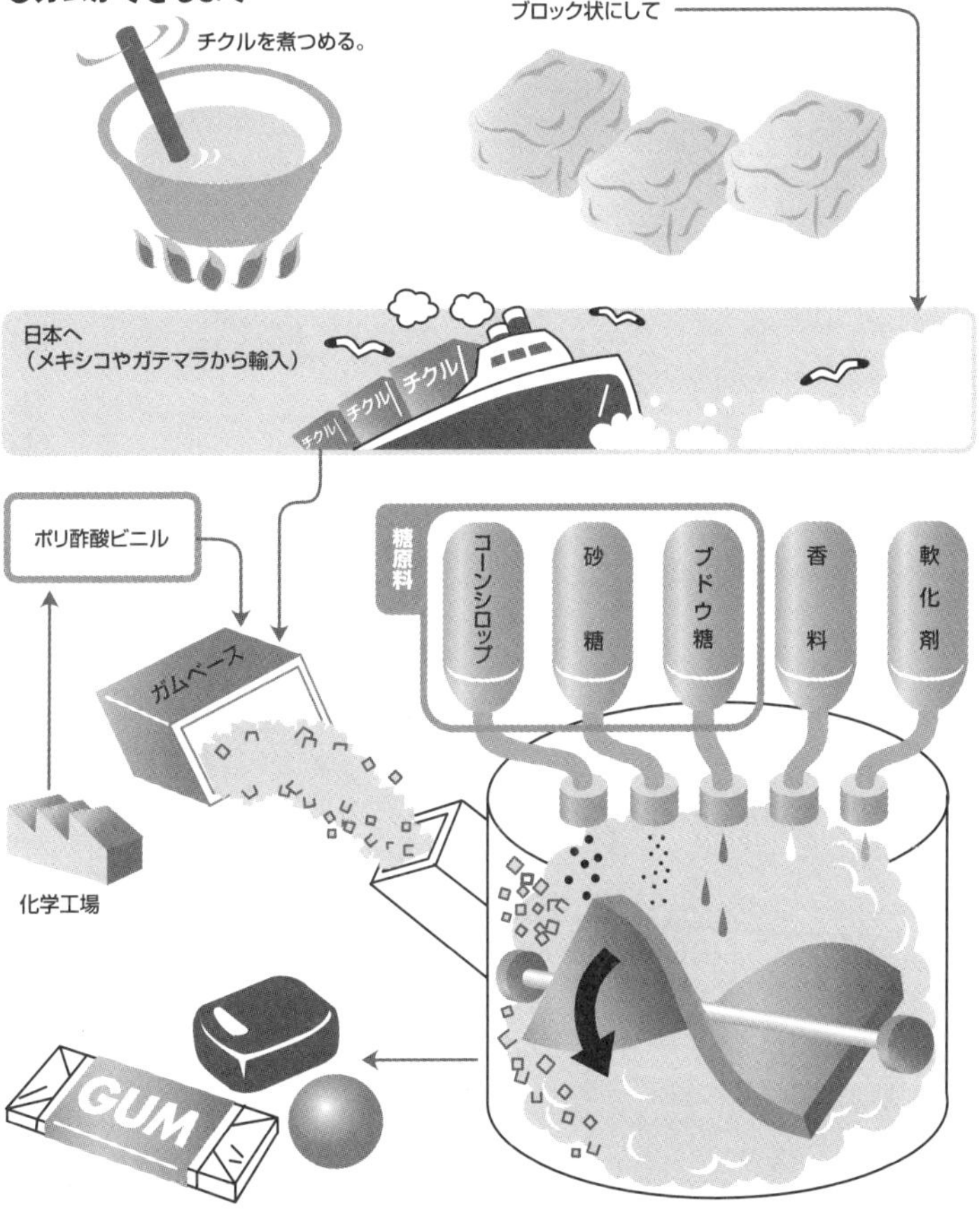

一九世紀後半、ドイツのケクレが、生命に関連する天然有機化合物の大部分が高分子から構成されているとの仮説を立てて実証され、高分子説が一九三〇年代に確立された。

注3〔ガラス転移温度〕高分子物質などで、低温では硬いガラスのような状態で、温度を上げると軟らかいゴム状の状態に変化する現象をガラス転移といい、その温度をガラス転移温度という。

042 近ごろよく聞くサプリメントって何？

Point サプリメントとは医薬品と食品の中間に位置する栄養補助食品のこと。健康への関心から生まれた新しい食品だ。

サプリメントとは、ビタミン、ミネラル（注1）といった前々からよく知られたもののほか、ハーブやCoQ10（コエンザイムQ10・注2）など比較的近年知られるようになった栄養補助食品だ。

しかし、最近注目されているのは、単に足りない栄養成分を補給するだけでなく、"特定の効果を期待する"機能性があるものとしてだ。グルコサミンやチオクト酸（注3）など、毎年のように新顔が登場して購買意欲を誘っている。

サプリメントという言葉が定着するようになったのは、米国で議会がサプリメントを対象にした法（栄養補強食品健康教育法＝DSHEA）を可決して以来のことのようだ。それを追いかけるように、厚生労働省が規制緩和して、それまで医薬品だった成分が食品として解禁された。コンビニでも気軽に買えるようになり、そのうえ値段が安いことも普及に大きく影響した。

米国でサプリメントが発達したのは、環境への不安、健康への関心と何より医療費の高さに要因があるようだ。

注1〔ビタミン、ミネラル〕ビタミンはエネルギー源にも体の構成分にもならないが、微量で体内の生理作用の調節をする。通常は体内で合成されず、しかも欠乏すると病気（欠乏症）を起こす。ミネラル（無機塩類）は体の構成分として大切なのだ。また、水に溶けて電離し、各種イオンとして存在し、体液の浸透圧の調節や酵素の活性剤として重要な働きをしている。

注2〔コエンザイムQ10〕細胞内でミトコンドリアに多く存在する。ミトコンドリアでは、酸素呼吸の反応のうちTCA回路と電子伝達系の作用が行なわれ、このエネルギー生産に関与する酵素を助けて、不可欠な働きをする助酵素（補酵素）がコエンザイムQ10であ

●主なサプリメントの効能

ビタミンC
免疫力の強化や抗酸化作用、細胞間のコラーゲン生成と保持。色素の沈着を防ぐ。成人なら1日100ミリグラムが目安。
ビタミンA
皮膚や粘膜を丈夫にし、視力を正常に保つ。器官や臓器の成長を助けるので妊娠中に必要。成人女性は1日540マイクログラムが必要。
ビタミンD
カルシウムの吸収を助ける。紫外線に当たると体内でも合成される。成人は1日2.5マイクログラムが必要。
ビタミンB1・B2
B1は炭水化物や糖質をエネルギーに変える。B2は不足すると口内炎や目の充血を起こしやすくなる。
葉　酸
赤血球を造るのに重要なビタミン群の一つ。妊娠中に不足すると胎児に神経障害が起こる恐れがある。
カルシウム
99％は歯や骨に、残り1％は血液や筋肉、脳に存在する。不足すると骨からカルシウムが取り出される。成人は1日600ミリグラムが必要。
MILK
鉄
70％は血液中に存在する。不足すると貧血や冷え性になりやすい。1日に約1ミリグラムが消費され、成人は10ミリグラムの摂取が必要。
COCOA
亜　鉛
不足すると成長障害や切り傷の回復の遅れを引き起こす。味覚障害にも影響。偏食や極端なダイエットを続けると不足する。
食物繊維
不溶性の食物繊維は腸の活動を活発にする。水溶性の食物繊維は血糖値の急上昇を防ぐ。成人で1日20～25グラムを摂取するとよい。
イソフラボン
体内で女性ホルモンに似た作用をし、更年期の症状軽減や骨粗鬆症の予防に役立つ。
DHA(ドコサヘキサエン酸)
EPA(エイコサペンタエン酸)
脂肪酸の一種で、マグロ、ブリ、サバ、イワシなどの青魚に多く含まれる。血液の流れを良くし、コレステロール値を下げる。
イチョウ葉エキス
脳の血液循環を改善するなどの効果がある。
キチン・キトサン
動物性のキチンはカニの甲羅などに含まれる。それを加工したものがキトサン。血圧を下げる効果がある。
高麗ニンジン
漢方薬として使われ、疲労回復や虚弱体質の改善などに効果がある。
プロポリス
ミツバチが集めた樹液の樹脂に、ミツバチの唾液が作用してできた物質。殺菌・消毒効果があるとされる。樹木の種類によって成分が違う。
ローヤルゼリー
女王バチのエサとして働きバチが体内で合成したもの。更年期障害や老化を抑制するとされる。が、未解明の成分も多く、研究が進められている。
HONEY

る。そのため、加齢などで減少するコエンザイムQ10を補うことで、疲労回復や心肺機能の向上が期待できる。また活性酸素による細胞への・を抑える機能が強いので、ガンや動脈硬化の予防、シミ・シワの抑制に有効である可能性がある。

注3〔グルコサミン、チオクト酸〕

グルコサミンはカニやエビなどの甲殻類の殻から抽出した成分で、関節の障害を改善する。高齢者の膝の痛みに効くサプリメントとして有名だが、最近はスポーツ用として注目されている。チオクト酸（アルファ－・リポ酸）はビタミン様物質で、コエンザイムQ10のような疲労回復作用や抗酸化作用のほか、血糖値を下げる働きがある。

043 お茶の化学

Point お茶は葉の種類によって味の主成分であるカテキンの含有量が変わり、製造法によってカテキンの酸化を変えることで、緑茶、紅茶、烏龍茶などになる。

ペットボトルのお茶は、いつの間にか欠かせない商品となった。

お茶はツバキ科の常緑樹である茶の葉を利用して作られる。茶樹には三つの品種がある。大きな葉を持つ大葉種（アッサム種）、中間の大きさの葉を持つ中葉種（中国系アッサム種）、そして小さな葉を持つ小葉種（中国種）だ。大葉種はインド、中葉種は中国、小葉種は中国そして日本に分布するが、化学成分にも組成の変化がある。茶の葉は、ほかの植物の葉には見られない多量のカテキン類とカフェイン（注1）を含んでいるが、カテキンの含有量は大葉種が比較的高く、小葉種は低く、中葉種は中間。なお、カフェインの含有量はほぼ同じだ。

カテキンは、カフェインがお茶の生理効果の主役であるのに対し、お茶をお茶たらしめている、お茶独特の「滋味」といわれる味の主成分。タンニン（注2）の一種でもあり、カテキンはお茶の製造法の違いでも主役を演じる。

カテキンは、テアニンというアミノ酸の一種が化学反応で変化してできる。テアニンは、根で生合成され、茎を通って葉に移行し、ここで貯えられる。貯えら

注1〔カフェインの生理効果〕
緑茶、紅茶、コーヒーを飲んでカフェインを摂取すると、脳の覚醒、心臓の活発化、利尿作用）、眠気醒ましなどの効果があり、疲労をとるのに最適だ。こうした作用はアミンという神経伝達物質の働きと深く関わる。

注2〔タンニン〕
植物界に広く分布する物質で、水によく溶け、渋い味がし、多数のフェノール性ヒドロキシル基をもつ芳香族化合物の総称。タンニンの水溶液は空気中の酸素に触れて黒色の沈殿を生ずるので、インキの製造に利用される。江戸時代、既婚女性が歯を黒く染めていた「御歯黒」もタンニンだ。

れたテアニンに日光があたると、次第にカテキンに変化する。

そのテアニンというアミノ酸も、茶の葉に特有の成分で、「旨味」があり、お茶の味「滋味」に大いに貢献する。このアミノ酸の含有量は、小さい葉で日光による化学反応を受けにくいからか、カテキンに変化せず、小葉種の方が高い。それに対し、大葉種は日光をたっぷり浴びて、テアニンをどんどんカテキンに変化させ、カテキンの含有量を高くしている。

小葉種にはもともとテアニンの含有量が高いのに、覆いを被せれば、日光がさえぎられ、カテキンへの変化が抑制され、被せない普通栽培の露天茶芽に比べ、旨味のアミノ酸含有量が高く、カテキン量は低くなる。それで玉露や抹茶が旨味の濃い、とろりとした味わいとなる。

また、覆いを被せた「覆い下芽」で作ったお茶には、「覆い香」と呼ばれる特有の香りがする。それは茶芽に含まれるカロチノイドが製茶工程でできた分解してできた化合物。少し青くさく、生のりのような香りを含んだ独特の香りで、「抹茶の香り」の主な特徴となる。

覆い下芽のクロロフィル（葉緑素）の量は茶芽の生育につれ増加するが、露天芽のそれに比べ、はるかに大きい。クロロフィルは光合成色素（注3）だが、覆われて減った光をクロロフィル増加で補っているのだ。それで覆い下芽が露天芽

●テアニンからカテキンの生成

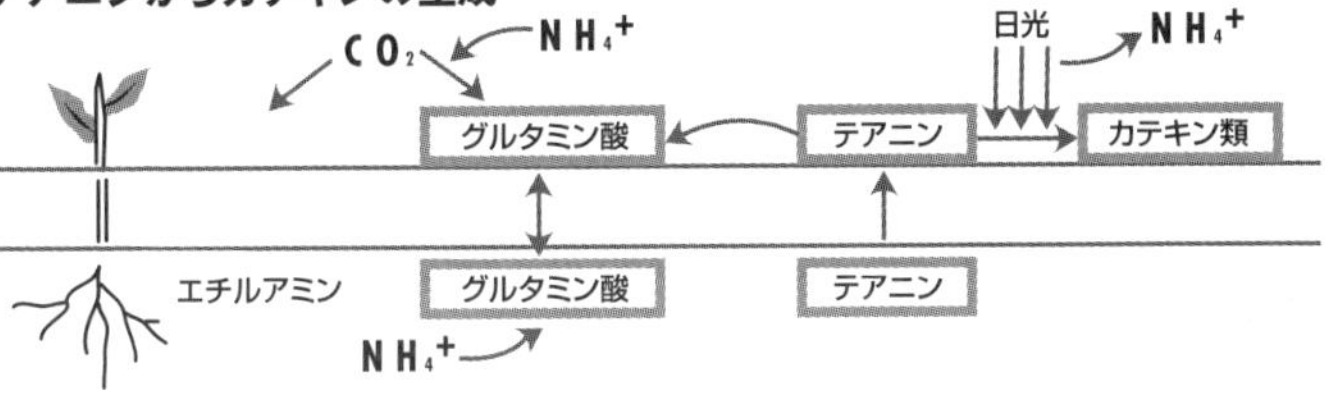

●おおい下茶芽と露天茶芽成育中のクロロフィル量の増加比較

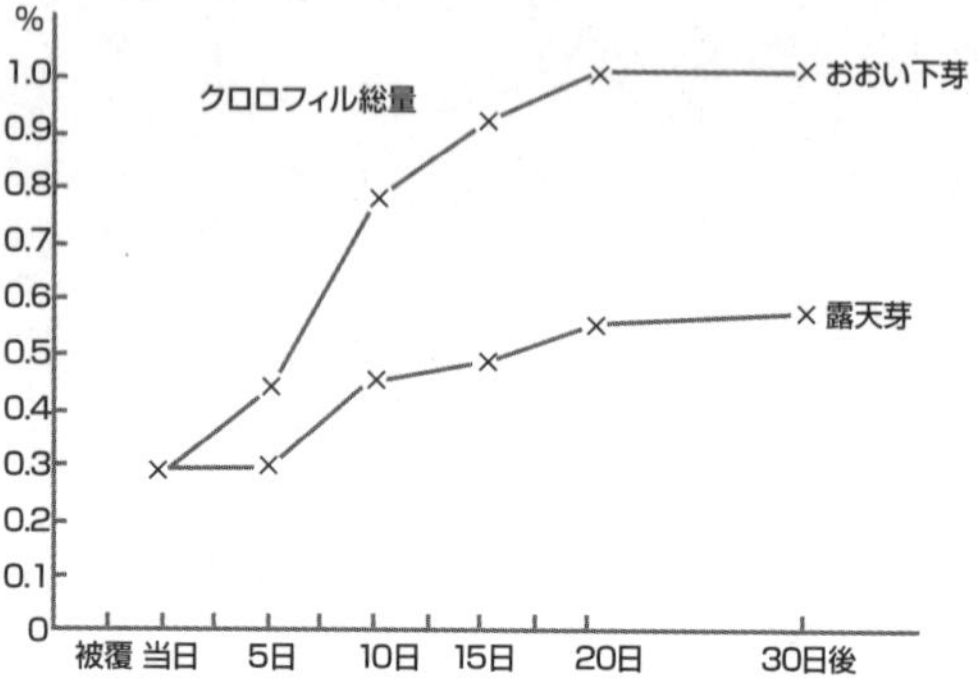

よりも濃い緑色となる。

緑茶は、その名の通り緑色。これは、製造の第一段階で、茶の葉に含まれているカテキン酸化酵素（ポリフェノールオキシダーゼ）の働きを止めてしまうため。

それに対し紅茶は、この酵素によるカテキン類の酸化を充分に行なって作られる。烏龍茶は緑茶と紅茶の中間。お茶の製造工程ではこの酸化反応を発酵といい、紅茶を発酵茶、烏龍茶を半発酵茶、緑茶を不発酵茶と呼んでいる。

最近、お茶に含まれるポリフェノールが注目されているが、その他の物質の疫学的効果は、今も多くの研究者が研究中。発癌作用、抗酸化作用、血中コレステロール低下作用、血圧上昇抑制作用、抗菌作用など数多くの報告がある。

注3〔光合成色素、カロチノイド〕植物が二酸化炭素と水から糖をつくる働きを、炭酸同化という。同化のために使うエネルギー源によって、炭酸同化はさらに光合成と化学合成に大別される。光合成は明反応と暗反応とからなる。光合成色素に吸収された光エネルギーによって、エネルギー準位の高い還元された物質やATPができる反応が明反応。明反応でできた物質とATPのエネルギーを使って、二酸化炭素を還元しブドウ糖を作る反応が暗反応。その明反応に関与するのが、光合成色素だ。光合成色素には、主色素と補助色素がある。主色素がクロロフィルa。補助色素の一つがカロチノイドだ。

044

燻製《くんせい》はなぜおいしいのか？

Point

薫製には木の成分が大きく影響している。木を不完全燃焼させることで、独特の風味をつけ、腐らない工夫をしているのだ。

燻製はもともと保存食として始まった。

木が燃える時は、セルロースやリグニンといった高分子からさまざまな小さな分子ができて、酸素と反応する。完全燃焼すれば、二酸化炭素や水蒸気などとなり、煙は出ず、燻製は作れない。

食品を燻煙する、つまり煙で燻して燻製を作るには、サクラ、ブナ、リンゴ、ヒッコリーなどのオガ屑や木を不完全燃焼させる。不完全燃焼で出る煙に含まれる燃え切らない小さな分子の中には、必ずアルデヒド系化合物のホルムアルデヒド（注1）などや、フェノール（注2）が存在する。

ホルムアルデヒドやフェノールは、生き物のタンパク質と反応しやすく、微生物のタンパク質を変性させる（タンパク質の変性については前章の31項の脚注を参照）。微生物は大事なタンパク質が変性すると、死んでしまい、食べ物が腐らずに済む。

食べ物の表面にくっつくホルムアルデヒドは、新たにやってくる微生物を殺し

注1〔アルデヒド、ホルムアルデヒド〕
アルデヒドはアルデヒド基（$-CHO$）を持つ化合物の総称、酸化されやすい性質をもつ。ホルムアルデヒド（$HCHO$）はその最も簡単な化合物で、きわめて強い還元性を持つ。煙が目にしみるのも、目の水晶体を作っているタンパク質にホルムアルデヒドなどが襲いかかるため。ホルムアルデヒドを水に溶かしたホルマリンが防腐剤になるのは、そのせいだ。

注2〔フェノール〕
フェノールは芳香族炭化水素の水素原子を水酸基（$-OH$）で置き換えた化合物の総称。狭義にはヒドロキシベンゼン（図）のこと。なお、芳香族とは亀の甲のような形をしたベンゼン環

てしまう。しかし、その量は、人間には心配する必要がないほど微量だ。
また、ホルムアルデヒドなどのアルデヒド類は、素材表面のタンパク質と結合し、強い皮膜を作る。この皮膜が外部からの雑菌の侵入を防ぐ役割を果たし、長期保存が可能となる。

燻製が長持ちする理由が、まだある。食べ物が乾燥すると水分が減る。微生物も生き物なので、水分が四〇％以下のところでは繁殖しにくい。これも腐りにくくなる理由の一つだ。

ヨーロッパの人々は、古くからハムやベーコン、ソーセージといった燻製を作り、苛酷な冬を過ごしてきた。だが、保存食としての燻製品も、冬を越し暖かくなるにつれ、臭気を発し始める。その臭い消しと味付けのために、さまざまな香辛料が使われるようになっていった。一五世紀、ポルトガルのエンリケ航海王に始まるヨーロッパの大航海時代も、香辛料目当てが大きな動機であった。

保存方法が発達した現代。燻製は保存食というより、むしろ口中に広がる香りを楽しむ、嗜好品としての要素が強くなってきた。香辛料で味付けし、燻して水分を蒸発させ、旨みを濃縮し、強い皮膜で閉じ込める燻製は、知恵が詰まった食品といえるだろう。

をもつ化合物の総称だ。フェノールとアルデヒドから得られるフェノール樹脂は、接着剤、電話機、ボタン、化粧板などに使われる。

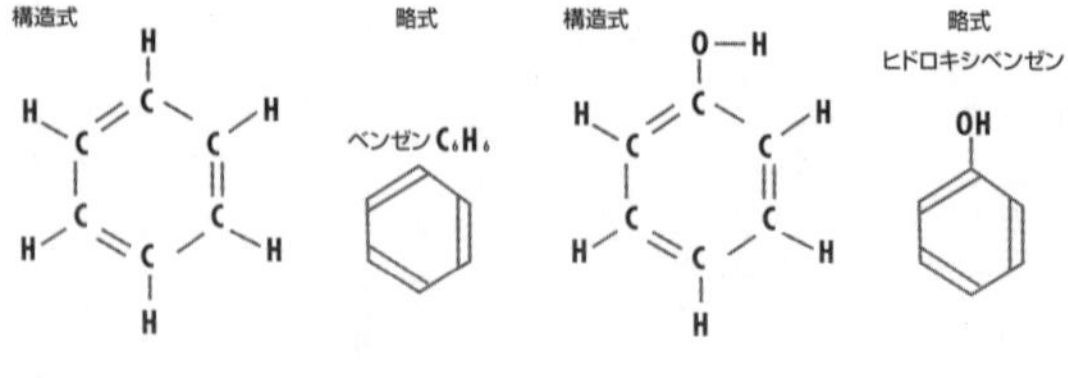

045 小麦の秘密

Point
小麦からはパン、麺類、菓子など多様な食品が作り出されている。それは小麦が特殊なタンパク質であるグルテンを持っているからこそ可能になった。

西洋の人は料理術を十あげるとしたら、「炊く」は入れないかもしれない。彼らが食べる穀物は小麦。小麦はご存じのように、お米のようには粒のまま炊かず、粉にしてから調理するからだ。小麦を粒のまま炊いても、消化率が悪く、おいしくない。粉にしてから調理するのが何よりなのだ。

小麦は外皮が強靭で厚く、深い溝があるため、剥がして中の実を取り出すのが難しい。剥がそうとして力を加えると、実が割れ、細かに砕けて粉になってしまう。粉に挽いてから篩にかけると、小さな粉の実と大きな皮に簡単に分けられる。それに対し、米の粒は、外皮の籾や内皮の糠は剥がれやすい。

さらに、小麦を粉にするのにはもっと深い理由がある。小麦のタンパク質が、そのまま食べるより、粉にし、水を加え、良くこねると、粘りと弾力が出てくるという性質がある。粒のままではこの性質が引き出せないからだ。

それというのも、小麦のなかには、七～十五％のタンパク質が含まれている。大部分はグリアジンとグルテニンという二種類からなる。

注1〔—S—S—結合〕Sは硫黄の元素記号。—S—S—結合は硫黄原子間結合ともいう。システチンを含むタンパク質は、この結合で二本のペプチド鎖が橋渡しされていることが多い。ふつう—S—S—結合を切ると、生物的活性がなくなるなど生体で大切な役割を果たす。システチンはタンパク質を構成するアミノ酸の一種で、多くのタンパク質中に小量ずつ存在する。羊毛にはシステチンが比較的多く含まれ（含有量一一％）、燃やすと独特の臭気を発し、ほかの繊維とくべつできる。

この二種類のタンパク質のうち、グリアジンの方は軟らかく、水をあまり吸わないが、べたつく性質（粘性）を持っているので結合剤として作用する。それに比べ、グルテニンは硬くて弾力があり、水をよく吸う。両者がほぼ同量ずつ存在し、よくこねると、水を仲立ちにして、それぞれの分子内の—S—S—が分子間の—S—S—結合（注1）に変化し、手をつなぎ、分子がからみあって、網状組織ができ、グルテンとなる（図1）。

グリアジンは食塩を加えると、粘性を増す。この性質を使ったのが、良質の麺類やパンの製造だ。いっぽう、グルテニンはかん水を使うと、伸展性が増す。この性質を利用したのが、ラーメン（中華麺）だ（次項参照）。

砂糖を加えると、生地中の水分を奪い、グルテンの形成を遅らせ、粘弾性を減少させる。できあがった製品が軟らかく、もろい物性となる。ケーキに最適だ。

油脂を使うと、タンパク質と水との接触を妨げ、グルテンの形成を邪魔し、製品をもろくする。そのほか、卵や牛乳といった添加材料も小麦粉生地の性状に、それぞれ独特の影響をもたらす。それもこれも、小麦が変わりものの穀物だからだ。たいていの穀物ではデンプンが粘るのに、小麦粉ではタンパク質が粘る。

だが、そのタンパク質も高温で変性しやすく、夏期の高温にさらされると、小麦粉のグルテン形成能は低下する。そのため、小麦粉は夏期を越さずに消費する

●図1グルテンの模式図

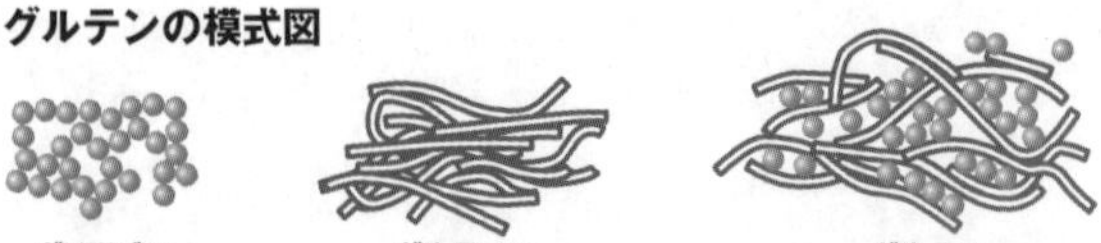

それぞれの分子内の-S-S結合が分子間の-S-S-結合に変化して結びつき、網状構造となる

団野源一「食品タンパク質の科学、100」（1983）より

●図2小麦粉の種類別タンパク質の量と性質

	強力粉	中力粉	薄力粉
グルテンの量	多い		少ない
グルテンの性質	強い		弱い
粒度	粗い		細かい
原料小麦の種類	硬質	中間質または軟質	軟質
主な用途	パン 餃子の皮 中華麺 ピザ	うどん その他	ケーキ 菓子 天ぷら その他

小麦粉はタンパク質を基準にして分類され、用途によってさらに100種類近くにまで分けられている

●パンに強力粉を使うわけ

グルテンの膜がイースト菌の出す炭酸ガスを包み込んで、パンをふくらませる。

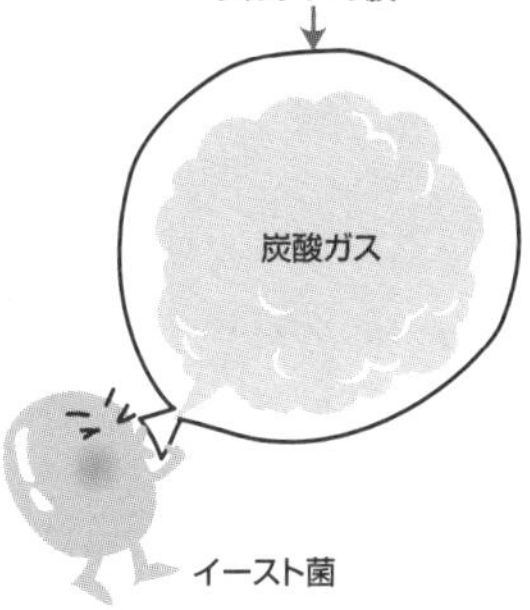

か、冷蔵庫で保存しなくてはダメ。

小麦粉の粘りも、こねればこそ。小麦粉をこねずに加熱すると、粘りも弾力性もなく、加工も調理もできない。かといって、小麦粉を加熱しないと、ベータ・デンプンのままで消化できない（4章の34項を参照）。小麦粉の主成分はあくまでデンプンで、約七〇%を占める。残りにタンパク質が含まれ、その性質がパン、うどん、天ぷらの衣などの加工や調理に重要な役割を果たす。

小麦粉は図2のようにタンパク質の含有量によって区分され、市販されている。もち米がうるち米より粘るのはデンプンの違いからだが、コシの強い強力粉とコシの弱い薄力粉の差はタン

●小麦粉と水の割合

渋川祥子「調理科学」（同文書院）より

小麦粉:水	生地の状態	調　理　例
100:50〜60	手でこねられる硬さ	パン、ドーナツ、クッキー、饅頭の皮
100:65〜100	手ではこねられないが流れない硬さ	ロックケーキ
100:130〜160	ぼてぼてしているが流れる硬さ	ホットケーキ、パウンドケーキ、カップケーキ
100:160〜200	つらなって流れる硬さ	天ぷらの衣、スポンジケーキ、桜餅の皮
100:200〜400	さらさら流れる硬さ	クレープ、お好み焼き

パク質であるグルテンの量の違いなのだ。

タンパク質はグルテンの量が多く、質が強いほどしっかりしたグルテンが形成される。水の量も表のように、生地の状態を左右し、用途も異なる。また一般には、こねる時間が長いほど、グルテンは鍛えられ、粘りと弾力性を増す。しかし、そのコシの強い塊をそのまま食べたのでは、どうにも消化が悪い。それで昔から、パンやケーキのように膨らませるか、シューマイやギョウザなどのように薄く伸ばすか、麺類のように細長く切るか、のうちどれかの方法が使われてきた。

小麦粉生地を膨らませるには、三つの方法がある。その一は、炭酸水素ナトリウム（重曹）を加え、加熱によって二酸化炭素を発生させ、生地を膨らます方法。その二は、イースト（パン酵母）を直接混ぜ、少量の糖をエネルギー源に繁殖させ、発生するガスで生地が膨らませる方法。このように材料に微生物を植え付け繁殖させる調理、すなわち発酵はヨーグルトや乳酸飲料、味噌、醤油、そして甘酒を作る時にも使われる。もちろん、お酒を造る時も（4章の39項を参照）。

その三は、全卵または卵白のみを泡立て、小麦粉や他の副材料を混ぜ合わせ加熱すると、海綿状の軟らかい組織が得られる。スポンジケーキが代表例だ。

さまざまな穀類がある中で、小麦が多様な食品を生み出すことができたのは、特殊なタンパク質＝グルテンを持っているためだ。

046 ラーメンを化学すると…

Point
焼いて食べる小麦がシルクロードを通って中国に伝わり、麺が生まれた。おなじみのラーメンは、鹹水（かんすい）が大事な役割を果たしている。

今からおよそ九〇〇〇年前にメソポタミアで栽培が始まった小麦は、小麦を粉にする石臼とともにシルクロードを通り中国に伝えられた。西の粉食文化は焼くことが中心で、人々はパンにして食べていた。その粉食が煮る文化の中国に伝わり、麺のルーツといわれる「湯餅」（タンミエン）が生まれる。中国語の「餅」は米の餅でなく、小麦を原料にした食品。また、「麺」は中国では粉をねって作ったもののすべてを意味し、ワンタンも餃子の皮もみんな麺。うどん状のものは区別して、麺條（ミンテイアオ・注1）という。

拉麺の製法は中国の北方に生まれ育った。それには伝説がある。ある寒村で山から湧き出る清水で、麺を打つと実に延びがいい。昔から伝わる〝拉〟という引っ張る技術を使うと、麺生地が面白いように延び、細く滑らかで、素晴らしい麺ができた。水脈探険に出かける者が現われ、鹹湖（かんこ・注2）を発見する。そこには大量のアルカリ性物質である鹹石があった。村の衆を集め、鹹石を切り出し、山の水を煮詰めて鹹水を作り、各地に移出する。

注1〔麺條〕
中国で誕生した麺條は、その後製法で五つの系列に枝分かれし、アジアの国々に伝播していく。そのひとつが、日本の奈良時代に伝わった、〔そうめん系列〕の「索餅」（サクベイ）。麺生地の表面に油をぬり、二本の棒にかけて引き伸ばし乾麺にする製法だ。これが日本の麺のルーツとなった。手打ちうどんや手打ちそばに代表される〔切り麺系列〕はアジア全域に広がったが、日本では平安時代、ほうとうと呼ばれた食品がうどんの起源であろうといわれる。

注2〔鹹湖〕
塩湖ともいい、湖水中の溶存無機塩類の合計が〇・五以上の湖。

鹹水とは、要するに「ミネラル類を多く含んだ水」。純天然の鹹石、鹹水が入手しがたいところでは、「草・木・根の灰を溶かした水」を使うようになった。

ご存じのように、この鹹水あってこそ、中国の麺独特の「足・腰」ができる。

明治になると、海を渡った中国人が日本各地に南京町（中華街）を作り、「シナそば」の店を開業した。なかには拉麺の製法を得意とする北方の出身者もいた。そういう店で〝ラーメン〟なる耳新しい言葉が、日本人に憶えられていく。

鹹水は日本では〝魔法の粉〟扱いされていたが、成分が分析された。昭和三二（一九五七）年から食品衛生法に基づき、炭酸ナトリウム（注3）と炭酸カリウム（注4）、それに重合リン酸塩をブレンドした鹹水が製造販売されている。これを約三％水に加え、よくこねると、タンパク質が変性し、展性が増し同時に歯切れのよい、ラーメン独特の「足・腰」が形成されるのだ。

鹹水はラーメン特有の風味をつけもする。鹹水のアルカリは小麦中のフラボノイドという色素を変色させ、麺を黄色くする。

小麦粉は水を吸う力が強く、水の量を増やすと延ばしやすくなるが、切ろうとすると、粘着力で切った麺がくっついてしまう。そこで普通のうどんは、食塩を加える。食塩はグルテンの弾力を増し、生地をひきしめる作用がある。ラーメンは食塩を使わない代わりに、鹹水に同じ役割を引き受けてもらっている。

注3〔炭酸ナトリウム〕炭酸ソーダ、ソーダともいい、化学工業で最も重要な素材の一つ。製紙・染料・洗剤などの各工業でも広く使われる。天然では、海の植物の灰からとった灰汁（あく）に主として含まれる。

注4〔炭酸カリウム〕炭酸カリ、カリともいい、カリガラス、軟石けん、医薬の原料、染色・漂白などに使われる。天然には陸の植物の灰、とくに木灰中に含まれ、これを抽出したものを灰汁といい、古来、洗浄・漂白に用いられた。

●インスタントラーメンができるまで

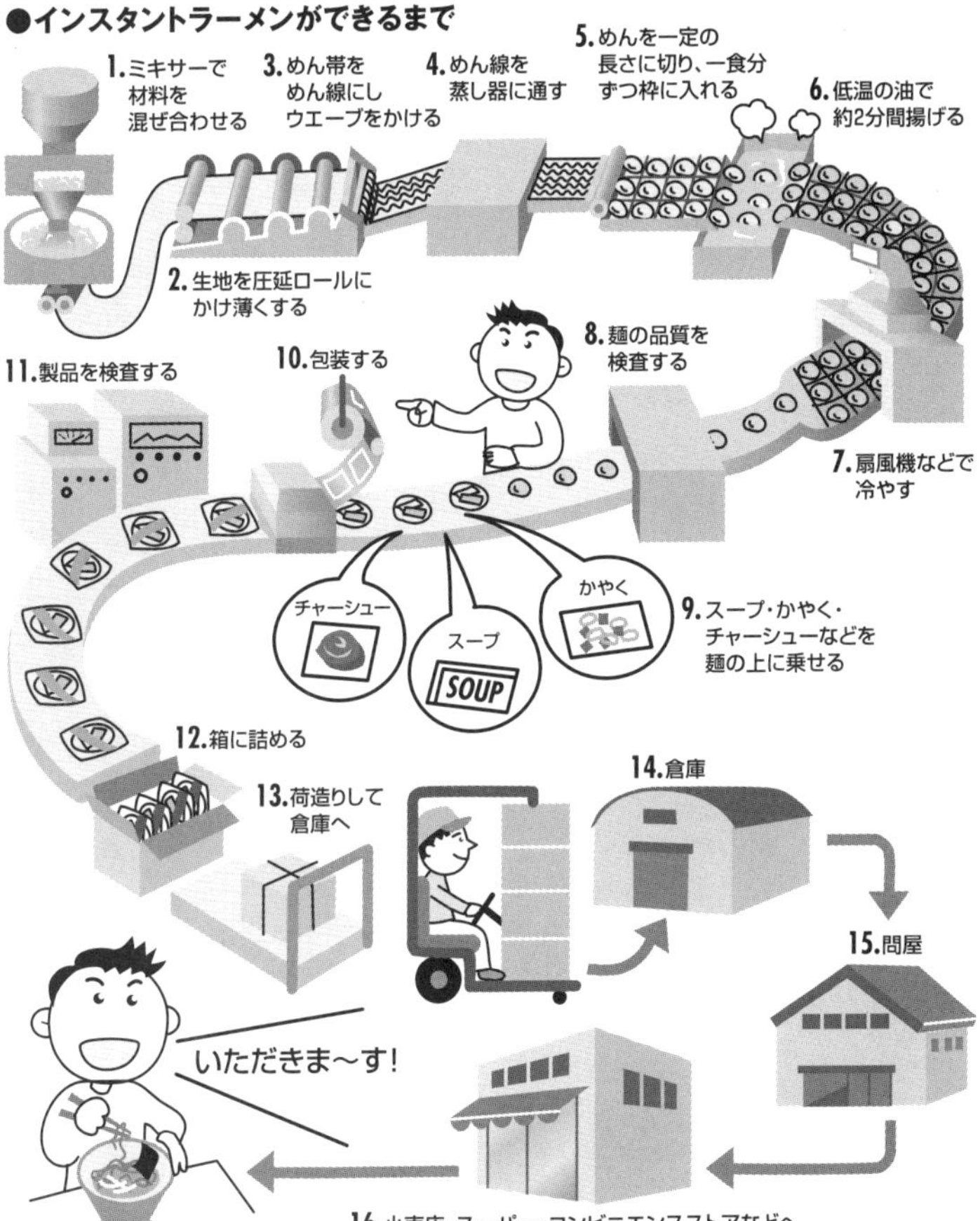
16.小売店・スーパー・コンビニエンスストアなどへ

047

魚は「死後硬直」がうまい？

Point

魚が腐ると独特の臭いを発する。微生物の増殖によって腐敗が進むからだが、死後硬直が始まったばかりの頃は、魚の食べごろなのだ。

陸上動物は屠殺後、死後硬直がすぐ現われるが、魚の死後硬直も比較的早い時期に起こる。しかし、実は畜肉と魚肉では死後硬直の違いが、食べる際に顕在化してくる（死後硬直そのものについては31項を参照）。

硬直中の畜肉は硬く、旨味も少なく、しかもドリップ（にじみ出てくる水分）が多く、とても食べられたものでない。ところが、最大硬直が過ぎると、美味しい肉になるプロセスが始まる。これを「肉の熟成」という。熟成した肉でも、生はなかなか食べられない。馬刺しなどの例外はあるが、「焼く」調理が必要だ。

それに対し、魚肉は刺身のように死後硬直中のものこそ美味しく、鳥獣肉に比べ、テクスチャー（注1）もいい。まさに刺身で、われわれは死後硬直を食べているわけだ。もっとも大型のマグロやブリなどは、死後硬直状態が終わり、自己消化が始まって軟化したばかりの方が旨味成分が増加し、味がいい。

さて、皮膚、えら、腹腔に生息していた微生物は、生前は無菌状態であった筋肉へ、魚の死後、侵入を開始する。微生物の増殖は軟化時に激しくなり、腐敗が

注1〔テクスチャー〕口の中の触覚で評価される食品の物理的な性質のことで、歯触りや粘りなどをいう。

●魚の死後の鮮度と調理

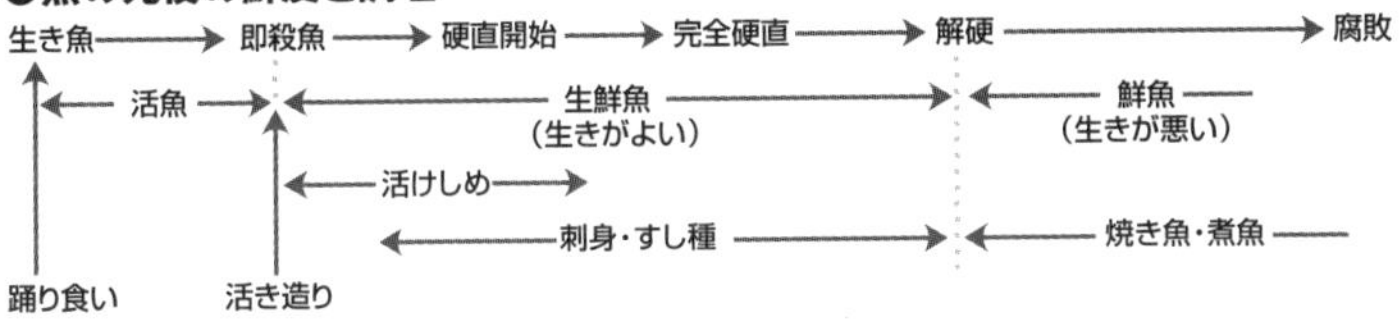

●刺身の切り方

●食肉と魚介類の調理的特性の違い

特性	食肉	魚介類
種類の多少	牛・豚・鶏と種類が少ない	季節ごとにきわめて多種類
生産の安定性	計画的な飼育が可能	飼育が困難、生産が不安定
季節性	季節による変動が少ない	種類・成分の季節的変動大
筋肉の構造	繊維が長く、切って食べる	繊維が短く、切る必要なし
死後硬直と軟化	緩慢に進み、食べ頃あり	急速に進み、新鮮度を重視
味の特徴	穏やかな旨味の複合体	イノシン酸の旨味が中心
匂いの特徴	穏やかな匂いの複合体	トリメチルアミンの魚臭
調味の必要性	スパイス、ソースで変化	刺身・塩焼きなど味は単純
加熱の必要性	多くは必要である	鮮度がよいものは生食する
調理法の特徴	加熱法、ソース中心の料理	素材の色・形重視の料理

注2〔赤身魚〕
赤身の赤は、筋肉に酸素を供給する筋ヘモグロビンの密度の高い遅筋が多いため死後硬直が速い。赤い色は筋ヘモグロビンの中の鉄が酸素と結合している色。赤身の魚には、大海原をゆうゆうと回遊している遠洋航海型のものが多い。赤い遅筋は、筋ヘモグロビンが供給する酸素を使って、ゆっくりエネルギーを出し続ける。ヒトもマラソン選手は遅筋が多く、赤っぽいという。

どんどん進む。微生物によって、魚肉タンパク質が分解され、アミン、アンモニア、有機酸、硫化水素などが複合した腐敗臭が発生する。

赤身魚（注2）は白身魚（注3）よりも死後硬直が速く、自己消化も高い。筋肉は軟化しやすく、腐りやすい。マグロ、サバ、サンマなどの赤身魚またはその加工品を摂取して、約一時間以内に顔面が紅潮し、頭痛、ジンマシンなどの「アレルギー様食中毒」になることがある。その原因は、魚肉タンパク質が分解されてアミノ酸が作られ、さらに微生物によって脱炭酸作用でアミン類（ヒスタミン、アグアマチン、プトレシンなど・注4）が魚肉中に蓄積することにある。

また、巻網漁で獲た魚は、釣魚より腐敗しやすい。魚体表面が痛み、細菌が侵入しやすいだけでなく、苦悶死のため、ATP消失量が大きく、死後硬直が速いからだ。腐敗が進行しないうちに、「焼く」「煮る」調理がどうしても必要になる。魚を中心とする日本料理は、「切る」が中心で比較的単純。とはいっても、刺身一つとっても技は図のようになんとも凄く、料理人が包丁人とも呼ばれるのは無理もない。

魚も肉も同じような筋繊維で成り立つが、肉の繊維は長く魚の繊維は短い。大きな切り身でも、箸でほぐして食べられる。

注3〔白身魚〕
白身の魚は素早く動くが疲れやすい白色の速筋を持つ。酸素を摂取する間を惜しむかのように、酸素を使わずに筋肉中に蓄積されている高エネルギー物質を分解し、一気にエネルギー物質を出し尽くす。入り組んだ海岸線に近く、岩だらけの近海で敵から素早く逃げたり、餌を追いかけたりしているからだ。ヒトも短距離ランナーは速筋が多く、白っぽいという。

注4〔アミン類〕
アンモニアの水素をアルキル基（CnH2n-1-）または芳香族原子団で置換した形の化合物。

048 寒天はノーベル賞級の大発明!?

Point 普段はトコロテン、みつ豆などでしか馴染みのない寒天だが、バイオテクノロジーなど科学の発展には欠かせない存在なのだ。

みつ豆やところ天に欠かせない寒天。味があるようでないような。

寒天という乾燥物質と製法の原理は、一七世紀の中頃、京都府伏見の美濃屋太郎左衛門が発見、発明した。これぞ日本が世界に大きく貢献する地球的規模の大発明にほかならなかった。「寒天」（天ヲ寒カラス）という命名は中国からの帰化僧、隠元（一五九二〜一六七三、黄檗宗《おおばくしゅう》万福寺の創建者）によると伝えられる。

寒天の工業化に成功し、寒天産業を成立させたのは、大阪府高槻市の宮田半兵衛（一七三一〜一八〇三）。天明年間（一七八一〜一七八九）に、中国向けに寒天輸出が始まった。長野県で寒天製造業が始まったのは、一八四〇年ごろ。今でも、角寒天（bar style agar）は長野が地球で唯一の産地だ。

一九世紀末、ドイツの細菌学者コッホ一門が、培地としての寒天ゲルの有用性を認めた。これが感染症撲滅への第一歩を支える裏方になる。コッホ一門によって食用以外の寒天の用途が切り開かれ、寒天は「全世界の科学研究に必要不可欠の物質となった（松橋鉄治郎「寒天の科学」、大石圭一編「海藻の科学」朝倉書店に所収)。

食品あるいは食品工業以外に消費される寒天の量は、確かに少ない。だが、バイオテクノロジーの新時代を迎えた今日、組織培養の培地のほか電気泳動やゲル濾過などの理化学的用途も、寒天の重要性を高めている。

寒天は化学的見地からすると、「強固にゲル化する海藻由来のハイドロコロイド物質で、多糖類の天然高分子物質である。寒天の主化学構造は、D—β—ガラクトース(注1)と3,6—アンヒドロ—L—ガラクトースが、繰り返し連なっている構造」に最大の特徴があり、末葉的な構造に若干の変化があることや、小量ながらエステル化硫酸(注2)を必ず含むという特質をもっている(前掲書より)。

寒天の化学的研究が始まってすぐ、構成する半分がD—ガラクトースであることは分かった。残りの半分が長い間、謎であった。一九三八年、日本の荒木長次と英国のパーシバルによって、それぞれ別に、「3,6—アンヒドロ—α—ガラクトース」という誠に珍奇な構造の糖であると発表した。

一九五六年、故荒木長次は日本化学会英文誌に「寒天アガロースの化学構造」を発表した。アガロースとは寒天の主多糖。彼の一連の研究業績はノーベル賞級と、世界一流の化学者の間で讃えられたという。

注1〔ガラクトース〕
炭水化物が単糖類、二糖類、多糖類に分けられるが、ガラクトースはブドウ糖、果糖とともに単糖類。乳糖の構成成分で、乳糖を加水成分すると得られる。

注2〔エステル〕
酸とアルコールとを混ぜ、化学変化させると、水とこの化学物質エステルができる。高級脂肪酸とグリセリンといったエステルの仲間には、油脂として動植物中に存在するものが多い。エステルは酸と塩基のなかに構成成分として存在し、水に入れ加熱すると、もとの酸とアルコールに加水分解される。油脂を水酸化ナトリウム(カセイソーダ)の水溶液と反応させると、加水分解(けん化)され、石鹸とグリセリンが合成される。

●寒天の製法原理

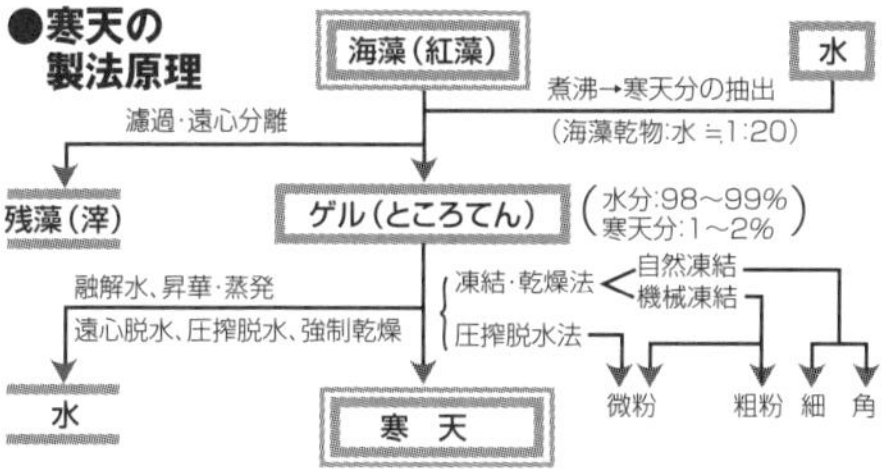

●寒天および寒天製造法の大別

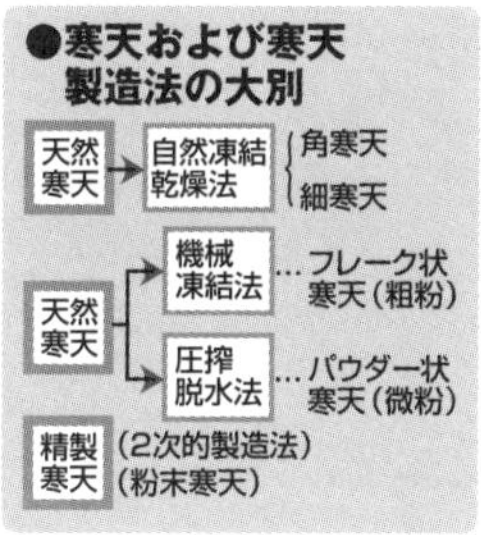

●アガロース:寒天の基本的化学構造

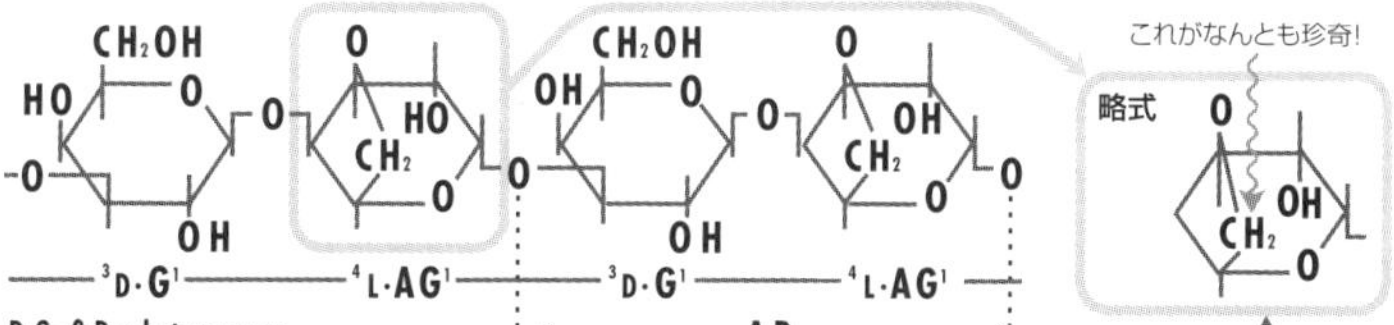

D·G=β-D-galactopyranose
L·AG=3,6-anhydro-α-l-galactopyranose
AB=agarobiose

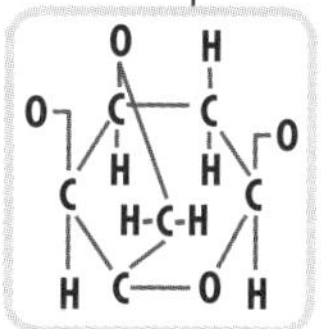

●アガロース:寒天の基本的化学構造(荒木長次)

	構造式(略式)	分子式	物質例
単糖類		$C_6H_{12}O_6$	ガラクトース、ブドウ糖など
二糖類		$C_6H_{12}O_6$	ショ糖、乳糖、麦芽糖
多糖類		$(C_6H_{12}O_6)$	デンプン、セルロース、グリコーゲン

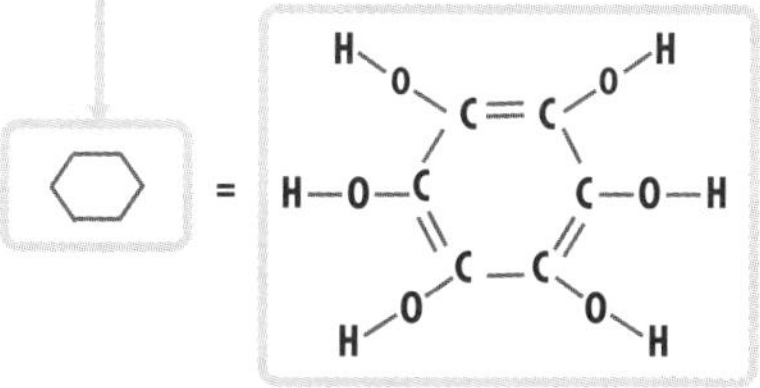

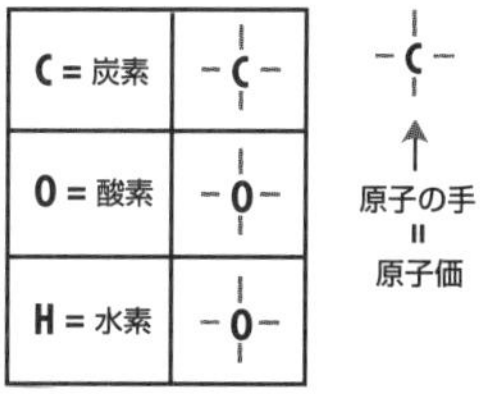

049 ナスの色の不思議

Point
「茄子紺」という色があるほど、ナスが出すアクは濃い。しかし、そのアクは熱を加えると甘みを出し、おいしい料理に変身する。

食品のアクの成分には、非常に多くの物質が含まれる。列挙していくと、植物ではホモゲンチジン酸、シュウ酸、タンニン系物質、そのほか配糖体。動物では脂肪酸化物、可溶性タンパク質など。

もともと野草である野菜は大きく葉茎菜類、根菜類、果菜類に分けられる。果菜類のなかでもナスは、アルカリ度が高く、アクがきつい。切るとすぐ褐変する。酸化酵素が働き、アクを空気中の酸素と結びつけるためだ。茄子の成分の一つはシュウ酸カルシウム（注1）であることが明らかにされている。

渋味や苦味などを引き起こすナスのアクの成分は、一五〇度C以上の高温で甘味に変わる。焼いておいしくなる野菜はナスのほかに、サツマイモ、ジャガイモ、ギンナン、ネギ、シシトウ、ピーマン、アスパラガス、キノコなど。ナスのようにアクが高温で甘味に変わるものもあるし、水分が減り、味が濃く風味が高くなるものもある。ネギやタマネギは生のままでは辛くても、熱せられ辛い成分が甘味に変わる。

注1〔シュウ酸カルシウム〕蓚（しゅう）酸（$C_2H_2O_4$）は、広く植物界に存在するカリウム塩またはカルシウム塩の形で酸性物質。そのカルシウム塩がシュウ酸カルシウムである。シュウ酸は染料の原料、染料の助剤、麦わらなどの漂白剤として使われる。

●焼いておいしい野菜

●ナスは皮から焼け

ナスの色（アントシアンという色素）は100度位の低温で熱すると茶色になってしまう。ナスを焼くときは、油をたっぷりとひいて、高い温度で皮の方から焼くのがコツ。ナスのアクは高い温度で熱すると甘みに変わる

●野菜・果物の調理的特性の違い 杉田浩一「調理のコツの科学」（講談社）より

特性	野菜	果物
調理への用途	副食型、混合使用型	間食型、単独使用型
加熱の必要性	多くは必要	ほとんど生食
調味の必要性	多くは必要	ほとんど必要ない
味の特徴	淡泊な味が特徴	甘味、酸味が特徴
香りの特徴	他材料との配合がよい	単独、加熱前がよい
色彩の特徴	一般に内部まで同色	一般に表皮に色がある

ナスの色は独特の濃紫色。色素はアントシアン系（注2）で、その名もナスニン。低温（一〇〇度位）で熱すると茶色になる。だからナスを焼くときは油をたっぷりひき、高温で皮のほうから焼く。

ナスを煮物にするときも、一度油で揚げ、油抜きして煮含めると色が変わらない。

一方、ナスを漬けるとき、鉄くぎ、焼きミョウバンを加えるのは、鉄やアルミニウムのイオンとナスニンの結合によって色素を固定させ、変色させないため。その結果、生体内で必要な微量の金属を摂ることにもなる。表ではナスを含めた野菜と果物との調理的特性を比較しておいた。

注2〔アントシアン〕花、葉、果実に存在する一群の植物色素。酸性溶液中では紅色、アルカリ溶液で青色を呈する。アントシアン類はフラボン類、カロチン類とともに、"花の色素の三役"といわれる（84項参照）。

050

「木の子（キノコ）」は「木の親」

Point
シイタケなど森の恵みであるキノコ。そのキノコは森から栄養を摂りながら、次の森を育てる役割を果たしているのだ。

キノコという言葉は「木の子」に由来し、森林生態系での役割もとても大切。地表に堆積した植物の遺体（リター）は、まず細菌やカビが可溶性の炭水化物や窒素化合物、デンプンなどを分解し、次いで細菌、カビ、そしてキノコがセルロースやヘミセルロース（注1）を分解し、さらに主にキノコがリグニンを分解して、最終的に無機化され、植物に再利用される。森林のリサイクル業者キノコは「木の子」にして「木の親」なのだ。

キノコは、栄養の摂取法の違いで共生菌（菌根菌）、寄生菌、腐生菌の三つの生活様式に区分される。

・共生菌…生きている植物の根に菌根を形成し、植物から低分子の糖を受け取る代わりに、植物に対しては菌糸が土壌や有機物の中から吸収したさまざまな無機塩類や水分を植物に提供している。菌根には植物の病気の発生率を低下させ、環境ストレスに対する抵抗性を高める生理的働きもある。熱帯林の植林事業や幼苗の病害防止など、林業や農業での菌根菌の実用化が進んでいる。

注1〔ヘミセルロース〕植物細胞の細胞壁を鉄筋コンクリートにたとえれば、鉄筋に当たるのがセルロース。コンクリートがリグニン、そして鉄筋に巻いたギザギザの針金に当たるのがヘミセルロース。針金のギザギザは鉄筋とコンクリートとを仲良くくっつける働きをしている。同じように、ヘミセルロースは糖類の仲間だが、セルロースのようにお互いが束になるほど、なじみあおうとはしない。その分、セルロースやリグニンと仲が良くなり、両方の縁結びをする。

●キノコの発生の仕組み（原木シイタケ）

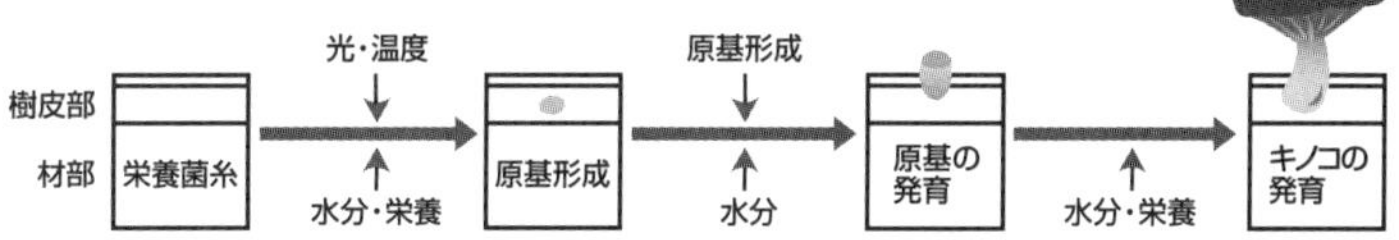

●レンチオニンとその類縁化合物

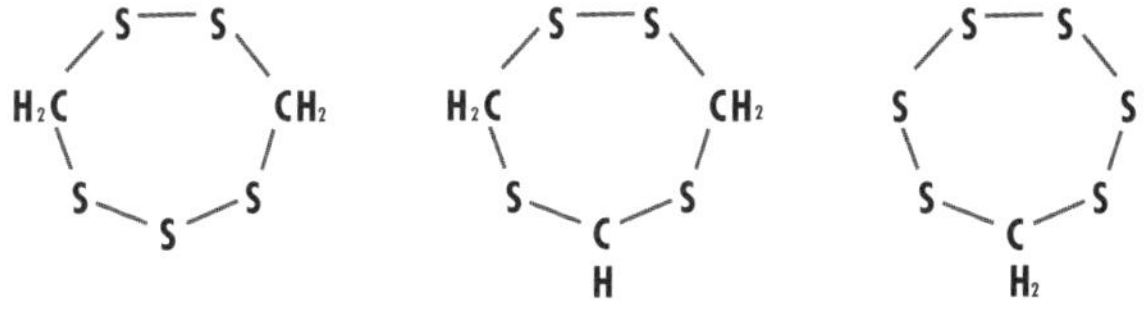

1,2,3,4,5-ペンタチエパン（レンチオニン）

1,2,4,6-テトラチエパン

1,2,3,4,5-ヘキサチエパン

・寄生菌…生きた植物や動物に寄生し、一方的に栄養を吸収する。昆虫、菌類、クモなどに寄生する冬虫夏草（注2）が有名。

・腐生菌…生物の遺体や排泄物から栄養を吸収する。なかでも、木材腐朽菌は菌体外酵素（菌の体の外に出す酵素）を体の外に分泌して、木材の細胞壁を構成するセルロース、ヘミセルロース、リグニンなどを分解し、体の中に吸収して利用する。シイタケなど栽培キノコの大部分はこのグループに属する。

　シイタケは現在、日本で一番生産量が高い。シイタケ栽培の歴史を接種技術からみると、天然物採取、半栽培、人工接種、純粋培養菌接種に区分される。半栽培は江戸時代初期に始まる。

注2〔冬虫夏草〕キノコの仲間で、大部分は昆虫に寄生し、寄主となった昆虫の死体から子実体を出す。冬は虫であったのに、夏はキノコになるのでこの名がある。中国では昔から不老長寿の精力剤として珍重した。

ナラやクヌギの原木に鉈で切れ目を入れて山に放置し、空気中に飛散する胞子が付着するのを待つ。

明治に入ると、完熟ほだ木を粉末にして振りかける方法や、胞子を水に懸濁してまきつける方法（ほだ汁法）が開発された。しかし、胞子や菌糸が死滅したり、害菌が着生したりして、なかなかうまくいかなかった。

純粋培養されたシイタケ鋸屑種菌の確実性が、昭和一〇年に実験的に証明された。「大東亜戦争」中の昭和一八年、木片にシイタケ菌を純粋培養した種菌の特許が取得された。この方法は、接種作業が能率的で、シイタケが確実に発生したので、全国に普及し、改良が重ねられ、現在では周年栽培が可能になっている。

さて、生シイタケでは香りが少ないが、干しシイタケにすると、シイタケ特有の香りが出てくる。その主成分はレンチオニンという、素人の目には誠に奇妙な構造をした分子である。なにしろ、六つの硫黄原子と二つの炭素原子とが手を結び、八角形の環を作っている。

干しシイタケの水戻しをすると、レンチニン酸から化学変化でレンチオニンが生成される（図参照）。その量は、時間・水温・pH（注2）に左右される。レンチオニンはすみやかに分解され、硫化水素、チオカルボニル化合物、二硫化炭素などが産生するので、長く水戻しをすると、悪臭が臭う。

注2〔pH（水素イオン指数）〕溶液中の水素イオンの濃度の大小を示す尺度。酸性・アルカリ性の程度を表わし、中性で7。7より小さければ酸性、大きければアルカリ性である。水溶液中の反応には、反応速度がpHによって大きな影響を受けるものが多い。われわれの生体内で重要な役割を果たしているさまざまな酵素もpHの微妙な変化で著しい影響を受ける。したがって我々が健康であるためには、体内各部でpHを最適な値に保つことが要請される。とくに血液は、pHは7・4±0・05近くになるように厳密に制御される。

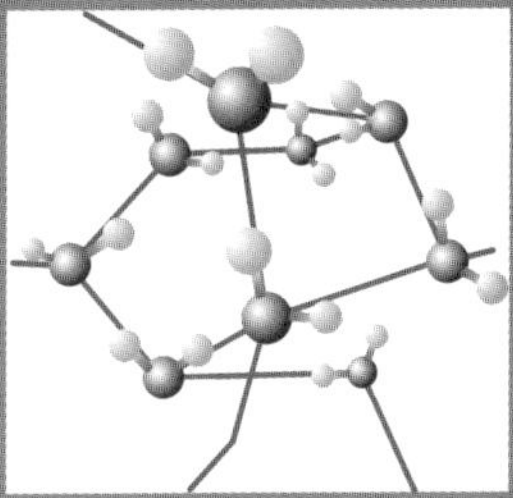

051▼060

第6章 人体を化学の目で見てみると

051 ペニスはなぜ勃起するのか
052 サウナで火傷しないのはなぜ？
053 魔女の鼻はなぜ高い？
054 体の筋肉はどうして動くのか
055 心臓はなぜドキドキするのか
056 呼吸の不思議
057 オシッコを化学する
058 二日酔いはなぜ起こる？
059 皮膚と粘膜は生体防衛軍の最前線！
060 “免疫系”のやさしい仕組み

051 ペニスはなぜ勃起するのか

Point 女性だけでなく、男性にとってもペニスが勃起する仕組みを説明することは難しい。その名もずばり、性欲中枢が指令を出しているのだ。

ペニスが勃起するのは、二つの場合がある。

一つは、反射性勃起といわれるもの。手でペニスを刺激したり、乗り物などで微妙な振動を受けたりといった物理的刺激で起きる。刺激や振動といった情報が中枢神経を介さず、直接、勃起中枢とよばれるところに送られて、反射的に勃起が起きる。勃起中枢は自律神経系（注1）の脊髄の末端に位置する仙髄にある。目覚めのときに起きる朝立ちも、眠っているときの夢精も、このタイプの勃起。膀胱が尿で膨満し、近くにある勃起中枢が刺激されて起こる。

もう一つは、女性の裸体を見たり、エロチックな想像をしたりといった心理的刺激で起きるもので、中枢性勃起という。その情報がいったん中枢神経系の大脳皮質を経由して、性欲中枢に伝わり、そこから連絡が仙髄の自律神経支配下の勃起中枢に飛ぶ。

勃起中枢からは仙髄神経の長い突起（ニューロン）が、ペニスの陰茎海綿体のほぼ中央を走る小さな動脈の壁にある血管平滑筋（平滑筋については本章の54項

注1〔自律神経系と中枢神経系〕自律神経系は、体制神経系とともに末梢神経系を構成する。体制神経系が骨格筋を動かす随意運動に関係しているのに対し、自律神経系は内臓を支配し、不随意運動および分泌に関係する。末梢神経系は、脳とよばれる神経細胞が集中している中枢神経系から出て、体の各部（末梢部）に分布する。

●勃起の仕組み

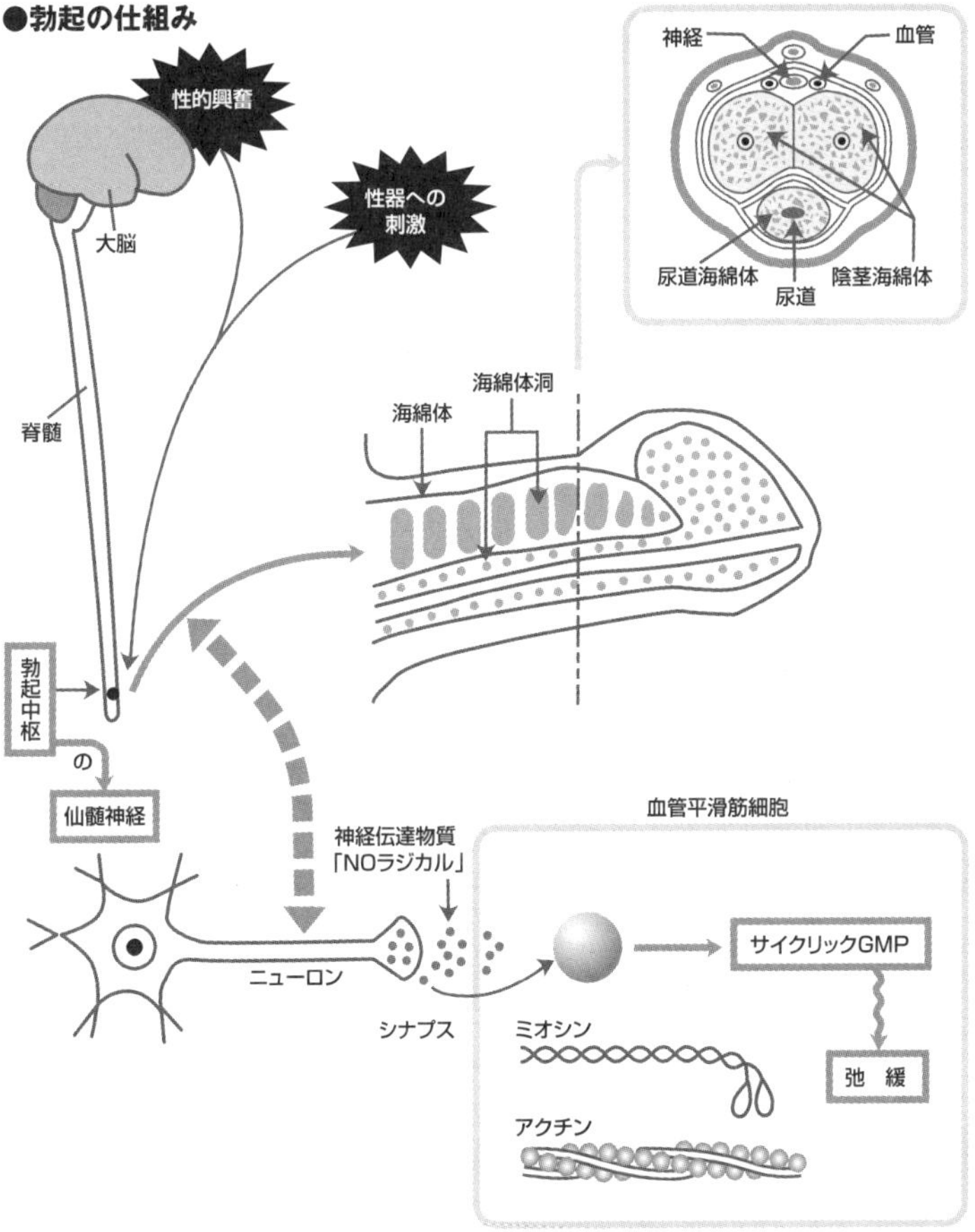

注2〔基とラジカル〕
化学反応のときに、まとまった原子の集団として一つの分子から他の分子に移ることのできるような原子団を「基」という。ふつうは分子の中で他の原子と結合して存在するが、結合していない不対電子を持つものがあり、これをラジカルあるいは遊離基という。不対電子は、電子が対（ペアー）を作っていない電子。「ラジカル」はこの不対電子で他の原子または分子と結合したがっている、いわば発情している原子のグループだ。

を参照）や、陰茎海綿体を仕切っている海綿体小柱にまで伸びている。

勃起中枢が刺激の情報を受け取ると、仙髄神経の長い突起の端（シナプス）から「NOラジカル」（一酸化窒素基・注2）という神経伝達物質の一種を、その血管平滑筋や海綿体小柱を構成する細胞に分泌する。NOラジカルは、分泌された細胞の内部に入って行き、「サイクリックGMP」（環状グアノシン一リン酸）という細胞内情報伝達物質の一種を多量につくる化学反応を引き起こす。これによって血管平滑筋細胞や海綿体小柱細胞が弛緩する。その結果、大量の血液が、スポンジ状になった海綿体の空洞部分である海綿体洞に流入していく。海綿体洞に血液がいっぱいになると、ペニス全体が硬くなる。これが勃起だ。

しかし、このままでは、流れ込んだ血液はペニス中の静脈から流れ出ていってしまう。でも、ご安心。健康な男性では、サイクリックGMPが十分に分泌するので、勃起後に硬化した海綿体がペニス中の静脈を圧迫し、血液の流出が妨げられ、勃起が持続する。が、勃起しっぱなしでは、いくら何でも困る。困らないよ、という人もいるかもしれないが、海綿体には、そのサイクリックGMPを分解する役割の酵素ホスホジエステラーゼV（PDE5）も、ちゃーんとある。性的刺激を受けなくなると、この酵素が働き出し、サイクリックGMPが水と反応して分解し、勃起がおさまるのだ（※）。

※
バイアグラには、その酵素PDE5の働きを弱めるのに有効な成分シルデナフィルが存在するので、勃起が起こる。バイアグラは、もともと米国ファイザー社が八〇年代に心臓病の治療薬として開発した。試験中、被験者から副作用として勃起の報告が相次ぎ、その成分シルデナフィルの有効性が認められたのだった。

052 サウナで火傷しないのはなぜ？

Point
猛烈に暑いはずのサウナに入っても火傷をしないのは、体表を覆う汗（水）が防いでいるからだ。

サウナの中は、九〇度Cから一一〇度Cくらい。そのくらいの温度の熱湯を浴びると火傷してしまうのに、サウナでは火傷しない。どうしてか。

サウナの中では毎分二〇グラムから四〇グラムもの汗が出る。この汗が皮膚に水の薄い膜を作る。水は「熱容量」、すなわち熱を吸収する能力が大きく、温まりにくい。それで、皮膚は高温から守られる。熱容量というのは、ある一定量の物質を一定の温度まで上げるのに必要な熱の量で表わされる。

火傷しないのは、まだ理由がある。サウナの中は湿度が低い。そう、サウナは意外に乾いている。それで、汗が蒸発する。ものが蒸発するとき、「蒸発熱」（注1）をまわりから奪うのだ。水の蒸発熱はとても大きく、一〇グラム蒸発すると、六キロカロリーほどの熱を体から奪う。それで、熱く感じないのだ。

水と熱との間の、こういった不思議な関係は、水の分子構造の細部にわけがある。水の分子（H_2O）をつくる酸素原子の最も外側の軌道には六個の電子があり、マイナスの電荷が多く、陰性が強い。それで、水素二個との水分子の中で水素の

注1〔気化と蒸発熱〕
液体が気体に変わる現象を、「気化」という。蒸発と沸騰がこれに含まれる。蒸発気化に際して、その液体特有の熱をまわりから吸収するが、その熱を「蒸発熱」という。気化熱ともいう。

注2〔水素結合〕
二つの原子の間に水素原子が入ってできる弱い結合。ふたつの、あるいはもっと多い原子がそれらの間に電子を共有して結合する共有結合より、水素結合はずっと小さい。しかし、水素結合は、分子間力より約一・五倍強い。分子間力は分子の電子配置が瞬間ごとに分布が片寄り、プラス・マイナスの極性が生じ、分子相互に引力が生まれ、それが積み重なるなどして働くのに対し、水素結合は極性が

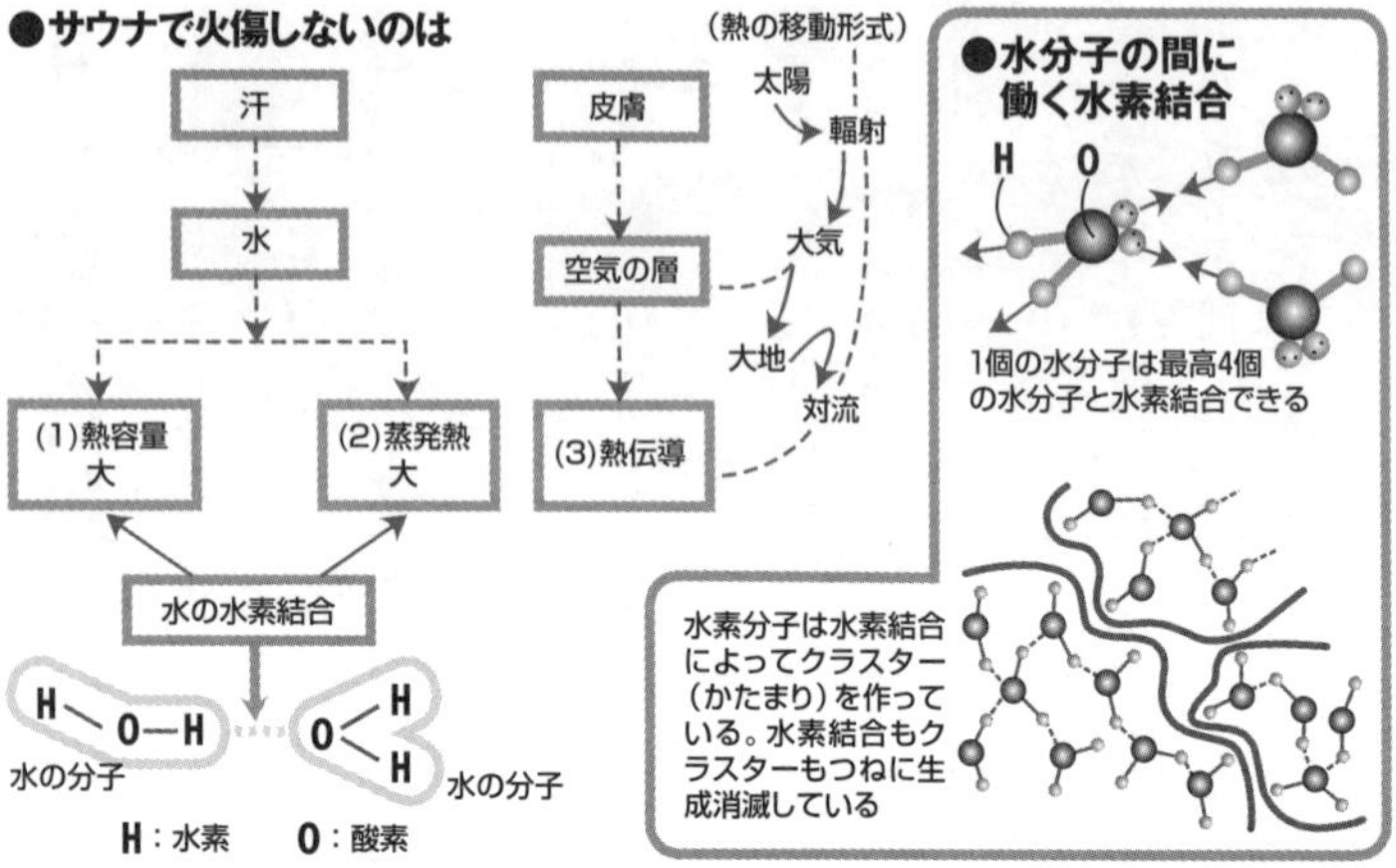

電子まで引き寄せてしまい、水分子がプラス、マイナスの極性を帯びる。この極性を持った水分子同士のプラスとマイナスが引き合い、結び合う。これを水素結合（注2）という。

水の水素結合は、ふつう分子が通常結合している分子間力の約一・五倍強い。強い水素結合をしている力を破壊するのには、大量のエネルギーが必要だ。それで、水の温度を上げるのにも、水を蒸発させるのにも、非常に多くの熱が供給されねばならないという次第。

サウナで火傷しないのも、そのおかげだ（※）。

固定されているので、それも当然だろう。

※

じつはもう一つ、火傷しないわけがある。皮膚の上、厚さ数ミリの空気の層はあまり動かない、動けない。たとえば川でも、川岸の水はあんまり流れない。

皮膚の上、厚さ数ミリの空気の層の温度は、やがて体温に近くなる。そもそも空気は、熱を伝えにくい。熱とともに空気が動く対流や、太陽の熱エネルギーをそのまま通す輻射の性能は、結構ある。という次第で、皮膚の上の空気の層があまり動かず、熱を伝導しにくいということも、皮膚をサウナの熱い空気からさえぎってくれるのだ。だから、サウナの中では運動しないこと。

053 魔女の鼻はなぜ高い？

Point
顔の中心にくる鼻は高く描かれることが多く、年老いても小さくならない。それは鼻の特殊な形成に原因がある。

西洋の魔女の鼻は、お伽話の本の絵を見たりすると、鷲や鸚鵡の嘴のように高く描かれている。勝手な想像の産物とも言えるが、もともと現実にいた頭のよく働く賢い老女の顔からヒントを得たんだ、と考える学者がいる（高橋良「鼻はなぜあるのか」築地書館）。

一般に、老年になると身の丈は低くなり、顔も小さくなって萎縮してくるが、鼻だけは特殊な「仮骨機転」の仕掛けのために萎縮せず、それどころか多少大きくなることもあるので、老人の顔は鼻だけが顔の中で目立ってくるのだ。

突然、仮骨機転という言葉が出てきたが、話は女性のお腹の中に胎児ができることから始まる。胎児の頭の中でいちばん初めにできるのは、頭蓋骨の底で、口が下に開いている袋状の軟骨（注1）。この袋状の軟骨は鼻嚢《びのう》といわれる。

鼻嚢がだんだん大きくなるにつれ、あちこちに骨になる部分ができる。これを軟骨内仮骨という。次いで骨の部分の方が多くなり、こんどは逆に軟骨の部分が島状に残るようになる。成人になるまでには完全な骨となった頭蓋底骨や鼻中隔

注1〔軟骨〕
軟骨と骨とは体の中で結合組織といわれるものに属しはするが、造られ方も材料の化学物質も構造もまったく異なる。軟骨は軟らかい骨だ、と思っている人はとても多いが、それというのもboneを骨と訳したのに対し、car-tilageを軟骨と誤訳してしまったことに始まるようだ。

正中板（鼻の中の真ん中を左右に仕切る板の骨）ができあがる。

では、どうして初めから骨ができずに、軟骨の中から骨ができてくるような面倒な経過をとるのか？

鼻中隔正中板などで軟骨から軟骨内仮骨を経て骨が造られるといっても、軟骨が破壊除去され、その跡に骨が改めて造られていくのだ。こうしたやり方で頭の骨（頭蓋骨）の中心部が造られていく。

それに対し、頭蓋骨の外側では、はじめから繊維組織のような軟らかい膜のような直接仮骨して骨になるやり方をとる。これを膜内性仮骨という。

頭の中心部で、しかも複雑な構造になっていく大切な機能が集中している所は、まわりから制約されたり干渉されたりしないうちに、早く形を造っていった方がよい。それで、鼻嚢が早くでき、発育生長のスピードが速い軟骨内仮骨のやり方が、頭の中心部ではとられる。それに対し、頭蓋骨の外側では膜内性仮骨で遅く発育しはじめ、しかも長くかかってできあがる。

さて、鼻中隔正中板から軟骨内仮骨で、凸凹した鼻中隔がつくられていくが、その鼻中隔では骨になっていくプロセス＝仮骨機転がほとんど一生涯にわたり続くのだ。これが老人の鼻が顔の中で目立つ理由だ。ヒトの体の骨は二五歳くらいまでに完成するが、仮骨機転が一生涯見られるのは鼻だけの例外。

●ヒトの
20週胎児の鼻嚢

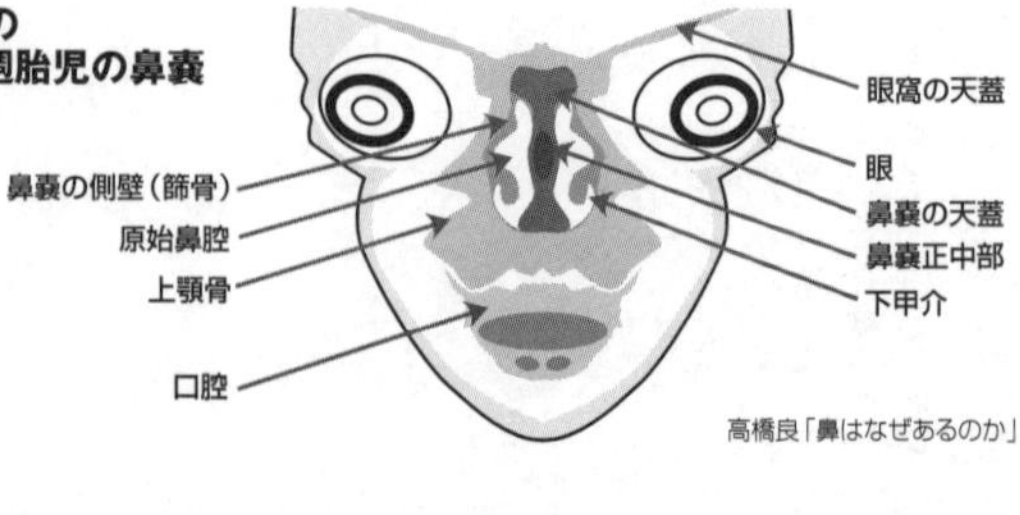

高橋良「鼻はなぜあるのか」（築地書館）より

054 体の筋肉はどうして動くのか

Point
体を動かすということは筋肉を動かすということ。これは脳が筋肉に命令している単純なものではなく、さまざまな化学物質が複雑に合わさってはじめて可能になる大変な仕事なのだ。

動物とは、その名の通り動く物。その動きは筋肉の収縮にもとづく運動だ。筋肉の収縮は筋肉組織を構成する筋繊維とよばれる細胞の収縮性によるもの（※）。筋繊維はその種類によって、横紋筋と平滑筋に区別される。さらに、横紋筋には存在する場所で骨格筋と心臓筋とがある。

「骨格筋」は、骨格にくっつき、歩くとき体を推し進めたり、箸で食物を持ち上げたり、頭をうなずかせたりする筋肉。「心臓筋」は言葉通り心臓を動かす筋肉。「平滑筋」は、食物を消化するときの腸の撹拌運動や瞳孔の拡大のような、不随意運動をつかさどる筋肉だ。平滑筋は消化管、血管、気管支、性器、泌尿系などの中空臓器を取り巻いている。

さて、骨格筋を造っている細胞は、人体を構成する六〇兆個もの多様な細胞たちの中でも、とりわけ特異な細胞だ。この細胞は、多くの、時には数百にも及ぶ細胞が合体融合してできた細長い多核細胞である。それに対し、平滑筋の一つ一つの筋繊維は細胞の最も典型的なパターンである単核細胞からできている。

※もともと細胞の原形質には、基本的に収縮する性質がある。アメーバや白血球の行なうアメーバ運動、ミドリムシや精子のべん毛運動、ゾウリムシやヒトの気管内面上皮の繊毛運動などが起こるのも、実は原形質や繊毛の付け根に収縮性があるからなのだ。筋繊維はその収縮性が非常に発達し進化した細胞にほかならない。

注1〔タンパク質〕
動物が多量に必要とする三大栄養素の一つ。炭水化物と脂肪が炭素、水素、酸素から成り、おもにエネルギー源として使われるのに対し、タンパク質は炭素、水素、酸素のほかに窒素を含む化合物で、中には硫黄やリンなどを含むものもあ

骨格筋の筋繊維の細胞では、核は扁平になり、細胞の周辺に押しやられ、中の細胞質は幾本もの長い筋原繊維とよばれる繊維になっている。この筋原繊維はアクチンというタンパク質の細い繊維と、ミオシンというタンパク質（注1）の太い繊維とからできている。

アクチンとミオシンの二つのタンパク質は、収縮性タンパク質と呼ばれるが、いずれも単独では収縮を起こさない。試験管に二つをぶち込むと、互いに結合して、収縮能力のあるアクトミオシンを形成する。アクトミオシンに化学物質アデノシン3リン酸（ATP・注2）を加え、さらにカルシウムを加えていき、その濃度が高まると、筋肉は強く収縮する。アクトミオシンは筋肉のエンジンに当たり、その燃料がATPなのだ。

筋肉の収縮を始めさせる情報は、骨格筋では運動神経からくる。まず運動神経が目覚め、電気が伝わってきて、神経筋接合部の到達すると、ニューロンの終末側の内部にある「シナプス小胞」という所に貯えられていた、アセチルコリンという神経伝達物質が分泌される。このアセチルコリンは筋繊維側の細胞膜にある「アセチルコリン受容体」にちょうど鍵と鍵穴のようにピタリと結合する。

すると、細胞膜の"ドア"が開き、細胞外から細胞内へナトリウムイオンが待ってましたとばかりに流入する。

り、体構成分および物質交代を触媒する酵素の本体として使われる。地球上のほとんどの生物は細胞からできているが、水以外の成分の大部分がタンパク質なのだ。

注2【ATP】
ATP（Adenosine Triphosphate）は、その名のように、アデノシンにリン酸が三個つながってくっついたもの。三個のリン酸が連なる二つの間に、それぞれ、リン酸が相互に結合するエネルギーがたっぷり貯えられ、その結合が切れると、エネルギーが放出される。地球上の生物はすべてどの生きものも、体内でエネルギーを必要とするありとあらゆる場面で、いつもATPのエネルギーを使う。光合成でも、内呼吸で

●筋肉が動く仕組み

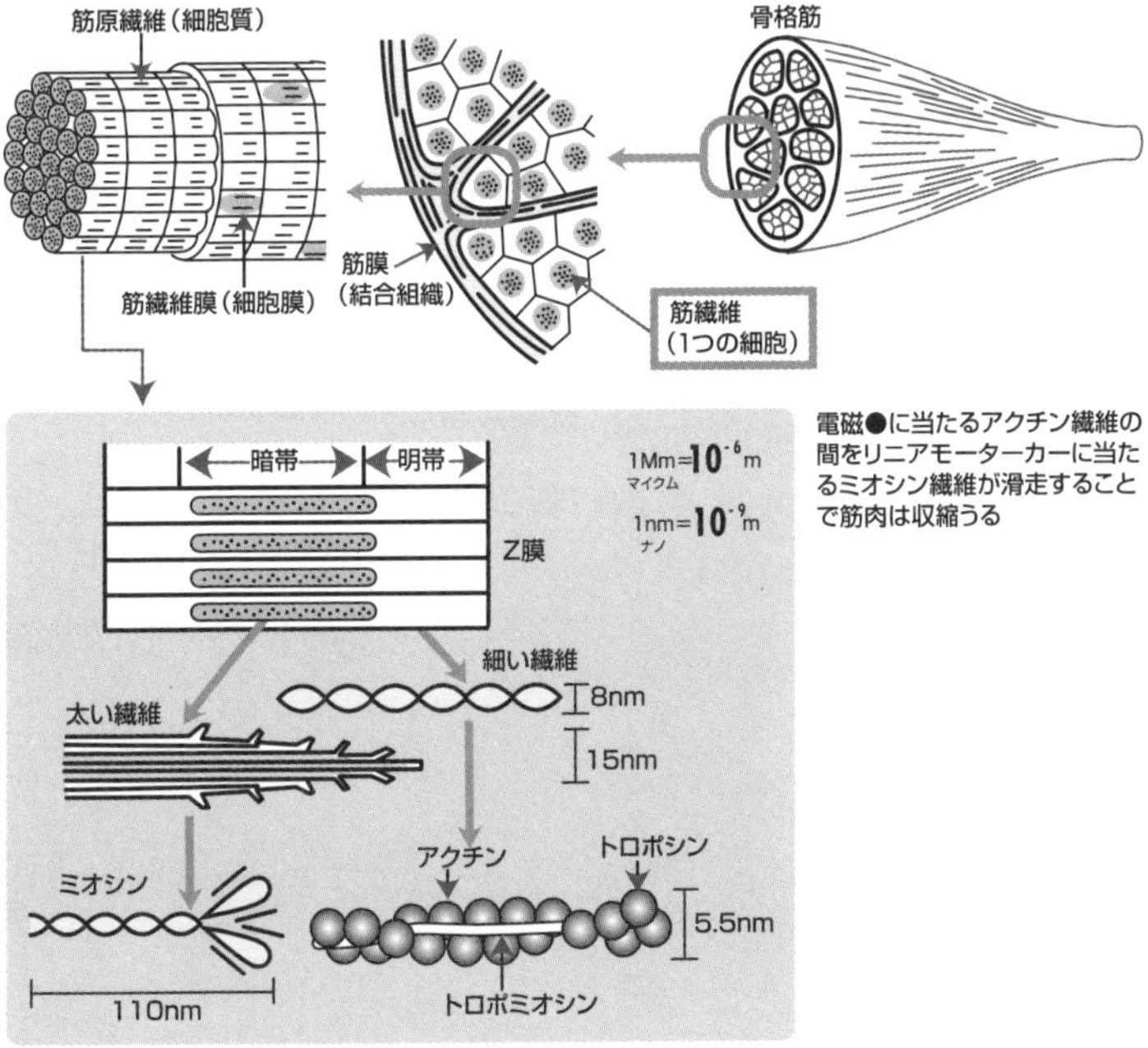

電磁●に当たるアクチン繊維の間をリニアモーターカーに当たるミオシン繊維が滑走することで筋肉は収縮うる

●（参考）筋肉の存在場所と働き

	存在場所	髄・不随意	収縮力	疲　労
横紋筋	骨格筋	随意筋	大きい	早い
平滑筋	内臓筋	不随意筋	弱い	遅い
心筋（心臓筋）	横紋筋で内臓筋かつ不随意筋			

も、デンプンの合成でも、細胞が物質を能動的に出し入れする能動輸送でも、そして筋肉の収縮でもＡＴＰを使う。内呼吸は細胞内で栄養分をＡＴＰの形で取り出すことだが、それにもまずＡＴＰが使われるのだ。アデノシンはアデニンという塩基と、リボースという糖との結合した物質で、言葉もドッキングしている。塩基と糖とリン酸とが結合したものをヌクレオチドというが、ＡＴＰもヌクレオチドの一種だ。

ナトリウムイオンの流入によって起こった電気的な変化は、筋繊維の細胞を横断しているチューブ（T管）を伝わって、「ジヒドロピリジン受容体」という所に届き、JEPというタンパク質の形を変える。

すると、筋小胞体の中に蓄えられていたカルシウムイオンが放出される。筋小胞体は筋繊維の細胞内器官（細胞の内部にあって、一定の役割を果たす器官）の一つで、筋繊維の収縮をコントロールするセンターである。

筋小胞体の中にはカルシウムが貯えられ、その表面には、筋肉の収縮の刺激でカルシウムを放出するカルシウムチャンネル（注3）と、放出され消費されたカルシウムをせっせと筋小胞体内に取り込むカルシウムATPアーゼがある。

ところで、アクチン繊維にはトロポミオシンやトロポニンといった調節タンパク質と呼ばれる物質など、多くのタンパク質が結合している。トロポニンは筋小胞子から放出されたカルシウムと結合して、ミオシンのATP分解を起こし、そのエネルギーでミオシンがアクチンの間を滑走し、筋肉の収縮が起きるのだ。

地球の三〇億年余にわたる生命進化は、何と大変なメカニズムを我々の体内に埋め込んだものだろう。

注3〔チャンネル〕
チャンネルというのはTVのチャンネルと同じ言葉で、ここでは通路といった意味合いで、カルシウムチャンネルはカルシウムだけが通るのを許される通路、というわけである。

055 心臓はなぜドキドキするのか

Point
心臓は、心臓だけを動かす独立した筋肉を持っている。しかし、驚いたり、緊張するとノルアドレナリンの働きで普段より速く収縮運動するようになる。

心臓の大きさは自分の握りこぶしより少し小さめ。その小さな心臓がほぼ一秒に一回収縮を繰り返し、一日に8トン、一万リットル入りのタンクローリー一台分もの血液を体中に送り出している。

心臓を造っている筋肉は心筋と呼ばれ、心臓だけにある特別な筋肉。全身にある筋肉の中で、最も丈夫な組織となっている。骨格筋は神経が切断されると、その筋細胞はもはや収縮できないが、心筋に来ている神経は自律神経（本章第51項参照）で、この神経を全部切り離しても、心臓の規則正しい収縮弛緩の働きはそのまま止まらず、動き続ける。これを心臓の自律性という。この自律性があるために、心臓移植が可能なのだ。

心臓の自律性は、刺激伝達系による。刺激伝達系は収縮運動を司る特殊な心筋細胞（心筋繊維）系だ。この伝達系の心筋細胞群は、筋肉のくせに収縮という機能は弱く、ほとんど刺激伝達に専念している。

刺激伝達系は細胞がたくさん集まった〝結節〟が二つと、そこから放散する繊維の束とに分けられる。最初の結合は洞房結節と呼ばれ、もう一つは洞房結節より太く、房室結節または田原結節（注1）とも呼ばれる。洞房結節から糸状になった特殊心筋細胞が心房全体に拡散し、その一部は房室結節にも達する。房室結節からも糸状になった特殊心筋細胞が心室全体に分布する。

刺激伝達系による心筋活動のコントロールは、まず洞房結節が興奮を起こすことから始まる。この興奮が糸状の繊維で左右の心房全体に伝えられ、心房の筋肉がいっせいに収縮する。糸状繊維の一部は房室結節に連絡しているので、房室結節も興奮を起こす。この興奮がここから出ている糸状繊維（房室束、プルキンエ繊維）によって左右の心室全体に伝えられ、心室の筋がいっせいに収縮する。この時、心房の筋肉は弛緩し始めている。ほんの少し時を置き、ふたたび洞房結節が興奮を起こし、以下同じことが繰り返される。

以上が心臓のポンプ活動の自律性の実態であるが、それではどうしてその洞房結節が反復を繰り返すのか。実はここからが生命の化学、生化学の分野だ。

洞房結節には自動的に反復を繰り返す細胞群がある。「ペースメーカー細胞」と呼ばれる。ペースメーカー細胞の自動収縮は、細胞の中にカルシウムイオン（注2・注3）が出たり入ったりすることによって起こる。

ペースメーカー細胞の表面を覆い、細胞の内界と外界を仕切る細胞膜には、カ

注1〔田原結節〕
田原淳（1873〜1955）九州大学生理学教授にちなむ。

注2〔イオン〕
プラスまたはマイナスに帯電した原子または原子団（化合物の分子の中に存在する共有結合で結ばれた原子の集団）のこと。電気的に中性の原子や分子が電子を失うか、あるいは過剰に電子を抱え込むと、イオンになる。電子を失い、プラスに帯電したものをプラス・イオンとか陽イオンという。電子を得てマイナスに帯電したものをマイナス・イオンとか陰イオンという。「すべての生きている細胞は、細胞膜の内と外で異なったイオン環境、つまりイオン濃度差をつくることにより生命活動をおこ

●血液の流れ

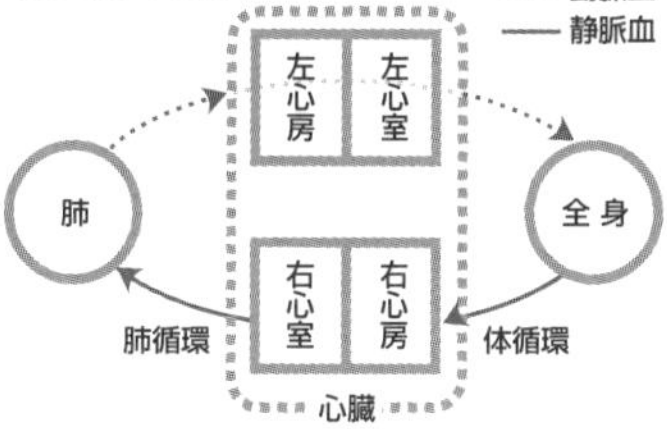

●刺激伝道系の構成要素

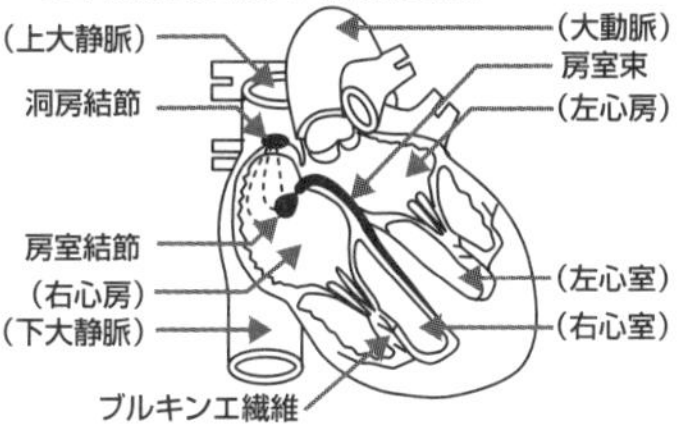

●心臓が一生を通じて運ぶ血液の量

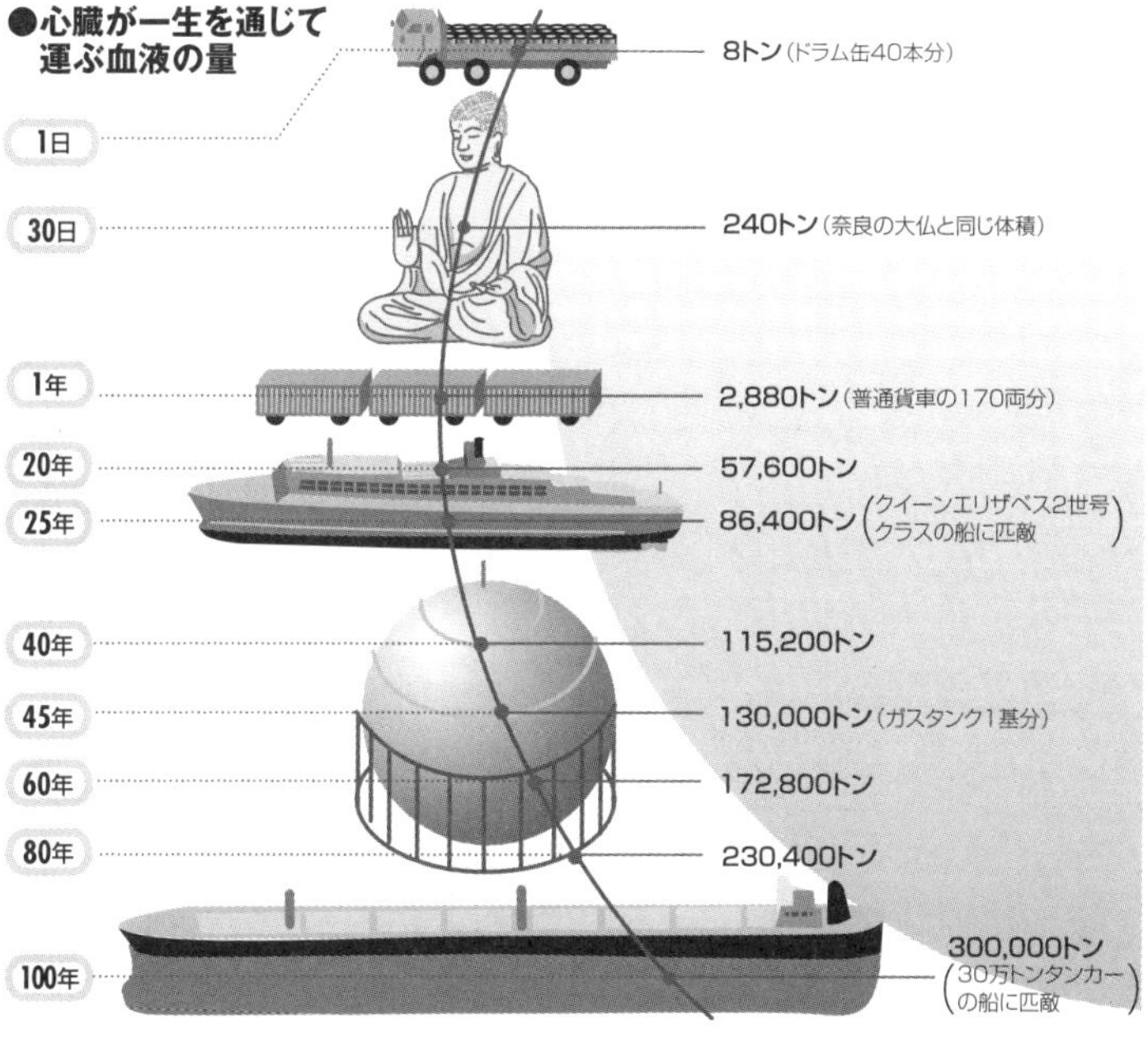

なっている。」（桜井弘「金属は人体になぜ必要か」講談社ブルーバックス）

注3〔カルシウムイオン〕体の中のカルシウムはカルシウムイオンとして存在する。体内カルシウムの約九九%は骨に存在し、約〇・九%は細胞内に、残りの〇・一%は血液中にある。通常の状態の細胞内では細胞外の、なんと約一万分の一という薄さに保たれている。ところが、細胞が刺激を受けると、細胞外から内にカルシウムが流入し、その濃度が一挙に一〇〇倍から一〇〇〇倍も増える。これにより、細胞内の酵素が活性化され、細胞応答を引き起こす。細胞内のカルシウムは神経伝達、細胞分裂、血液凝固、酸素輸送などの調節機構に関与している。

ルシウムイオンだけを選択的に通す「カルシウムイオン・チャンネル」が存在する。このカルシウムイオン・チャンネルは開いたり閉じたりする。

チャンネルが開き、カルシウムイオンが細胞内に流入すると、ほとんど同時に細胞の中にある「筋小胞体」（前項参照）の中に貯えられてカルシウムイオンが袋の外に放出される。すると、細胞内のカルシウムイオン濃度が急激に上昇し、それがきっかけになり、心筋細胞の収縮が起こる。

と、次の瞬間、カルシウムイオンは二つの方向に濃度を減らされる。一つは細胞外へ汲み出され、もうひとつは筋小胞体の袋の中へ戻される。以上が一回の収縮のプロセス。心臓以外の筋肉（骨格筋）には、このように収縮を無限に（といっても生まれてから死ぬまでだが）反復する能力はない。

ところで、驚いたり、びっくりしたり、緊張した場面に臨んだりすると、私たちの心臓は普段より速くドキドキと鼓動する。なぜか。

交感神経の末端から、神経伝達物質のノルアドレナリン（注4）が放出され、心筋細胞がそれに刺激され、普段より速く、強く収縮しているからだ。

●ノルアドレナリンの構造式

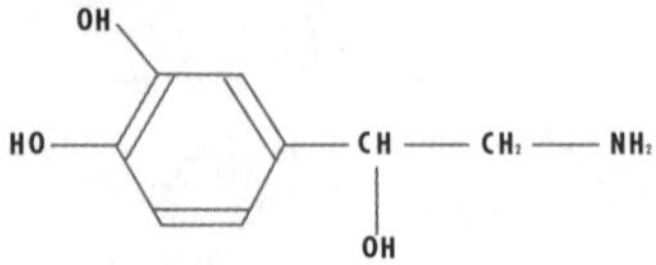

注4〔神経伝達物質のノルアドレナリン〕
神経伝達物質は百数十種類あるとみられるが、はっきり確認されているのは今のところ二五種類程度。ノルアドレナリンはその一つ。脳内にノルアドレリンの量が適度にあれば、私たちは目覚めよく、気分よく、適度に緊張して元気がいい。集中力や積極性も発揮できる。しかしアドレナリンが過剰になると、不安や躁病をおこす。反対に、不足すると気分が落ち込み、鬱病になる。「心の状態は、脳の神経ネットワークのシナプスで放出される伝達物質の性質と量によって決まる」（生田哲「脳と心をあやつる物質」講談社ブルーバックス）。心の病気は神経伝達物質のアンバランスによる、ともいえるのだ。

056 呼吸の不思議

Point
肺に入った空気からは酸素が血液中に取り込まれ、ヘモグロビンによって体の細胞に運ばれる。しかし、ヘモグロビンはすべての酸素を渡すわけではない。

呼吸で取り込まれた空気は、まず咽頭の下方で食道と別れ、気管に入り、ついで二本の気管支に入り、それぞれ左右の肺の内部で気管支が一五〜一六回の分岐を繰り返し、さいごに「終末細気管支」となって、「肺胞」（注1）に到達する。このように分岐に分岐を重ねているので、気管支の最末端にくっついている肺胞の数はなんと約七億個にものぼる。

肺は自分の力で空気を吸い込んだり吐き出したりできない。周囲にある筋肉が肺を圧迫したり広げたりしてくれるのに頼っている。その筋肉とは、肋骨と肋骨の間にある肋間筋と、胸部と腹部の間にあるドーム型の板状をした筋肉の横隔膜で、ともに横紋筋である。

横紋筋は大脳半球の神経細胞からの命令で収縮する。だから、呼吸運動は我々が意識的に操れる。しかし、水中に潜った時など意識的に呼吸を止めても途中で我慢できなくなってしまうのは、生きるための呼吸運動を確保せよ、と脳幹の延髄にある「呼吸中枢」が迫り、もとの自動的なリズムに戻してしまうからだ（※）。

注1〔肺胞〕
肺胞は直径約〇・一〜〇・二ミリの大きさで、左右両方の肺の表面積は合計およそ六〇平方メートルに達する。三〇から四〇畳分の畳の部屋が、我々の体の中につまっているわけだ。肺胞は、酸素や二酸化炭素が血液との間で交換される場所。それらのガスが通過しやすいように、袋の壁はものすごく薄い。肺胞が小さな風船のような丸い膨らみを保っていられるのは、袋の口を弾性繊維が強く絞るように括っているからだ。

●器官支樹

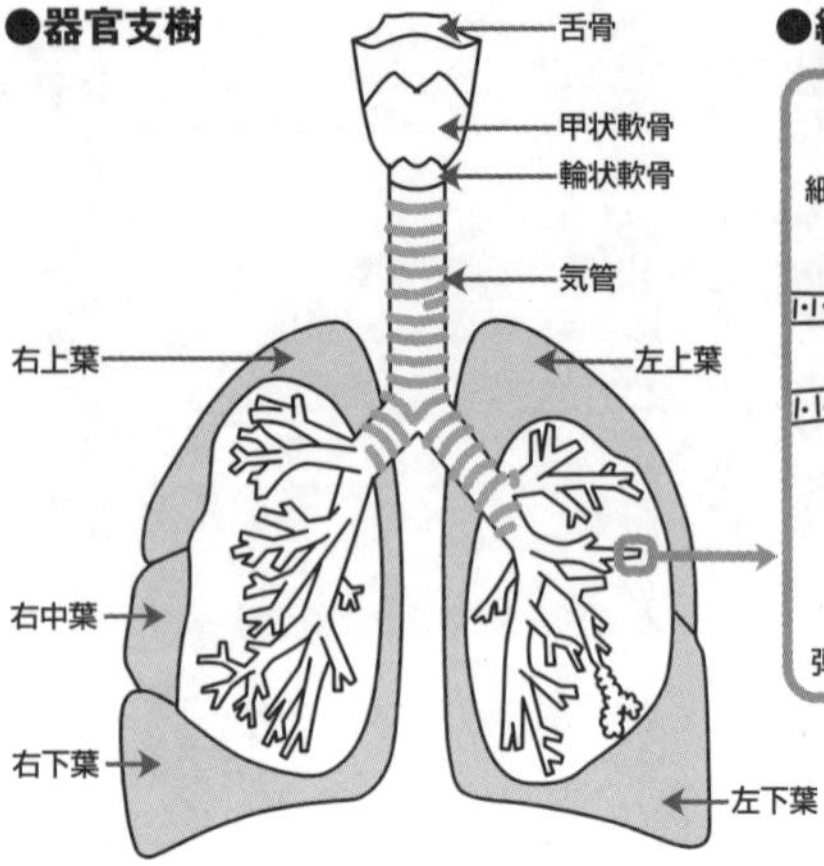

●細胞の模式図

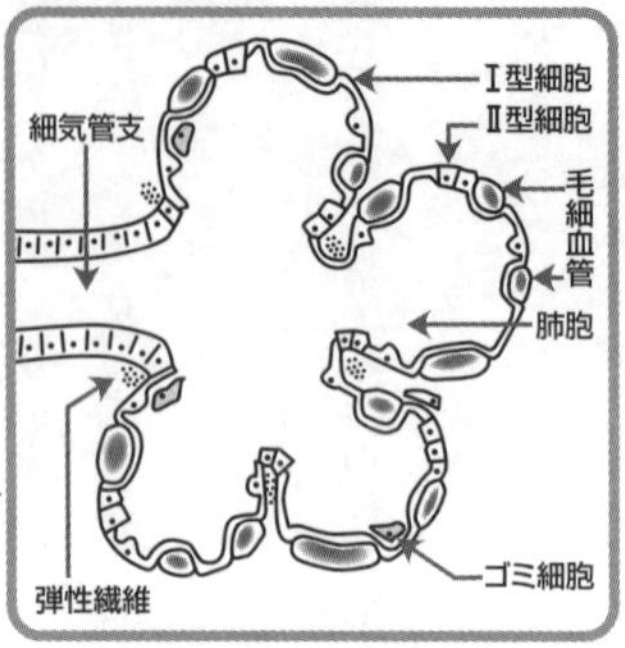

気管や気管支の内壁には、粘液を出す細胞が無数に存在している。空気と一緒に入ったチリやほこりは、その粘液に吸着され、気管や気管支の内壁に備わった線毛と呼ばれる細かい粘膜突起が揺れながら、咽喉の方へと送り返している

肺胞に迎え入れられた空気中の酸素は血液中に取り込まれるが、安静状態では、空気中に二〇%含まれる酸素の四%だけ取り込まれ、残りの一六%は呼気とともに外に出されてしまう。酸素は、赤血球の中のヘモグロビン（注2）という赤い色素のタンパク質に吸着されて運ばれる。ヘモグロビン一分子が四分子の酸素（O_2）を運べる。肺から心臓へ、そして全身の毛細血管へと流れていったヘモグロビンが、酸素をまわりの細胞たちに渡すのは二〇～二五%に過ぎず、残りは渡さず、吸着したまま戻ってきてしまう。非効率的なようだが、これは緊急時に急速に大量の酸素を取り込めるための「ゆとり」となっているからだ。

※ この呼吸中枢の神経細胞が死ぬと、呼吸はできなくなる。この状態を脳幹死という。

注2［ヘモグロビン］ヒトの赤血球に含まれるヘモグロビンは、ヘムというプラス2価の鉄イオンを含む錯体と、グロビンという五七四個のアミノ酸からなるタンパク質とからなる。錯体というのは、金属あるいは何らかの原子を中心に、他の原子、イオン、原子団、基、分子などが立体的に一定の位置を占めて構成された原子集団。

057 オシッコを化学する

Point 体の老廃物を最後にオシッコにするのは腎臓の働き。腎臓は体内の化学工場ともいえる。

体内のゴミはどのように捨てられるのか。多くの物質、たとえば炭水化物や脂肪は体内で最後まで分解されると、水と二酸化炭素になる。水はそのまま利用されるが、二酸化炭素はまったくのゴミとして肺から捨てられる（※）。

それに対し、腎臓から捨てられるゴミは、そうはいかない。腎臓に入ってくる血液は全体の約二〇％に過ぎず、残りはゴミを持ったまま大動脈から心臓に戻り、再び全身を循環する。そのため、ゴミがすっかり捨てられるまでに、血液は何回も循環し、数時間を要してしまう。腎臓によるゴミ捨てがうまくいかないと、血液はゴミだらけになり、尿毒症となる。

腎臓が血液をきれいにする働きは、「ネフロン」という構造を単位として行なわれる。一個の腎臓にはおよそ一〇〇万個のネフロンがあり、それぞれ独立して、血液をきれいにする作業に従事している。

ネフロンは、腎小体と尿細管からできている。心臓から押し出された血液は腎動脈から腎小体の「糸球体」に入っていく。糸球体は毛糸の玉のようになった毛

※ 最後まで分解されなかったものは、どこまで分解されたかでさまざまなゴミになる。また、タンパク質に含まれる窒素や、DNAなどに含まれるリンなど、その他の元素を含んでいるときは、その大部分は再利用できるが、捨てる場合には捨てる方法を体がそれなりに工夫しなければならない。比較的小型のゴミのほとんどは腎臓から捨てられるが、特殊なゴミや大型のゴミは、肝臓が解毒処理をし、胆汁に混ぜ、小腸に捨てる。たとえばヘモグロビンが分解されたビリルビンは、そのように捨てられる。

細血管のかたまりである。腎小体には、糸球体を包む袋と、「腎小体嚢（ボウマン嚢）」がある。

　血液は腎臓に毎分八〇〇～一〇〇〇ミリリットルが送り込まれ、糸球体の毛細血管を通過する間に、およそ二〇％が腎小体嚢の中に濾過されて出てくる。濾過されるとき、三層のフィルターないし篩のようなものにかけられ、その〝目〟より小さなものは通り抜けられ、大きいものは通り抜けられない。このように、腎小体では物質の大きさだけで選別され、必要かどうかの判断はまったく行なわれないのだ。

　したがって、赤血球や白血球などの細胞、分子量の大きいタンパク質のような体に有用なものが出ていかない。分子量の小さいものは、老廃物も役に立つものも、水分とともに通り抜けてしまう。これを原尿（注1）といい、その量は一日に一六〇リットルにも及ぶ。だが、一日の正常尿量は約一・五リットル。腎小体で濾過されてできる原尿のおよそ九九％が再吸収されていることになる。

　このとき、再吸収されなかった残りの水分や老廃物などが、その先の集合管に出ていく。集合管に出ていく量は原尿の約一％。これが、さらに腎杯、腎盂《じんう》に集められ、尿管に流れ、膀胱にいったん貯えられ、尿道からオシッコとなるのだ（※）。

注1〔原尿〕
原尿には、ブドウ糖やアミノ酸など体の役に立つ栄養素が含まれるので、それらも再び血液に回収しなければならない。そういった役割を担うのが、腎小体の次にひかえる尿細管だ。腎臓の一つにある尿細管だけでも、その長さは約二二五キロメートルに達する。

●尿ができるまで

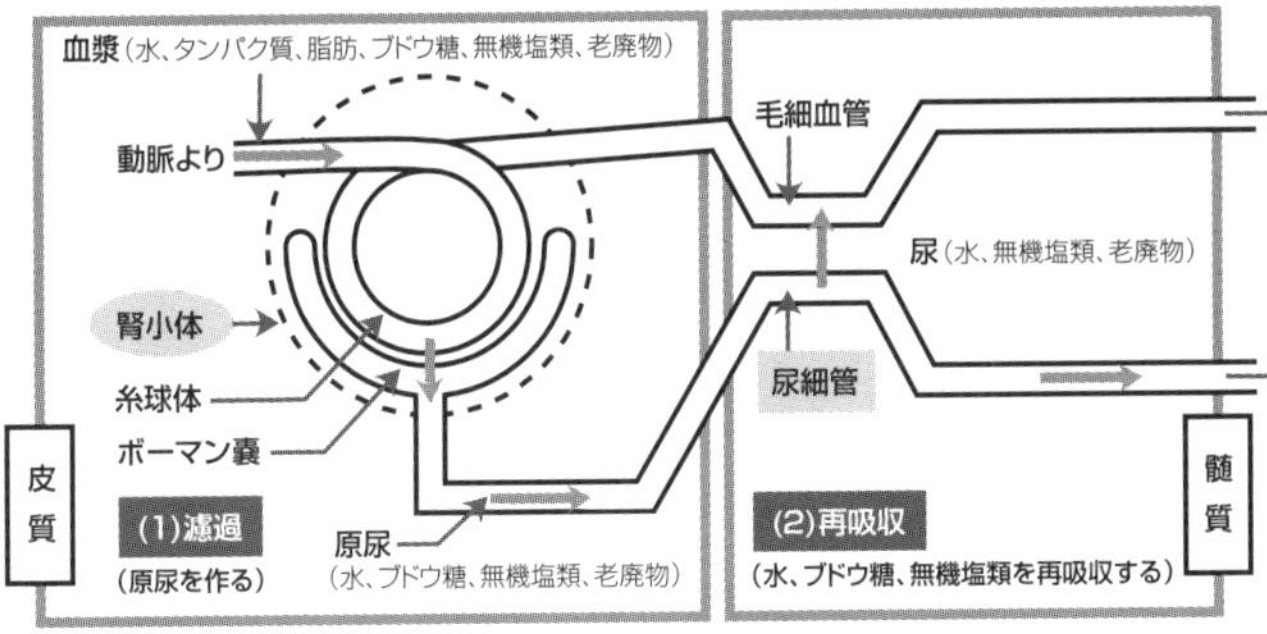

●ヒトの泌尿器の全景

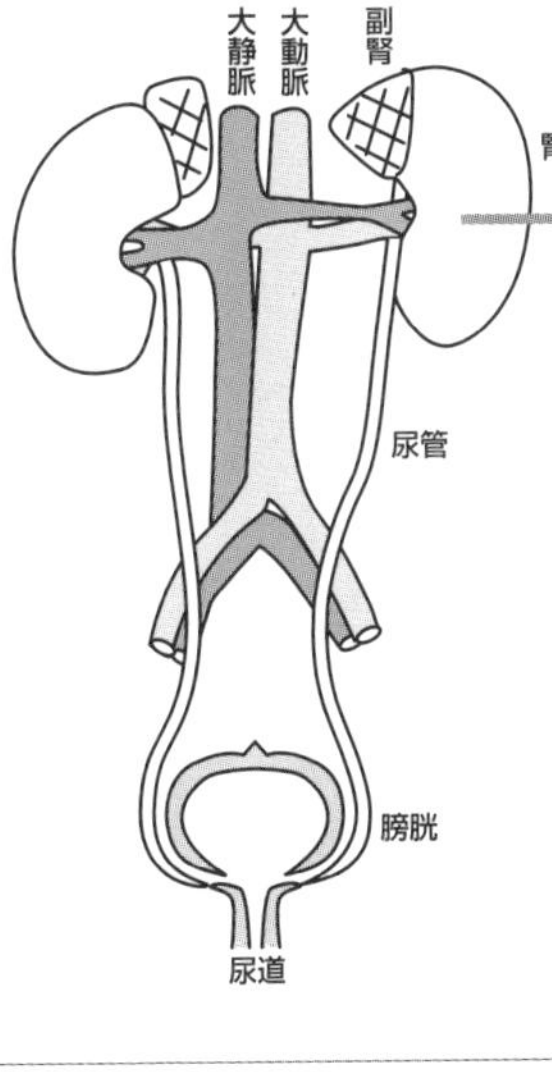

●腎臓内でのネフロンの位置

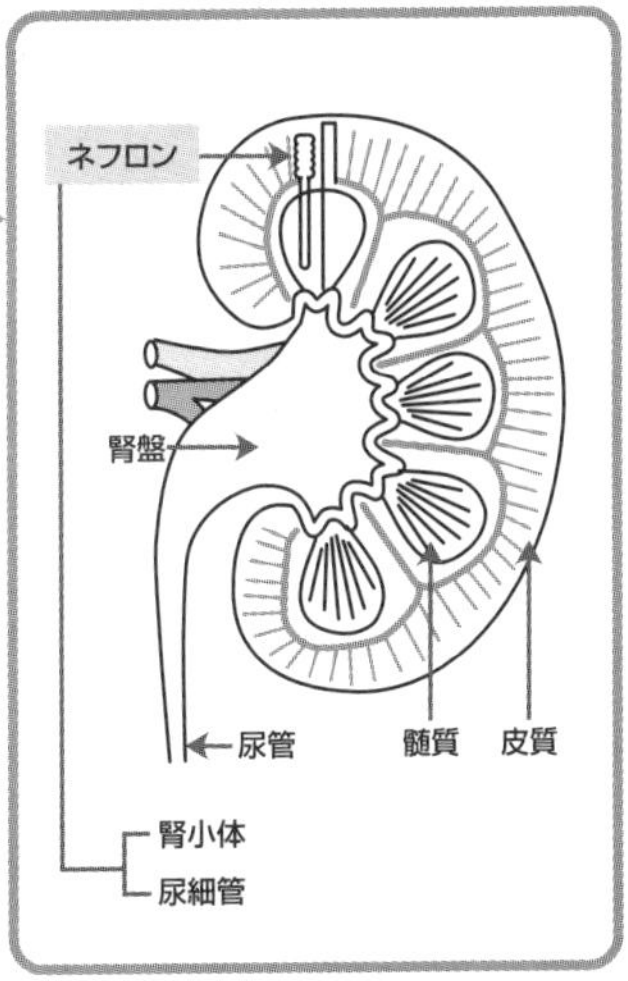

※人が生きていくには、電解質の量を一定に保つ必要がある。そのため尿細管は、体内に無機塩分が増えすぎると排出し、逆に電解質が少なすぎると水分を多く排出し、電解質の濃度を元に戻す機能を持っている。尿細管は酸・塩基のバランスも調節する。これもどちらの方向にいきすぎても、命取りになる。このように体液の組成を一定に保つ役割を荷なうのが、腎臓の中の尿細管の役割だ。その意味で、腎臓は、なかでも尿細管は人体の中の小さな優れた化学者といえるだろう。

058 二日酔いはなぜ起こる？

Point お酒に酔うのは万国共通だが、人種によって差がある。アルデヒド脱水素酵素1の存在量の違いからだ。

お酒の成分のアルコールは、化学的にいうと水素原子と酸素原子が結合したヒドロキシル基をもつ化合物の総称だ。アルコールの仲間の一つに、エチルアルコール（エタノール）がある。われわれがお酒を飲んで気持ち良く酔うのは、実はこのエタノールのおかげ。

エタノールに限らず、アルコールは水に溶ける水溶性のものでも、油に溶ける脂溶性（注1）のものでも、なんでも溶かす優れた溶剤でもある。なんでも溶かすということは、逆に何にでも溶けるということ。アルコールはもっとも吸収されやすい物質で、体内のどこからでも吸収される。

しかし、遅かれ早かれ、酔いは醒める。アルコールは酵素によって分解されやすいからだ。アルコールは水素がとれて、恐ろしい毒物のアセトアルデヒドになるが、ご安心を。肝臓で肝臓の酵素（アルデヒド脱水素酵素）によってすぐ酸化（注2）されて酢酸になり、この酢酸が無害な二酸化炭素と水に分解されるからだ。アセトアルデヒドの半数致死量（注3）が三〇〇ミリグラム。

注1〔脂肪〕
三大栄養素の一つである脂肪は、化学では油脂のうち常温で固形のものを言い、栄養学では脂（fat）と言う。それに対し、油脂のうち常温で液体のものを脂肪油と言い、栄養学では油（oil）と言う。

注2〔酸化〕
ある物質が酸素と化合するか、水素を失うか、電子を失う時、その物質は酸化されたという。陽イオンになる元素は、酸化によって電子を失い、プラスの電荷を増やす。陰イオンになる元素は、酸化の反対の還元によりマイナスの電荷を増やす。

●アルコールの酸化

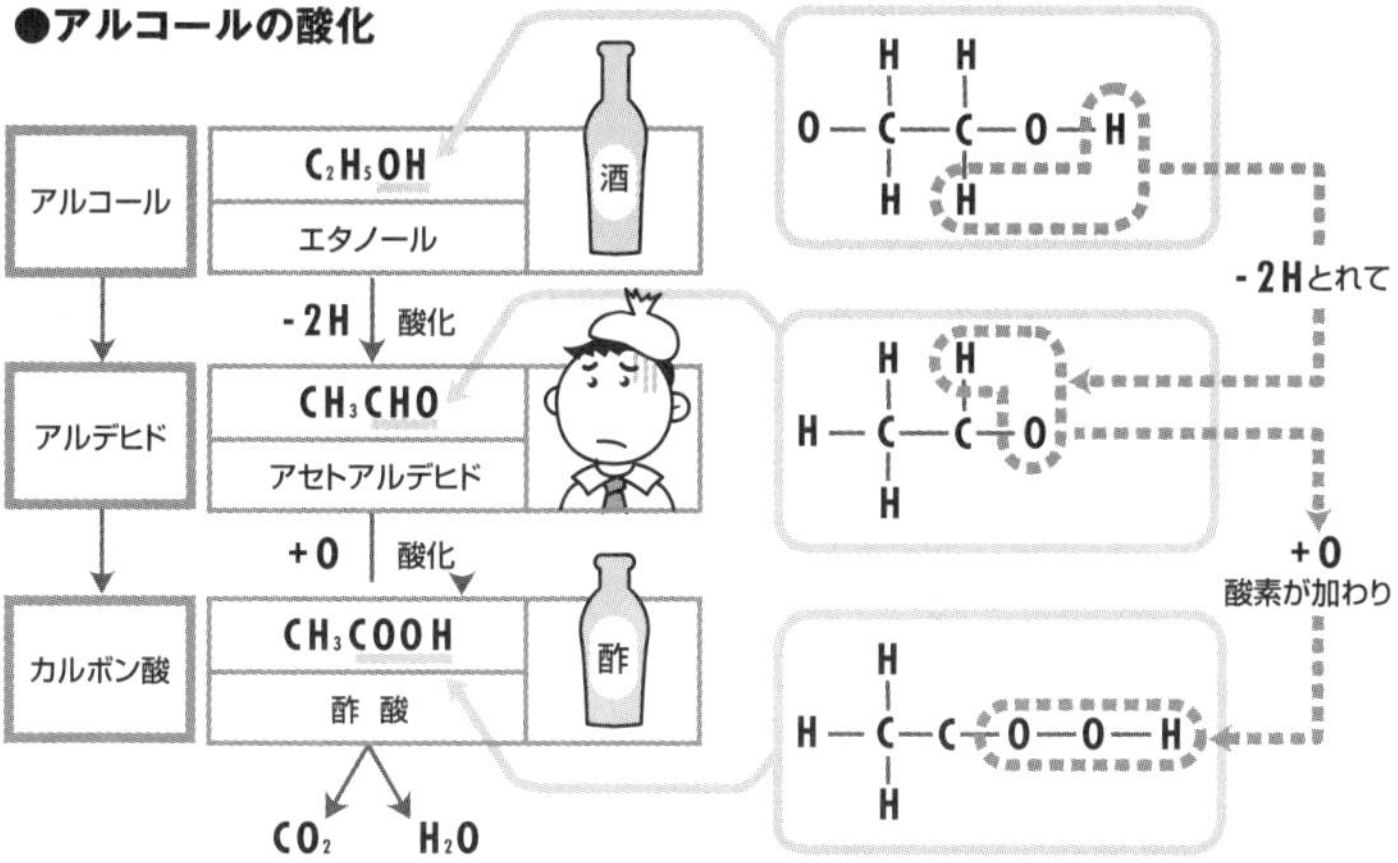

さて、アルコールを摂りすぎると、アルデヒド脱水素酵素が不足し、アセトアルデヒドが体内に残る。そして、ついには二日酔いとなる。

アルコールの慢性中毒には、禁断症状を生む身体依存症があるが、それもアセトアルデヒドのしわざのようだ。体内にアセトアルデヒドが生まれると、その触媒作用で神経伝達物質のドーパミン二分子から、麻薬のモルヒネに似た物質が合成されるのだ。

ちなみにアルデヒド脱水素酵素1（二つある酵素のうち速く働く方）の存在量は人種によって異なるという（※）。

注3〔半数致死量〕半数致死量とは実験動物群をちょうど半数死亡させることのできる毒の量で、体重一キログラム当たりミリグラムで示される。ちなみにサリンガスは一〇〇ミリグラムが半数致死量だ。

※一九八三年、筑波大の原田勝二助教授が発見した。酵素1の欠損度を並べると、ヨーロッパ人0に対し、中国人三五、日本人四八、日本人を含む黄色人種のほぼ半数は、酵素欠乏で酒に弱く、下戸なのだ。

059

皮膚と粘膜は生体防衛軍の最前線！

Point
無数に存在する細菌やウイルスから身体を守るために、人体は皮膚と、粘膜から分泌される酵素で対抗している。

ヒトを取り囲む環境に多数生息している微生物は、機会さえあれば、巨大な食料倉庫である我々の体内に入り込もうとしている。空気を吸えば肺の奥まで入り込み、食べたり飲んだりすれば消化管に入り込んでくる。そのまま増えるに任せていたら、われわれの体は蝕まれ、いずれ、病気になる。だが、普通は体の側に備えがあり、その仕組みが絶えず微生物と戦い、勝利を収めてきた。

その戦う仕組みを、一括して「生体防御機構」と呼んでいる。「生体防御機構」は二段構えになっており、第一次防御機構は自分以外のすべての相手と戦う普遍的防御機構で、非特異的防御機構ともいう。第二次防御機構は特定の相手だけと戦う特異的防御機構である。これが、ふつう免疫機能と呼ばれる。

さて、皮膚は第一次防御機構の一員、いわば生体防衛軍の最前線。表皮の最表層の細胞が絶えず垢となって剥がれ落ち、その時そこに付着していた微生物なども一緒に落ちていく。

毛の根元に脂腺といって、あぶら（脂肪油）質の物質を分泌する腺がある。こ

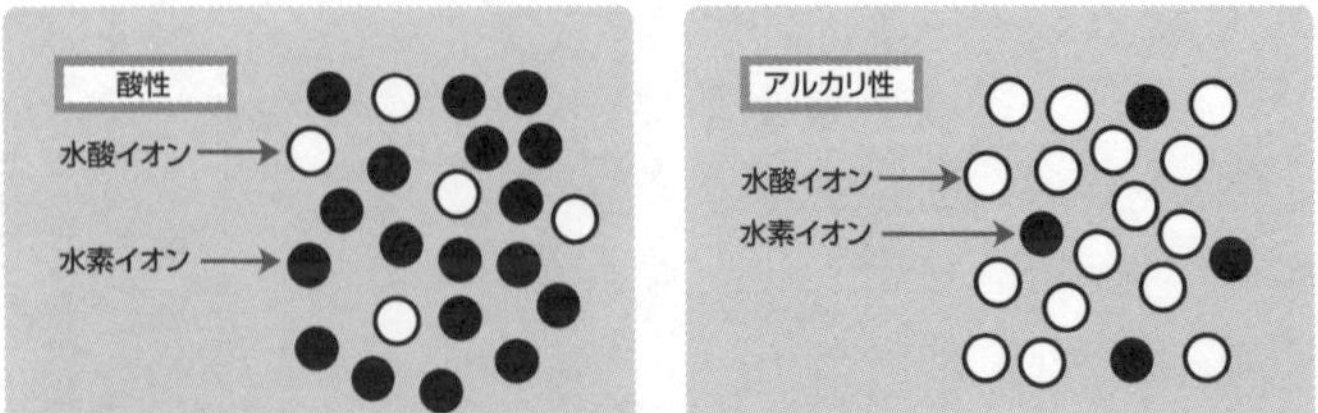

●皮膚の構造

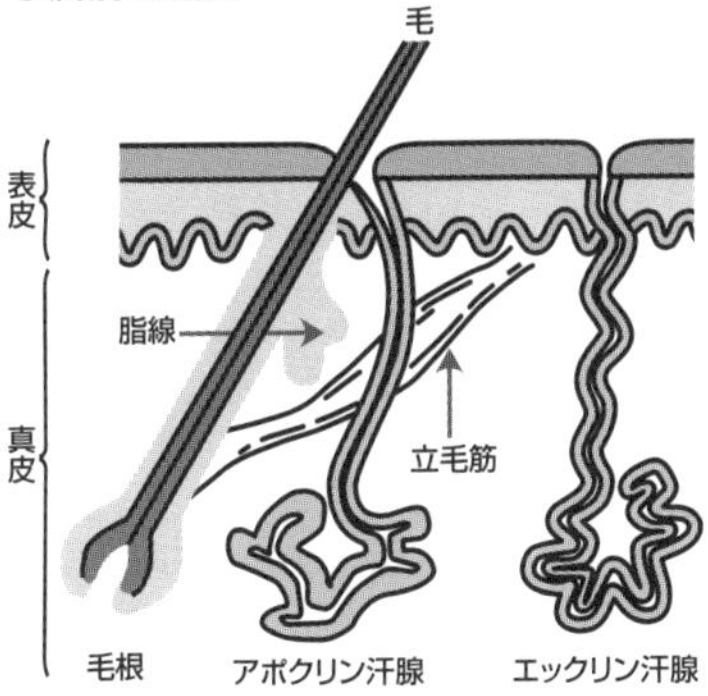

保志宏「ヒトのからだをめぐる12章」（裳華房）より

●生体防御のために働いているもの

	細胞	細胞以外
非特異的防御機構	マクロファージ 好中球 好酸球 好塩基球 NK細胞 LAK細胞	上皮の剥落 酸性環境の生成 リゾチーム、消化酵素 トランスフェリン インターフェロン 補体
特異的防御機構	キラーリンパ球 Tリンパ球 Bリンパ球 その他のリンパ球	抗体 （IgM、IgG、IgA、など）

の物質は、毛や皮膚の表面に薄く広がり、水分の蒸発を抑え、乾燥を防いでいるが、空気中の酸素に触れると表面が酸化する性質がある。大多数の微生物の生息にとって、酸性（注1）という条件は好ましくなく、増殖は著しく遅くなる。

一方、微生物が表皮を突破し、真皮にまで侵入すると、血液中から「マクロファージ」や「好中球」などといった細胞が外に出て戦って始末する。

マクロファージは骨髄で造られ、ウイルスや水銀やカドミウムなど重金属（注2）も処理してしまう。

好中球は骨髄で造られる白血球の一種で、数も多く、白血球の七〇％以上を占める。骨髄からの動員力も大きく、

注1（酸性、アルカリ性）
水溶液中で水素イオン（Hプラス）の濃度が水酸化物イオン（OHマイナス）の濃度より高いときが酸性、逆に低いときがアルカリ性。

注2（重金属、軽金属）
密度が約四・〇グラム／立方センチの金属元素の総称。重金属に属する元素に鉄、コバルト、ニッケルなど。密度がそれより小さい金属元素の総称が軽金属。軽金属に属する元素に、アルミニウム、マグネシウム、カルシウム、ナトリウム、カリウムがある。

戦闘の主力部隊といったところ。しかし残念ながら、食べる働きはマクロファージに遠く及ばず、強い微生物が侵入すると、相討ちになり、すぐ死ぬ（これが膿となる）。また、重金属類も一般的には処理できない。マクロファージが重武装の兵士とすれば、好中球は軽武装の兵士といったところだ。

鼻や口などから入ると、そこは粘膜の世界。気管も消化管は粘膜で覆われているが、硬い皮膚と違って粘膜には細菌やウイルスといった微生物が取りつきやすい。そこで、新たな仕掛けを準備しなくてはならない。

鼻の穴には鼻毛が生え、ゴミや細菌などを防いでいる。鼻粘膜に吸着したものは、粘膜から分泌される粘液中のリゾチームなどの酵素が殺してしまう。

口の中に出る唾液にも、リゾチームなどの酵素が含まれ、食物と一緒に入り込んだ微生物を殺してしまう。食物と一緒に胃に入った微生物は、胃液に含まれる塩酸の強い酸性に耐えられず、増殖できないうちに、胃の消化酵素のペプシンで溶かされてしまう。微生物だって、タンパク質が主成分。われわれの体は病原菌でさえ、アミノ酸にまで小さくして食べてしまうのだ。

第二に、血液中には「補体」と名付けられた数種類のタンパク質があり、一種の連鎖反応で微生物に穴をあけたりして破壊する。そのほか、インターフェロン、トランスフェリンなどさまざまな物質が、微生物を撃退している。

060 ”免疫系“のやさしい仕組み

Point ヒトの体は、細菌やウイルスに対抗するため、免疫という経済的に優れた記憶システムを使っている。

花粉症やアレルギーに困りはて、免疫関連の本を読んだことのある人は生体内の免疫システムはとても難しい、という印象をお持ちではなかろうか。そう、確かに免疫は複雑怪奇、なかなか一筋縄にはいかない。

専門家の間では免疫は、前項でリポートした第二次防御機構として位置づけられている。第一次のそれが自己以外のどんな相手とも戦う仕組みであるのに対し、第二次のそれは特異的防御機構の名もあるように、あらかじめ決まっている特定の相手と出会った時だけ攻撃する。

体の外部から怪しい「異物」の微生物が侵入し、体内に入り込んで来ると、まずマクロファージが接触する。マクロファージは相手が非自己だと分かると、すぐさま戦い始める。と同時に、どういう敵が侵入してきたかの情報を、ヘルパーTリンパ球という伝令の働きをするリンパ球（注1）に伝える。リンパ球は白血球の一種で、白血球の約三〇％を占める。リンパ球には働きの異なる何種類もの細胞があり、ヘルパーT細胞はその一種。

注1〔リンパ球〕
免疫に関係する白血球類は、すべて骨髄の中にある造血幹細胞から生まれ、そのうち約三〇％がリンパ球となる。リンパ球は、胸腺を経て分化するT細胞と胸腺（※）を経ないB細胞に分かれる。T細胞が細胞性免疫に関わり、B細胞が体液性免疫に関わる。

マクロファージからの情報を持った伝令役のヘルパーT細胞は、リンパ節に運ばれ、どういう敵が攻めてきたかを報告する。体中に分布するリンパ節では、さっそく抗体が造られるが、まだ少数しか造らない。

それと同時に、リンパ節では敵についての情報を、一〜二週間かかって記憶細胞に覚え込ませる。記憶細胞も、リンパ球の一種。そこに、ふたたび同じ敵がやってきて、マクロファージからの情報がヘルパーT細胞によってリンパ節に伝えらると、すぐさま記憶細胞というコンピュータと照合し、入り込んできた敵と戦うリンパ球や抗体といった生体防衛軍が急遽、大量に製造され、血液中に放出される。その間、わずか二〜三時間。

このシステムはとても合理的だ。戦わなければならない相手の微生物は、地球環境には無限の種類が存在する。それぞれに対し、専門の兵隊をあらかじめ用意するのは不可能だ。そこで、敵に関する情報だけを記憶細胞に記憶させておき、敵が入ってきたときに、その敵と戦うリンパ球や抗体だけを造るという経済的な方法をとっているのだ。

生体防御機構の記憶細胞は敵がバクテリアなどの病原菌だと分かると、すぐその情報をリンパ球の一種、B細胞に伝える。B細胞は要撃ミサイルの製造兼発射基地のようなもので、細胞表面のタンパク質を「免疫抗体」（ふつう抗体といわ

※〔胸腺〕
免疫システムの中心となる器官が胸腺で、心臓の上にかぶさって存在する。未熟なT細胞は胸腺で教育を受け、学習し、伝令役で免疫システムを活発にするヘルパーT細胞や、異物を攻撃してやっつけるキラーT細胞、免疫システムを一時抑制するサプレッサーT細胞に分化する。また、B細胞はヘルパーB細胞の司令で抗体をつくる。

●第二次防御機構

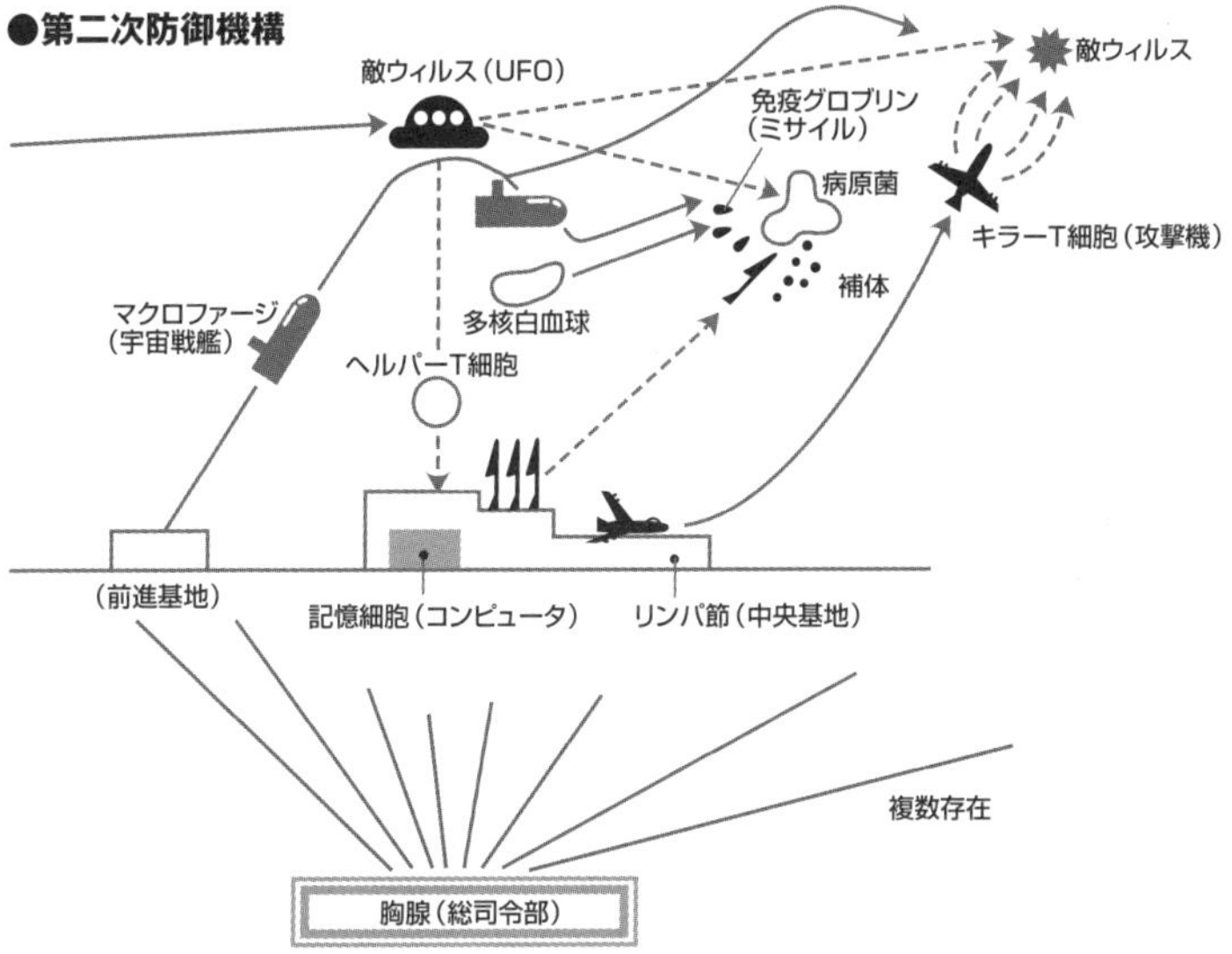

●リンパ節の模型図

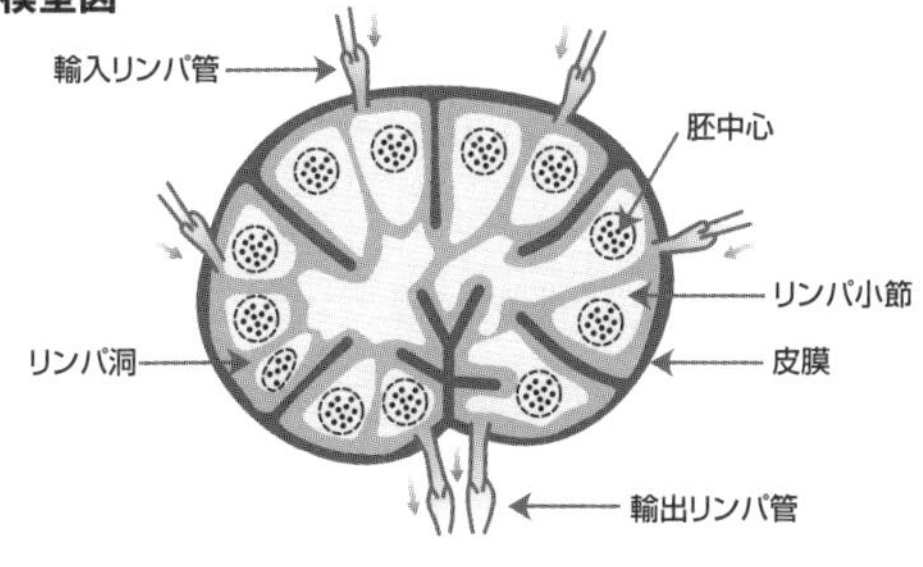

れるもの）の免疫グロブリンに化学変化させておき、敵細胞来襲の報を受け、直ちにミサイルである免疫グロブリンを発射する。

敵細胞に免疫グロブリンが結合すると、血液中にある補体とよばれる物質の助けを借りて、敵細胞をバラバラに分解してしまう。そして、たちまちマクロファージや多核白血球が始末してしまう。この生体防衛システムの主役、免疫グロブリンは血液に溶けて活動するので、この免疫システムを液性免疫という。

一方、ウイルスに感染され乗っ取られてしまった、もとは味方の自己を構成する細胞は非自己の異物と認識される。そう、まるでエーリアン・ウイルスに乗っ取られた地球人のようなもの。それを攻撃するのが、地球防衛軍の攻撃機に当たる、キラーT細胞。さきの液性免疫に対して、細胞性免疫という。

キラーT細胞は敵ウイルスに乗っ取られた細胞に接近すると、いろいろな化学物質を繰り出し、目標を攻撃する。この物質はリンホカインと総称され、マクロファージやインターフェロン、リンパ球を分裂・増殖させるものなど、あの手この手を総動員する。

こうして特異的防御機構は、液性細胞と細胞性免疫とがうまく分業し、協力しあって、侵略者と戦うのだ（※）。

※ このシステムにも弱点がある。記憶細胞に記憶されていない微生物が入って来たとき、記憶細胞ができあがるまでに一〜二週間かかる。その間、第一次の非特異的防御機構だけで戦わなければならない。敵が強力で、その日数の間も持ちこたえられないと、命を落としかねない。この弱点を克服しようというのが、予防注射だ。

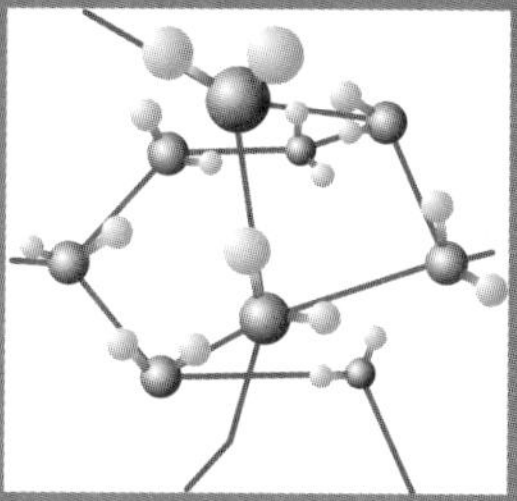

061▼070

第7章

生老病死の化学

061 胃潰瘍はなぜ起こる?
062 近ごろ話題のピロリ菌って何者?
063 ウイルスとは何なのか
064 インフルエンザはなぜ怖い?
065 微生物はなぜ病気を引き起こすのか
066 花粉症で殺人事件が起きる?
067 老いを化学する
068 そもそもガンとは何なのか
069 「狂牛病」は終わっていない!
070 予防接種の化学

061 胃潰瘍はなぜ起こる?

Point 胃液は胃壁をバラバラに分解してしまう力を持っており、ふだんは粘液によって胃壁は守られている。このバランスがくずれると胃潰瘍が起きる。

胃壁にある胃腺が分泌する消化液＝胃液は、もともと食べ物だけを消化するはず。ところが、なんらかの原因で自分自身を消化し、胃壁の粘膜、さらにはその下の筋層が損傷し、欠損することが起きる。その病気が胃潰瘍だ。

胃液が消化するのは主にタンパク質。タンパク質は胃液によって、より小さな小片の分子ペプトンに分解される。しかし、これでも消化管の壁から体内に吸収されるには、まだ大きすぎる。さらに、十二指腸から分泌される膵液によって、さらに小さな分子アミノ酸にまで小さくされる。こうしてはじめて、消化管の壁から吸収できるようになるのだ。

ところが胃壁はタンパク質でできており、胃液は胃壁をバラバラに分解してしまう力を持っている。もちろんそれでは困るので、胃液には、胃壁を覆って保護する働きをする粘液もちゃんと含まれている。

胃液は、タンパク質を消化する化学物質であるペプシノーゲンと塩酸（注1）、そして粘液の三種類の成分からなる。ペプシノーゲンは酵素のもとになる素材、

注1〔塩酸〕
塩化水素（HCl）の水溶液。鉄、亜鉛、アルミニュウムなど多くの金属と反応して水素を発生させるほどの強酸。染料、医薬、農薬などの製造原料となる。

●胃の仕組み

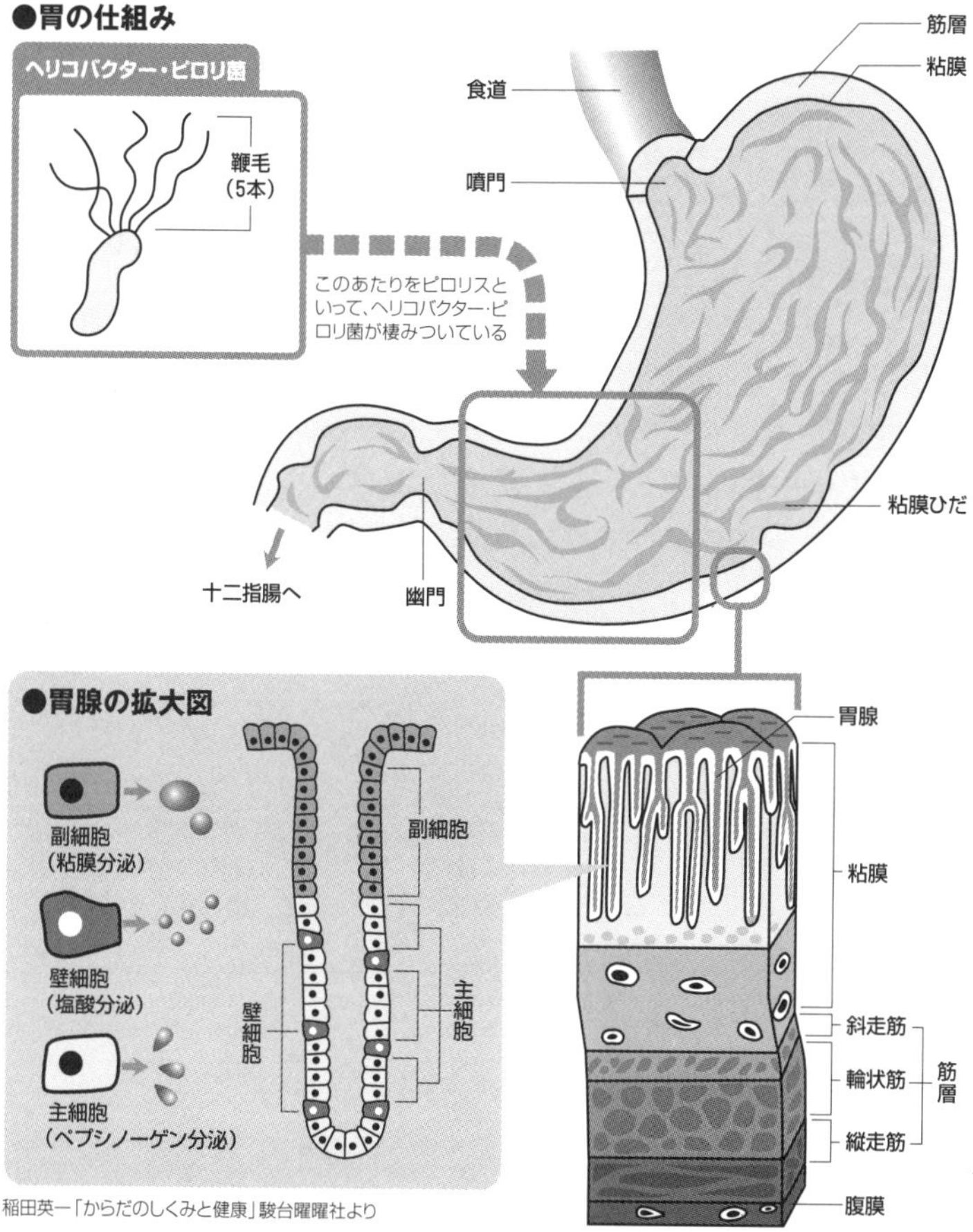

稲田英一「からだのしくみと健康」駿台曜曜社より

酵素原である。それ自体では酵素の働きをしないが、ペプシノーゲンは胃の中で塩酸に出会うと、活性化されて、酵素のペプシンに変身する。このペプシンこそが、タンパク質をペプトンに分解する主役だ。

胃液に含まれる塩酸は濃く、指を入れると水泡の火傷ができるほどの強い酸性に保たれている。この塩酸は、胃に絶えず入り込んでくる侵入者を撃退するガードマン、というよりその場で出会うや否や直ちに殺してしまう究極の死刑執行人。なにしろ、胃には食べ物とともにさまざまな雑菌が入り込んで来る。それらを見付けだして殺す殺菌作用も塩酸の大切な仕事だ。しかし、塩酸こそが胃そのものを解体し、自己消化してしまう恐るべきパワーを持つ。それを防ぐために、粘液が登場する。

胃の粘膜の表面には三〇〇万個から四〇〇〇万個の微小な穴があり、胃液はその穴から胃腺によって分泌される。胃腺には、これまで述べてきた三種類の化学物質をそれぞれ分泌する専門の細胞があり、きちんと任務分けし、分業体制を敷いている。すなわち、主役のペプシノーゲンを分泌する主細胞。塩酸を分泌する傍（壁）細胞。そして、粘液を分泌する副細胞だ。

胃液の三成分のうち、ペプシノーゲンと塩酸を攻撃因子の方へ、粘液を防御因子に置いて、どちらかが強くなりすぎたり、弱くなれば胃潰瘍になると、胃潰瘍

●図1 天秤説

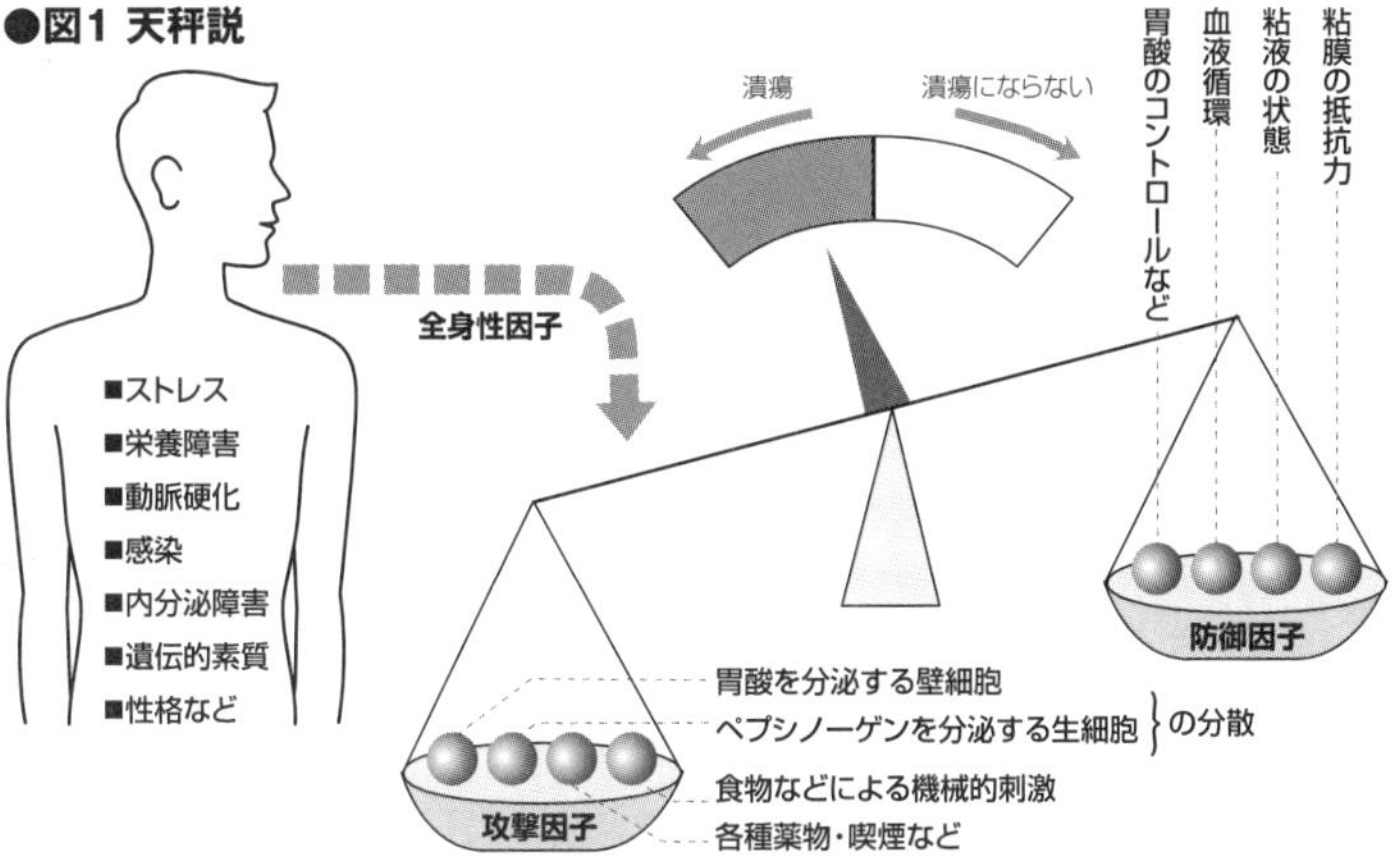

戦争の原因を説明していたのが、従来からの「天秤説」（図1）だ。

そこに衝撃的に登場したのが、最近あちこちで話題になっている、ヘリコバクター・ピロリ（ピロリ菌）だ。二〇年ほど前に、オーストラリアの学者が言い出した時は、誰も信じなかった。ピロリ菌それ自体は一八七四年ごろに発見されていたが、この説を唱えた学者はピロリ菌を大量に培養し、自ら飲んで胃潰瘍になり、証明したのだった。

でも、科学者は疑り深い。今でも疑っている学者がいる。では、私たちも項を改めて、ピロリ菌の世界を覗いて見ることにしましょう。

062 近ごろ話題のピロリ菌って何者?

Point 時々、胃潰瘍を引き起こすピロリ菌。日本人の半分はピロリ菌の保菌者だが、それは戦中戦後の衛生状態の悪い時代にどうやら原因があるらしい。

ピロリ菌の正式の学名はヘリコバクター・ピロリ。ヘリコプターの翼に似た鞭《べん》毛《もう》を持っているため、そう命名された。ピロリの方は、胃のピロルスといわれる辺りに棲みついているので、この名になった。このピロリ菌、ふだんは粘液の底、粘膜の上に棲みつき、時折、鞭毛を回しながら粘液中を泳ぐ、というか飛ぶ(※)。

ピロリ菌はヒトが生まれた時から胃のなかにいるのか。むろん、そんなことはない。人の排泄物に紛れて出たものが、不潔な環境で別の人の口から胃に感染しているようなのだ。それには疫学的な証拠があり、アフリカや南米では八〇%以上がピロリ菌の保菌者。欧米では二〇%くらい。日本は五〇%。日本人の四〇歳以上は保有率は七〇%以上、若い人は欧米並の二〇%くらい。それというのも、「戦中・戦後の衛生状態が悪かった時代に、汚染された水や食事を介して保菌されるようになったと考えられます」(多田消化器クリニック・多田正大院長)。

このピロリ菌が胃潰瘍を引き起こす仕組みが最近解明された。

胃の粘膜の細胞膜上には、外部からの分子言語(注1)の信号を細胞内に伝え

※
ピロリ菌が生きている粘液は、塩酸から胃壁を守っているが、完全に守っているわけではない。ピロリ菌だって立派な生きもの。裸のままでは、やはり塩酸の雨に、いわば酸性雨にやられる。ところが、なんと傘をさしている。尿素からアンモニアを合成し、これで塩酸を中和し、身を守っているのだ。
このようなピロリ菌がどこからやってきたのか。どうも胃の粘液中にしかいない特殊な細菌らしいが、いかなる細菌が突然変異してピロリ菌へと進化したのかは、明らかにされていない。

注1 〔分子言語〕
われわれヒトも含めて、動物そして植物は多細胞生物

●胃酸分泌の仕組み

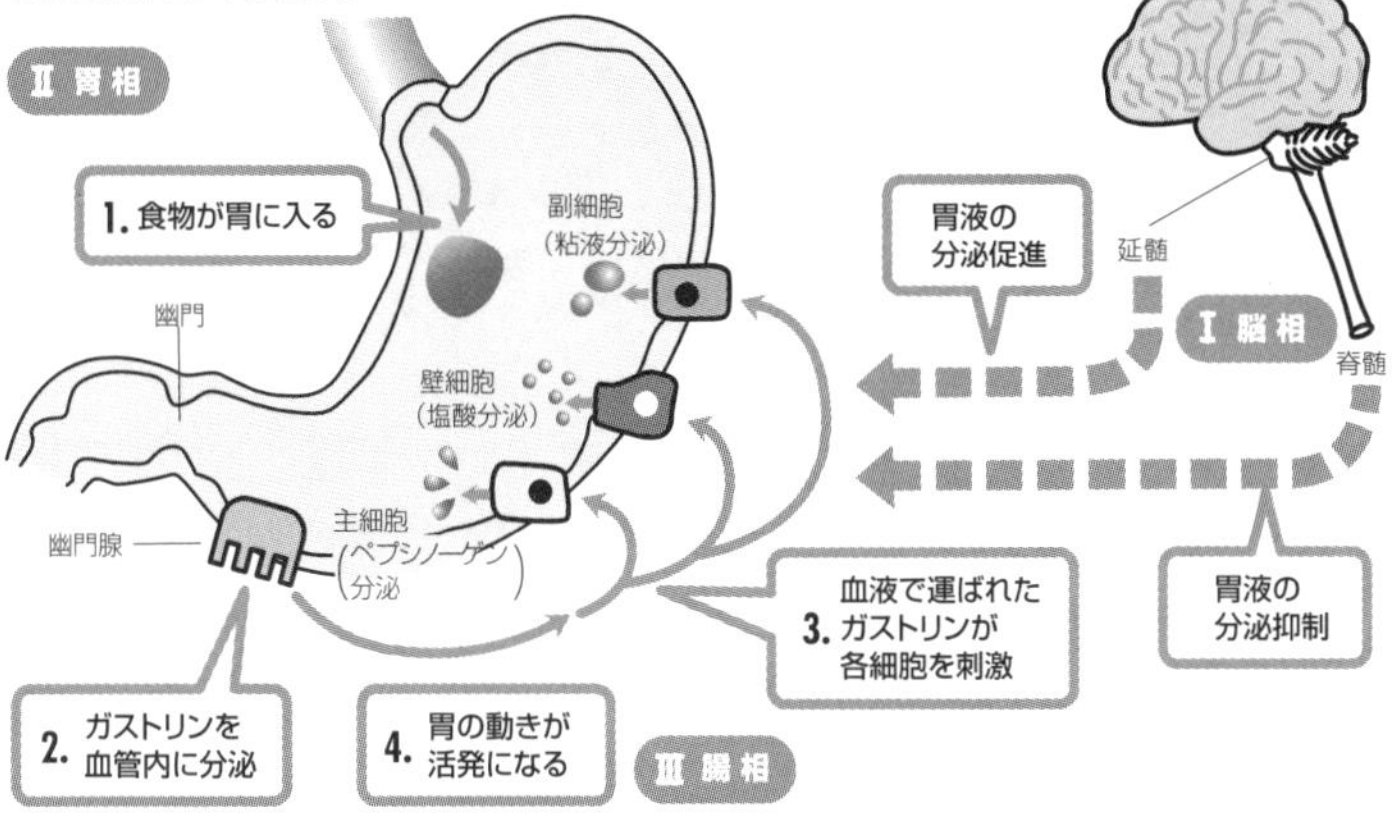

る役割をするタンパク質（レセプター）がある。一方、ピロリ菌は毒素を分泌するが、その毒素が分子言語の働きをして、そのレセプター（注2）に受けとめられ、細胞内に誤った信号が伝わり、胃粘膜の細胞がはがれ、胃の組織が胃酸（胃液中の塩酸のこと）や消化酵素に直接さらされるため、胃潰瘍になる、というものだ。では、ピロリ菌の保菌者が全員胃潰瘍になるのか。そんことはない。日本でのデータでは、保菌者のうち、わずか四%が胃潰瘍に、残りの九六%はピロリ菌と共存する。その違いは、従来の説「天秤説」（前項参照）が有効と考えられる。

だ。多細胞生物は、全細胞が分業し、それぞれの場で生きていくシステムそのものが重要視される。だから、一部の細胞のアポトーシス（細胞死）が組み込まれた形で、生体システムが維持、発展する。そこで、細胞間の連絡に使われるのが「分子言語」といわれるホルモンだ。ホルモン活動を迅速にするために発達したのが、神経という電線だ。ピロリ菌のような微生物が分泌する毒素も、毒性分子言語といえる。

注2［レセプター］
他からの刺激の情報を受け取る窓口のこと。たとえば胃腺の壁細胞には、ヒスタミンH2、アセチルコリン、ガストリンのそれぞれのレセプターがあると考えられる。

063 ウイルスとは何なのか

Point ウイルスはタンパク質で包まれた遺伝物質だ。他の生き物の遺伝物質との大きな違いは、DNAとRNAのどちらか一方だけしか持っていないことだ。

ウイルスとは、タンパク質で包まれた遺伝物質だ。そう、ピロリ菌や猛威を振るったSARSや、我々ヒトと同じように遺伝物質を持っている。

しかし、大きな違いがある。ピロリ菌もヒトも遺伝物質が細胞の中に存在しているのに、ウイルスはそうじゃない。ウイルスはタンパク質だけに包まれている。それに、もう一つ大きな違い。ピロリ菌もヒトも遺伝物質のDNA（注1）とRNAの両方を、必ず一つの細胞の中に持っているが、ウイルスは例外なくDNAかRNAかのどちらか一方だけしか持っていない。

すべての生き物の生命活動は基本的に二つしかない。成長・増殖のためにDNAを自己複製して増殖するか、細胞を機能させるためにタンパク質の合成をするかである。このいずれも、細胞内の水の中でのみ執り行われる化学反応。水を自分の中に持たないウイルスは、生命活動ができない。細胞の中では、細胞が分裂するときDNAの二本の主鎖（二重螺旋）がほどけて離れ、一本が鋳型として働き、これに細胞質からフリーのヌクレオチド（注2）を総動員して、新しいDN

注1〔DNA〕塩基としてはアデニンだが、糖としてはリボースから酸素原子一つをとった（デオキシ）という意味のデオキシリボス、そしてリン酸が一個結合したものが、DNAのヌクレオチドである。そのうち、—（糖）—（リン酸）—（糖）—（リン酸）—（糖）—の繰り返しが主鎖となる。塩基としてアデニン（A）、シトシン（C）、グアニン（G）、そしてウラシルでなくてチミン（T）の計四種類の塩基が側鎖として、（糖）のところにくっつき、一本の鎖となる。この鎖が二本、それぞれの塩基と塩基がAとT、GとCがゆるやかに水素結合し合いながら、螺旋階段状に巻いているのが、DNAである。なお、ヌクレオチドが数十から数千個つながっ

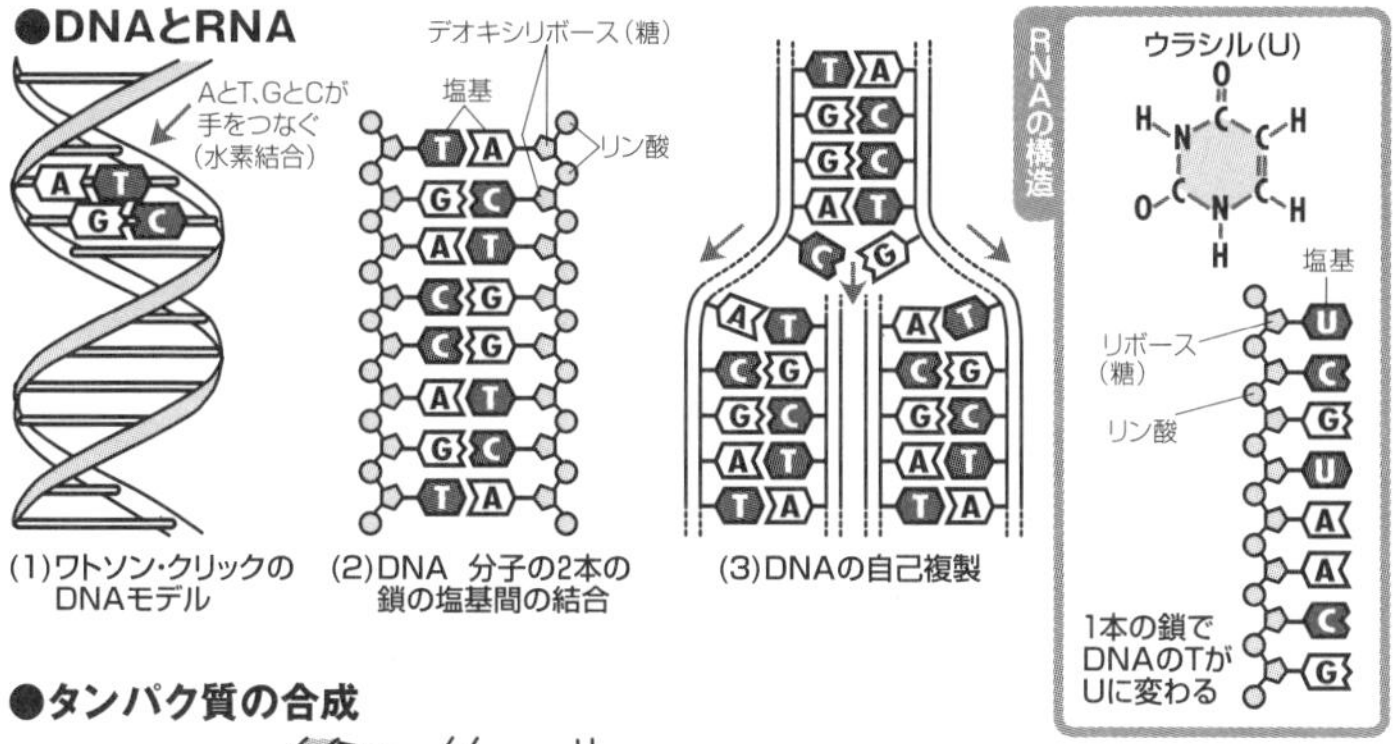

(1)ワトソン・クリックのDNAモデル
(2)DNA 分子の2本の鎖の塩基間の結合
(3)DNAの自己複製

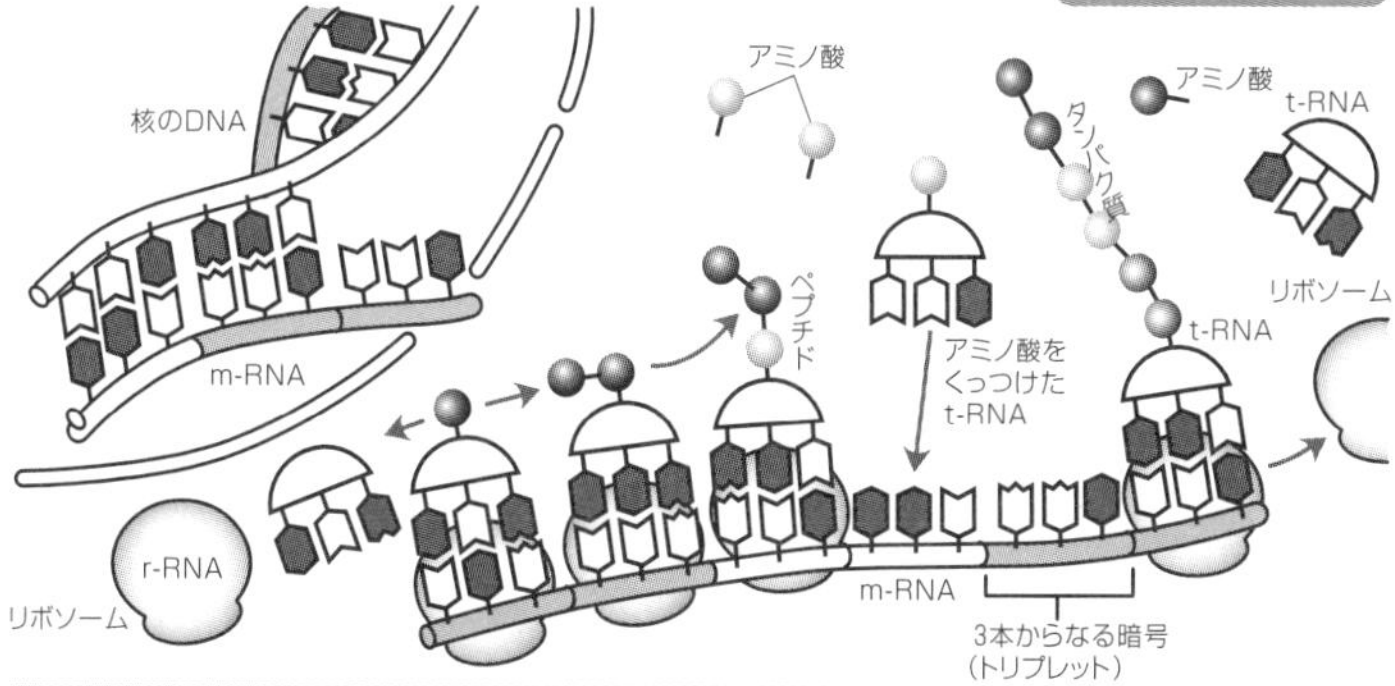

m-RNA:メッセンジャーRNA
t-RNA:トランスファーRNA
リボソーム:リボソームRNA

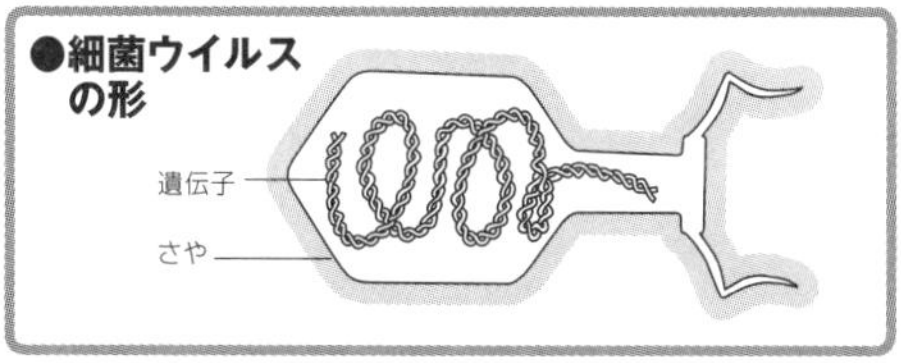

たものをポリヌクレオチド、ポリヌクレオチドが多数結合したものが核酸である。

注2〔ヌクレオチド、RNA〕
塩基と糖の結合したものをヌクレオシドといい、それにリン酸の加わったものをヌクレオチドという。なお塩基とは、酸を中和する能力のある物質、または水溶液で水酸化イオンOH^-を生成する化合物のこと。塩基としてアデニン、糖としてリボースが結合したヌクレオシドを、アデノシンという。アデノシンにさらにリン酸が一個結合したものが、RNAのヌクレオチドである。さらに、あと二個、計三個のリン酸が結合したものが、アデノシン三リン酸（ATP）だ。なお、塩基として、アデニン（A）

A分子をつくる。これが細胞でのDNAの自己複製のプロセス。したがって、細胞質を持たないウイルスは自己複製ができない。

しかし、RNAウイルスなら、DNAを持たなくても既に自分なりに自分の遺伝情報を持っているので、自分がまとっているタンパク質を分解してでも、新たにタンパク質が作れる、と思いませんか。

残念ながらそれは無理。細胞の中のRNAは、実は三種類ある。メッセンジャー（伝令）RNA、トランスファー（運搬）RNA、そしてリボソームRNAだ。メッセンジャーRNAはDNAの情報を持ち出し、伝える役割。そこにたくさんのトランスファーRNAがアミノ酸を載せて運搬してくる。両者が出会って、タンパク質が合成されていく工場の任務を果たすのがリボソームRNA。要するに、三種類のRNAが全部揃ってはじめて、新たにタンパク質が合成される。ところが、RNAウイルスの正体は、メッセンジャーRNAだけなのだ。

RNAウイルスもDNAウイルスも、相手を絞り込み、感染する相手を決めている。細菌に感染するものを細菌ウイルスといい、バクテリオファージとか、単にファージともいわれている。植物なら植物ウイルス、動物なら動物ウイルス（注3）というように、ウイルスは大分類されている。この分類の境界を越境して、たとえば細菌ウイルスが動物を侵す、なんてことは決してない。

のほかに、シトシン(C)、グアニン(G)、ウラシル(U)があり、計四種類の塩基がある。これらのACGUの文字の配置が変わることで、DNAの言葉を伝え、DNAの遺伝情報を伝え、タンパク質を合成する。

注3〔動物ウィルス〕ヒトに病気を引き起こす動物ウイルスには、肝臓の肝細胞に感染する肝炎ウイルスがある。リンパ球やマクロファージと呼ばれる免疫細胞に感染して、エイズの原因となるヒト免疫不全ウイルス（HIV）がそれだ。

064 インフルエンザはなぜ怖い？

Point

インフルエンザが怖いのは空気感染すること。さらに、他のRNAウイルスよりも突然変異が起きやすい仕組みを持っている。

エイズウイルスは、性行為、母子感染、血液など、特定の感染経路によってしか移動せず、普通の生活をしている限り、感染の危険性はほとんどない。ところが、インフルエンザウイルスは咳やくしゃみで空気感染する。一九一八（大正七）年のスペイン風邪では、地球の人口の半分とも、一〇億人とも云われる人が感染し、日本でも三九万人以上が死亡したという。

インフルエンザウイルスは、前項で述べたウイルスの二大分類の内、RNAウイルスである。RNAウイルスは、もう一つのDNAウイルスに比べると、増殖する際にランダムな突然変異が起こりやすい。しかも、インフルエンザウイルスは他のRNAウイルスよりも、ずっと突然変異が起きやすい仕組みを持っている。

インフルエンザウイルスのRNAは八本に分かれている。そのため、組み替えが頻繁に起こり得る。ヒトのインフルエンザウイルスとトリのインフルエンザウイルスが同時にブタに感染し、ブタの細胞の中で組合せがトランプのカードのようにシャッフルされて組替えられ、新しいタイプのウイルスが創造される（※）。

※ 新しいインフルエンザウイルスは、ブタを媒介にして中国南部で作られると考えられている。ヒトがアヒルやブタと近接して暮らしているため、遺伝子の組み替えが起こりやすい。これを裏付けるように、世界中でインフルエンザが大流行する半年前から一年前に、中国で必ず流行している。二〇〇三年のSARSも、インフルエンザウイルスではないものの、どうやら同じパターンのようだ。

インフルエンザウイルスの八本のRNAは、（図1）のようにタンパク質のコアで包まれ、その外側を脂質の二重膜（注1）で覆っている。そこには、ヘマグルチニン（HA）とノイラミニダーゼ（NA）と呼ばれる二種の糖タンパク質（注2）でできた「スパイク」が突き刺さっている（図2）。

インフルエンザウイルスは、鼻や口から生体内に侵入し、スパイクで宿主（我々のことです！）の呼吸器上皮細胞の表面の受容体に結合し、細胞内に入り込む（図3）。細胞内でウイルスのRNAは、自分の持つポリメラーゼで転写され、新しいメッセンジャーRNAがつくられる。それを鋳型に、ウイルスの遺伝子になるRNAが宿主の細胞内の材料を使って、どんどんコピーされる。

健康体なら、免疫力があるので、たいていは肺に侵入するまでに阻止される。ところが、侵攻ウイルス軍側も既に述べたように、RNAの遺伝情報を突然変異させ、スパイクのHA（ヘマグルチミン）やNA（ノイラミニダーゼ）を新しいものに取り替えて、再攻撃を仕掛けてくる。HA型で十五種類、NA型で九種類が知られ、掛け合わせて百三十五種類ものタイプの組合せがある。

そのうち、七種類が発現し流行した。残りのほとんどはトリ、あるいはブタに限られ、ヒトには感染しないとされるが、必ずしも確認されているわけではない。

注1〔脂質の二重膜〕
我々の体はおよそ六十兆個の細胞から成り立っているが、一つ一つの細胞が、脂質（正確にはリン脂質）の二重膜でできた細胞膜で外界から自らを仕切っている。

注2〔糖タンパク質〕
糖残基と共有結合したタンパク質。共有結合とは、二個の原子が互いに電子を共有することで安定化し、結合した状態になること。原子間の結合の仕方として他に、イオン結合、金属結合、水素結合などがある。

●図1 インフルエンザウイルスの模式構造図

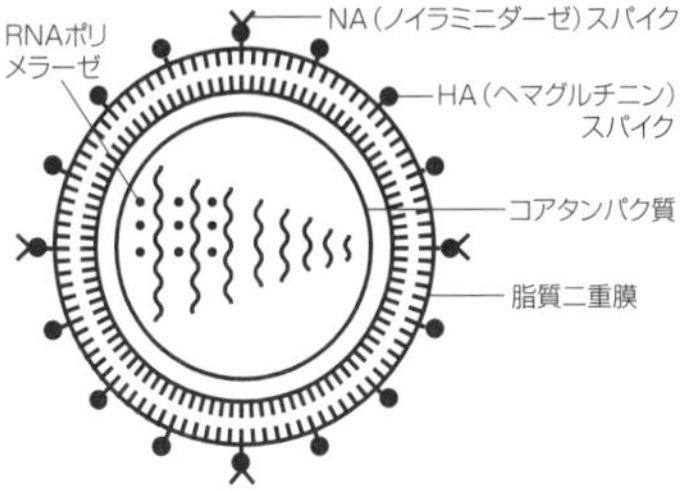

●図2 インフルエンザ抗原の変動と変換

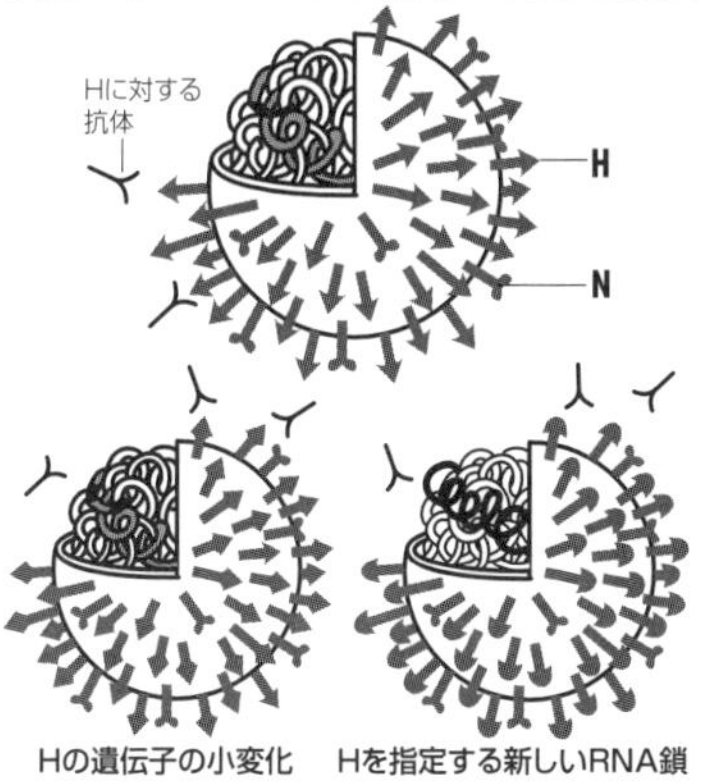

●図3 ウイルスのコピーの仕組み

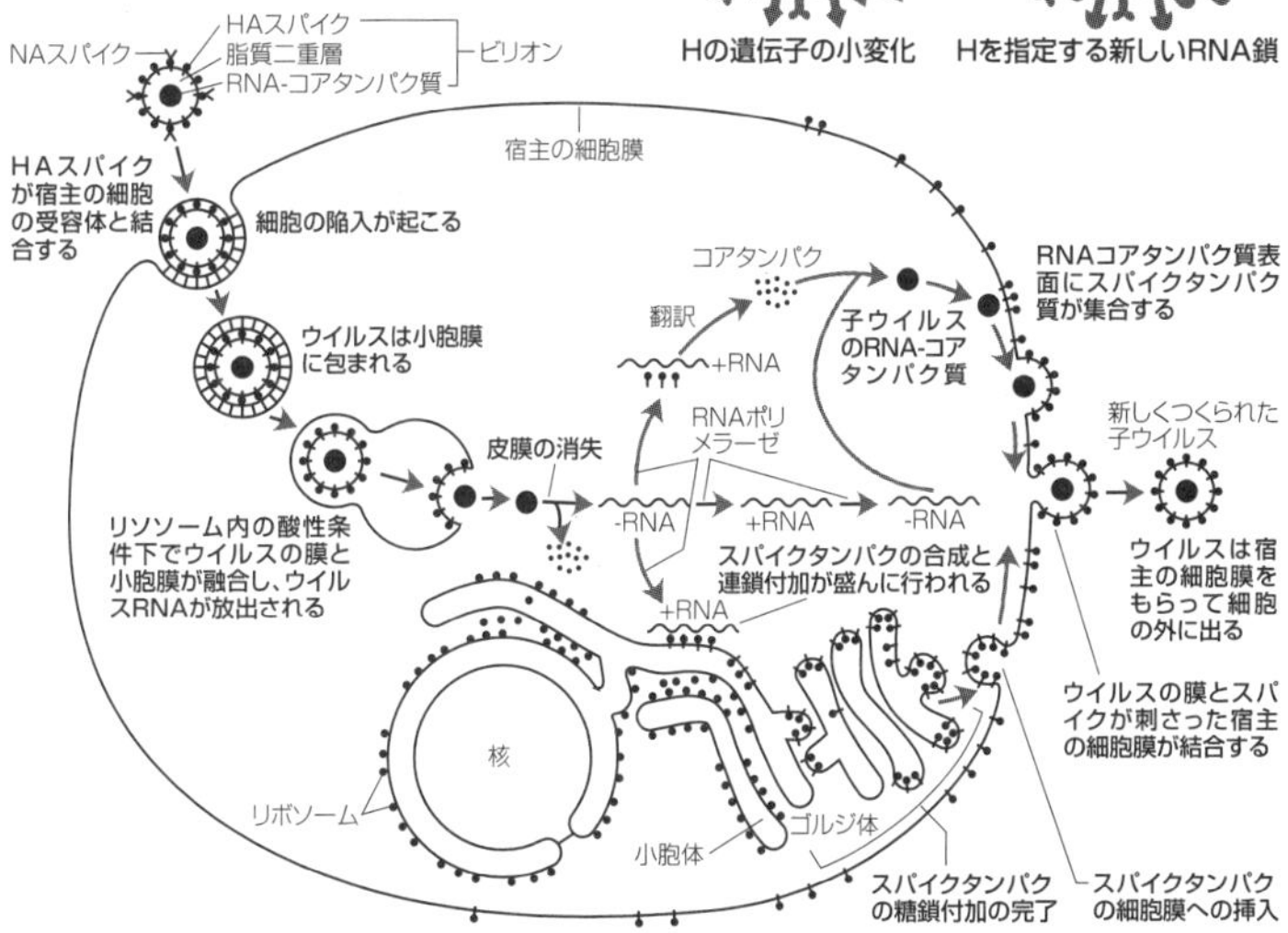

柳川弘志「ＲＮＡ学のすすめ－生命のはじまりからリボザイム、エイズまで」（講談社）より

065 微生物はなぜ病気を引き起こすのか

Point
ふだん人体の中に棲む微生物は、健康のバランスがくずれるとたんに身体に悪さをする。伝染病もそうした微生物の働きによって引き起こされる。

巨大生物であるヒトの消化管には、大腸菌など約百種、およそ百兆個もの腸内細菌（注1）が棲む。呼吸器には細菌だけでも、各種の連鎖球菌、ブドウ球菌、ナイセリア菌、コリネバクテリア、乳酸菌、インフルエンザかん菌、パラインフルエンザ菌などの好気性菌、そしてプロピオニバクテリア、放線菌、嫌気性乳酸菌、ペプト球菌、ペプト連鎖球菌、ベイロネラ菌、クロストリジア菌、フゾバクテリア、バクテロイデス菌などなどが棲みつく。骨髄のような奥まった所にさえ、コリネバクテリアが住む。しかも、以上列挙したのは、細菌だけ。人体に棲み付く微生物には、ほかにも細菌より小さなウイルス、細菌より大きい原虫（注2）や、カビの仲間（真菌類・注3）がいる。

まさしく、人体は隙間だらけで各種の微生物が棲み付いている超巨大な下宿屋。そこに病原性の強い微生物が入り込もうとしても、たいていは膨大な数の下宿人である常在菌に撃退される。しかし、そうした下宿人の微生物たちが、大家である人体に反乱を起こす場合がある。これを日和見感染という。

注1〔腸内細菌〕
ヒト一人が体内にもつ腸内細菌の数は、およそ百兆。この数を初めて知った時のオドロキは、忘れられない。人ひとりを構成する細胞の数はおよそ六十兆だからである。それでは生きている下宿屋の構造物のほうが、下宿人よりも数が多い！　しかし、細菌は同じ細胞でも原核細胞。それに対し、ヒトはもちろん原虫、真菌類は真核細胞（表を参照）。その大きさは体積で原核細胞が1とすれば、真核細胞はだいたい100の割合だ。これを知って、ホッとしたものだ。

●ヒトを狙う微生物

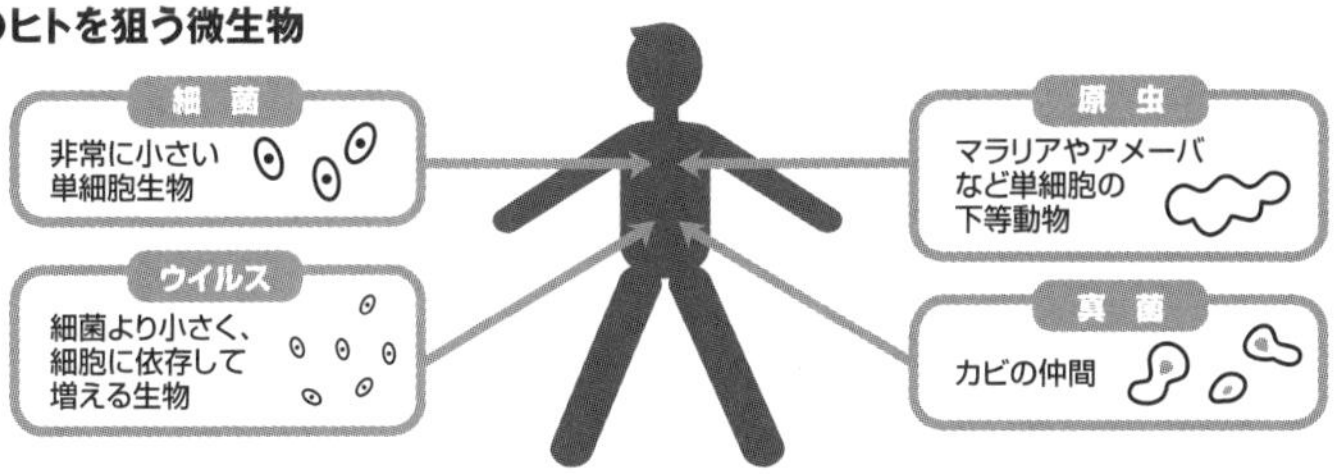

●ヒトと共存する常在菌

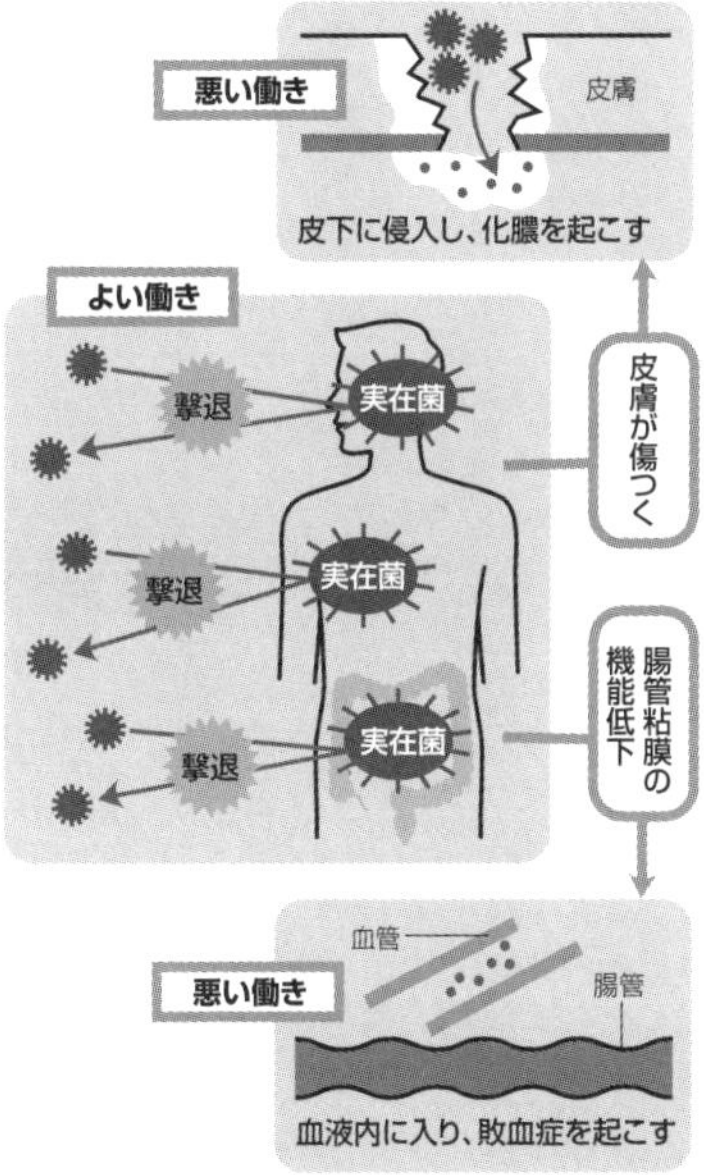

●原核細胞と真核細胞の比較

		原核細胞	真核細胞
大きさ		小	大
細胞壁		あり	種類によりあり
ペプチドグリカン		あり	なし
核	核膜	なし	あり
	染色体	1本の二重鎖DNA、環状	複数、性細胞を除き、2セット
	有糸分裂	なし	あり
原形質	小胞体	なし	あり
	ミトコンドリア	なし	あり
	葉緑体	なし	種類によりあり
	リボソーム	小型	大型
生物の種類		細菌	菌類、藻類、原生動物、動物、植物

注2〔原虫〕
マラリアやアメーバなど単細胞の原生動物。マラリア原虫は、ハマダラカの雌が人体に口を刺し込んで血液を吸うとき、唾液とともに体内に入る。雄は無害なベジタリアン。ハマダラカは北米のいたるところにいるが、マラリア原虫を含む餌、感染者の血液が存在しない限り、恐くない。マラリア原虫はスペイン人探検家やアフリカ人の奴隷とともにやってきた。マラリアは帝国の病なのだ。

栄養不足や過労などで健康のバランスが崩れると、日和見感染病原体がのさばりだす。たとえば山登りや労働過重で疲労困憊すると、ヘルペスウイルスが活動し、脳炎を起こす場合がある。また、医師がわざわざ生体防御の仕組みを弱めることもある。臓器移植のために免疫抑制剤を使う場合だ。他の種類の病気が日和見感染を誘い出すこともある。糖尿病の際に、おできができやすいのが、そのいい例だ。

また、元来、その人の体の中に根城をもっていない微生物が、外部から来襲することもある。コレラ、肺ペスト、天然痘、あるいはインフルエンザなどといった凶悪な面々だ。

人類がそれぞれの地域で生活し、交流が少なかった時代は、多くの死者を出した伝染病も地域外に拡がることは稀だった。そこで生き残った者は免疫を獲得し、子孫を増やし、免疫のない世代が育ってくるまで同じ伝染病はなりを潜める。身体にその病原体を宿しながら、外見は健康である保菌者もいる。

だが、交通手段の発達で人の交流が始まると、新しく接触した人々の間で伝染病はどっと流行る。ながらくインドのガンジス河流域の風土病となっていたコレラ菌は、英国軍の侵攻に伴い、日の沈むことのない勢いを誇っていた大英帝国に拡がり、汎世界的な伝染病と化した。伝染病は〝世界帝国〟の病といえるだろう。

注3〔真菌類（カビの仲間）〕ヒトの頭皮の細胞は、皮膚の下の方で産まれ、約一ヵ月かけて最上まで上がってきて、剥がれ落ちる。その周期が異常に早まり、細胞が塊となって剥がれてくるのが、フケ。このフケができる大きな原因になるのが、水虫と同じカビの仲間。マラセチアフルフルといい、皮膚や頭にいて、皮脂を食べ、遊離脂肪酸という物質を出す。この物質が頭皮の細胞の生まれ変わりを異常に早めているのだ。口腔内や消化器の常在真菌のカンジダによる日和見感染は、エイズ患者でよく起こる。

066 花粉症で殺人事件が起きる?

Point
人体はアレルギーに対してヒスタミンという化学物質で守られている。しかしヒスタミンも多く、造られすぎると人体に危険をもたらす。

夏が猛暑になると、翌年の春、スギ花粉が大量に飛ぶ傾向がある。春のスギ花粉に続いて、3月から6月にかけてハンノキ、ヒノキ、シラカンバなどの樹木花粉、夏にかけてホソムギ、カモムギ、オオワラガエリなどのイネ科の花粉、夏から秋にかけてブタクサ、オオブタクサ、ヨモギなどのキク科花粉がアレルゲン(アレルギー反応を起こす抗原)となる。

花粉は最初、鼻と眼の粘膜に付着し、そこで症状を発症させる。鼻詰まりで口呼吸するようになると、のどが乾いて痛くなる。さらに口呼吸が進むと、その奥の気管や気管支の奥深くまで侵入し、気管支喘息の発作を引き起こす(※)。

人がふだん健康でいられるのは、免疫システムが働いているからだ。細菌やウイルスが体に侵入してくると、免疫システムの抗体が取り押さえた後、白血球がやってきて処理してしまう。ただし、これは五種類の抗体のうちの四種類の役割で、もう一種類のIgE抗体だけは舞台裏で地味に働いている。

免疫システムのメンバーに、ヒスタミン(注1)という化学物質を貯蔵してい

※ 花粉症は花粉を避け、減感作療法や薬物療法でなんとか凌げると思う人がいるかもしれない。しかし、今や免疫系の混乱は極限化に向かっている。花粉症を含め、アレルギー病がここ四十年急増しているが、アレルギー体質の人が急増したわけではない。それまで、発病しないですんだ人まで環境の変化でアレルギー病を起こすようになったのだ。アレルギー病が、いわゆる先進国の文明全体の病、文明病といわれる由縁である。ちなみに、発展途上国では花粉症は存在しない。中国でも、上海あたりに、花粉症の人が出ているという。

る肥満細胞があり、ＩgE抗体がこれにドッキングして、アレルゲン（抗原）がやってくるのを待ち伏せている。肥満細胞というのは、細胞核を多数持った白血球の一種で、ヒスタミンなどの化学物質をたくさん含み、膨らんで見えるためこの名が付いている。

ヒスタミンは、外部から異物の侵入があると、肥満細胞の貯蔵所から放出され、毛細血管が広がり、血液中の対アレルゲン防衛軍が働きやすいようにする。また、平滑筋（内蔵にある筋肉）を収縮させ、アレルゲンがほかの場所に移動するのを妨げもする。とりわけ、既に述べたようにアレルゲンが脳や心臓に行かないようにしている。なにしろ、そこでアレルギー反応が起きると失神したり、心不全に陥ってしまうからだ。

しかし、ＩgE抗体がたくさん造られ過ぎる場合がある。すると、ヒスタミンも過剰になり、脳に流れていく血液量も減りすぎて、意識を失い、急激な血圧の低下で心不全となり、死に直結することもありえる。

ＩgE抗体の、いわば生産工場が体の中にある。B細胞といって、免疫系の細胞の一種だ。このB細胞に指令を下して、ＩgE抗体を生産させているのが、２型ヘルパーT細胞（Ｔｈ２細胞）といわれる、これも免疫系の細胞の一種。

卵の白身、肉類、イクラ、ウニ、タラコなどの異種タンパク質（アミノ酸まで

注1〔ヒスタミン〕
分子式は$C_5H_9N_3$。タンパク質を構成するヒスチジン（$C_6H_9N_3O_2$）から合成される生体アミン。生体中に広く分布する。

●花粉症が起こる仕組み

アレルゲン
- スギやヒノキなどの花粉
- ハウスダスト（ほこりやダニ）
- ペットの毛や皮膚

■ くしゃみ、鼻水、鼻づまり＝鼻炎症状
■ 眼のかゆみ、充血、涙の増加＝結膜炎症状

1. アレルゲンが肥満細胞のIgE抗体と結合する
2. 肥満細胞からヒスタミンなどの化学物質が出される
3. 化学物質が血管や分泌腺に作用する
4. 血管の拡張や、分泌の増加が起こる

アレルゲン（抗原）／肥満細胞／IgE抗体／ヒスタミン／血管／分泌腺（全身にある）

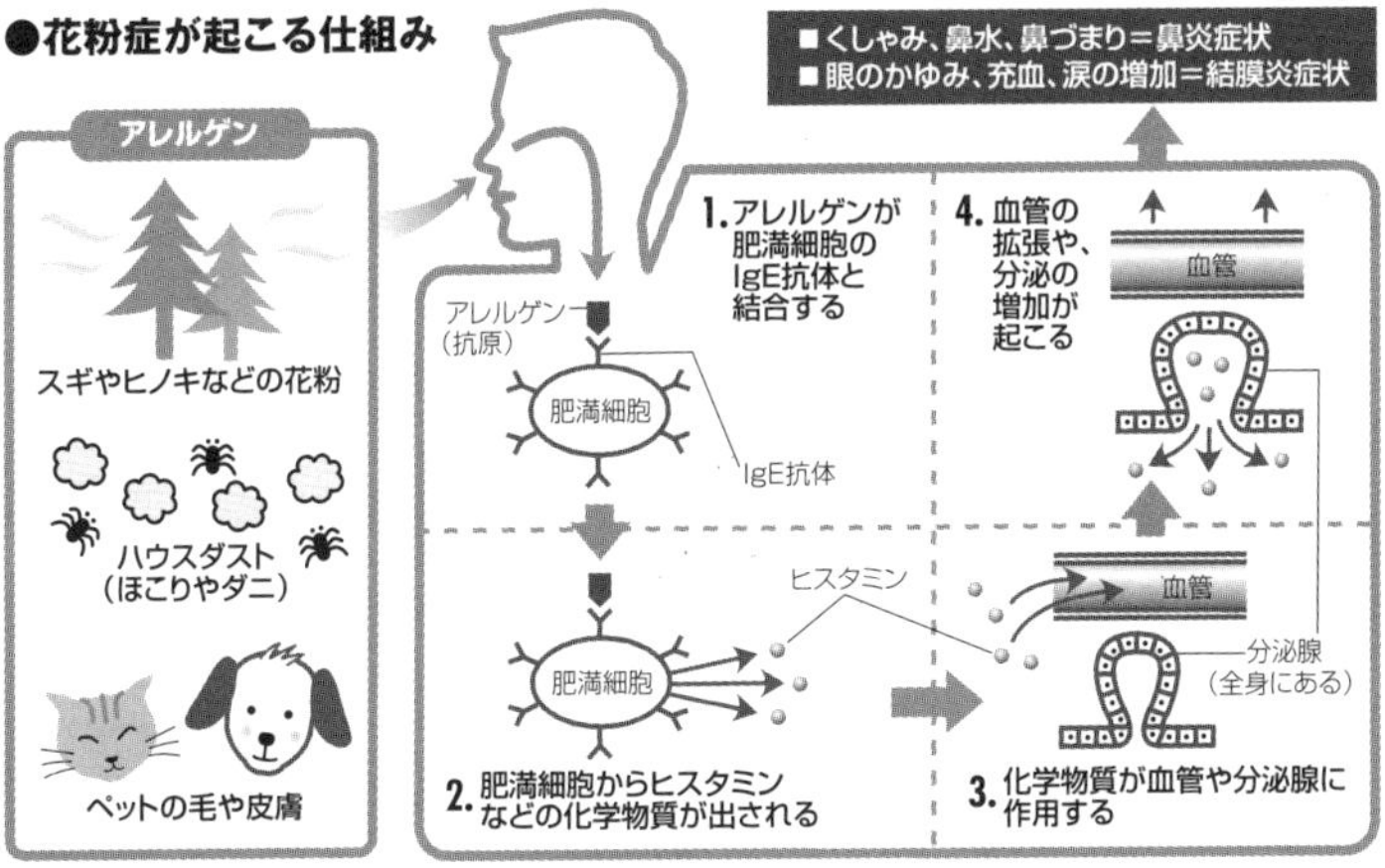

分解されにくいタンパク質）を大量に摂取していると、Th2細胞が活性化し過ぎるようになる。そのうえ、クルマの排気ガスにふくまれる化学物質やタバコの煙などを体内に入れたり、あるいはオフィスの湿度が低くて乾燥したりしていると、粘膜が弱くなり、Th2型細胞がますます活性化する。そこにスギなどの花粉が気管支の奥深くに達したりすると、激症アレルギーで死ぬこともありえる、という次第だ。

食物アレルギー（注2）、運動誘発性アレルギー（注3）、ラテックスアレルギー（注4）と合併すると、花粉症はまさしく死に至る〔殺人花粉症〕と化す可能性が高いのだ。

注2 **〔食物アレルギー〕** モモ、リンゴ、メロン、オレンジ、ブドウ、トマト、ポテト、クリなどといった特定の食物を口にすると、呼吸困難やショックなどを生じる症状のこと。

注3 **〔運動誘発性アレルギー〕** パンやスパゲティなどの小麦類や豆類、魚介類、果物、野菜、卵、牛豚肉類などを摂取した直後、激しい運動を行なうと、呼吸困難、胸部紋扼感、意識喪失などの症状が現われるアレルギー。

注4 **〔ラテックス（ゴム）アレルギー〕** 医療用ゴム手袋やコンドームを頻繁に身に付けると、やはり呼吸困難や意識障害などを起こす。

067

老いを化学する

Point

老化しない単細胞生物はある意味不死身といえるが、多細胞生物の体細胞には、死があらかじめプログラムされている。

ヒトを含む地球上の多細胞生物は、すべて老いて死ぬ。一方、大腸菌や酵母などの単細胞生物は、細胞分裂して増殖し続け、その意味で不死身だ（図1）。

単細胞生物は、細胞分裂するたびに遺伝子を子孫に持ち込む。我々多細胞生物も細胞分裂はできるが、増殖するには特別に「生殖細胞」をつくり、受精させねばならない。子々孫々に伝わる生殖細胞中の遺伝子は不死身といっていいが、生殖細胞でない細胞＝体細胞の集団である我々の体は老化して死滅するだけだ。

遺伝子は一つではない。遺伝子の群れの中で、任意のある遺伝子は自分自身が生き残って、子孫に次々と伝えられ持ち込まれるように、群れの他の遺伝子に働き掛ける、とする。この考え方というか仮説をドーキンスが最初に提唱し、「利己的な遺伝子」（注1）と名付けた。

利己的遺伝子はその遺伝子が子孫に持ち込まれるのにできるだけ有利になるように、親の体を作り上げる。すなわち、優れた利己的遺伝子は受精卵から細胞分裂を重ね、多細胞生物として個体発生を遂げ、成長していくプロセスをコントロ

注1〔利己的な遺伝子〕
ケンブリッジ大学の動物行動学者ドーキンス博士が考えた生物学上の一概念。遺伝子の目的は、自分のコピーを如何にして多く作り出すこと。バクテリアや植物、多細胞生物にいたるまで、それらはすべて遺伝子を次世代へと伝えるための一時的な乗り物に過ぎず、そのため、動物などにみられる一見、利他的な行動は、自分の遺伝子を残すための一戦略に過ぎないというもの。

●図1 地球上の生物、動物界の系統図

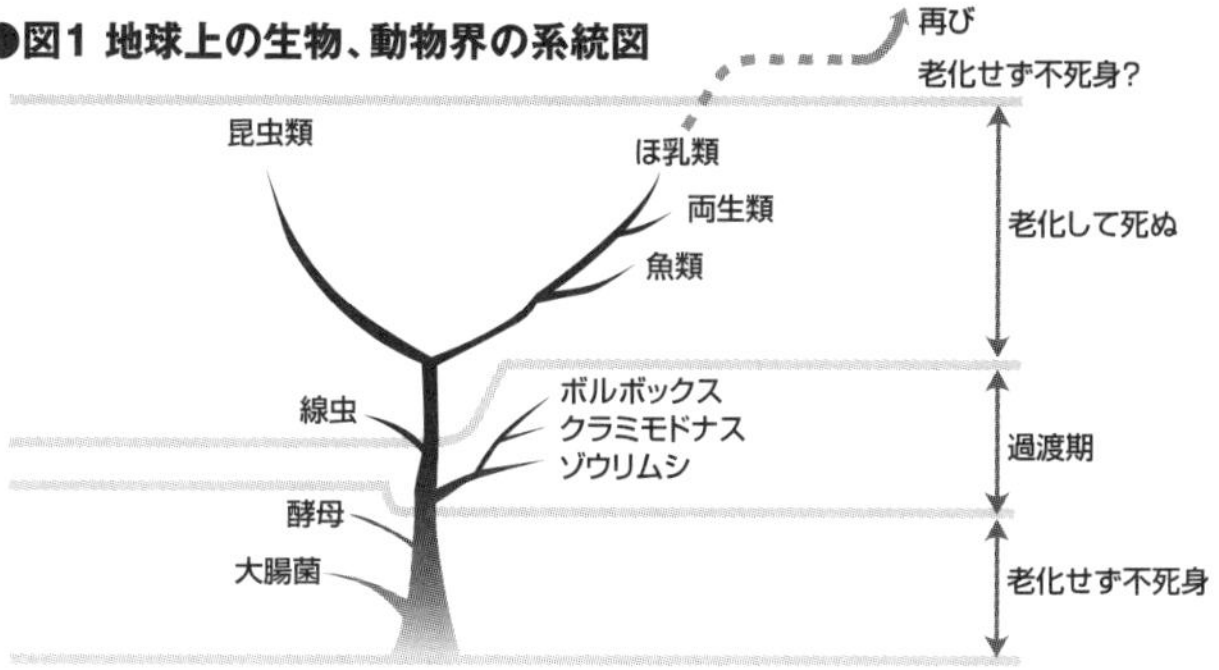

●図2 染色体とテロメア

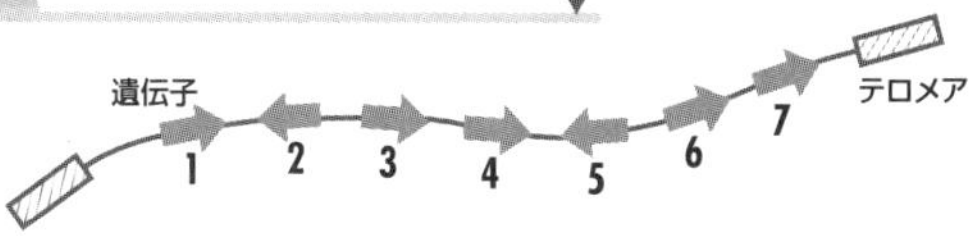

ールしている。

遺伝子は細胞分裂の時も、親から子に移って行く時も、乗り物に乗って移って行く。その乗り物が染色体だ。遺伝子は、万里の長城のように巨大に長い二本鎖DNAの染色体の上に、それぞれ特定の位置に一列に線上に並んで配列されており（図2）、この長い二本鎖DNAを守るように特殊なタンパク質が取り巻いている。また染色体の両端は二本鎖がほどけないように、「テロメア」といわれるDNAの特殊な文字列配列になっている。テロメアは、染色体を完全に複製させたり、老化にも関係し、細胞分裂するたびに短くなることで、分裂回数を数えるカウンターの役割も果たしている。

注2〔コドン、開始コドン、停止コドン〕
遺伝子がもつ情報は、タンパク質のアミノ酸の配列の

さて、遺伝子でもたとえば顔のでき方を決めるものは、ある特定の時期に、ある特定の細胞だけで発現される。図3のように細胞にはいくつもの種類があり、形態や役割に違いがある。それを決めているのが遺伝子。細胞内には、このような遺伝子発現のタイミングや、どの細胞で発現するかを調節・制御するタンパク質があり、遺伝子の発現は厳密にコントロールされている。

これらの調節タンパク質には、遺伝子の発現のスイッチを入れる「開始コドン」と、切るように働く「停止コドン」とがある（注2）。

開始コドンと停止コドンまでのDNA配列は、いったん前駆的なメッセンジャーRNAに写し替えられ、入り込んでいる余計な配列イントロン（注3）が切り出され排除される。このイントロンを取り除く過程を「スプライシング」という。

このスプライシングによって、遺伝子が持っている遺伝情報をタンパク質に置き換えるための、真のメッセンジャーRNAができる。この真のメッセンジャーRNAが、核の外のリボゾームに遺伝情報を運ぶ。

ところで、遺伝子はふつう、染色体の上の決まった特定の位置にあるが、染色体の間を飛びまわる全くヘンな「動きまわる遺伝子」がある。新しい遺伝子のでき方にはいくつかあるが、その一つは、動きまわる遺伝子がふつうの遺伝子の二つのイントロンの間に入り込み、その間のエクソンを切り出し、他の遺伝子のイ

順序を決める情報だ。遺伝子のA、C、G、Tの四種類のヌクレオチドの配列のうち、三個のヌクレオチドで三文字配列の組合せが六十四通りできるので、二十種類のアミノ酸を規定できる。その三個のヌクレオチドから成る三文字配列をコドンという。一つのコドンが一種類のアミノ酸を規定する。

染色体のDNAは、たった四種類のヌクレオチドが巨大に長く並んでいるだけなので、どこから遺伝子が開始され、どこまでで停止されるかを規定する必要がある。三文字のヌクレオチドATGが、遺伝子の文字列の先頭であることを示す開始コドンとなり、TAA、あるいはTGA、TAGが遺伝子の文字列の最後尾を示す停止コドンとなる。

●図3 ヒトの体をつくる細胞

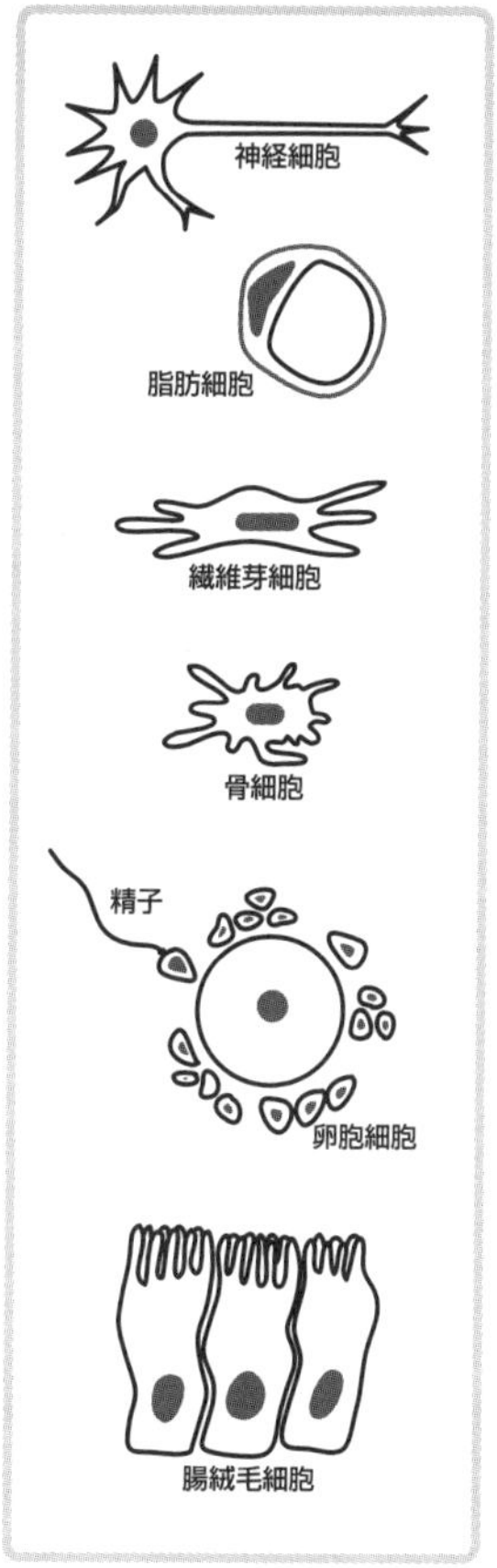

●図4 新しい遺伝子のつくり方（エクソンのイントロンへの侵入）

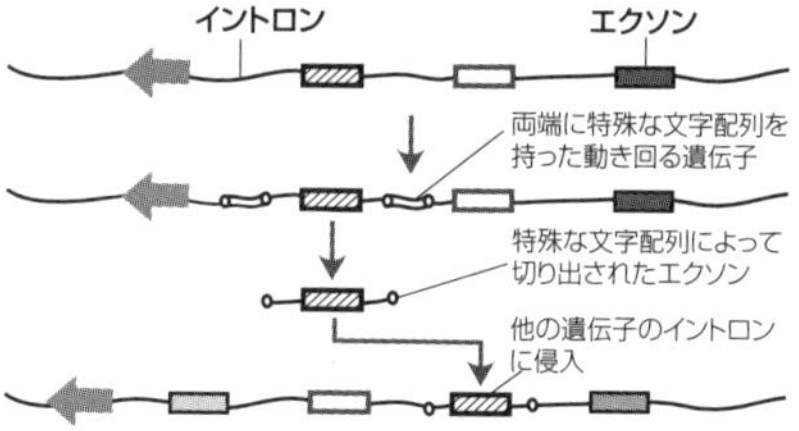

●図5 新しい遺伝子のつくり方（遺伝子重複によるエキストラコピー）

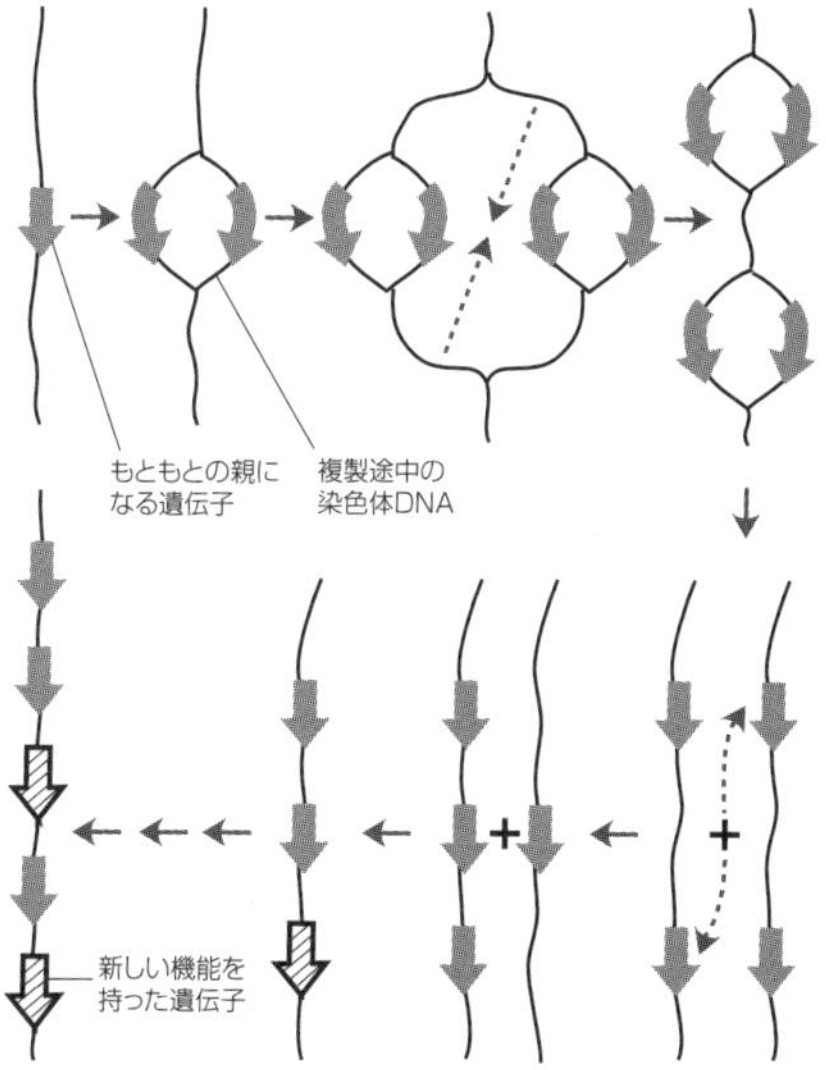

注3〔エクソン、イントロン〕

多細胞生物では、開始コドンと停止コドンとの間に遺伝子ＤＮＡとは違うＤＮＡ配列が入り込み、切れ切れになり、断片に分かれている。

切れ切れになっている遺伝子の断片を「エクソン」という。また開始コドンと停止コドンの間に入り込んでいる、遺伝子ＤＮＡとは違うＤＮＡ配列を「イントロン」とよぶ。エクソンのex-は外にという意味で、外に現われる形態や機能に発現される遺伝情報だ。イントロンのin-は中にという意で、中にこもって外には表現されない遺伝情報だ。

ントロンに持ち込むことによってできる（図４）。もう一つは遺伝子が一本の染色体の上で、繰り返し重複することによる（遺伝子重複＝図５・注４参照）。

もっとも、遺伝子重複による新しい遺伝子の生成も、そこの部分のＤＮＡ配列が変わるだけで、大枠の基本はもともとの親の遺伝子と同じＤＮＡ配列である。そこでもとの遺伝子とよく似た遺伝子の集団を、もともとの遺伝子を中心にした「ファミリー」と呼ぶ。また、動きまわる遺伝子によって運ばれるエクソンを持つ遺伝子も、その遺伝子同士が同じ仲間でファミリーをつくる。

利己的な遺伝子の「ファミリーをつくり、ゲノム（注５）内でも増えたい」という強烈な意図は、新しい遺伝子が生殖細胞で生成され、受精により子に持ち込まれることによってのみ達成される。

こうした分業・分化のもとでは、体細胞の集団である個体が親になると、子が生き残るように、利己的な遺伝子は自分を犠牲にしてでも利他的に振る舞わなければならない。

この振る舞いは、利己的な遺伝子が、親、つまり自分の体の生理的な機能を低下させ、すなわち老化させ、死に到らしめることで達成される。なぜなら、親が自殺することで、子が繁殖するための食べ物やスペースが確保されるからだ。多細胞生物の体細胞には、死があらかじめプログラムされているのだ。

注４〔遺伝子重複〕
遺伝子が一本の染色体の上で、繰り返し重複することで、遺伝子のエキストラコピーができ、そのエキストラコピーのＤＮＡの文字配列に変異が重なり、新しい機能を持った新しい遺伝子ができる。これを遺伝子重複という。その際、もとの遺伝子ももとの機能を持ったまま残る。

注５〔ゲノム〕
一個の生命体を形造るのに必要な遺伝子セット

068 そもそもガンとは何なのか

Point 遺伝子に異常が起き、正常細胞をガン化するようになったものがガン遺伝子だ。その細胞は自己抑制が効かず、無限に分裂し続ける。

ガンは、もとの正常な細胞が分裂して増えるときに、何らかのエラーが起きると、ガン細胞として発生してしまう。したがって、成人の体の中で心臓、骨格筋、脳細胞などのように細胞分裂が起きなくなった所では、ガンは生じない。

つまり、正常な細胞から新しい細胞が生み出されている所では、ガンが発生しやすい。細胞が分裂して増えるときには、もとの細胞とまったく同じものが再生できるメカニズムになっているのが大原則。しかし、遺伝子のデオキシリボ核酸（DNA）が、放射線や化学物質、あるいはガンウイルス（注1）による感染などで異常となり、コピー・ミスで細胞のガン化が起きる時がある（図1）。

損傷されたDNAを修復する機構（注2）も存在するが、それが働かないとDNAの損傷が残り、異常細胞ができる。チェルノブイリ原発事故では大量の放射線被曝によるDNA損傷が著しく、DNAの修復機構の能力を越えるか、それが破壊されるかして、甲状腺ガン、乳ガン、白血病などが発症したと考えられる。

脂肪分の摂り過ぎは、乳ガン、大腸ガン、前立腺ガンの発生に関係する。喫煙

注1〔ガンウイルス〕
ガン遺伝子を持ち、ヒトやヒト以外の動物にガンを起こすウイルスで、ガンの一〇%はガンウイルスが感染して起こると考えられている。

ガン遺伝子を持つDNAウイルスの一つに、ヒトハピロマウイルス（HPV）がある。HPVは皮膚に感染し、疣をつくる。その際、HPVのガン遺伝子が皮膚細胞のDNAに組み込まれた状態になる。そこに強い遺伝子があたると、DNAの損傷が進み、皮膚ガンになりやすくなる。HPVに感染した男性と性交渉をした女性にも伝染しやすく、子宮頸ガンWを起こす。

ヒトに発ガン性のあるRNAウイルスには、ヒト白血病ウイルスがある。RNAはそのままではDNAの遺

は肺ガン、喉頭ガン、食道ガン、膀胱ガンに関与する。そのほか、発ガン物質には魚や肉の焦げたもの、塩分、ナッツやコメなどにつくカビなどがある。

　このような発ガン物質がガンを引き起こす場合、発ガン物質は動物や人の体内で代謝活性化と呼ばれる何段階もの酵素による反応が多いのだが、化学反応を経て、非常に反応性に富む物質（究極発ガン物質という）になっていく（※）。この究極発ガン物質が遺伝子やタンパク質と反応し、損傷を与えることがガン化の初期段階とされる。

　遺伝子に異常が起き、正常細胞をガン化するようになったものを、ガン遺伝子という。既に百種類あまりのガン遺伝子が発見されている。一方、細胞のガン化を抑制するｐ５３遺伝子のようなガン抑制遺伝子も存在する。ｐ５３の異常で肺ガン、大腸ガン、白血病になりやすくなる。岡山大学では、ｐ５３をガン細胞の遺伝子に組み込み、ガンを抑制する遺伝子治療が始まっている（図３）。

　ガン遺伝子も、本来、正常な細胞の中ではガン遺伝子として活性化していない元の形では、細胞分裂による増殖や分化といった、生存に必須な役割を果たしている。ガン抑制遺伝子も、細胞分裂から細胞分裂への細胞周期に関わっている。つまり、ガン遺伝子もガン抑制遺伝子も細胞分裂に関係する遺伝子なのだ。

　しかし、正常細胞ならば、細胞分裂の回数にも限度がある。正常細胞を生体の

伝子に入り込めない。逆転写酵素がＲＮＡからＤＮＡを作り出す。このＤＮＡに姿を変えたウイルス遺伝子がヒトの遺伝子に入り込み、オンコ・タンパク質を作り、細胞をガン化する。なお、オンコとはガンという意味。

注２〔ＤＮＡ修復機構〕ＤＮＡヘリカーゼやミスマッチ修復遺伝子などからなる、ＤＮＡの損傷を修復する機構。ＤＮＡヘリカーゼはＤＮＡの損傷を修復する酵素。ミスマッチ修復遺伝子はＤＮＡを複製する際に誤りが起きると、それを修復する遺伝子。

●図1 ガンが起きるメカニズム

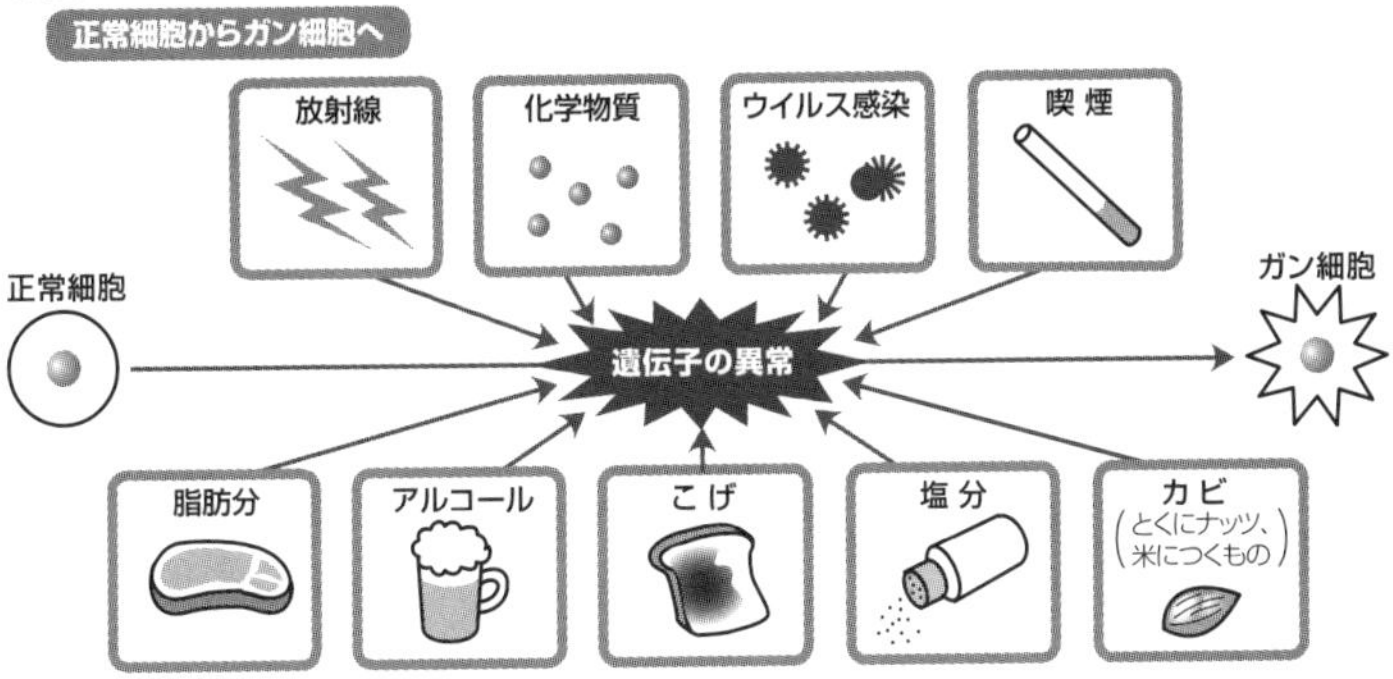

●図2 ワラビの発ガン物質とその誘導体の構造式

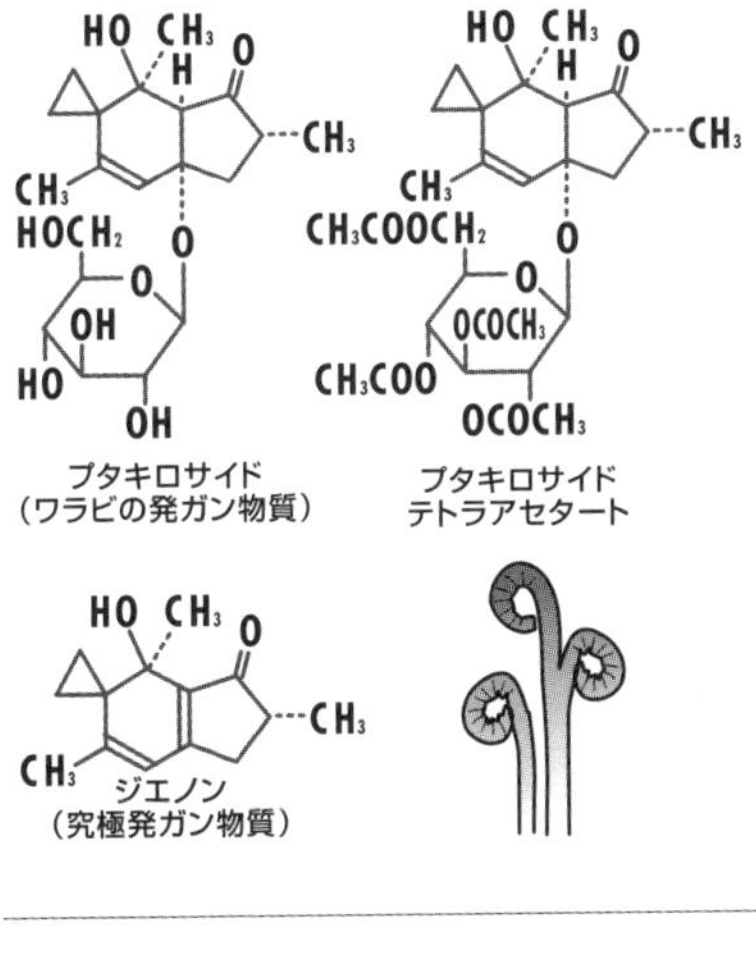

●図3 ガン遺伝子とガン抑制遺伝子

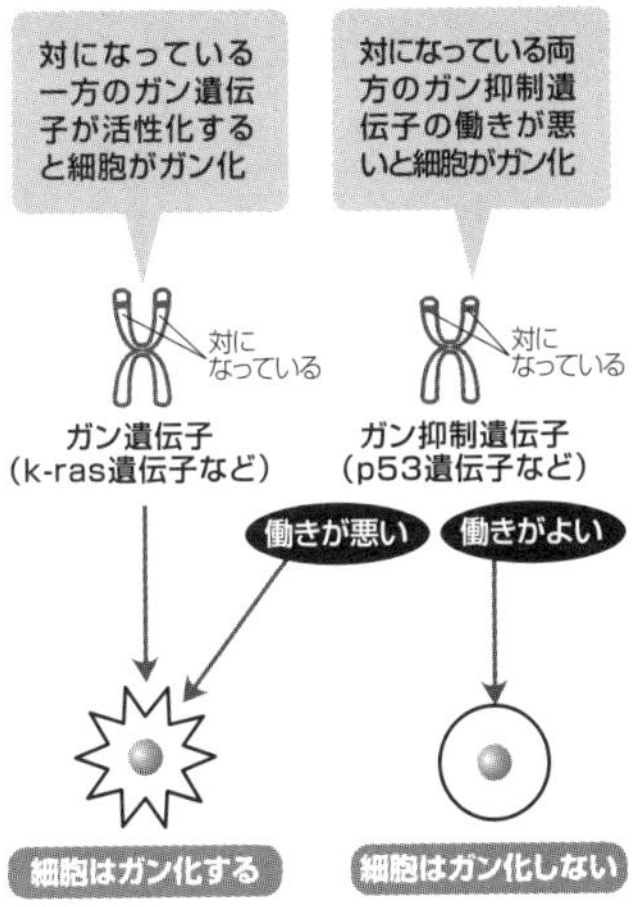

※ そのため、ガン化のプロセスを解明するのが非常に難しかった。ところが、ワラビの発ガン物質プタキロサイドはそれらの代謝活性化の段階を踏まずに、いきなり遺伝子やタンパク質と直接反応して損傷を与える。また究極発ガン物質であるジエノンは遺伝子そのものを切断する働きがある。ワラビ発ガン物質がこれからガン化の初期過程のメカニズムを解明する上で、大きな役割を果たすことが期待されている（図2）。

外に取り出し、培養すると、四〇回ほど分裂したところで、もはや分裂しなくなる。これを発見者にちなみ、ヘイフリックの限界といっている。ところが、ガン細胞には分裂の回数に限界がない（図4）。

ガン細胞は自己抑制が効かず、無限に分裂し続ける「不死」の新生物なのだ。

我々の体の生体防衛〝免疫〟軍も、おめおめと引き下がってはいられない。いや、むしろ積極果敢、勇猛にガン細胞に攻撃を加える。ガン細胞は体の内部からの反乱のようなもの。

〝免疫〟軍の猛攻を受け、ガン細胞の大半は息絶える。ところが、ガン細胞は、というべきかガン細胞をも含めた地球上の生命進化の流れは、そうとうしたたか。〝免疫〟軍の猛攻にもかかわらず、生き残ったものはダメージを受けながら、分裂のたびに、まさしくそのダメージで遺伝子を少しずつ変化させる。すべて同じタイプのガン細胞であるよりも、多様なタイプの方が攻撃を受けても生き残る確率は高くなる。ガンはこの戦略で〝免疫〟軍の攻撃を受けながら進化し、ある程度成長すると、〝免疫〟軍のリンパ球から敵と見なされなくなる。

生き残って逞しく進化したガン細胞は、分裂して二個に、四個に、八個に、というように確実に倍倍に倍増して二〇回分裂すると、百万個ほどにもなる。初めは静かに、しかし確実に増え、永遠に分裂し続け、とどまることを知らない。こ

●図4 正常細胞と癌細胞の違い

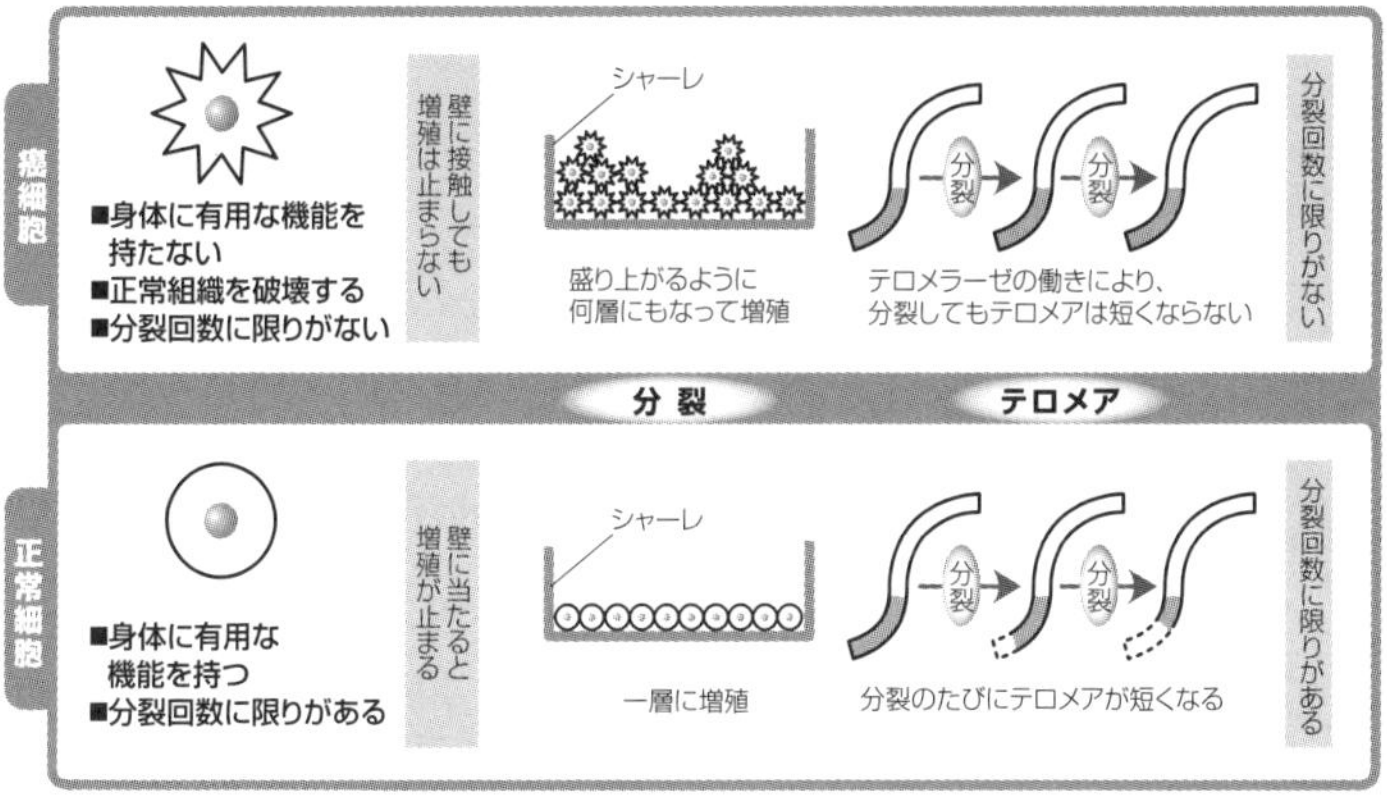
癌細胞
■身体に有用な機能を持たない
■正常組織を破壊する
■分裂回数に限りがない
壁に接触しても増殖は止まらない
シャーレ
盛り上がるように何層にもなって増殖
分裂
分裂
テロメラーゼの働きにより、分裂してもテロメアは短くならない
分裂回数に限りがない
分裂
テロメア
正常細胞
■身体に有用な機能を持つ
■分裂回数に限りがある
壁に当たると増殖が止まる
シャーレ
一層に増殖
分裂
分裂
分裂のたびにテロメアが短くなる
分裂回数に限りがある

れぞ真の「不死」。こうなると、もう体の内部の〝免疫〟軍では手におえない。外部から医師が切除するしかなくなる。

ガンは二百種ほどあるが、ガンは、ある場所には転移しやすく、別の場所には転移しにくいという性質がある。胃ガンの女性は卵巣に転移しやすく、肺や肝臓だと、大腸ガンが待ち構えている。ガンは、あたかもある部分に転移することが予定され、仕組まれているようだ。

069 「狂牛病」は終わっていない！

Point 「狂牛病（BSE）」の病原体は、タンパク質のみを成分とする「プリオン」だ。ところがこのプリオン、もともと牛やヒトなどの細胞に含まれるタンパク質なのだ。

かつて「狂牛病」と呼ばれたBSE（Bovine Spongiform Encephalopathy：牛海綿状脳症）は、一九八六年に英国で初めて確認され、ヨーロッパを中心に大きく拡大した。日本では、二〇〇一年九月に初めて発生し、二〇〇三年一月、国内六頭目と七頭目のBSE牛が確認された。

BSEのように脳が破壊される致死性の病気は、牛だけでなく、羊やヤギのスクレイピー、猫のネコ海綿状脳症、ミンクの伝達性ミンク脳症、鹿の慢性消耗性疾患、そしてヒトのCJD（Creutzfeldt-Jakob Disease：クロイツフェルト・ヤコブ病）、ゲルストマン・ストロイスラー・シャインカー病、致死生家族性不眠病と、既に撲滅されたクールー病などがある。

その病原体は、タンパク質のみを成分とする「プリオン」とされ、「プリオン病」と総称される。感染後、ほかの病気にはほとんど見られないほど長い潜伏期間があり、神経系だけが侵されるなど、非常に不思議というか恐ろしい病気である。しかし、科学者にとってはプリオンの発見は、それまでの生物学の常識を覆

●図1 プリオンタンパク(PrP)の構造

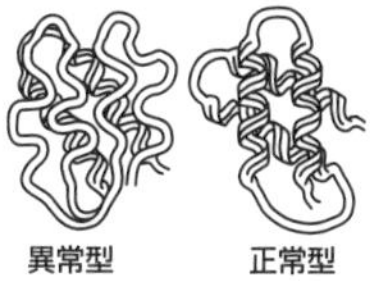
異常型
正常型

●CJD(クロイツフェルト・ヤコブ病)のさまざまなタイプ

CJDのタイプ	原因	発症がみられる年齢	イギリスでの死者数*
散発性(弧発性)CJD	不明	60歳前後	625名
遺伝性(家族性)CJD	PrP遺伝子の先天的な変異	変異の種類によって差がある	36名
医原性CJD	硬膜移植などの医療行為による感染	手術を受けた年齢によって差がある	40名
変異型CJD	BSEプリオンに汚染された牛肉から感染したと強く疑われている	30歳前後	125名

*イギリス保健省発表(2003年3月3日現在。1990年からの合計数)

●図2 脳が溶けていく仕組み

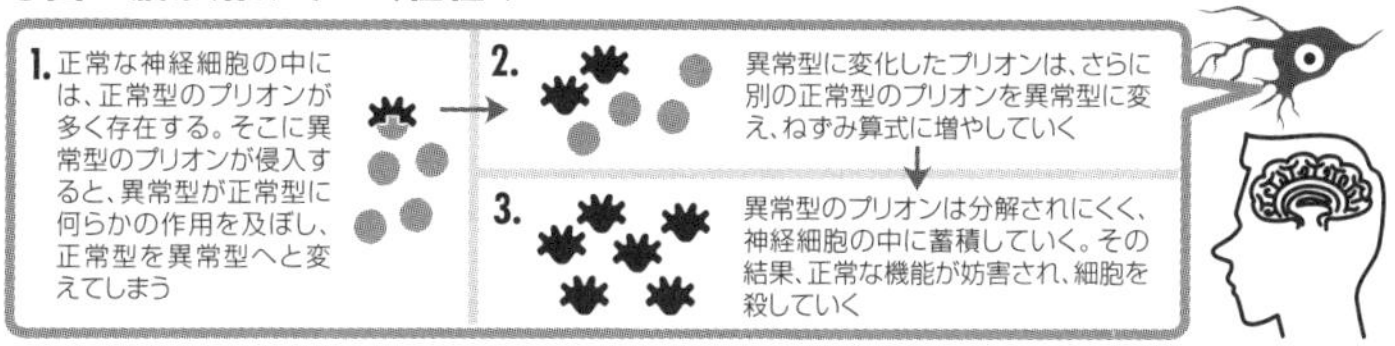
1. 正常な神経細胞の中には、正常型のプリオンが多く存在する。そこに異常型のプリオンが侵入すると、異常型が正常型に何らかの作用を及ぼし、正常型を異常型へと変えてしまう
2.
異常型に変化したプリオンは、さらに別の正常型のプリオンを異常型に変え、ねずみ算式に増やしていく
3.
異常型のプリオンは分解されにくく、神経細胞の中に蓄積していく。その結果、正常な機能が妨害され、細胞を殺していく

す、誠に驚くべき、素晴らしいものであったとされる。

地球上のすべての生物の遺伝情報は、DNAからRNAへ、そしてタンパク質へと伝達される。遺伝情報の伝達の流れは一方向で、逆流することはない（提唱者のワトソンとクリック）とされていた。ところが、プリオンは、タンパク質からタンパク質へ核酸の介在なしに情報が伝わる、と米国のプリシナーが主張したのだから、それまでの常識を真っ向から否定する。

さらに科学者を驚かせたのは、プリオン病を起こすプリオンがもともと牛やヒトなどの細胞に含まれるタンパク質であったことだ。もともとある正常なタンパク質が、なんらかの原因で異

〔真核生物〕真核生物は、原核生物とともに地球上の生物界を大きく二分している。原核生物は大腸菌などの原始的な生物で、細胞内にはっきりした核がなく、さまざまに分化した細胞内構造が見えない。それに対して、真核生物は核の中に遺伝情報を大切に保管し、核の外、細胞内にミトコンドリアやリボゾームなどの細胞器官がある。ヒトと大腸菌が赤の他人であるのに対し、ヒトと酵母は遠縁だが、親戚なのだ。

常になり、プリオン病を起こすのだ。つまり、プリオン・タンパク質には正常型と異常型があり、正常型が異常型に変化するのだ。

二つの型の違いはアミノ酸の配列がまったく同じなのに、立体構造が違う（図1）。

プリオン・タンパク質には糖鎖（読んで字の如く、グルコース〈ブドウ糖〉など数種類の糖でできた鎖）が結合している。タンパク質に結合している糖鎖は、結合相手のタンパク質の立体構造や性質に大きな影響を与える。正常型と異常型のタンパク質の構造の違いは、この糖鎖が鍵を握っているのだろう。

異常型プリオンの生成メカニズムは、まだよく分かっていないが、どうも我々が長寿になるほど発現しやすいのだ。

正常型プリオン・タンパク質は異常型に出会うと、異常型に変えられてしまう。この変換は同じ種同士で起きるが、他種同士でも低い効率ながらこの変換が起きる。いったん変換が起きると、さきほど述べたように、異常型は頑丈なので蓄積され、次々に連鎖反応で増えていってしまう（図2）。BSEは一応収まったかのようであるが、二〇〇三年には日本で発生しているし、カナダでも報告されている。プリオン病はBSEだけでない。そのひとつCJD（クロイツフェルト・ヤコブ病）にも、表で示したようにさまざまなタイプのものがある。

〔分子進化中立説〕
一九六七年、木村資生が発表した説。分子レベルの進化の主役は、自然淘汰のふるいにかからない、有利でも有害でもない中立的な突然変異によって、DNAのうち運のいいものが繁殖集団内に広まり定着することだ、とする説。ダーウイン進化論を特殊相対性理論に譬えると、木村の分子進化中立説は一般相対性理論に匹敵する。木村は分子進化中立説により、ダーウインの適者生存に対して、最運者生存を提唱した。

070 予防接種の化学

Point 予防接種は、あらかじめ生体に免疫原をつくらせることで、危険な敵をあらかじめ憶えておく記憶細胞（リンパ球の一種）を人為的に人体内につ作る方法だ。

ウイルスや細菌などによる感染症の中には、時には命にかかわり、重い障害が残る病気が少なくない。そんな感染すると恐い伝染病を予防したり、罹っても軽く済むようにするのが、予防接種だ。そうした馴染み深いウイルスといえば、ハシカ（麻疹）や風疹だ。

麻疹ウイルスの潜伏期間は約十日間。身体はウイルスが感染した直後はウイルスの存在に気づかない。罹ったことのない子の免疫系のなかには、麻疹ウイルスの記憶を持つ記憶細胞が存在しないため、気づくために必要な、いわば認知のための枠組みがなく、気づくことができないのだ。

まず、三八度から三九度の発熱で始まり、咳、鼻水、目やになど、風邪とよく似た症状になるが、さらに三～四日すると、頬の内側の口腔の粘膜に小さなブツブツが数個から十数個ができる。これはハシカだけに見られる特有の症状。その後、熱はいったん下がるが、再び上昇するとともに、皮膚に小さな発疹が出始め、やがて高熱とともに全身に発疹が拡がる。その頃、ようやく、大量の中和抗体

（注1）が血液中に出撃し、血液の流れで全身に運ばれ、五日ほどでウイルスが絶滅し、症状が消えていく。

このように、私たちの免疫力が正常に働くと、ウイルス感染は自然に治る。しかし、免疫力が弱かったり、なかったりすると、ハシカといえどバカにできない。脳炎を起こすと病後、麻痺や知能障害などの重い後遺症で悩まされることもある。

ウイルスを含めて細菌などの病原体が以前侵入し、二度目に同じ奴が侵入したときは、からだの免疫系はそいつの記憶を持っているので、今度は得たりとばかりに、直ちに中和抗体などの第二次生体防衛機構軍が出撃する。これを利用したのが、予防接種のワクチンだ（図1）。

要するに予防接種とは、注射または経口投与することで生体に免疫原をつくらせることだ。言い換えれば、侵入が予想される危険な敵をあらかじめ憶えておく記憶細胞（リンパ球の一種）を、前もって人為的に人体内につくっておこうとする方法だ。

でも、そんなうまいことができるのか。記憶細胞は敵が入って来なければ作れない。それなら、わざと敵を入れよう。だが、まともに入れたら、病気になる。それでは困る。では、と敵を殺しておいて死骸を入れるのが、「死菌ワクチン」であるいは「不活化ワクチン」。確かに、一部の病原菌では記憶細胞ができる。で

注1〔抗体〕
抗体とは、高等動物の体内に侵入してきた、細菌やウイルスなどの異物を認識し、それと結合し排除するためにつくられるタンパク質分子。その異物を抗原という。その分子を免疫グロブリンとよぶ。抗体は図2のようにY字形をし、H鎖とL鎖と呼ばれるポリペプチド二本ずつから構成される。H鎖は約四四〇個、L鎖は約二二〇個のアミノ酸からなる。Y字形に開いたH鎖とL鎖の二つの先端部分のアミノ酸の配列が千差万別で、あらゆる抗原の物質に対応できる多様性を持ち、可変部と呼ばれる。残りの後方の部分はどの抗体でもアミノ酸の配列がよく似ていて、定常部と呼ばれ、抗体特有の働きを維持するために一定の構造をしてい

●図1 予防注射（ワクチン）の意味

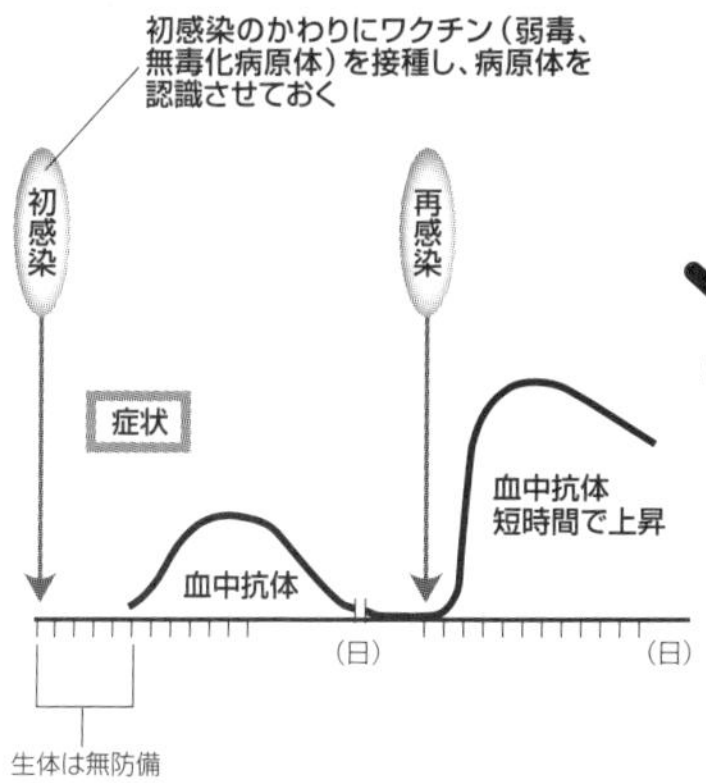

●図2 抗体の構造と抗原との特異的結合

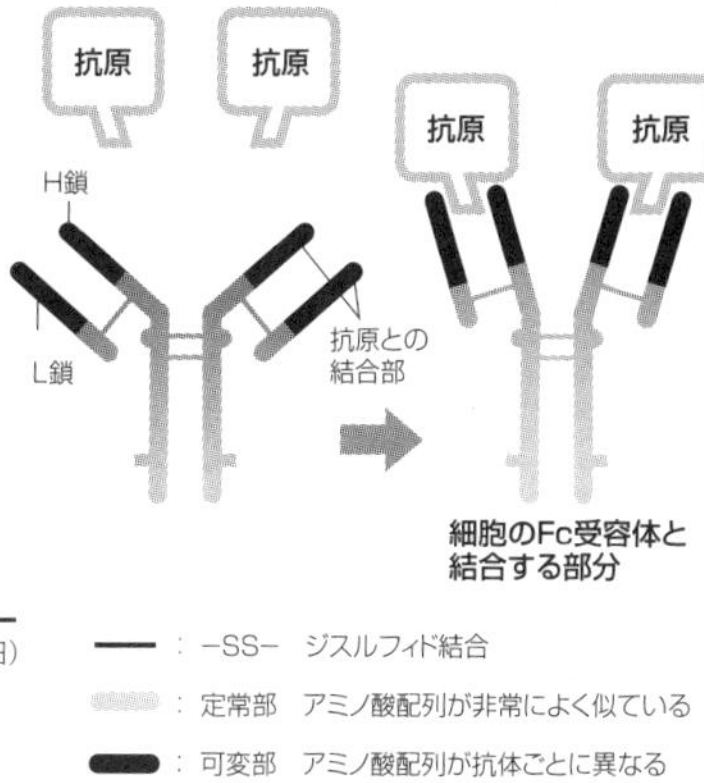

きないこともある。できる場合も、人により時によりできたりできなかったり不確か。敵を全部殺したつもりが一部生き残っている恐れもある。

そこで考えだされたのが、細菌やウイルスの力を弱くした〝弱毒化〟。生きてはいるけれど、細胞分裂を重ねさせ、いわば老化させ仲間を増やす力を著しく弱くして、生体側の免疫力に対し、マイナスのハンデをつけておくやり方だ。これを「生菌ワクチン」とか「生ワクチン」とかいう。

しかし、このやり方にも欠点がある。弱毒化したつもりなのに、強毒のものが混じって発病したり、副作用を起こしたりする。が、現在は遺伝子工学的手法が広く使われ、その有効性が確か

る。つまり抗体は抗原を認識する場所と、実際に抗原を処理する場所とをもつ。

められてきている。

　話を戻し、感染症の原因となる微生物そのものの死菌または弱毒菌株のほかに、第三のワクチンとして、その毒素をなくした「トキソイド」がある。病原微生物が産生する毒素をホルマリンで処理して、無毒化し免疫原性だけをもつようにしたものだ。

　以上ワクチンは、三種類とも生体に免疫をつくらせる免疫原で、それを予防接種すると、能動免疫（自動免疫）が得られる。生体内に抗体が生じるのに日数がかかるが、できた抗体は比較的長く生体内に保たれる。

　それに対し、受動免疫（他動免疫）はそれ自体が抗体だ。動物に免疫抗体をつくらせ、これを集めておいて、いざ敵が侵入したと分かった時に、これを投入して戦わせようというもの。感染症の治療にすぐ役立つものの、免疫の持続は比較的短い。

　これがよく「血清グロブリン」とか「免疫グロブリン」とかいわれているもの。めったに入り込んで来ない敵で、いったん入り込んだら障害が急激に進展するので、記憶細胞ができるまで待っていられない、というような場合に使われる。破傷風、狂犬病、ヘビやサソリの毒、食中毒を起こすボツリヌス菌などに対して準備される。

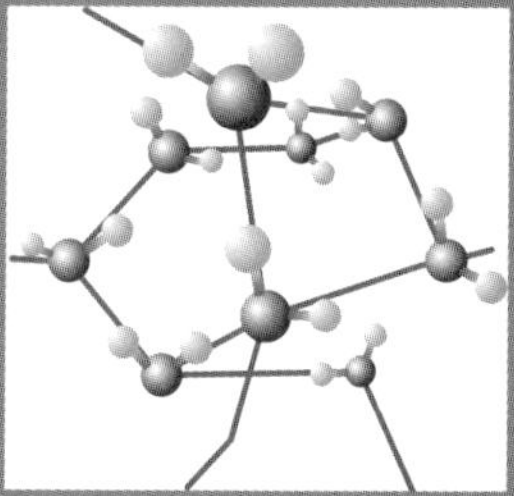

071
▼
080

第8章 毒と薬の化学

071 コレラ菌復活の謎
072 抗生物質が人類の生存を脅かす!?
073 抗ガン剤は何をしているのか
074 "火"がつくる毒
075 植物が毒にも薬にもなるわけ
076 フグ、カエル、ヘビ、ハチの毒学
077 「麻薬」はなぜ「魔薬」なのか
078 若くなるクスリの話
079 頭の良くなるクスリ!?
080 食品添加物はどこまで安全か

071 コレラ菌復活の謎

Point いったん押さえられたと思っていたコレラ菌だが、地球温暖化とエルニーニョ現象による海水温度の異常上昇で再び目覚めてきた。

コレラ菌は棒状のカン菌の一種で、コレラ菌に汚染された水と食べ物を介して経口感染し、わずか一日から三日の潜伏期間ののち、発病する。突然の嘔吐で始まり、米のとぎ汁のようなひどい下痢が一日に約十リットルも出るのが特徴で、急激に体液を失い、発病後一日から二日でまさにコロリ、コロリと死んでいく。

細菌が作り出す猛毒物質には、外毒素と内毒素の二種類ある。

内毒素は細胞が細胞膜の中に毒素を持ち、菌が死ぬことによって遊離し、作用するタンパク質の分子だ。菌体内毒素とも、エンドトキシンともいう。

外毒素は、細胞内で生産され、細胞外に放出される一〇〇～一〇〇〇個のアミノ酸で構成されたタンパク質で、菌体外毒素とも、エクソトキシンとか言われる。最強の外毒素を放つものに、破傷風菌やボツリヌス菌があり、ヒトの神経に働く神経毒となる。

コレラ菌の外毒素「コレラトキシン」は分子量が約八万のタンパク質。毒性を持つ中心部（A成分）と、それを花弁のように取り巻くB成分から成る。コレラ

注1〔サイクリックAMP〕
AMP（アデノシン一リン酸）は塩基としてアデニン、糖としてリボース、そしてリン酸一個からなる。AMPはRNAのヌクレオチドの一種。糖とリン酸で鎖をつくり、塩基がアデニン、シトシン、グアニン、ウラシルと変わることで、ACGUのRNAの遺伝情報を伝える"文字"となる。AMPにさらにリン酸一個加わったものが、ADP（アデノシン二リン酸）、そしてもう一個加わり、計三個のリン酸が連なったのがATP（アデノシン三リン酸）で、ATPはエネルギーを貯える物質となる（4項参照）。そして、AMPの糖

●図1 ホルモンの生物活性発現過程

(a) ペプチドホルモン系

H：ホルモン
R：レセプター
AC：アデニルシクラーゼ

(b) ステロイドホルモン系

ステロイドホルモンは標的細胞内の受容体と結合して核内に入り、遺伝子の特定部位に結合して作用発現が起こる

●図2 生体内情報伝達経路の3形式

(a) 神経

(b) ホルモン

(c) オータコイド（局所ホルモン）

トキシンが腸管粘膜細胞の表面に接すると、B成分がまずそこにドッキングする。ついでA成分が露出して細胞内に潜り込んで行き、細胞膜の内面に達する。

すると、A成分がそこにある酵素アデニルシクラーゼを活性化し、この酵素がサイクリックAMP（注1）を異常に増加させる。すると、細胞活動が異常に高まり、腸管からのナトリウムを汲み上げるナトリウム・ポンプ（注2）の機能が低下し、体液が体内から腸管へ流出する一方になり、下痢、脱水症状が生じる。

コレラトキシンの化学構造は、ヒトの脳下垂体（注3）が分泌する「性腺刺激ホルモン」にそっくりで、ペプチ

●3',5'-サイクリックAMP

アデニン

の三番目と五番目の炭素に結合するモノに変化があるのが、サイクリックAMPで、これが酵素の連鎖反応を呼び、細胞の生理作用を発現させる。AMPは、情報、エネルギー、作用の全てにわたる化学物質の素材なのだ。

ド性ホルモンと同じ作用をする。

ペプチド性ホルモンは、ステロイドホルモンとともに、ホルモン界を二分する（図1）。ホルモンは、細胞で作られ分泌され、血流に乗って運ばれ、標的細胞に到達して作用する。このように多細胞の生体内で、情報が伝達される方式に、ホルモンの他に、あとふたつある。ひとつは、分泌細胞と標的細胞とが近接している、オータコイド（局所ホルモン）。もうひとつは、細胞の一部を細長〜く伸ばし、そこに電気的なインパルス（神経興奮）を伝わらせ、その末端（シナプス）から化学物質（神経伝達物質）を放出させ、次の細胞に受容される、神経（図2）。

コレラ菌の場合、英国がインドに侵攻するまではインド大陸・ベンガル地方の人々の体の中にだけ寄生し、共存していた。ところが、そこにコレラ菌はまったく初めてという人々が、この地に侵入してきたのだ。

一八一七年、英国に対するインドの最後の抵抗が挫折した年、これに復讐するかのように、コレラ菌がベンガルの地から東へ西へと移動を始める（図3）。

日本には一八二二年、長門の国（今の山口県）に、日本最初のコレラが発生。萩では、一二日間に五百八十三人のもの人が死亡し、開国してのちも、たびたび日本を襲ったのだった（表1）。

ドイツの医学者ロベルト・コッホによって、コレラの症状が起きる仕組みが明

注2〔ナトリウム・ポンプ〕細胞外にナトリウム・イオンを汲み出すポンプに似た作用が、細胞膜にある。その実体は、ナトリウムプラスイオン・カリウムマイナスイオンATPアーゼという酵素である。

注3〔脳下垂体〕間脳の下に突出している内分泌腺で、内分泌腺の中枢をなし、他の内分泌腺を刺激する種々のホルモンを分泌する。

●図3 世界のコレラ発生と伝染の経路

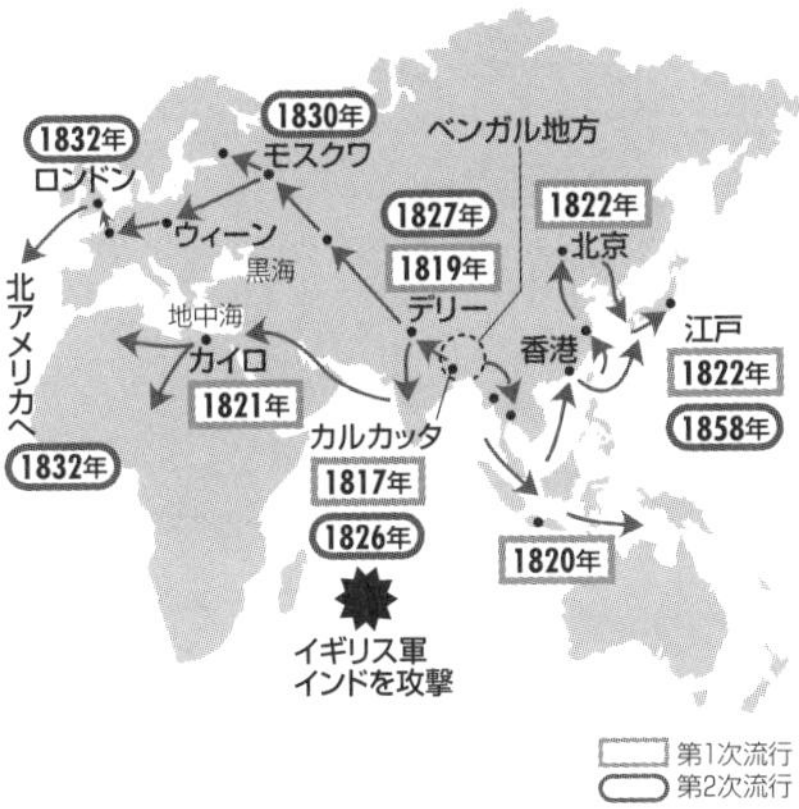

●表1 日本におけるコレラの流行

年	コレラの流行
1822年（文政5年）	日本で最初のコレラが流行する
1858年（安政5年）	コレラ二度目の流行、日本中に広がる 流行は3年間におよぶ
1862年（文久2年）	コレラ流行
1877年（明治10年）	コレラ流行
1879年（明治12年）	コレラ流行 コレラの予防規則ができる
1882年（明治15年）	コレラ流行
1890年（明治23年）	コレラ流行
1895年（明治28年）	軍隊でコレラ流行（死者4万人）
1912年（大正1年）	コレラ流行
1946年（昭和21年）	コレラ流行 他にジフテリア、日本脳炎なども流行

※明治時代のコレラによる死者は37万人以上

●表2 主要な新興・再興感染症

新興感染症		
ウイルス	HIV-1,2	エイズ
	フィロウイルス	エボラ熱
	ハンタイウイルス	腎症候性出血熱 肺症候群
	HBV、HCV、HDV、HEV	ウイルス性肝炎
	ニッパウイルス	脳炎
細菌	大腸菌O157H7	出血性大腸菌 溶血性尿毒症症候群
	ビブリオ・コレレO139	コレラ
	ヘリコバクター・ピロリ	消化性潰瘍
	レジオネラ	レジオネラ肺炎（在郷軍人病）
原虫	クリプトストリディウム	胃腸炎

再興感染症		
ウイルス	デングウイルス	出血熱
リケッチア	ツツガムシ病リケッチア	発疹性熱性疾患（ツツガムシ病）
細菌	結核菌	結核

らかになると、治療の方法も見つかり、かつては絶望と見られていた重症感染症も治癒可能になった。

だが、一九八〇年代に入ると、新しく登場してきた新興感染症や、いったん押さえられたかに見えた再興感染症が新聞のトップに躍り出るようになったのだ。新興感染症のなかには、ヘリコバクター感染症（62項参照）や肝炎ウイルスのように、最近その病原微生物が同定されたり、病原性が明らかになったものも分類される（表2）。そして、コレラも一九九一年、ペルーで大流行した（エルトール型コレラ菌）。これまで本項で取り上げてきたコレラ菌は、アジア型あるいは古典型といわれるもの。エルトール型はインドネシアのスラウェシュ島が原発地で、菌の毒性は古典型に比べると低い。とはいえ、ペルーで発生したエルトールコレラ菌はまたたく間に西半球に拡がり一一ヵ月のあいだに、三三万六五五四人を発症させ、三五三八人の死者を出した（※）。

こうした話は、遠い南米でのことと思われるかもしれない。しかし、東京湾の藻類の中に多くのコレラ菌が休眠状態で潜んでいることが既に証明されている。地球温暖化が進めば、コレラ菌が目を覚まし、江戸前の刺身を食べてコレラが大流行、ということも十分ありえる。

※
エルトール型コレラ菌の大流行は、中国の貨物船がアジアの海で海水を船倉に積み込み、港の到着して不要になった船倉水を捨てたことに始まった。船倉に積み込まれた海水に藻類が含まれていた。その中に、アジアの港でコレラ患者から排泄されたコレラ菌が眠った状態で潜んでいたのだ。この眠っていたコレラ菌が、地球温暖化とエルニーニョ現象で海水温度の異常上昇で目覚め、ペルーの魚介類に感染していった。

072 抗生物質が人類の生存を脅かす!?

Point
外傷や感染症に有効な抗生物質に対し、細菌も対抗策をとってきた。それらを耐性菌といい、ヒトに対して脅威となってきている。

微生物の世界では、細菌がお互いに殺し合い、ある程度のところで拮抗し合うという拮抗作用は、現象として捉えられたのは古く、一八七六年ティンダル、翌年パスツールによってである（注1）。

この現象の正体を解明したのは、一九〇七年、日本の斎藤賢道によってである。日本酒、醤油、味噌、焼酎などを醸すのに使われる麹菌が、結核菌や多くの悪性ブドウ状球菌の生育を阻止する物質を生産することを立証したのだった。その物質の構造は一九一一年に、薮田貞次郎が決定し、それを「麹酸」と名付けた（図1）。これを医療に応用しようとする発想は一九二八年、英国ロンドンのセントメアリーズ病院の細菌学者フレミングが思いついた。

フレミングは空気中から偶然とび込んできた青カビ（ペニチリウム）の周辺に、細菌が増殖していないことに気がつき、この青カビをペニシリンと名付けた。

ペニシリンは一九四三年に実用化され、近代の人類の強敵であった結核菌に対する抗生物質ストレプトマイシンも同年に発見された。

注1〔ティンダル〕
一八二〇～一八九三年、イギリスの物理学者。微粒子による光の散乱（ティンダル現象）を発見した。

〔パスツール〕
一八二二～一八九五年、フランスの化学者。細菌学の父といわれる。

こうして、人類が感染症を克服できる日が来た、と多くの人々が信じた。だが、一九八〇年代に、微生物の逆襲が始まった。

グローバル経済化が進み、人為的な環境破壊で動物に感染していたウイルスがヒトに感染するようになる危険性が増えたこと。地球温暖化で媒介するネズミやリスなどげっ歯類が増加したり、マラリアを媒介するハマダラカが北上したりしたこと。航空機を利用する旅行者が急増し、本来その国にない感染症が持ち込まれることがある。また、貿易の発達で多くの食品が輸入されるようになり、それを介する感染症も増加、などなど。以上は微生物の伝播に関する要因だが、宿主の人間側の要因もからんでいる。医学の進歩で免疫機能が低下した人も生存できるようになり、それも感染症が増加する一因となっている。最近、病院内での感染、院内感染が増加して問題になっているが、入院している患者に高齢者や、様々な疾患のため免疫能力の低下した人が多いことが、一つの要因になっている。

一方、多くの人間の中に一風変わった人がいるように、人間よりもはるかに多い細菌ともなれば、抗生物質が効きにくい変わり種も、ごく少数ながら存在する。この変わり種はあまりに少数のため、普段は人間に危害を及ぼさない。ところが、抗生物質が投与され、その毒性に感受性のある大多数の細菌が殺されると、少数派の耐性菌が生存競争の相手がいなくなるために、ここぞとばかりに数十分から

●図1 麹酸

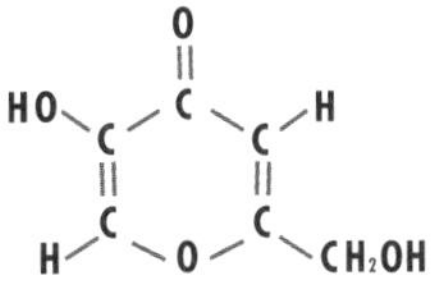

●問題になっている代表的な抗生物質耐性菌

寄生者	抗生物質、化学療法剤
黄色ブドウ球菌	メチシリン
肺炎球菌	ペニシリン、多剤
腸球菌	バンコマイシン、アミノグリコシドなど
インフルエンザ桿菌	アンピシリン、ベータラクタムなど
淋菌	ベータラクタム、ペニシリンなど
腸内細菌（グラム陰性桿菌）	アミノグリコシド、ベータラクタムなど
緑膿菌	多剤
結核菌	多剤
マラリア・プラスモジウム	クロロキン、プリマキンなど

●耐性菌が生まれる仕組み

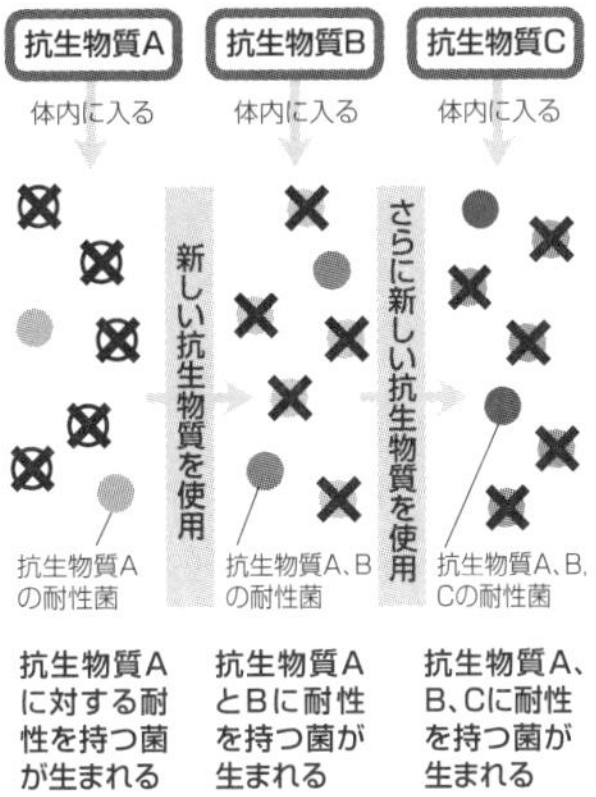

数時間ごとに世代交代を繰り返して大増殖し、一気に多数派を形成してしまう。

抗生物質の効かない耐性菌は、人間自らが抗生物質を使って選別し、育成したものなのだ。

耐性菌の中でも特に有名なのは、MRSA（多剤耐性黄色ブドウ球菌）だ。MRSA自体は皮膚や腸内にあっても何の害もない。しかし、病院内に蔓延し、猛威を振るう。免疫力の弱っている患者（病院内には多い）や手術後の患者の血液中に侵入したりすると、毒素を出し、全身に激しい炎症などを起こす敗血症などを引き起こすことがある（※）。

※耐性菌が増えた理由の一つは、医師が軽い風邪や中耳炎などで安易に抗生物質を処方するためだという。抗生物質の使用量が身の回りで増えるほど、耐性菌も増える。また、家畜や魚の養殖場で、農薬やペットといった分野でも広く抗生物質が使われるようになったのも、耐性菌を増やす要因になっている。欧米各国では次々と抗生物質の使用抑制策を打ち出しているが、広く使われる抗生物質を社会全体でどうコントロールするか。総合対策を早く打ち出さないと、人類の生存を揺るがしかねないスーパー耐性菌が出現しかねない。

073 抗ガン剤は何をしているのか

Point 抗ガン剤はガン細胞を分裂、増殖させないことが基本。現在ではガン細胞に再び臓器細胞への分化を促す「分化誘導治療」も研究されている。

第二次大戦のさなかの一九四三年、びらん性毒ガスのイペリット一〇〇トンを積んだ貨物船がイタリアの港で爆撃され、沈没した。毒ガスが港内に流出して、一大惨事となった。犠牲者のほとんどは、白血球減少という重い障害に見舞われた。話がここで終われば、戦争中の不幸な事件のひとつとして忘れられ、ここにも登場しなかったろう。

ところが、白血球を減少させる毒ガスの作用に着目し、白血球が異常に増える血液のガンである白血病の治療に使えないか、と研究を始めた人がいた。イペリット分子内の硫黄原子を窒素原子に換えた「ナイトロジェンマスタード」や、その誘導体が数多く合成され、ここに人類史上初めて、有効な抗ガン剤が誕生した。

このような抗ガン剤はアルキル化剤といわれ、アルキル基（注1）がガン細胞のＤＮＡの塩基の一つ、グアニンに結合し、ＤＮＡの複製を阻害し、ガン細胞の増殖を阻止する。アルキル化剤は、遺伝を司るＤＮＡに作用し、転写の過程に影響するだけに、制ガン作用だけでなく発ガン性もある。

注1（アルキル基）
メタンの同族体で、メタン系炭化水素（鎖状飽和炭化水素）をアルカンといい、一般式はC_nH_{2n+2}で表される。そのC_1からC_4までがメタン、エタン、プロパン、ブタンで気体。C_5からC_{15}までが液体。C_{16}以上が固体である。同族体の多くが石油に含まれ、それぞれ石油の分離精製で得られる。このアルカンから水素原子一個を除いた残りの原子団がアルキル基である。

第8章 毒と薬の化学

第二次大戦が終わると、ペニシリンとストレプトマイシンの成功に刺激されて、世界中の土壌細菌から抗生物質が探索された。次々に広範囲性抗生物質が発見された。それらは語尾にマイシンの名があり、まとめて「マイシン族」と呼ばれる。

現在、抗ガン剤は大きく五種類に分けられ、その一つが先程の「アルキル化剤」。もう一つが、次に述べる「制ガン性抗生物質」で、他にガン細胞に不可欠な物質代謝とくに核酸代謝を阻害する「代謝拮抗物質」、乳ガン、前立腺ガン等に有効な「ホルモン剤」、悪性リンパ腫などに使用されるその他の抗ガン剤がある。

さて、一九五〇年代になると、土壌細菌から得られた抗生物質から次々に有名な抗ガン剤が発見された。ザルコマイシン、マイトマイシン、ブレオマイシンなどである。そして、ストレプトマイシンの発見者にして、抗生物質という名の名付親ワクスマンが見い出した、毒性の強い抗生物質アクチノマイシンの一つ、「アクチノマイシンD」が、一九五九年には小児ガンの特効薬として見直された。

ガン細胞はそもそも正常な体の細胞が遺伝子の変化で成熟の道筋を後戻りし、幼弱な細胞になり、かって持っていた正常な大人の臓器細胞としての働きを忘れ、ひたすら無軌道に増殖するようになるものたちだ。それならば細胞のガン化を逆転させ、暴走したガン細胞に再び臓器細胞への分化を促し、正常な細胞に誘導できないか、と発想されたのが「分化誘導治療」だ。

メタン H-C(H)(H)-H CH_4

エタン H-C(H)(H)-C(H)(H)-H C_2H_4

プロパン H-C(H)(H)-C(H)(H)-C(H)(H)-H C_3H_8

$n=1$ を代入 $n=2$ を代入 $n=3$ を代入

C_nH_{2n+2}

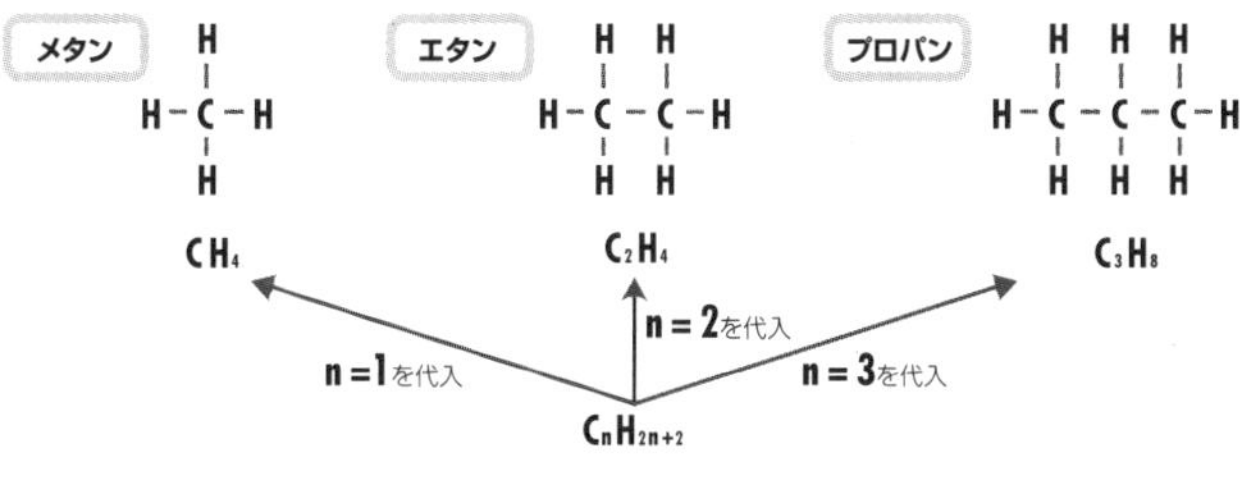

074 "火"がつくる毒

Point 人類の文明に大きな役割を果たした火。立ちのぼる煙には、ダイオキシンのように非常に危険なものもある。

台所で魚を焼く煙がもうもうと立ち上るのを見て、煙草の煙が体に悪いなら、この煙も良いはずはないと考えた研究者がいた。国立がんセンター研究所の杉村隆所長（当時）である。さっそく友人とともに研究を始め、魚の黒焦げの中から強力な発ガン物質を発見した。その発ガン物質はタンパク質の成分のアミノ酸の一種、トリプトファンが焦げて生じたもの。トリプＰ１、トリプＰ２といわれる強力な発ガン物質だった。

煙草の煙には、一立方センチメートル当たり百億ほどもの微粒子が含まれる。主に水蒸気と八％のタール（注１）で構成され、そのほかに確認されているだけで五百種に近い成分が含まれている。煙草の煙には、ご存じのように喫煙する人自身が煙草を吸って受ける主流煙と、点火部分から立ち上り、周りの人が吸う副流煙がある。問題は発ガン物質であるタールとニコチン（注２）の含有量が、副流煙は主流煙に対し二倍以上あること。さらに人体に有害な一酸化炭素や窒素酸化物、そしてタールに含まれる発ガン物質として警戒されるベンゾピレンともな

注１〔タール〕
有機物が燃焼すると熱分解するが、その時などに生じる黒色または褐色の粘り気のある稠密な油状物質の総称が、タールだ。コールタール（石炭タール）は石炭を乾留して得られる。石油にもタールがあるが、石油タールは石油の原油を熱分解して、ガソリン、灯油、潤滑油などを精製する際に最後に残る蒸留残渣だ。そこには、石油アスファルト、石油ピッチ、釜残油などが含まれる。

●わが国での燃焼関係のダイオキシン類の発生量（年間推定）

発生	発生量（g-TEQ/年）
都市ゴミ	3,100～7400
有機塩素系廃棄物、廃油	460
製鉄・鉄鋼	250
医療系廃棄物	80～240
紙・紙板	40～
タバコの煙	16
下水汚泥	5
クラフトパルプ回収ボイラー	3～
製紙スラッジ	2～
木材、廃材燃焼プラント	0.2
自動車排ガス	0.07
合計	3,940～8,405

廃棄物学会、1,20（1990）より
TEQ（＝Toxicity Equivalency Quantity）：それぞれのダイオキシン類の毒性を最も毒性の高い2、3、7、8、-四塩化ダイオキシンの毒性に換算した値

■ベンゼン環

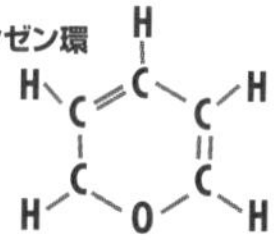

■ベンゼン環（略記）

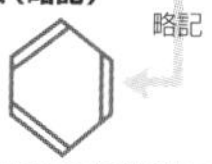

H-（水素原子は1本の"手"を持つ）
-C-（炭素原子は4本の"手"を持つ）

■2、3、7、8、-四塩化ジベンゾダイオキシン

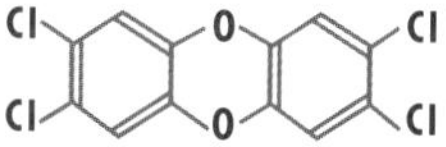

-O-（酸素原子は2本の"手"を持つ）
Cl-（塩素原子は1本の"手"を持つ）

ると、いずれも三倍を超すとされる。

　一方、煙を決定的に悪役にしたダイオキシンの化学的な正式名は「ポリ塩化ジベンゾ・パラ・ジオキシン」。これは「たくさんの塩素が水素の代わりにくっついているベンゼン環が、対面する二つの酸素で結ばれている」物質という意味だ。そのうち最後の「ジオキシン、dioxin」を英語読みして「ダイオキシン」と読んでいる。ダイオキシンの仲間は七五種類あり、そのうち特に毒性が強いとされるのは七種類。そのなかで、一番猛毒なのが「2、3、7、8—四塩化ダイオキシン」（図）。世界保健機構（WHO）傘下の国際ガン研究機関（IARC）は、これが発ガン性が認められるとしている。

注2〔ニコチン〕無色油状の液体で、アルカロイド（次項参照）の一種。煙草の葉に有機酸の塩として含まれ、中枢および末梢神経を興奮させ、血管を収縮させて血圧を高める。猛毒だが、煙草は煙を吸うのでそれほど心配しなくていい。しかし、煙草の葉には呼吸毒の一酸化炭素など、本文に記したように数々の毒性物質が含まれ、本人よりもむしろ周囲が迷惑するので注意したい。

075 植物が毒にも薬にもなるわけ

Point 植物が毒にも薬にもなるのは、植物体内の各種アミノ酸から生合成されるアルカロイドが動物の神経組織から分泌されるホルモンと似ているからだ。

ヘビ、カエル、サソリ、ハチ、フグ、イソギンチャクなどの動物が持つ毒は、相手を攻撃するという能動的な性格が強い。それに対し、植物の持つ毒は動物に食べられないようにする、受身の形だ。植物の毒は、トゲのように相手の動作を待ち受けている。前項で取り上げた煙草の葉、美しい黄色い花を咲かせるトリカブトの根、フジウツギ科の木で馬銭子《まちんし》の種子に含まれるストレキニーネなど、いずれもそうだ。

植物の毒の多くは、有機塩基である。有機塩基は天然に広く分布し、草木の成分として抽出される。薬学者マイスナーが一八一八年、アルカリ（塩基）に類するもの（オイド）という意味で、アルカロイドと命名した。今では、植物体内に存在する窒素を含む有機塩基の総称として、アルカロイドという言葉が使われている。植物だけでなく、地球上の全ての生物に存在する窒素を含むもう一つの重要な有機塩基が〔核酸塩基〕である。

アルカロイドは植物体内で各種アミノ酸から生合成（生物による合成）される。

注1〔ドーパミン〕中枢神経の神経末端から分泌される物質で、人間の感情や表情などの、微妙な活動の根底を支える。特に中脳にはドーパミンでよく作動される部分がある。手足のふるえやパーキンソン病は脳内のドーパミン作動系の機能の低下が関与している。

注2〔ノルアドレナリン〕交感神経の興奮によってその神経末端から分泌されるタンパク質ホルモンのひとつ。脳を覚醒させる中心的な神経ホルモンで、怒った時にもっともよく分泌される。腎臓の副腎の内部からもアドレナリンとともに多量に分泌されるが、アドレナリンに比べ、動脈血圧を高める働きはより大きく、血糖値上昇の効果は小さい。

●キナノキ

●ドーパミン

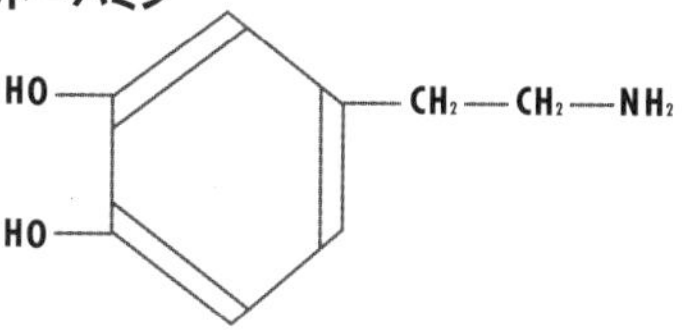

植物の持つ毒の多くがアルカロイドで、それが動物の神経組織から分泌されるホルモン、神経ホルモンとたまたま、よく似ている。似ているからこそ、動物に対し毒として働く。神経ホルモンのカテコールアミンには、ドーパミン(注1)、ノルアドレナリン(注2)、アドレナリン(注3)、セロトニン(注4)があり、いずれも窒素原子を含んだ塩基性の分子で、アルカロイドと同質だ。

一方、薬になる植物毒の例がキニーネである。

一七世紀の初め頃、南米ペルーのアンデス山脈にインカ人が〝キナキナ〟と呼ぶ樹が見つかり、その樹皮の浸透液がマラリアに効くことが分かった。しかし、ヨーロッパへの供給が限られ、高価でしばしば粗悪品であった。一八二〇年に、ようやくキナ皮からアルカロイドのキニーネが単離された。一九世紀後半、オランダがキナノキの大規模栽培に成功した。ここにキニーネがヨーロッパ帝国主義の道具となり、ヨーロッパ人の大々的なアフリカ侵略が始まったのだ。

注3〔アドレナリン〕
ノルアドレナリンと同じく、脳を覚醒させる神経ホルモンだが、むしろ驚いた恐怖の状態で多量に分泌される。これにより、小動脈の血管壁が収縮し、心臓の働きが速くなり、脈拍が増え、血圧が上昇する。また肝臓や筋肉中のグリコーゲンの分解を促進するので、血液中の糖や乳酸量が増える。

注4〔セロトニン〕
ドーパミン、ノルアドレナリン、アドレナリンと同じく神経ホルモンのひとつだが、セロトニンはこれら三つと対照的に働き、脳では睡眠を誘う。

076 フグ、カエル、ヘビ、ハチの毒学《トキシコロジー》

Point 高等な温血動物には毒がないが、下等な冷血動物や、昆虫類、貝類、腔腸動物には毒がある。進化の遅れた生物が、身を守るために開発した武器だ。

フグの猛毒はテトラドトキシンといい、植物毒のアルカロイドに似た比較的小さな分子だが、複雑な構造をしている（図1）。

テトラドトキシンは、神経の電気発生を起こすナトリウムチャンネルでナチリウムイオンが通過するのを遮断する。そのため神経電流が止まり、骨格筋、ついで心臓の筋肉が麻痺する。

テトラドトキシンはフグだけでなく、ツムギハゼ、イモリ、南米産カエル、ヒョウモンダコ、巻貝のボウシュウボラ、オウギガニ科のカニ、刺皮動物のヒトデ、扁《へん》形動物のヒラムシ、環形動物のエラコなど多彩な生物から検出される。これらはいずれも生活史の一部またはすべてを水中に棲むものたちである。水中の細菌には多数の種類にテトラドトキシン生産能があり、食物連鎖で食べられ蓄積されたものだ。フグの毒は実は細菌の毒素だったのだ。

日本ではフグの他に毒を持つもので昔から有名なのは、ガマガエル。しかし、ガマ毒はフグやヘビに比べ、それほど強くない。南米にはガマガエルよりも、フ

グよりも猛毒のカエルがいて、うっかり素手で捕らえようとすると、命を失いかねない。そいつらは矢の毒に使われるので、矢毒カエルという。その毒成分はパトラトキシンと呼ばれ、植物毒のアルカロイドと似た低分子量の猛毒である（図2）。パトラトキシンが神経膜にあるナトリウムチャンネルが閉じるのを妨げ、神経や筋肉の機能を停止させる。

カエルの皮膚毒からは、人の脳と精神に強い作用を与える小型タンパク質（ペプチド）が次々と発見されている。知覚物質のフィサラミン、発痛物質のブラジキニン、以下名のみだが、セルレイン、アンギオテンシン、ボンベシシン、デルモルヒネなど。

動物毒の王様といえば、なんといってもヘビ毒。ヘビ毒には、神経毒と血液毒（溶血毒）の二つがある。コブラやウミヘビの毒は主に神経毒で、運動神経を遮断し骨格筋を麻痺させる。クサリヘビやマムシは主に血液毒で、赤血球を破壊し血液色素を溶出する。

ヘビ毒も役に立つことがある。台湾のアマガサヘビの毒であるアルファ・ブンガロトキシンは半数致死量（注1）が〇・一五ミリグラムという猛毒。ちなみに青酸カリ（注2）は四・四ミリグラム。この毒が現在では神経のメカニズムや難病の重症筋無力症の原因究明に使われている。

注1〔半数致死量〕
毒素の毒性の強さを示す量で、体重一キログラムあたりミリグラムで示され、実験動物群のちょうど半数死亡させることができる量。

注2〔青酸カリ〕
青酸カリウム、シアン化カリウムともいい、青酸ソーダ（シアン化ナトリウム）とともに、安定した塩（えん）として存在する。ところが、二つとも酸性溶液ですぐ分解し、猛毒の青酸ガス（HCN）に変わる。青酸は反応性が強いため、工業分野でさまざまに利用される有用ガスでもあるだけに、作業中の中毒事故もよくある。また入手しやすく自殺、他殺に使われる。

ハチの毒も、動物毒のオン・パレードに欠かせないだろう。日本で毎年、ハチに刺されて数人が死ぬが、主犯はスズメバチ。体も大きく、毒も一番強い。ハチ毒は確かに毒性が強く痛みも激しいが、ハチの体が小さいので毒も小量で、毒そのもので死ぬわけではない。ハチ毒によるアレルギーショックが原因で死ぬのだ。

ハチ毒も、他の動物毒と同じように、小型タンパク質毒（ペプチド）、アミン（注3）、毒性酵素からなる。ミツバチの小型タンパク質毒の主な成分は、メリチン、アパミン、MCDペプチンなど。メリチンは強い溶血作用。アパミンは中枢神経を麻痺させる毒だ。

動物の世界でも、哺乳類や鳥類のような高等な温血動物には毒がない。いっぽう下等な爬虫類、両生類、魚類などの冷血動物や、昆虫類、貝類、腔腸動物には毒がある。どうしてか。国立予防衛生研究所の栗飯原景昭博士によれば、

「それぞれのトキシン（毒素）は、それを生産した生物が属する進化の階層よりも高い階層の生物に対して強力に作用するが、それ以下の階層の生物には作用力が小さいか、まったく作用しない」

なるほど、生物の毒は進化の遅れた生物が、より高等な生物から身を守るために開発した武器であると考えれば、いちおう納得だ。

注3〔アミン〕
アンモニア(NH_3)のHをアルキル基または芳香族原子団で置換した形の化合物。アルキル基については73項のハミダシ参照。芳香族原子団はベンゼン環をもつ原子の一団。

●図1 フグ毒のテトロドトキシンとサキシトキシン

フグ毒テトロドトキシンは麻痺性貝毒サキシトキシンと類似している。沖縄産のフグ卵巣の毒性の3割がサキシトキシンで占められ、タイ産の淡水フグ毒のほとんどがサキシトキシンである。両毒は同一の作用を示すので、両者に耐性を示す生物がいても当然ではある

■テトロドトキシン同族体

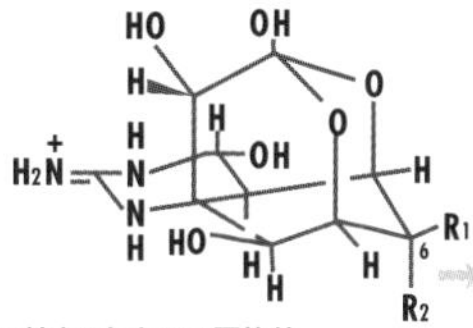

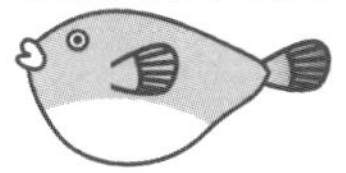

	R1	R2
テトロドトキシン	CH_2OH	OH
6-エピテトロドトキシン	OH	CH_2OH
11-デオキシテトロドトキシン	CH_3	OH
11-ノルテトロドトキシン-6(R)-オール	OH	H
11-ノルテトロドトキシン-6(S)-オール	H	OH
11-オキソテトロドトキシン	CHO	OH

■サキシトキシン同族体

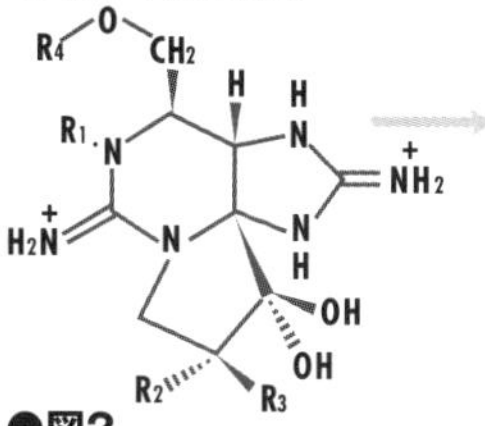

R1	R2	R3	R4:CNH2 (=O)	R4:CNH2 (H, =O)	R4:H
H	H	H	STX	GTX5	dcSTX
OH	H	H	neoSTX	GTX6	dcneoSTX
OH	OSH_3^-	H	GTX1	C3	dcGTX1
H	OSH_3^-	H	GTX2	C3	dcGTX2
H	H	OSH_3^-	GTX3	C3	dcGTX3
OH	H	OSH_3^-	GTX4	C3	dcGTX4

GTX1=サキトトキシン,GTX1=ゴニオトキシン,neo-=ネオ˙dc-=デカルバモイル

●図2 バトラコトキシン類の構造

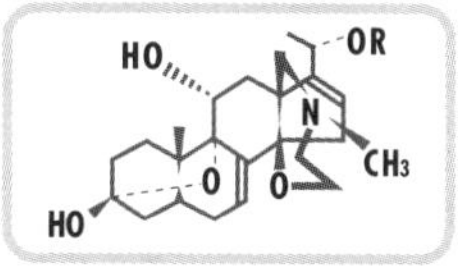

R=-H

バトラコトキシニン-A(1)

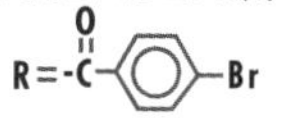

バトラコトキシニン-Aのパラブロモ安息香酸エステル

バトラコトキシニン(2)

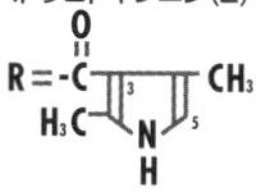

ホモバラコトキシニン(3)

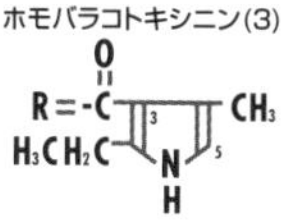

●図3 さまざまな毒

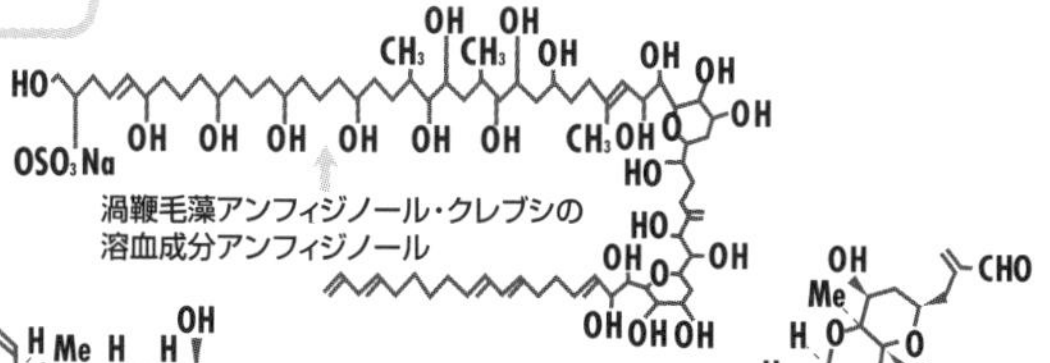

渦鞭毛藻アンフィジノール・クレブシの溶血成分アンフィジノール

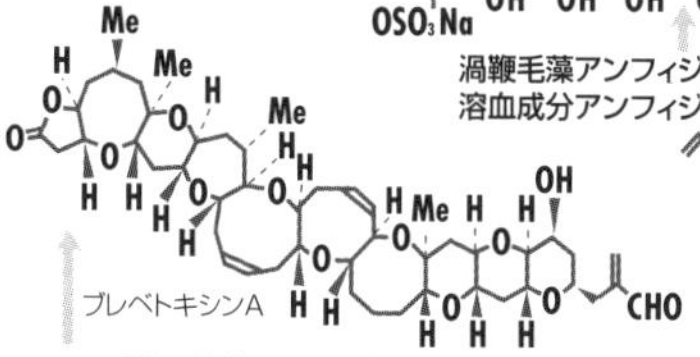

ブレベトキシンA

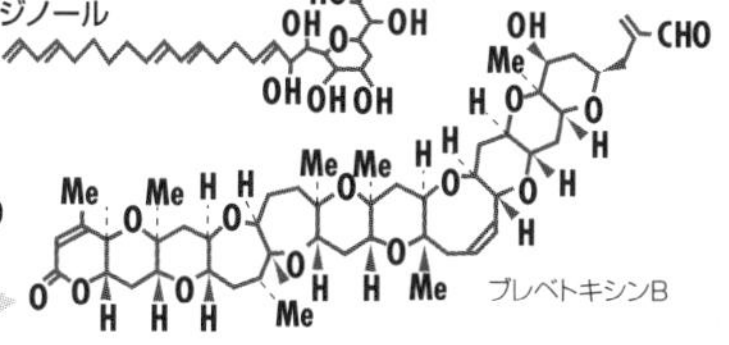

ブレベトキシンB

■フロリダ沖で発生する赤潮生物ギムノジニウム・ブレベの毒

077 「麻薬」はなぜ「魔薬」なのか

Point 麻薬物質を受け入れる仕組みが、もともと脳には備わっている。そのため、精神的依存と身体的依存が生じるのだ。

植物ではアミンに似たアルカロイドが毒、動物では主に小型タンパク質が猛毒であった。さいわい、脳には「血液―脳関門」という大切な関所がある。この関所で、アルカロイドや小型タンパク質のような天然の水溶性の毒物を通さないようになっている。だが毒の中には、この厳重な関所を通り抜けるものがある。さらに人工の手を加えると、きわめて通過しやすくなる。これぞ、人間の知恵で作られる凶悪な毒、麻薬や覚醒剤である。

麻薬の中でも、天然の阿片から抽出されるアルカロイドの成分であるモルヒネは、血液―脳関門を二％しか通れない。ところが、モルヒネに酢酸分子（注1）をつけてアセチル化（注2）し、脂溶性にしたヘロインは六五％も通るのだ。

阿片は、美しい花が咲く一年生植物のケシから得られる。ケシの花が咲き、ケシの花弁が落ちて二、三日の後、幅、高さともに五センチメートルくらいのケシ坊主（花莢）が発達する。このケシ坊主が若い未熟な間だけの約八～一〇日間、ナイフで浅い切れ目を入れると、切れ目からかなり速く凝固する乳液状の汁がに

注1〔酢酸〕
CH_3COOH　食酢の主成分で、刺激性の強い無色の酸性液体。食品調味料、染色に使われ、酢酸ビニル、医薬品などの製造原料。

注2〔アセチル化〕
有機化合物中のヒドロキシル基（$-OH$）やアミノ基（$-NH_2$）などの水素を、アセチル基（CH_3CO-）で置換する反応。

じみ出る。それが凝固して固まったものが生の阿片だ。

成熟した種子にはアルカロイドはまったくなく、無害。だからケシの実を餡パンに使ったりできる。阿片がとれるのは、未熟の期間だけ。

一八〇三年、ドイツの薬剤師ゼルチュルネル（一七八三～一八四一）が活性成分を分離し、当時知られていなかった物質アルカロイドを発見した。この成分には、夢のない眠りを誘う効果がある。そのため、つねに手にケシを持って現われるギリシア神話の眠りの神モルフェウスにちなみ、モルヒネと命名された。

一九七五年、コロンブスの卵のような発見があった。ヒトを含め動物の脳が自分で、モルヒネ作用を持った小型タンパク質（ペプチド）を作り、自ら痛みを止め、快感を生んでいるというのだ。このような小型タンパク質は相次いで、脳から一〇ほども発見され、「脳内麻薬物質（ブレイン・オピエート）」といわれる。しかも、そのレセプター（受容体）がある。麻薬物質を受け入れる仕組みが、もともと脳に備わっていたのだ。

依存性には、精神的依存と身体的依存がある。精神的依存というのは、薬が切れると、いても立ってもいられず薬を求め使うこと。身体的依存は精神的依存に身体的苦痛が加わること。薬が切れると苦痛に身を悶える禁断症状が生じる。この身体的依存が麻薬の特徴だ。それは麻薬のレセプター（受容体）が脳だけでなく、身体を動かす末梢の自律神経系に多く含まれるためであろう。

ケシ坊主の未熟な時期に出てくる阿片のアルカロイドには、モルヒネだけでなく、コデイン（注3）、パパペリン（注4）など約二〇種類もある。そのなかでヘロインが最も悪名が高い。ヘロインの臨床的用途はモルヒネとほとんど同じだが、モルヒネに比べ幸福感が非常に強く、そのため常習者がヘロインの方を好むのだ。

狭義の麻薬のうちアルカロイド系麻薬が旧大陸の植物ケシから得られるの対し、コカアルカロイド系麻薬コカインは新大陸の植物コカの葉に含まれる。コカインは日本では麻薬に指定されているが、性質からすれば覚醒剤に入る。

コカ葉を噛むことは、一五〇〇年代にインカ帝国が崩壊するまで皇帝たちの特権だった。だが、スペイン人に征服される少し前に、一般のインディオにも解禁され、全ての人がコカ葉を噛むようになった。コカイン中毒には精神的依存はあるが、身体的依存はない。だが、使用を断たれると、幻覚を生じ、誰かが自分を殺そうとしている被害妄想に囚われるので、極めて危険。

狭義の麻薬リストの最後、合成麻薬の代表がなんといってもＬＳＤ。ＬＳＤは昔からの猛毒、麦角《ばっかく》から半合成された。麦角はライ麦や小麦の穂に、ある特別の毒がつくと、その中にできる長さ一～五センチの褐紫色の角形のもの。麦角の毒

注3〔コデイン〕
鎮痛の性質がモルヒネの約五分の一だが、習慣性になることが少ない。その安全性のため、風邪などの薬に広く使われる。

注4〔パパペリン〕
医薬としての適用範囲はモルヒネやコデインよりも限定されるが、緊急の場合の救命薬として医師に評価される。パパペリンは麻酔効果がなく、苦痛を和らげず、習慣性になる恐れも全くない。中枢神経に対しほとんど作用しないが、血行を増す効果が劇的。血行障害で手足が壊疽を起こし、切断しなければならないかも、という時でもパパペリンの使用で十分な血行が回復し、さし迫った壊疽が軽減するケースがある。パパペリンはこのほか、閉塞性血

●ケシ

●医薬品として使われている
アヘンアルカロイドの構造

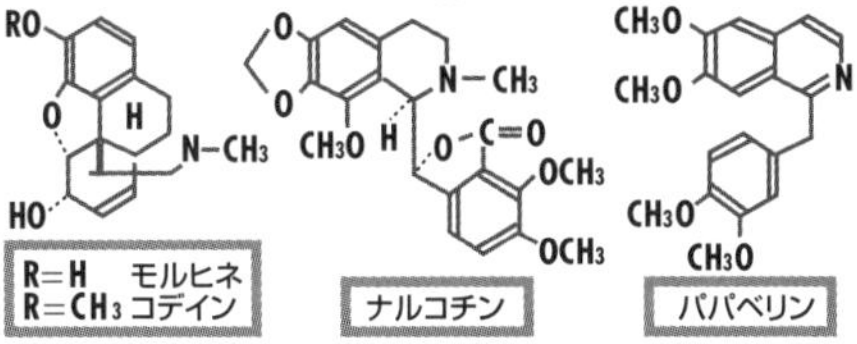

●モルヒネの構造を模した合成
鎮痛薬ペンタゾシンの構造

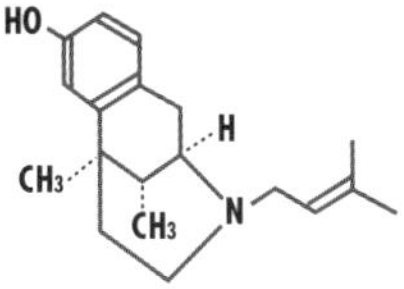

麦角

は血管を収縮させる作用が強く、手足の血行を妨げ壊疽《えそ》を起こす。末期になると酷い痛みもなく手足を失う。しかし、薬は毒と言われるように、麦角はヨーロッパでは古くから助産婦が子宮の収縮を促進し、出産を促すために使ってきた。

二〇世紀に入ると、麦角の猛毒成分が次々に発見され、薬としての応用範囲も広がった。

一九四三年、スイスの製薬会社の研究所でＬＳＤが麦角の毒から作られたが、学生や若者の間にＬＳＤの服用が流行し、意識障害などを起こすので、各国で製造が禁止された。

栓血管症、狭心症そのほかの心臓病に使われる。

078 若くなるクスリの話

Point 老化の原因がかなり解明されてきた。言葉通りの若返りは不可能だが、老化を遅らせることができるかもしれないと考えられるようになった。

ヒトを含む生物は、いずれ老いて死んでいくことは遺伝的にプログラムされ、それを変えることはできない。それをより具体的に捉えれば、生物は体内に生物時計（注1）を持ち、針は受精―胎児―誕生―成長―老化―死と回っていき、針の回転を逆に戻すことはできない。これまで、そう考えられてきた。

ところが最近、分子生物学や先端医療の研究が進み、老化の原因がかなり解明されてきた。老化を止めることは無理だが、遅らせることは可能ではないか、という希望がほの見えてきたのである。

多くの研究の中で今もっとも注目されているのが、デヒドロエピアンドロステロン（DHEA）。DHEAは副腎皮質で作られるホルモンで、他に副腎皮質から作られる約五〇のホルモンを製造するときの前駆体になる。そのホルモン群には、エストロゲン、テストステロン、プロゲステロン、コルチゾンなどがあり、脂肪やミネラルの代謝調整、身体の機能維持、男性・女性の特徴の保持、ストレス・コントロールなどをしている。

注1〔生物時計〕
体内時計ともいい、ゴキブリからヒトまで広く生物に存在し、外界の周期とは無関係に独立して生体に備わっている周期的な時間感覚。物質代謝、ホルモン分泌、神経系が関与し、たとえば明暗といった外界の周期で、時間の経過の調整がなされる。ヒトの体内リズムは、脳の視神経が集まっている部分で制御され、その周期は月の出入りの周期、海の潮の満ち引きと同じで、二五時間。ヒトのご

ＤＨＥＡは七歳前後に現われ始め、成長するにつれ増えていき、二五歳位でピークになり、それ以降は減少していき、七〇歳台でピーク時の二〇％ほどに落ち込む。これには個人差があり、ＤＨＥＡの濃度が高い人ほど、皮膚や筋肉の衰え、リウマチなど老化症状が少ない。

脳には、ＤＨＥＡが他の組織の六・五倍以上含まれている。しかもＤＨＥＡがほんの小量増しただけで、脳の基本的な構成単位であるニューロンの生存率が増える。ＤＨＥＡレベルが非常に低いと、脳の発達が妨げられ、精神分裂病が起きるのではないかと考えられ始めている。

老年期に減少するホルモンには、ＤＨＥＡだけでなく、成長ホルモンがある。ヒト成長ホルモンは、一九八〇年代前半にＤＮＡ組み替え技術が急激に進歩し、脳下垂体で分泌されるヒト成長ホルモンと全く同じものが人工的に合成されるようになり、それ以降研究が進んだ。

ヒト成長ホルモンを六五歳以上の人に投与すると、ＤＨＥＡの場合とは異なり、四〇歳のレベルに若返るという。ヒト成長ホルモンは骨そしょう症の骨密度や筋肉量、さらには免疫機能を増し、衰えてきた心臓や肺の機能を上げ、身体の脂肪率を減少させ、運動能力を上げ、活力を与え、病気を予防し、睡眠障害を減少するなどの結果を出している。

先祖の動物が海から誕生したため、その時のリズムが遺伝子に刷り込まれたのではないかといわれている。その遺伝子を時計遺伝子という。体内の二五時間周期は目から入る光によって、昼夜の変化に合わせた二四時間に適合できるように微調整される。

もう一つ、若返りの薬として、あるいは奇跡の万能薬として評判になっているのが、メラトニン。メラトニンも生物の体内で合成されるホルモン。脳の中心部にある松果体《しょうかたい》という豆粒ほどの大きさの器官で合成され、分泌される。太陽光が少なくなると、メラトニンの生産が上がり、夜になると大量に合成される。それは、体内時計とされている脳の視交叉上核《しこうさじょうかん》という部位がそのように命令するからだ。

メラトニンは心拍数を減少させ、体温を下げるなど身体各所の緊張をほぐし、眠りを誘発する。夜の間にメラトニンが使われ、それによってＤＨＥＡが大量に放出され、目覚めるきっかけとなる。その際、メラトニンはＤＨＥＡの生産に直接関与すると考えられている。メラトニンとＤＨＥＡの二つのホルモンは、睡眠と覚醒のサイクルを動かしている。このサイクルは成長に対し非常に重要で、とくに脳の成長に二つのホルモンが共に直接関与しているようなのだ。

ビタミンＣ、ビタミンＥ、ベータ・カロチンなど、これらの抗酸化剤の大半は特定細胞の特定部位だけしか作用しない。それに対して、メラトニンは脳も含め、体内のあらゆる部分の細胞に浸透し、抗酸化作用を発揮する。そればかりか、免疫機能の亢進、もろもろのホルモンの分泌コントロールなどの作用も持っている、という報告もある。

079 頭の良くなるクスリ!?

Point 頭が良くなる薬は眉唾物のようだが、記憶力の向上、視力回復、血栓防止、血圧の低下、抗ガン作用などがDHAにあることがわかった。

米国では"頭の良くなるスマート・ドラッグ"を飲み、記憶力を向上させたり、集中力を増加させたりしている人が増えているそうだ。IQや記憶力の向上に役立つとされる化学薬品から作ったスマート・ドラッグの歴史は古く、ヒデルギンなどは一九四〇年代から既に製造され、現在アルツハイマー病の治療薬として使われている。

前項の若くなるクスリといい、本項の頭の良くなるクスリといい、ちょっと眉唾だな、という新薬は、どうも米国で生まれることが多いようですね。しかし、米国よりもずっと長く人体実験をしてきた中国の漢方薬にも、性の営みに役立つものはあっても、頭を良くする薬、というのは聞いたことがない。しかし、次の意見はどうだろう。

イギリス栄養化学研究所のM・クロフォード教授は、「日本の子供が欧米の子供より知能指数が高いのは、魚をたくさん食べているからだ」「水辺に古代文明が発達したのは、魚など海産物が脳を発達させ、人間を進化させたからだ」という。でもどうして魚が？　と思うかもしれない。ずばり言って、水産物に豊富なドコサヘキサエン酸（DHA）などの脂肪酸が脳の発達に影響しているからだ。

DHAはヒトに欠かせない必須脂肪酸のひとつで、神経繊維（注1）先端のリン脂質（注2）に多く含まれ、成人の脳の脂質の約一〇％を占める。DHAが欠乏すると、脳細胞の膜がうまく作れなくなる。

これまでの動物実験では、DHA投与で記憶力の向上、視力回復、血栓防止、血圧の低下、抗ガン作用などが確認済み。また、魚をよく食べる地方に花粉症や喘息が少ないので調べると、DHAに抗アレルギー作用のあることが分かった。

胎児では肝臓や脳にDHAが集中して存在し、出産した未熟児で急激にDHAが減少しているので、DHAの欠乏は流産、死産の原因になると考えられている。高齢化すると、DHAの量が減っているので、DHAを摂ることで、脳細胞を活性化させ、老人性痴呆症の予防や治療に使えるかもしれないと期待されている。

DHAはヒトの母乳には多く含まれているが、牛乳にはほとんど含まれていない。日本人の母乳にはDHAが特に多く、平均一〇〇ミリリットル中二二ミリグラムで、米国人の七ミリグラムを大きく引き離す。で、日本人の母乳で育った子は頭がいいんだそうだ。

マグロ、ブリ、サンマ、イワシなど魚の脂に多く含まれ、牛や豚の脂肪には全

注1〔神経繊維〕
神経突起、軸索突起ともいい、神経細胞からでる突起のうち比較的長いものを言う。ふつう神経とよんでいるものは、いろいろな神経繊維が多数集まって束となったもの。

注2〔リン脂質〕
リポイド（類脂質）の一種で、成分にリン酸を含むもの。リポイドは脂肪のような物質という意味で、性状が脂肪に似た化合物の総称。脂肪酸・アルコール類・糖類・窒素化合物などが結合したもの。リポイドは生物体内での役割は脂肪より重要で、生物の基本単位である細胞の構成物質である。狭義のリポイドは、リン脂質と糖脂質からなる。広義には、これらのほかに脂肪を含め、さらに蝋、

く含まれていない。

DHAは高級不飽和脂肪酸（16項参照）のため酸化しやすく、酸化したものは毒性を発揮する。なるべくなら新鮮な刺身が一番。煮ても焼いても缶詰でも可。ただし、油で揚げると含有量がかなり減る。

植物中にDHAは存在しないが、DHAの親戚でアルファー・リノレン酸（注3）が含まれている。これを食べると腸で吸収され、肝臓でDHAに変化する。アルファー・リノレン酸はナタネ油、サラダ油、コーン油に多く含まれ、シソ（エゴマ）油が特に多く、五〇～六〇％含有する。「鹿ヶ谷かぼちゃ」「山科なす」など京都の伝統野菜は、一般の野菜よりアルファー・リノレン酸量が数倍高い。伝統野菜は品種改良されていないので、本来の成分が残っているからだろうという。

●リン脂質の一つ
「ホスファチジルコリン（レシチン）」

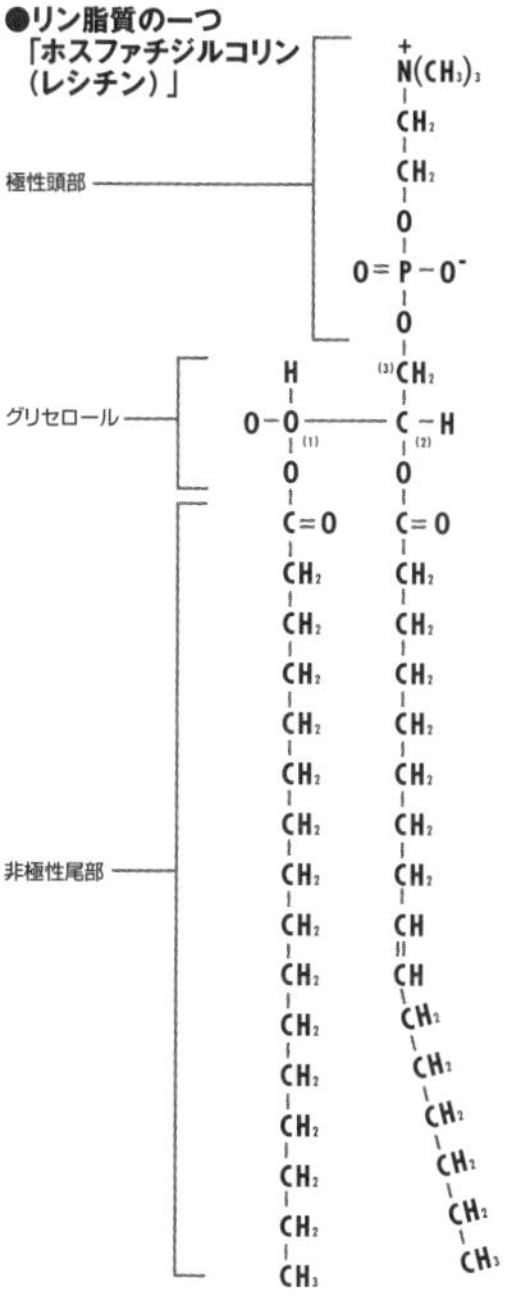

ステロイド、カロテロイドなども入れる。

注3〔アルファー・リノレン酸〕

リノレン酸は分子式が$C_{18}H_{30}O_2$で、炭素の数が一八あり、二重結合を三個もつ脂肪酸。脂肪酸はカルボキシル基（-COOH）一個を持つ有機酸。リノレン酸には二重結合が三個あるので、八個の異性体があり、その内の一つがアルファー・リノレン酸だ。

080 食品添加物はどこまで安全か

Point 化学の立場からすると、合成物も天然物も同じ原子からできた化学物質。合成物がすべて悪とは限らない。天然物がすべて善とは限らない。

現在、国が使用を認めている食品添加物は、化学的に合成された合成添加物と、天然の動植物から採取した天然添加物とあわせ、約千五百種類。量にして約三百十万トン。これらは食品衛生法で規制され、四つに分類される。

化学物質の合成品を含む「指定添加物」が、厚生労働省が毒性試験によって安全性を確認した、キシリトールやソルビン酸など約三百四十品目。伝統的に使用されてきた天然素材のクチナシ色素や柿タンニンなど、「既存添加物」が約四百九十品目。ほかに動植物から取り出して使った「天然香料」が、レモンやバニラなど約六百品目。ブドウ果汁のようにそのままの姿でも飲食でき、添加物として使う「一般飲食添加物」が約百種類。

これらの中で消費者の不安が最も高いのは、皮肉なことに国が保障した指定添加物。無理もない。過去に使用が認可されていた添加物で、その後、新たな科学的データで人体への危険性が明らかになった例があるからだ。

たとえば人工甘味料のチクロ（サイクラミン酸ソーダ）。第二次大戦末期の米

●表1 食品添加物・素材の市場規模

	需要量(トン)	シェア(%)
酸味料	52,400	1.7
甘味料	2,399,865	77.3
殺菌防腐剤	104,177	3.4
酸化防止剤	3,380	0.1
食用色素	21,460	0.7
乳化剤	25,380	0.8
増粘安定剤	23,130	0.7
調味料	240,500	7.7
品質改良剤	81,466	2.6
強化剤	23,431	0.8
食品香料	47,762	1.5
香辛料	41,563	1.3
その他	41,715	1.3
合計	3,106,229	

(注)計算方法の関係で、シェアの合計は必ずしも100%にはならない (2001年、食品化学新聞社調べ)

●表3 主要な増粘安定剤の種類

分類	食品添加物例	使用食品例
海草多糖類	カラギナン、アルギン酸ナトリウムなど	アイスクリーム、ジャム、ゼリー、その他
種子多糖類	グアーガム、カロブビーンガムなど	アイスクリーム、シャーベット、その他
樹脂多糖類	アラビアガム、トラガントガム、カラヤガム	ガムシロップ、ドレッシング、その他
果皮多糖類	ペクチン	ジャム、ゼリー、ドリンクヨーグルト、その他
発酵多糖類	キサンタンガム、ジェランガム、カードランなど	ドレッシング、ソース、ジャム、ゼリー、その他
セルロース、その誘導体	カルボキシメチルセルロースナトリウムなど	アイスクリーム、菓子、佃煮他
でんぷん誘導体	デンプングリコール酸ナトリウムなど	フラワーペースト、その他
甲殻類抽出物	キトサン	菓子、漬物、その他

●増粘安定剤の用途による分類

増粘剤	水に溶解あるいは分散して粘性を示す。例えば、ドレッシングやたれの粘性を付与する目的で使用される。粘土の強さや性質は高分子多糖類の種類で異なる。
安定剤	品質を一定に保ち、成分の均一な分散をも助ける。例えば、乳化したタイプのドレッシングなどでは水相の粘度を高める。若しくは改良し油滴を安定に保持する。あるいは飲料などで油分やたん白、不溶性固形分の分離、沈殿、凝集を
ゲル化剤	食品のゲル状組織を形成する。ゼリーなどのゲルを作る。
糊料	増粘、安定、ゲル化の用途、あるいはその他の用途も包含する幅広い用途をさす。

小見邦雄、山田隆、西島基弘「食品添加物を正しく理解する本」(工業調査会)より

●表2 天然着色料の国内の推定使用

種別	色素名	国内需要量(トン)
カロチノイド系	抽出カロテン*	80
	アナトー色素	700
	トウガラシ色素	250
	クチナシ黄色素	350
キノン系	コチニール色素	120
	ラック色素	3
	アカネ色素	10
アントシアニン系	赤キャベツ色素	100
	紫トウモロコシ色素	50
	ベリー類色素	90
	ブドウ果皮色素	100
	ブドウ果汁色素	20
	シソ色素	15
	紫イモ色素	10
フラボノイド系	カカオ色素	50
	コウリャン色素	30
	シアナット色素	2
	タマネギ色素	50
	ベニバナ黄色素	180
ポルフィリン系	クロロフィル	5
	スピルリナ青色素	15
ジケトン系	ウコン色素	150
ベタレイン系	ビートレッド	230
アザフィロン系	紅麹色素	700
その他	カラメル	20,000
	クチナシ青色素	100
合計		23,410

*抽出カロチンは、イモカロテン、デュナリエラカロテン、ニンジンカロテン、パーム油カロテンを合計したもの

江崎正直編著「色材の小百科」(工業調査会)より

国で発見され、甘味度が砂糖の四十〜六十倍で、上品な甘さがあり、広く使われていた。しかし膀胱ガンの原因になるという報告があり、禁止された。あるいは、保存料のAF_2。豆腐、ハム、ソーセージ、かまぼこなど腐敗しやすい食品には、絶対的といっていいほどすぐれた保存料だった。細菌毒の帝王といわれくらいの猛毒ボツリヌス菌などに対して非常に有効とされていた。しかし、突然変異を生じる遺伝毒性が報告され、さらに発ガン性が実証され、使用禁止となった。

それなら、既存添加物、別名「天然添加物」や天然香料、一般飲食添加物なら、どうか。自然指向、健康指向の人が多くなっている折りから、合成物は悪、天然物は善という考えが広くゆきわたっているように見える。

しかし、化学の立場からすると、合成物も天然物も同じ原子からできた化学物質。合成物がすべて悪とは限らない。天然物がすべて善とは限らない。

天然物は日本人の食生活の中で長年使用されてきたなどの理由で、国が使用を認めているものの、動物実験などによる安全性データがそろわず、安全性について科学的な裏付けのないものも多い。こうなると「無添加食品」がもてはやされるのも分かる。では、食品添加物は不要か？

もともと食品添加物は必要があり、利点があるからこそ、添加することが認められている。食品添加物は必要と安全性との兼ね合いから考えねばならない。

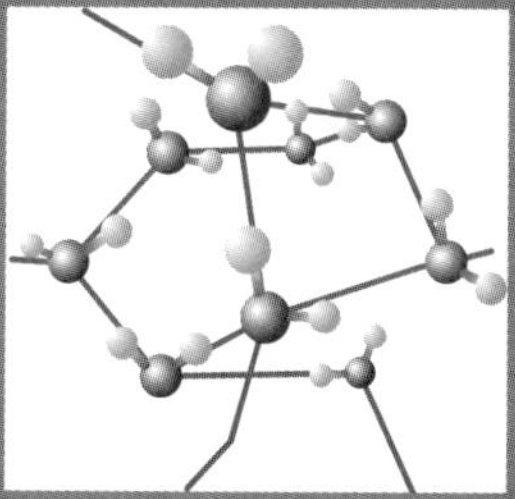

081
▼
090

第9章

地球の生物を化学する

081 蛍はなぜ光る
082 虫はなぜどこにでもいるのか
083 植物はなぜ緑なのか
084 花はなぜ咲くのか
085 木はどうしてできるか
086 木は腐らないシステムを持っている!
087 ニワトリはなぜ卵をたくさん産むか
088 恐竜はなぜデカイ?
089 鯨を化学する
090 ヒトの心には化学的な基礎があるのか

081
蛍はなぜ光る

Point
蛍などの生物発光は、熱をほとんど伴わない冷光である。これは、発光物質ルシフェリンが発光酵素ルシフェラーゼによって触媒され、酸化されて生じるものだ。

蛍は世界におよそ二〇〇〇種いる。そのうち日本には四〇種ほどいる。蛍と言えば光るものと普通思われているが、じつは光らない種が多く、日本産でよく光るのは一〇種ほど（注1）。蛍以外にも発光生物はたくさんいる。たとえば深海に棲むチョウチンアンコウは、光を出して魚を食べてしまう。ギンオビイカは墨が役に立たないので、光る液を出して、敵を脅して身を守る。しかし、ウミボタルなど下等とされる動物では、なんのために光るのか説明のつかないものもいる。

光るのは動物だけでない。発光バクテリア、ナラタケ、ツキヨタケなど発光植物もある。マツカサウオ、ヒカリホヤなどは、発光バクテリアが体内に共生していて光る。普通のイカの体が夜などに光ることがあるが、それは発光バクテリアが体表に付着しているため。

こうした生物の発光は、発光物質ルシフェリンが発光酵素ルシフェラーゼ（注2）によって触媒され、酸化されて生じる化学エネルギーが光エネルギーに変えられて起こる（図1）。ルシフェリンは生物発光において反応の基質となって光

注1〔光らない蛍〕
ただし、光らない蛍がいるというのは成虫の話で、卵や幼虫、蛹は全ての蛍の種で光る。
成虫になると光らないものは、昼間飛ぶものが多く、光の代わりに匂い物質の性フェロモン（※）をコミュニケーションの手段にしている。そのため昼行性蛍は光をとらえる複眼が小さい代わりに、匂いを嗅ぐ器官の触角がよく発達し、長く大きい。

※〔性フェロモン〕
フェロモンは動物の組織で生産され、体外に分泌放出されて、同種の他個体に特有な行動や発育分化を起こさせる活性物質の総称。そのうち、性フェロモンは動物の雌雄いずれかの個体が放出し、同種の異性個体を

●図1　生物発光

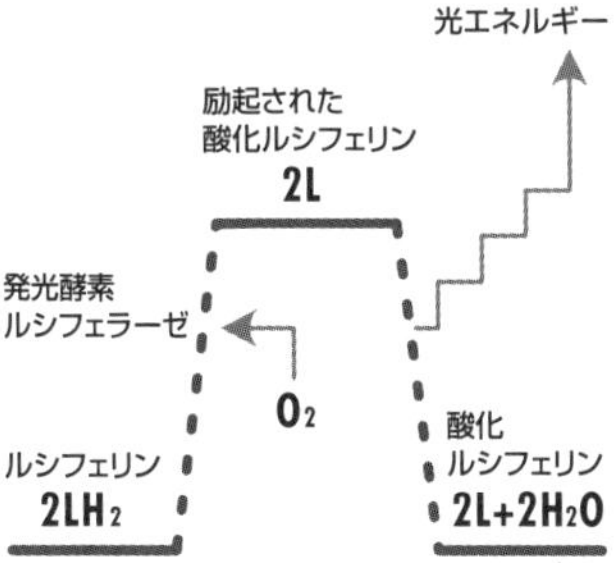

●図2　発光生物のルシフェリンの構造

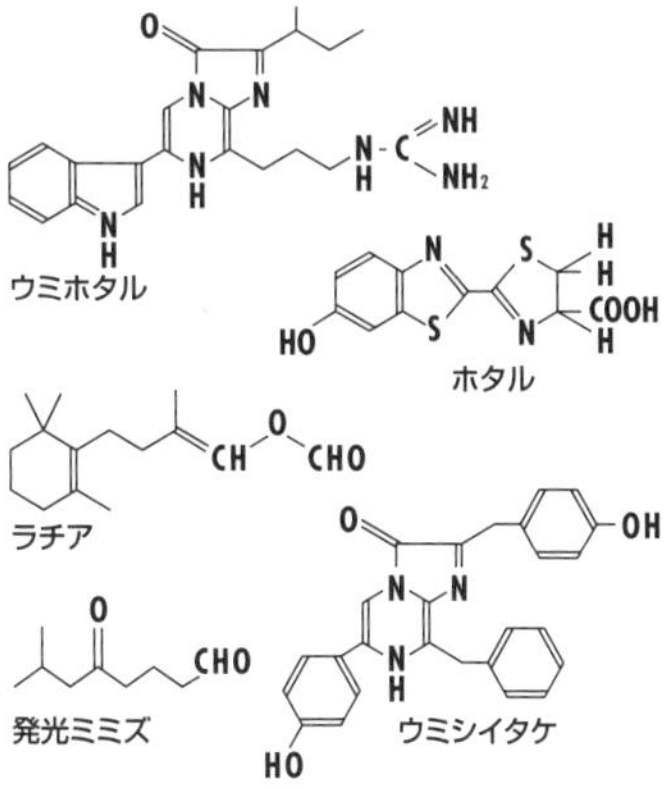

●図3　ゲンジボタルの発光器の仕組み（縦断面）

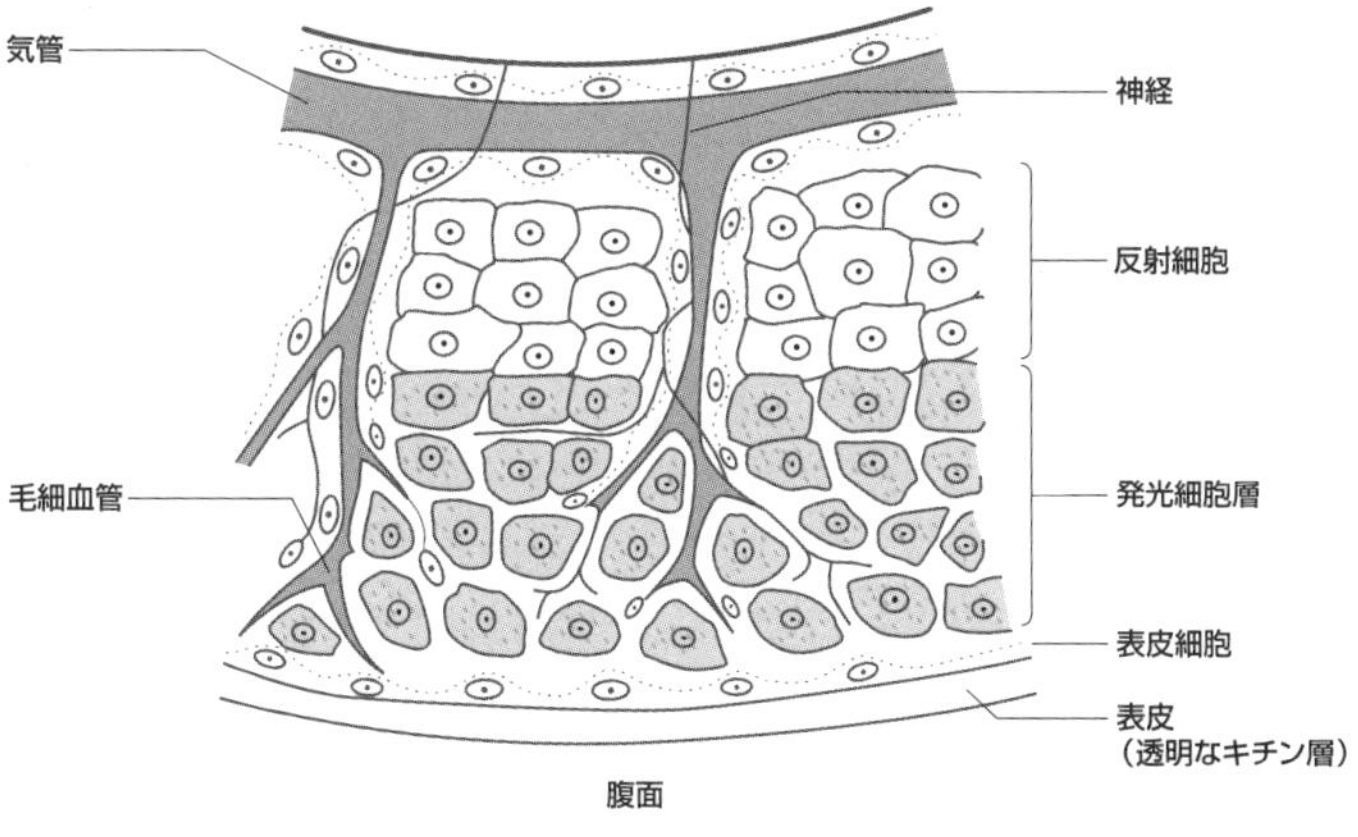

誘引して配偶行動へ導く効果をもつフェロモン。多くの昆虫の性フェロモンは、炭素一〇個から二一個の長鎖の不飽和炭化水素またはその誘導体のアルコール、アルデヒド、酢酸エステルなどである。

注2［ルシフェラーゼ］
発光物質を冷水で抽出したものを酸素中で発光させ、基質であるルシフェリンが消耗されたあとに残る発光酵素。熱に不安定なタンパク質。

※発光の理由
発光が交尾のための雌雄の合図であろうことは推測されていたが、一九六六年に米国で雄が雌の光に誘われ、雌は雄の光に反応して発光することが実験で確かめられ、世界に反響を巻き

を発する物質の総称で、一般に耐熱性の低分子だが、発光生物ごとに特有の構造のルシフェリンが存在する（図2）。

ルシフェリンはルシフェラーゼの存在下で酸素分子によって酸化される時の自由エネルギー、すなわち化学エネルギーで励起され、可視光線を発して基底状態に戻る（図1）。この化学エネルギーから光エネルギーへの転換は非常に効率よく行われ、使われる化学エネルギーの約九七％が光となり、熱の発生はごく微量。

それに対し、白熱電球では電気エネルギーの数％が光となるだけで、他は熱エネルギーとなる、非常に効率の悪い発光である。その点、蛍などの生物発光は、熱をほとんど伴わない冷光である。冷光とは、蛍光ともいい、熱線を含まない。

成虫の発光器は種類によって異なるが、基本的には外表の腹面に透明なキチン層、その内側に大きな発光細胞の層、その奥に尿酸塩の顆粒を含んで白く不透明な反射細胞の層がある。発光細胞層には、神経と気管の末端が入り込んでいる（図3）。発光細胞は、名前通り実際にルシフェリンとルシフェラーゼなどが実際に光をつくるところ。つくられた光は反射板の働きをする反射細胞ではねかえされ、体の外に送り出される。光の明滅は脳でコントロールされ、気管末端の開閉で空気の供給が加減されているようだ。ゲンジボタルなどは七〇～八〇回も点滅するが、単純な発光器をもつアキマドボタルなどは持続的に光る。

起こした。北米産のある種の雌は多種と類似した発光をして、その雄を誘い捕食するという。

082 虫はなぜどこにでもいるのか

Point
虫は全世界、ありとあらゆるところに存在する。太古の海から陸に上がるときに、耐水性の皮膚を発明して、いち早く地上の覇者となったのだ。

全動物界は大きく二〇あまりの門に分けられ、昆虫類は、節足動物門に属する一つの綱（※）にすぎない。ところが、その昆虫類が他の門に属する動物群を圧倒するような驚くべき分化と、異常ともいうべき多様化を遂げる。

動物のさまざまな門への分化は、五億年ほど前、太古の海の中で起こった。そして、これらの門の多くは今も海の中に棲息し、淡水に棲む種はあっても、陸上に住む種が大多数を占める門は、節足動物だけで、しかも、そのほとんどが昆虫によって占められている。

このことは、海から陸への進出がいかに困難であったかを意味する。海から陸への困難とは、〝水の不足〟である。いや不足というより、水が体からどんどん蒸発して逃げていく。体積の小さい昆虫は、相対的に体表が大きく、水が蒸発しやすい。小さい体にだいたい六〇％ほどの水があってこそ、体内のさまざまな生きる上で必要な化学反応が進む。しかし、小さな昆虫の体内の水は、ちょっと乾燥した日だと一分とかからず蒸発し、たちまち死んでしまうだろう。

※
生物は、界・門・綱・目・科・属・種と分類される。これに従うと昆虫は、動物界・節足動物門・昆虫綱…となる。ヒトは、動物界・脊椎動物門・哺乳類綱・霊長目・ヒト科・ヒト属・ヒト種である。

注1〔ろう〕
高級脂肪酸と高級一価アルコールとのエステル。天然に産出するものは動物ろうと植物ろうとに分けられる。

●昆虫の体表面

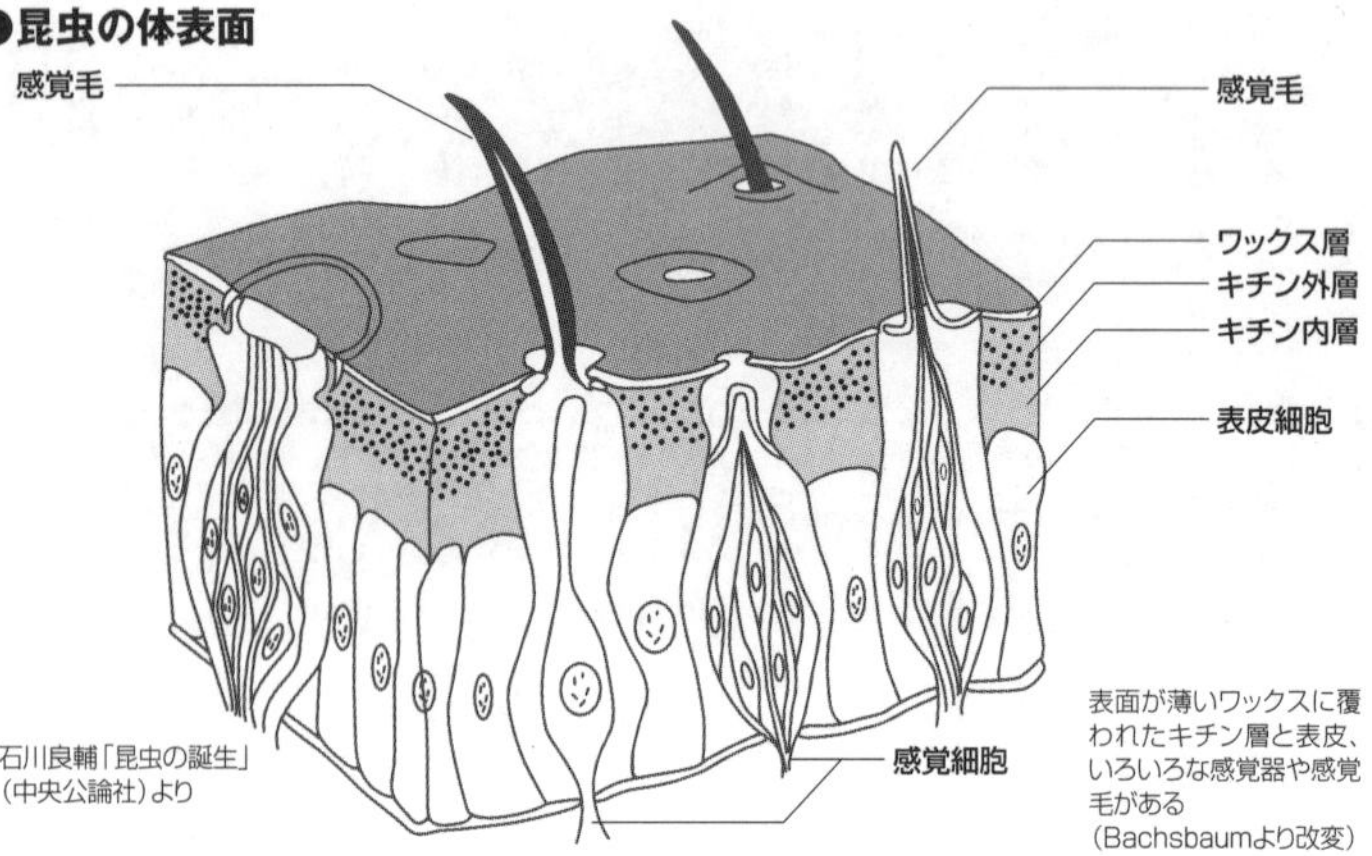

石川良輔「昆虫の誕生」（中央公論社）より

表面が薄いワックスに覆われたキチン層と表皮、いろいろな感覚器や感覚毛がある（Bachsbaumより改変）

昆虫類を含む節足動物は、耐水性の皮膚を"発明"して、この困難な課題を克服した。かたい皮膚をつくったばかりでなく、水を通さないワックスを分泌して全身の皮膚を覆ったのだ。ワックスというのはろう（注1）のこと。

ワックスの防水構造の下に、クチクラ層（注2）があり、タンパクおよびキチン（注3）とよばれる硬化した物質でできていて、甲冑のような、いわゆる外骨格をつくっている。この耐水性の外骨格のおかげで、水中に戻ることも可能になった。

昆虫類は、飛べる脊椎動物、つまり有翅の爬虫類や鳥類が出現するまで、五〇〇〇万年ほどは唯一の空中生活者として繁栄を誇ったのだ。

注2〔クチクラ〕
生物の体表から分泌されてできた硬い層。植物では表皮細胞壁の外側にクチンおよびろうが分泌蓄積した層のこと。クチンは高級脂肪酸とその縮合したものの複雑な混合物で、とくに葉の表皮の細胞壁に含まれ、蒸散作用を制限する働きが昆虫の外皮と似る。動物では主に硬タンパク質からなり、節足動物によく発達する。脊椎動物ではうろこを形成しているものもある。

注3〔キチン〕
アセチルグルコサミンというアミノ基と酢酸基と持つ糖が多数結合した、多糖類の一種。酸やアルカリのきわめて強い。菌類の細胞壁やエビ・カニ・昆虫など節足動物の外骨格に含まれる。

083 植物はなぜ緑なのか

Point 地上の植物が緑なのは、海の浅い所にはえる緑藻植物が上陸を果たしたからだ。

前項で動物が陸上へ進出する話をしたが、実は上陸は植物が先輩。上陸した植物を食べ物にしていた動物が、食べ物につられるように上陸したのだった。

その最初の植物が緑色だったので、陸上の植物は緑色になった、と一応説明できる。それというのも、緑藻植物は浅い所に、褐藻植物はやや深い所に、紅藻植物は一番深い所に生える。浅い所にはえる緑藻植物が上陸を果たすのが、もっとも自然だからだ。では、どうして海藻はそういう分布をするのか。

植物の成長には太陽の光が必要だ。太陽の光はおよそ七色に見える光の集合だが、おおざっぱには、青色光、緑色光、赤色光、遠赤色光（近赤外光ともいう）に分けられる。遠赤色光というのは、赤より少し暗い光で、植物にとってマイナスの意味で重要な光なのだ。

陸も海も緑色植物は、光合成（注1）をするとき、とくに赤と青の波長の光を使う（図1）。虹の七色が混じり合った太陽の白色光から、赤と青の光を吸収すると緑が残る。緑の葉は使わない緑の波長を反射し、透過しているから、葉は表

注1〔光合成〕
植物が光のエネルギーを使って、二酸化炭素を有機物質に変化させる反応。光を吸収する色素物質にはいろいろあるが、そのうち光合成に使われる色素が光合成色素。海藻類は光合成色素の違いによって、緑藻、褐藻、紅藻に分類される。

から見ても裏から見上げても緑色なのだ。

遠赤色光は、図2のように緑色光よりも葉を透過する。葉が多く生い茂っている場所では、太陽の光は葉を透過するたびに光合成に役立つ青色光や赤色光を葉に抜き取られる。光合成に役立たない遠赤色光は葉を透過し、地面に到達する。地面にある種子は、遠赤色光が多く含む光が当たると、多くの葉が茂った下にいることを知り、発芽しない。

緑色植物の緑色の色素「クロロフィル」（注2）は、この地球に生命が誕生したすぐ後に、細胞のなかで〝発明〟されて生まれ、光合成をする細菌が登場した。細胞内器官を持たない原核段階にある生物で、シアノバクテリア（藍色細菌、藍藻ともいう）である。シアノバクテリアは先カンブリア時代に大繁栄し、大量の酸素を大気中に放出し、オゾン層の〝傘〟を形成し、生物上陸の準備を整えていく。

一方、二十億年ほど前にシアノバクテリアに近縁の光合成をする原核生物が、原始的な真核細菌へ取り込まれ、一次細胞内共生により葉緑体となり、原始紅藻、灰色藻、原始緑藻が海の深みで誕生した。

この原始紅藻からは海の深みまで入ってくる青色光を捉える名人が生まれ、さまざまな紅藻が分化した。灰色藻はなんでもかんでも光を取り込む達人に進化し

注2〔クロロフィル〕
葉緑素ともいい、細胞内器官に含まれる緑色色素。化学構造がマグネシウムポリフィリンで、動物の血液の色素成分であるヘム（鉄ポリフィリン）とよく似ている。それは植物と動物が進化のごく初期に、共通の先祖から分岐してきたことを意味する。

●図1　光合成に役立つ光

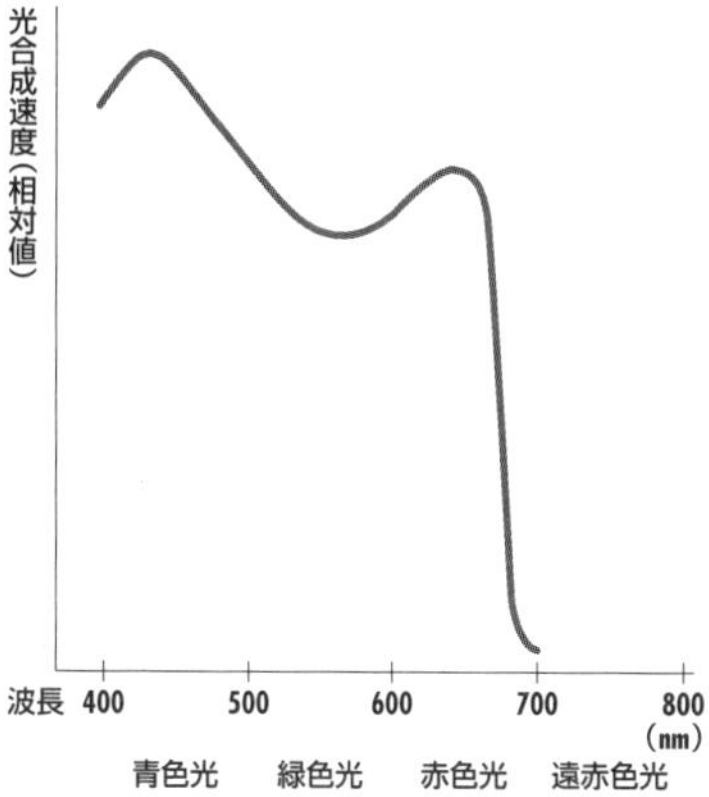

●図2　葉を透過する光

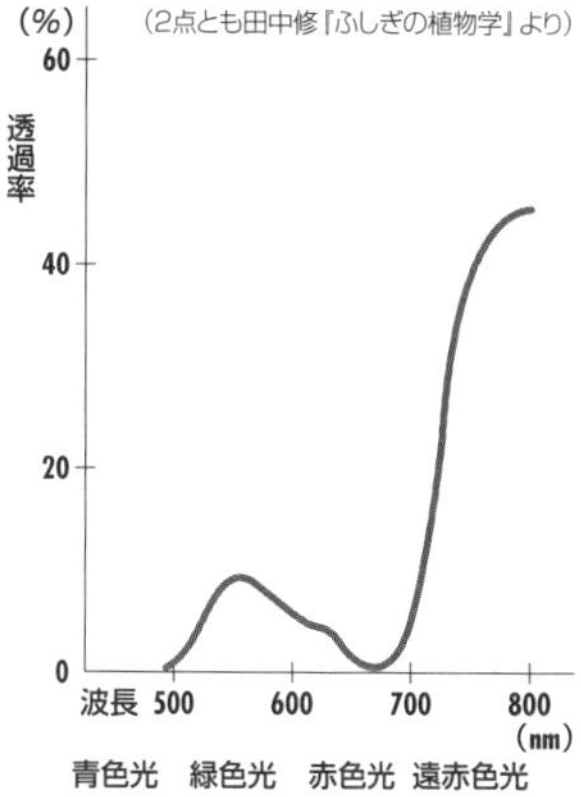

（2点とも田中修『ふしぎの植物学』より）

た。それに対し原始緑藻は暗く濁った緑色で、シオナキサンチンという色素の助けを借りて、ようやくと光合成を続けていた。これらの海藻類がさらに二次、三次と細胞内共生を重ね、多様な海藻の世界が豊かに繰り広げられ、大気中での酸素の蓄積が加速していく。

　原始緑藻のシオナキサンチンはルテインという有機物を酸化して合成される。これができなくなったオチコボレは深い所に棲めなくなり、浅い所に逃れる。それが浅所型の緑藻なのだ。

　かれらのうち、満潮と干潮の間の潮間帯で根・茎・葉という陸上植物の必須条件を開発した緑色植物が、淡水への進出を経て、上陸を果たしていく。

084

花はなぜ咲くのか

Point

植物のなかの「茎」と「根」は生長点。その生長点がつくった茎と葉をまとめて、花ができる。

植物は一本の「無限に伸びてゆく可能性をもっている棒」（新関滋也）のようなものである。ただし、伸びることのできる部分は両端に限られ、細胞分裂が盛んに行われる。その部分を生長点という。

一方の生長点は地球の重力に逆らい、地球から遠ざかろう、遠ざかろうとしているかのような行動をする。反対側のはじっこの生長点は、あたかも地球の重力に引っ張られて、地球の中心に潜り込もうとでもするかのような行動をする。

地球の重力にさからう生長点がつくり残していったものを"茎"といい、重力に引っ張られる生長点がつくり残していったものを"根"という。

それにしても、どうして植物は生長点が二つあるのか。

生物の体の中に、ある方向に沿って働きに違いが出てくることを、「極性ができてきた」というが、植物の体の中に反対の性質をもつ生長点が二つできてくるのも、極性の一つの例。この極性は生長点ばかりでなく、実はつくられていく植物の体に深く滲み込み、植物の体のつくりを決定する基本的な性質なのだ（図1）。

注1〔植物ホルモン〕

ホルモンという言葉は初め動物について定義された。「動物体内の限定された部分でつくられ、他の部分に運ばれて特定の組織の活動に一定の変化を与える物質で、きわめて微量でも作用するもの」──ところが、植物ホルモンといわれるオーキシン、ジベレリン、サイトカイニン、エチレンなどは、必ずしも作られる部分と作用する部分とが別々でなく、作られる部分も限定されていない。そこで、植物ホルモンとは「植物体内で作られる有機物質で、ごく微量で生長やさまざまな生理作用を制御する物質」と定義される。

極性はとても大事なことなのに、どうして生じてくるのか、よく分かっていない。植物ホルモン（注1）の分布が関係していそうだとは考えられているが、その分布を決めているものが何なのか、不明なのだ。

茎の生長点は、伸びてゆく時に茎ばかりでなく、もう一種類の器官をつくり残してゆく。茎や根を棒のようなものとしたが、これは板のようなもの。棒にはふつう裏表がないが、板には裏表が出てくる。そう、〝葉〟だ。

茎は生長点が伸びてゆくにつれ連続的に、アナログに作られていくが、葉の方はポツン、ポツンと一定の間隔と配列で、デジタルに茎の上に作り残されてゆく。

こうして茎が伸び、あるいは枝分かれして植物の形の骨組みができ、その上に新しい葉がつぎつぎに生まれ、植物の形が肉づけされ、青年期が訪れる。葉の細胞の中には葉緑体が含まれ、盛んに光合成をし、自分の体の維持に必要なばかりか、我々ヒトなど全ての生物にとって生きるのに欠かすことができない、炭水化物（注2）や酸素をつくりだす。

だが、青年期の植物にも、やがて茎の生長点に変化がやってくる。今までの生長の仕方が無限志向だったのが、突然、ガラリと変わり、有限の生長しかできなくなる。

茎の生長点を切り取り、人が適当な栄養を与えて育て、大きくなったらまた生

注2〔炭水化物〕
炭素と水が化合したことになる物質。炭水化物には炭素のほかに、水素と酸素が水の割合で、すなわち水素二、酸素一の割合で必ず含まれる。ブドウ糖やグリコーゲンといった私たちの体をつくっている三大栄養素のうちの一つだ。それに対し、炭化水素は炭水化物と言葉が似ているが、炭素と水素だけで構成される化合物の総称。炭化水素は石油、メタン、エタン、プロパンなどといった面々だ。

長点を切り取り、ということを繰り返せば茎の無限生長を続けさせられる（図2）。根の場合も同じで、本来は茎も根も無限に伸びることができるはず。それなのに、そうならず、植物体全体として無限に伸びていけないような原因が何かあり、そのため、有限の生長しかできなくなる、と推察される。

と同時に、生長点でつくられる葉の形、大きさ、色、並び方がすっかり変わり、さらに葉の性質そのものが、今までの葉と全く違ってきてしまう。これまで、互い違いの配列で並んできた葉が、茎の周りに付く輪生という付き方になる。また、これまでは葉と葉の間に、かなりの長さの茎（節間）が挟まり離れていたのに、ほとんど節間がなくなり、葉のつく場所（節）がお互いにくっついたようになってしまう（図3）。

そして最も重要な変化は、葉が本来の役割としてきた光合成の働きがどこかに押しやられ、その代わりに、葉に子孫を残す作業が押し付けられてくることだ。言い換えると、個体維持の栄養本位とする生長点から、種族維持の生殖本位とする生長点への転換が行われる。

このように転向してしまった生長点がつくり残していった茎と葉をまとめて、"花"という。その花を咲かせる植物ホルモン、花成ホルモンがあるに違いないと言われて、六〇年ほど経ったが、未だに発見されていない。

●図1 植物の極性

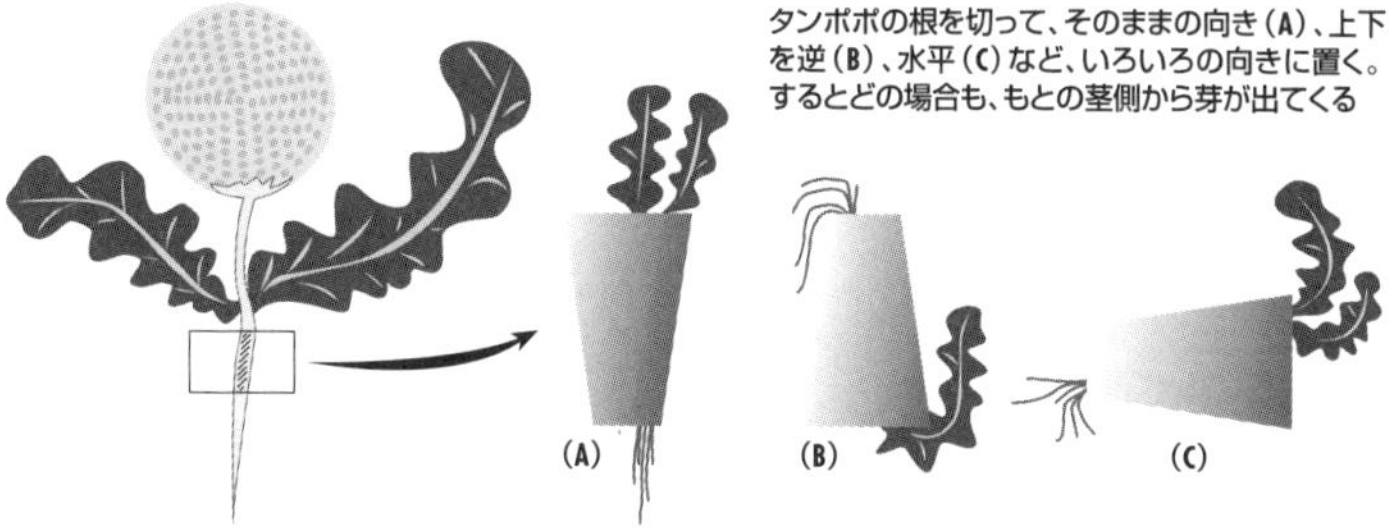

タンポポの根を切って、そのままの向き(A)、上下を逆(B)、水平(C)など、いろいろの向きに置く。するとどの場合も、もとの茎側から芽が出てくる

●図2 芽の無限生長

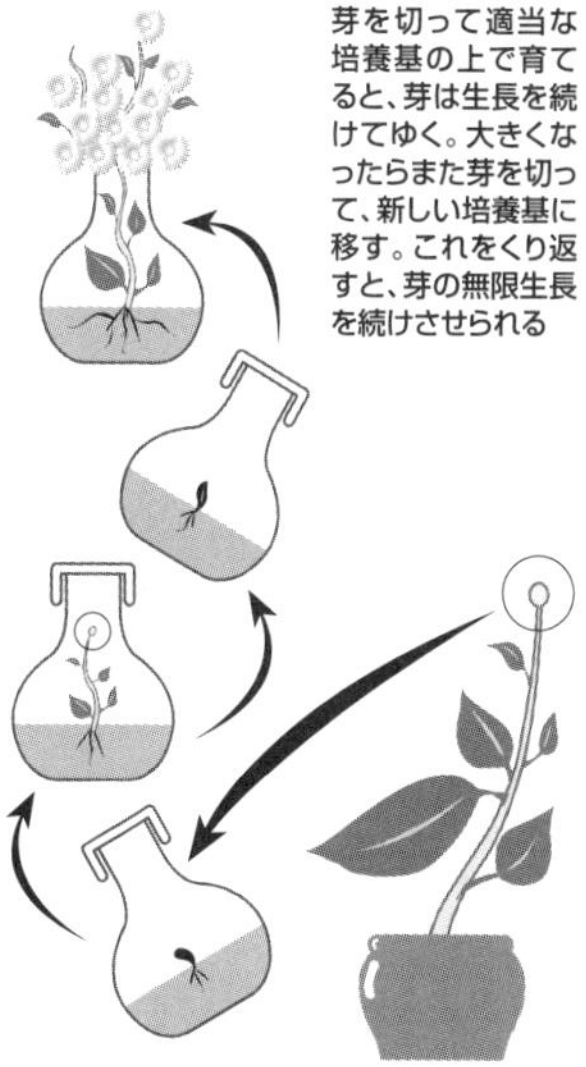

芽を切って適当な培養基の上で育てると、芽は生長を続けてゆく。大きくなったらまた芽を切って、新しい培養基に移す。これをくり返すと、芽の無限生長を続けさせられる

●図3 花を構成する各要素の節間

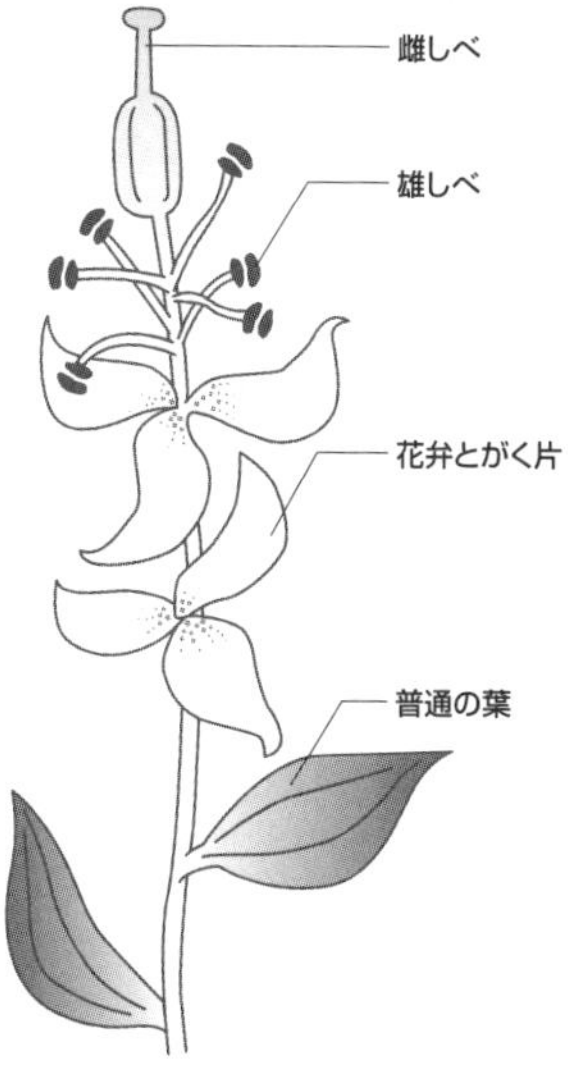

085 木はどうしてできるか

Point
木と草の違いは、草が一次生長でとどまるのに対し、細胞の数を水平方向に増やす二次生長を行なうことにある。

植物は誰でも知っているように草のままのものと、木になるものがある。植物の一次生長は、前項でレポートしたように茎や根の端っこの生長点で細胞分裂が盛んに行われ、重力方向の長さの増大、すなわち一次元の空間を確保しようとする。この場合、茎や根が太くなるのは、主に細胞が水平方向に巨大化することによってなされる。それに対し、細胞の数を水平方向に増やすことで、茎や根を著しく太くする植物も出てくる。それが二次生長だ。

細胞を大きくしたり、数を増やしたりするには原料が必要だ。原料は、光合成で葉につくられるブドウ糖と、根から吸い上げられる水や無機物である。

葉でできた糖は、樹木を包む樹皮の内側部分を通り、下に降りる。一方、根から入った水や無機物は、木部（注1）の外側部分を通って上へ上昇する。この下りと上りの二つのエレベーターに挟まれて形成層という名の工場がある（図1）。

この形成層工場では、細胞の数を水平方向に増やして、幹の細胞を製造する。形成層という特別な名前がついているが、実はこれも細胞の集まり。形成層の細

●図1　栄養のとり方

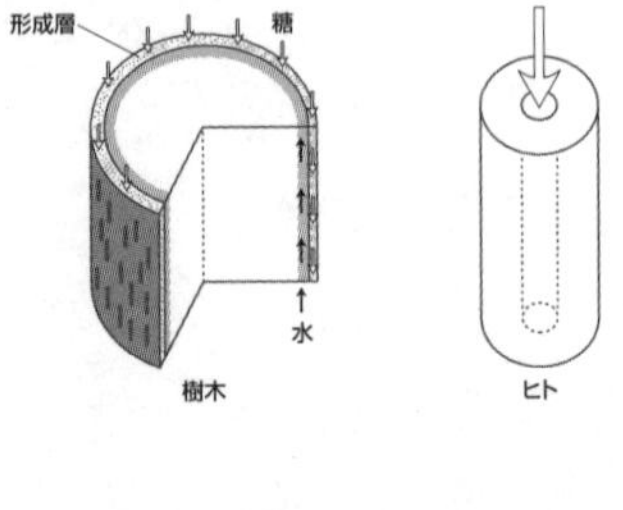

注1〔木部〕
木質部ともいい、維管束のうち水の通る導管や仮導管の集まっている部分。二次生長をする木の茎や根では形成層が新しい木部を内部へつくり、古い木部は木化して材となる。

胞が木の大部分の細胞と異なるのは、細胞分裂が盛んだということだけ。分裂した細胞の一方はそのまま次の細胞を生む母細胞になる。もう一方は外側に送り出されれば、樹皮となる。もう一方が内側に送り出されれば、木部の細胞になる。木部の細胞はさらに分裂して子どもの細胞を作らないが、しばらく生きて大きくなる。もうこれ以上大きくならなくなると、細胞の死が近づく。

樹木以外の植物の細胞の場合、細胞が死ぬとき、細胞を囲む壁、細胞壁は目立つ変化を示さない。ところが樹木の細胞は、それまで薄かった細胞壁を厚く塗り始める。それまでの何倍もの厚さにするのだ。この木質化という作業が、細胞壁を強くし、樹木の幹が何百年もの間風雪に耐えるものにする。

その原料は、葉でつくられ、樹皮の内側を通って運ばれてきたブドウ糖だ。細胞はブドウ糖を使い、主に三つの物をつくり、壁を塗って厚くする。すなわち、セルロース、リグニン（注2）、そしてヘミセロースだ（図2）。

セルロースはブドウ糖を三千個から四千個繋げた形の長い分子で、互いに束ねられやすく、絡まりやすい。束ねられ絡めばもちろん強くなる。

リグニンは、セルロースが繊維であるのに対し、樹脂（プラスチック）だ。樹木はセルロースの束と束の間にリグニンを埋め込んでいく。リグニンあって、木はがっしりしたものになる。その量が木部の二、三割に及ぶリグニンは、木を草

注2〔リグニン〕紙パルプ製造の際には、硫酸水素ナトリウムを使って、リグニンを溶解して取り除き、紙の黄変を防ぐ。

●図2 細胞壁をつくる3つの分子

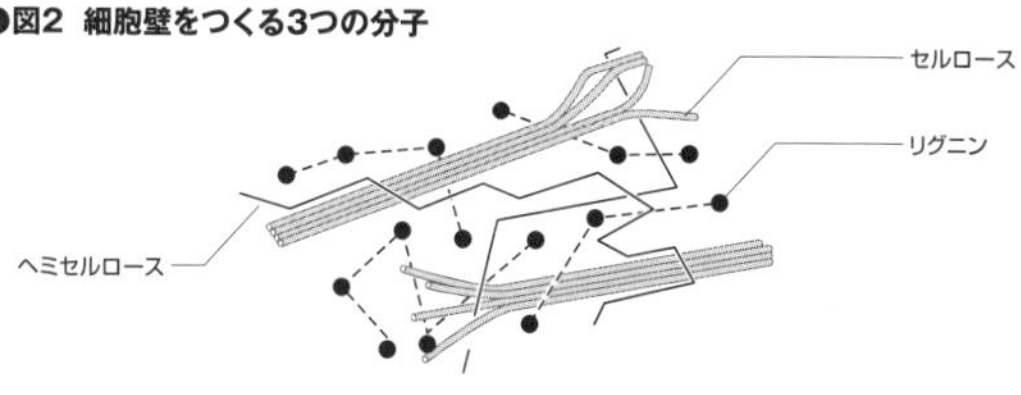

から区別する重要な化学物質だ。

しかしセルロースとリグニンは、水と油にたとえられるほど、性質がずいぶん違う。ふたつを取り持つのが、ヘミセルロースだ。ヘミセルロースは互いが束になるほど、なじみはしない、その分、セルロースやリグニンと仲がよくなり、両方の縁結びをする（図2）。鉄筋コンクリートの鉄筋にギザギザがついて、コンクリートと鉄筋をくっつけているようなもの。

鉄筋コンクリートで高層ビルが可能になったように、セルロース・リグニン・ヘミセルロースの強力三人組は、二次生長で太くなった幹を強くし、一次生長のさらなる天空への伸長を支える。このように一次生長プラス二次成長をする木は、死を組み込むことで、一次生長だけの草よりも、ずっと高くなることができ、光を求める競争で有利に立つことができたのだ。樹木の細胞は、だいたい寿命が短い。春に生まれたものが、夏にはもうリグニンがたまり、死んでしまう。例外が柔細胞といわれる、栄養をたくわえる働きをする細胞。その柔細胞だけが生き残り、呼吸し生命活動をつづける。柔細胞は、年々、幹の周辺から中心に向かい、呼吸が弱まっていくが、十年ほど後に、樹木の種類によっては三十年、四十年後ということもあるが、急に活発になり、樹脂や色素などを作って死ぬ。こうして柔細胞も死んで、幹の木部の細胞はすべて死んだことになる。

086 木は腐らないシステムを持っている！

Point
ヒトの免疫と同じように、木も同じ防御作用を持っている。それはリグニンと生きた柔細胞によってなされる。

樹木は、前項で見たように、細胞の大部分を殺して細胞壁を厚く塗るときに、セルロースの隙間にリグニンを埋め込んでいった。次に残った柔細胞を殺すときは、細胞の中の穴（細胞腔）や細胞壁の表面に、樹脂や色素を詰め込んでいく。樹木はこの木質化と心材化の二段構えで、微生物の攻撃を防いでいる（図）。

木の腐らないシステムは、そうした物理的な防御だけでなく、化学的なものもある。二段目にできる樹脂や色素のほうが一段目のリグニンよりずっと強い防腐作用がある。では、どうして二段なのか。

もし一度に全部の木部を殺してしまうと、根から入った水や栄養分の通り道が木部にあるので、塞がれてしまう。それでは樹木全体が即座に死に至る。仮に全部を殺したとしても、細胞膜にリグニンをつくるだけでは、木部は微生物の攻撃に対し身を守ることができない。それを示唆する実験がある。

切り倒したばかりの幹から辺材の木片を切り取る。木片が呼吸している、つまり生きているのを確かめ、消毒してから、その樹木につきやすい菌を木片につけ

●樹木の成長

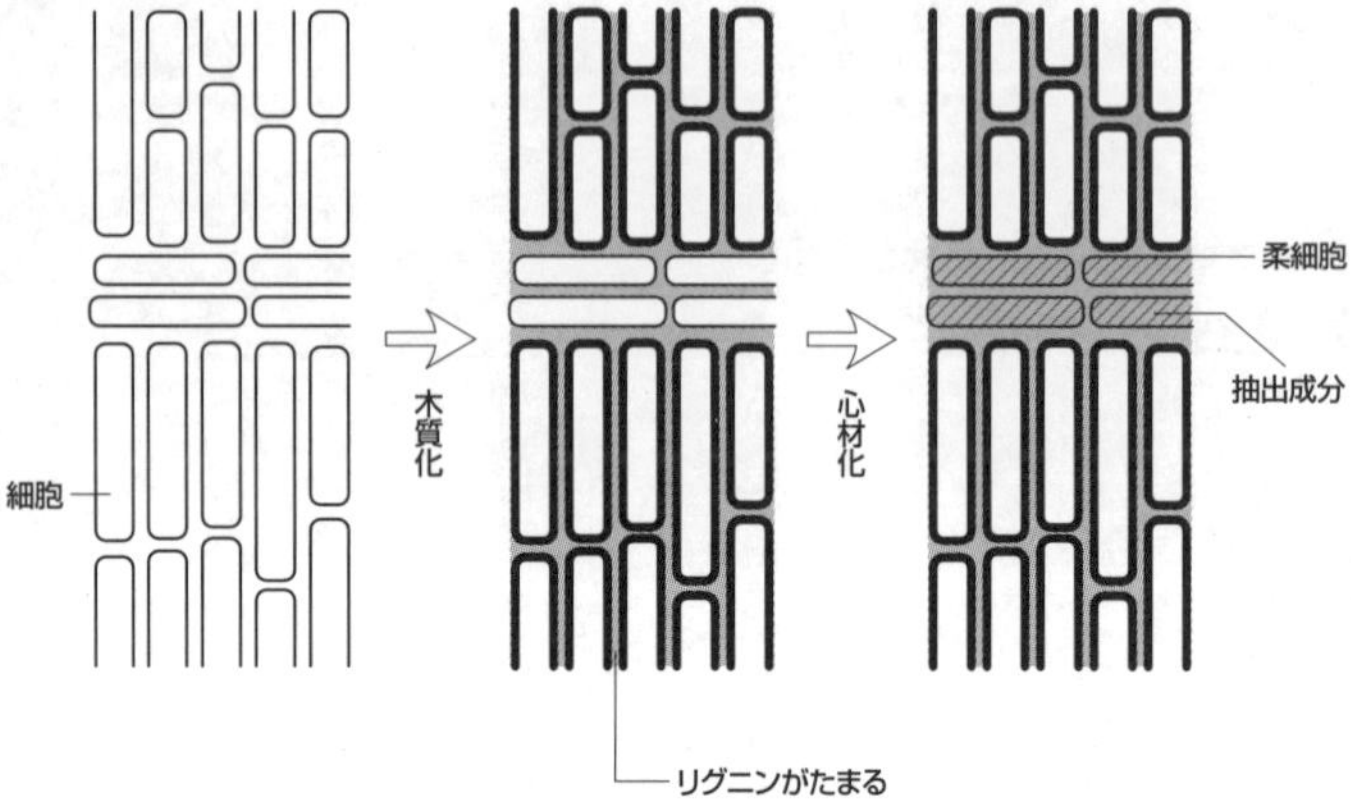

る。それから毎日観察すると、ちょうど菌を取り込むように徐々に色がつき、日が経つにつれ濃くなっていく。それを調べてみると、心材にあるのと同じ色素と樹脂が見つかる。

ということは、細胞壁にリグニンを埋め込むだけでは微生物の攻撃に対して不十分で、生きた柔細胞の力を借りなければならないと言える。

厳重な木の腐らないシステムを突破して、木材を餌にする微生物はごく限られたエリート。担子菌（注1）と言われるものだけが、木材を餌にできる。この菌は、真菌類の世界で最も進化したものとされる。食用キノコは皆、担子菌の仲間だ。木の腐らないシステムがそんな連中を進化させたとも言える。

注1〔担子菌〕
酵母、カビ、キノコからなる真菌類のうち、キノコのこと。真菌類は原生生物界に属する。昔は全生物を動物界と植物界に分けていたが、微生物は両方の性質を兼ねるものが多い、そのため、微生物を第三の原生生物界とする区分のほうが一般に行われている。原生生物界は真菌類のほか、細菌類、藻類、原生動物からなり、すべて単細胞生物だ。

087 ニワトリはなぜ卵をたくさん産むか

Point
毎日のように卵を産むニワトリ。考えると不思議だ。卵を盗られると、すぐその代わりの卵を産み足すという習性に人間が着目したのだ。

およそ四億年前、両生類が上陸したが、卵は魚類と同じように、ゼリーのような膜で包まれただけで水中に産まなければならなかった。水中のゼリー状の卵は絶好の食べ物、虎視眈々と狙うものが無数にいる。それでは困るとばかりに両生類の中に、厚い膜に包まれた卵を産むという突然変異をして、食べられないようになったのが現われた。

三億年ほど前、その両生類から、厚い膜「石灰」質（注1）で硬くした殻を持つ卵が出現した。それが爬虫類だ。卵の殻は硬く丈夫で、乾燥した陸地に繁殖地を求めることができるようになった。しかも、卵には水を含んだ袋（羊膜）ができ、赤ちゃんの基（胚）を守っていた。胚は、殻の小さな穴から外の酸素を取り入れ、卵の黄身から栄養分を摂って生長し、老廃物を便器に当たる袋（尿膜）に捨てた。このような卵を、有羊膜卵という。

この卵のお陰で、爬虫類は陸地の奥まで生活の場を広げ、やがて地上の覇者に発展していく。六千五百万年前、恐竜は絶滅をしたが、大空に舞う鳥類という形

注1〔石灰〕
生石灰（酸化カルシウム）、消石灰（水酸化カルシウム）のこと。カルシウムを意味することもある。なお石灰岩は大部分炭酸カルシウムからなる水成岩（沈積岩）で、有機質起源のものと化学的沈殿により生じたものとがある。前者は炭酸カルシウムからなる生物の遺体が主成分。後者は熱帯あるいは亜熱帯の浅海底で、炭酸アンモニウムが海水に溶けているカルシウムイオンと徐々に反応し、沈殿・堆積したものと考えられる。

で生き残った。いや、いや実は、鳥類の方が先に生まれ、その一部が恐竜になったんだという異説も現われ、なかなかその論議も面白い。

普通、野生の鳥は必ず繁殖期があり、限られた時期に巣を作り、卵を産む。それなのに、どうしてニワトリは毎日卵を産めるのか。

ニワトリを解体してみると、体の中には卵を次々に産める準備が整っている。出口にいちばん近い所にある卵は薄い殻までついている。ところが、その上に黄身に卵白がついたもの、さらにその上には黄身だけのもの、またその上に小さい黄身だけのもの、といった具合でまるで卵生産のベルトコンベアのようだ（図）。

どうしてこんなに卵が産めるようになったのか。

ニワトリの原種は、東南アジアの熱帯林の中で暮らすキジ目キジ科ヤケイ属のアカエリヤケイとされる。アカエリヤケイは雑食で、木の実や種子、それにいろいろな虫を食べる。

アカエリヤケイは繁殖期になると一〇～一二個の卵を産むが、死亡率が高く、おとなになるまで育つのはせいぜい三羽ぐらい。彼らは、いや彼女らは蛇などに卵を盗られると、すぐその代わりの卵を産み足すという習性を持つ。この習性は、アカエリヤケイだけでなく、その仲間はみんな持っている。

この習性に着目したジャングルの知恵者（ヒトのことですよ！）がいた。卵を

●ニワトリの産卵器官

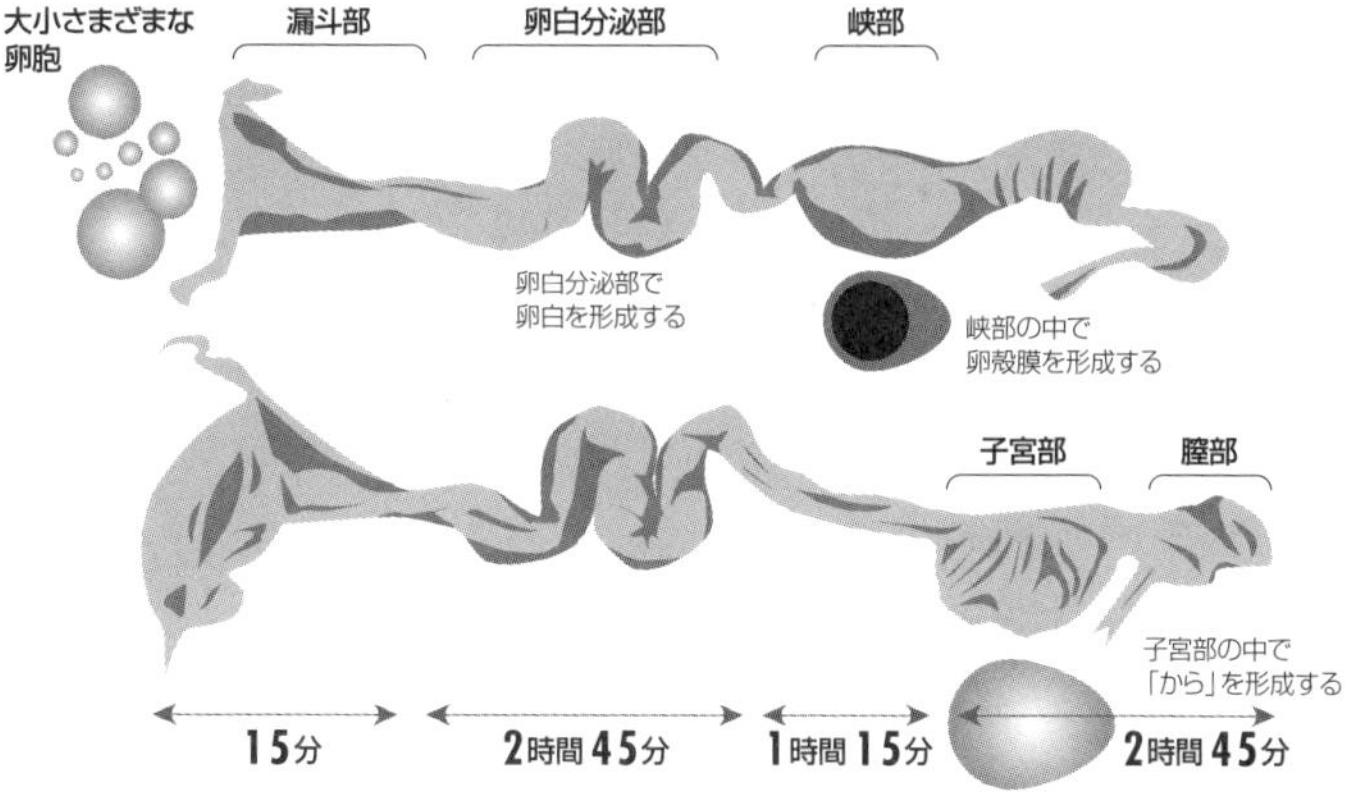

産んだ、そらすぐ卵を取り上げろ、そうすればすぐに補充の産卵をしてくれる。しかし、もし食べ物が不足して十分に栄養が取れなかったら、どんなに補充の産卵をする習性を持っていても卵を産み続けることはできない。

そこで人が餌を与え、その上外敵から守ってやれば、ますます居心地のよい場所になる。このようにして作り出され、品種改良されたのがニワトリだ。一年間に三六五個も卵を産んだニワトリもいる。我々が完全食・タマゴを食べられるのは、もとはいえば東南アジアのジャングルに棲む知恵者のお陰。いや、卵というものを発明した生命進化のおかげかも。

088 恐竜はなぜデカイ？

Point
体の大きさの限界がプログラミングされている哺乳類と違い、爬虫類は一生成長し続ける。恐竜が大きいのは、それに加えて当時の地球環境が影響している。

恐竜は、卵を産む爬虫類の一族である。爬虫類は免疫力が哺乳類より強い（注1）。そのことは、その長寿と深く相関する。長寿は爬虫類に属する恐竜がデカクなる十分条件となる。なぜなら魚類、両生類、爬虫類は一生成長し続け、長寿であればあるほど、大きく成り続ける事ができるからだ。

成長に遺伝的な歯止めの掛かる哺乳類はこの際置いておき、恐竜はどこまでデカクなれるか。ある学者が計算したところによると、どんな陸上動物でも体重の物理的な限界は約百四十トンという。恐竜はデカイといっても、最大級のセイスモサウルスでも推定体重は約四二トンで、物理的な限界にほど遠い。

どうも恐竜の大型化は物理的な制約でなく、大きくなれる環境があったかどうか、たとえば十分な食料があったか、といった生態的な制約の方が重要だったようだ。地球化学的な研究によると、三畳紀後期から白亜紀中頃まで、大気中の二酸化炭素濃度が最大で現代の約一〇倍も高かった。すると植物の生長も早く、多量の植物資源が恐竜の大型化を可能にしただろう。植物は早く生長すると、その

注1
免疫力が強いので、異物である受精卵を一刻も早く排除しようとする。未熟のまま産んでは、種の維持ができなくなる。そのため卵殻を発達させ、隔離したという説がある。

●恐竜の特徴

重い体を支えるためには脚（柱）を太くしなければならないが、体の下に収められる脚（柱）の太さには限界がある。100トンの恐竜は事実上、存在しない（Benton,1993より）

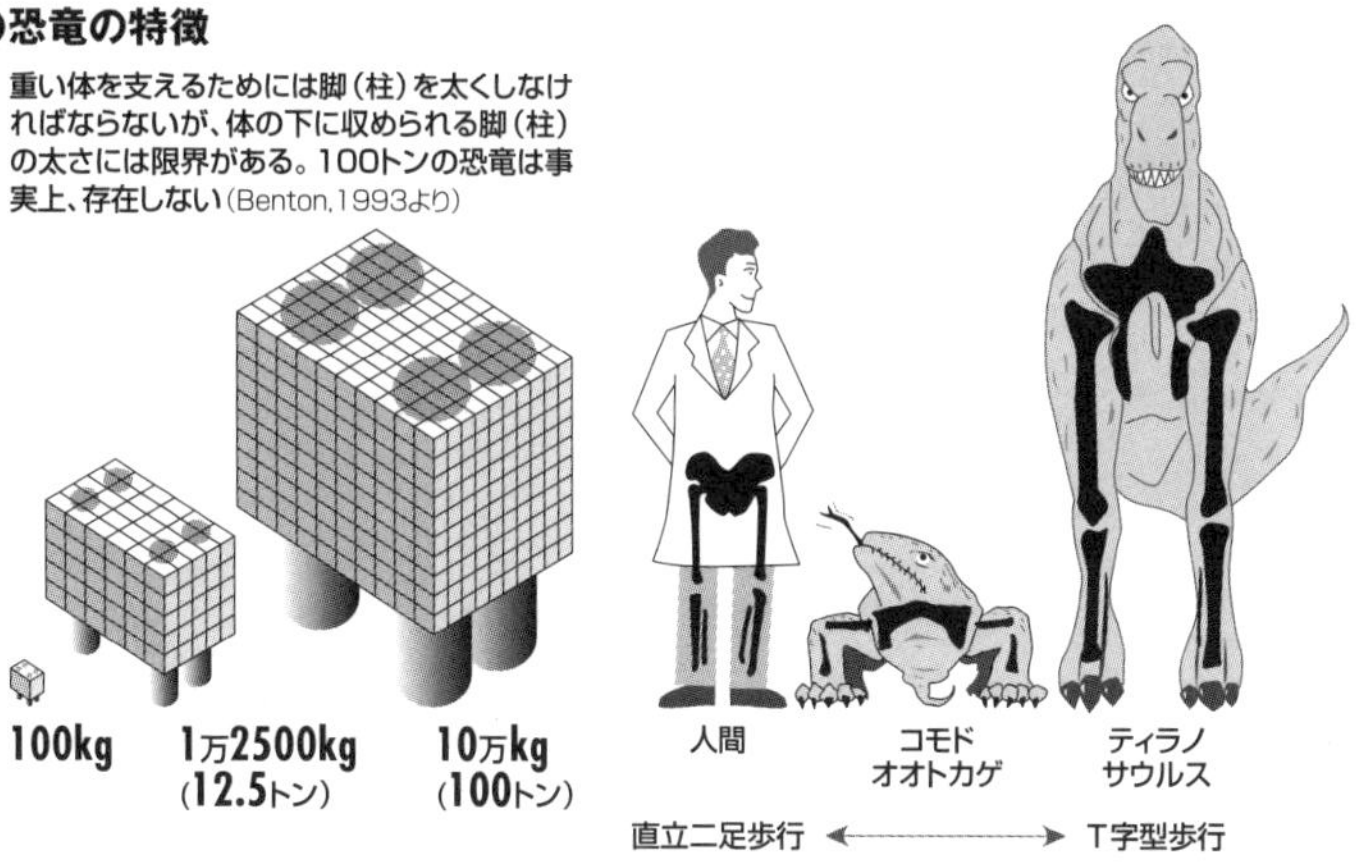

分、葉一枚当たりの栄養価は下がる。恐竜は同じ栄養を得るために、より多くの植物を食べなくてはならなかっただろう。植物食の恐竜は恐竜進化の初期から存在し、植物はほとんど丸呑みで、胃腸で胃石（注2）やバクテリアの力を借り、ゆっくりと消化していた。しかも、堅い植物繊維の消化に時間がかかり、大きな胃腸を持っていたはずだ。胴体が大型化すると、小回りが利かず、長い首が必要なり、それとバランスを取るために、より長い尻尾をもつものが生き残る。恐竜たちが生きた中生代には、超大陸が存在し、一つ一つの大陸が大きかったことも響いたはずだ。最大の種の体のサイズはその生息地の面積に比例するはずだからだ。

注2〔胃石〕
甲殻類のアカテガニでは、脱皮に先立ち、甲皮中のカルシウムが胃に送られ、胃石を形成する。脱皮が終わると、胃石のカルシウムは再び血液中に運ばれ、これを硬くする。草食恐竜の胃石は、食べ物と一緒にぐるぐる回って、食べ物を粉々に細かくする。角がとれて役に立たなくなった石は吐き出し、また新しい石を探して飲み込んだ。ただし恐竜は外に転がっている石を食べて利用していた。丸くなって役に立たなくなると吐き出し、とがった石を探して食べた。

089 鯨を化学する

Point 現在、地球最大の動物が鯨だ。鯨はハクジラ類とヒゲクジラ類に分けられ、餌を捕る器官と戦略が大きく異なっている。

水中で暮らす哺乳類・鯨は、大きく「ハクジラ類」と「ヒゲクジラ類」に分けられる。ハクジラとヒゲクジラでは、餌を捕る器官と戦略が大きく異なる。ハクジラ類は文字通り口内に歯（注1）を持ち、主に魚やイカなどを食べる。ハクジラ類マッコウクジラが水深三〇〇〇メートルまで潜ることができる秘密は、体長の三分の一を占める大きな頭部の中にある。大型の平均四〇トンのオスで、三・二トンに及ぶ油（脳油）が頭部にあって、これが約二九度C以下で固体になり、それより上で液体になる性質を利用することで、潜水したり浮上したりする。頭部はその脳油の入った袋（脳油袋）と、脳油を作る組織でほとんど占められている。脳油袋の中に平たくなった右側の鼻道が通り、左側の鼻道は脳油袋の左外側を迂回するように走っている。また、脳油袋の周囲には密な毛細血管網が張りめぐらされる。

　マッコウクジラは体温が約三三度Cで、通常脳油は液体だ。潜水する時は、二九度Cより低温の海水を鼻腔から鼻道に取り込み、脳油を固体化させる。すると

注1（歯）
実は口器粘膜から発生する器官で、爬虫類以下では、顎の骨以外の口蓋、舌骨、咽頭にも生じるが、哺乳類では上下の顎骨にのみ生ずる。ヒゲクジラ類にも、胎児期に歯が出現するが、これはその祖先が歯のあるクジラ類である証である。歯の基部は骨質のセメント質で、顎の骨と結合される。その外側に象牙質で、表面はほうろう質（エナメル質）だ。ほうろうは陶磁器のうわぐすりで、短時間に焼き上げる。それが歯の表面と同じとは、生体パワーも凄いもんです。

●マッコウクジラの潜水の仕組み

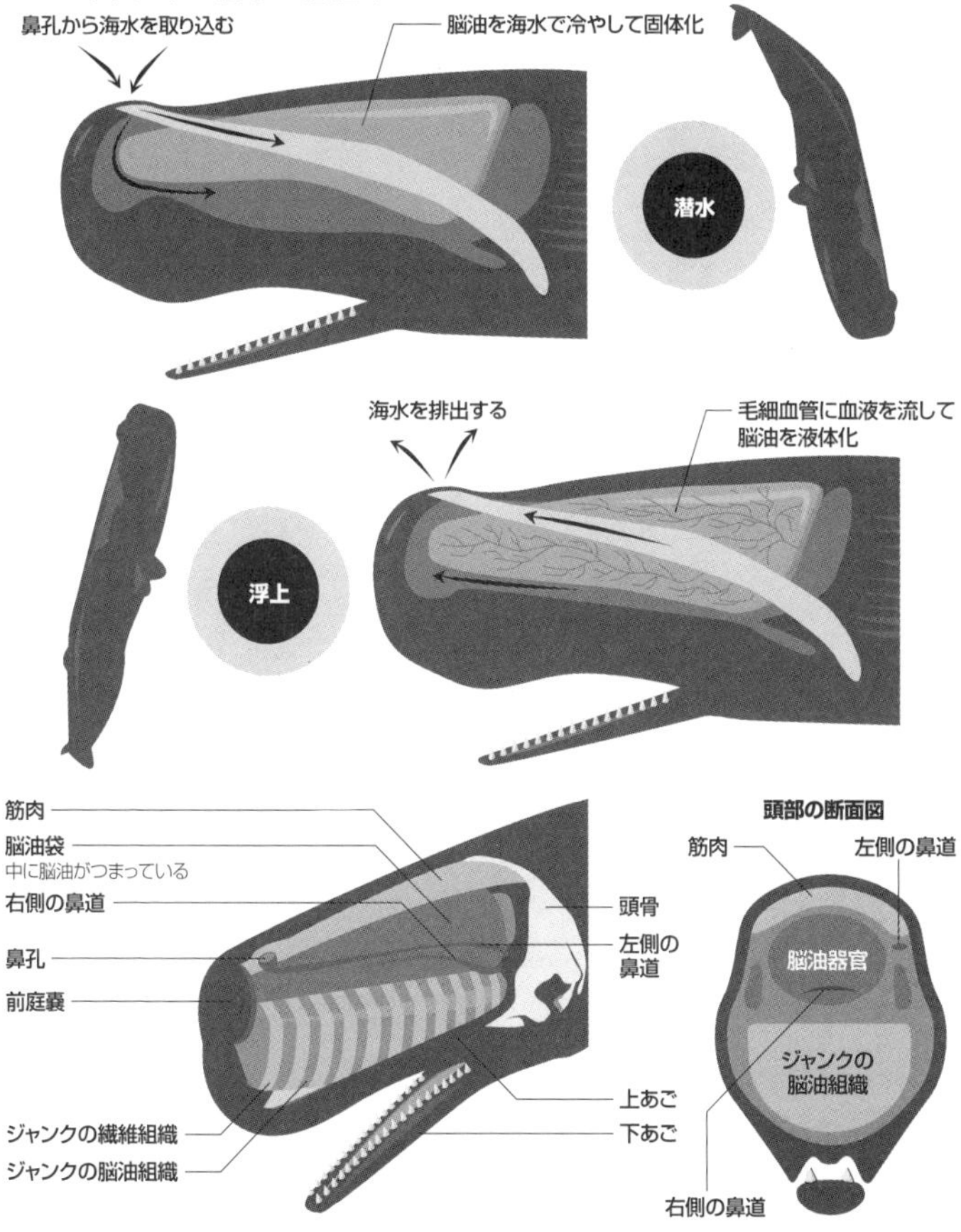

注2〔クジラヒゲ〕
プラスチックのない時代に、ヨーロッパではスカートのコルセットに重用された。また江戸時代のロボット、からくり人形のゼンマイやバネにも使われた。

※地球史上最大の動物
地球史上最大の動物がヒゲクジラの仲間のシロナガスクジラ。これまで発見された個体で、最大三一メートル、体重一八〇トン以上に達する。では、なぜシロナガスクジラは大きくなれたか。

まず、なんといっても水中の浮力で、大型恐竜があれほど苦しんだ地球引力による体重の桎梏を相殺させたことが大きい。それにこれまで述べたように特殊な餌を求めず、身の周りの環境に豊富に存在するものを餌

体積が減り密度が増し、比重が重くなる。同じ重さで体積が減るので浮力が小さくなる。そのため、重心が前方に移動し、頭部が重りとなって、沈んでいく。逆に浮上する時は、鼻腔から海水を出し、脳油付近の血管を拡張して血液を流し、脳油を温める。すると頭部が軽くなり、楽に浮上できる。

マッコウクジラの潜水時間はおよそ九〇分。それができるのは筋肉に大量に含まれるミオグロビンのためで、その総量たるや、マッコウクジラが哺乳類中最大で、陸生動物の約一〇倍ともいわれる。

一方、マッコウクジラのように特殊化するハクジラ類に対し、ヒゲクジラ類は進化の過程で歯を消失させ、脱哺乳類の方向に進化の舵をとり、歯の代わりに歯ぐきを変化させた板状のクジラヒゲ(注2)が、上あごの内側に二〇〇枚から三〇〇枚生やすようになった。しなやかで薄く、細長い三角形状で内側の縁が繊毛のようにささくれ、重なり合い、内面が〝ざる〟の目のようになっている。このクジラヒゲの〝ざる〟こそは、密集した小さな生き物を効率よく食べられるように特化したヒゲクジラ類に独特な器官である。

ヒゲクジラは、このクジラヒゲの〝ざる〟を駆使して、ハクジラより食物連鎖の段階を一段切り下げ、大量にいる動物プランクトンや群集性の小魚類を大量にすくい取るように摂取する。

にし、しかもそれを大量に摂取できる口器を進化させたことも必須の要因だ。そして、夏に餌の豊富に発生する高緯度域に回遊して集中的に餌をとり、冬にはリスクの少ない温帯域で繁殖するサイクルをとる、というように地球の周期(四季)に生活様式を効率的にマッチさせたことが、何より重要だ。そのサイクルを維持するために、体を大きくしてエネルギーの貯蔵と体温の保持をはかる必要があったからだ。

090 ヒトの心には化学的な基礎があるのか

Point
ヒトは遺伝子によって支配される限り、自己複製によって再生産される運命だ。それが生命というものの性格に大きな影を落としている。

ヒトは遺伝子によって支配される限り、自己複製によって再生産される運命だ。それが生命というものの性格に大きな影を落としている。

生物としてのヒトは遺伝子によって支配される。遺伝子は核酸（※）から成る。核酸は長い鎖状の分子だが、鎖から分子の構成分子である四種類の核酸塩基が突き出しており、その配列が分子ごとに独特である。言い換えると分子が個性を持ったことになる。なお、塩基とは、水に溶けるとアルカリ性を示す物質として広く理解しておきたい。

三十数億年前の太古の昔、原始の海に誕生した「原初の核酸」は、特別な能力を持っていた。分子が他からの助けを借りないで、自分の手で自分と全く同じ分子を合成するという能力だ。どうして、このようなものが誕生したかは、十分には分かっていない。

ともかく自己触媒という不思議な性質で、自己複製によって再生産しようとしているのは、自己としての個性であり、他の個性ではない。これは将来に個性同

※核酸
ヌクレオチドが多数結合した高分子化合物。細胞の核から発見され、酸性であるのでこの名がついたが、細胞質中にもある炭素、酸素、水素のほかに窒素、リンを含む。DNAとRNAの二種類ある。

士のせめぎ合いを招き、どこまでもエゴを貫こうとする慣性を生命活動にもたらす。「それが生命というものの性格に大きな影を落としているというのが、生物学としての主張である。」（木下清一郎）

核酸分子の自己複製は地表にできた水溶液の中で始まっていたが、やがてそれまで周辺の環境に潤沢にあった自己複製のための素材やエネルギーが消費され、しだいに乏しくなっていく。その時、今のところ十分には解明されていない偶然の理由から、溶液の一部分がある種の膜によって区切られた。おそらくコロイド（注1）状態のものがコアセルヴェート（注2）を形成したのだろうとされる。

この膜の内部では、核酸の複製が出来るような仕組みを保つことができ、外部では複製の条件が失われ、複製は不可能になった。この内界と外界の峻別する膜による囲い込みこそ、細胞の誕生であり、原初生命の誕生の瞬間だ。

生命が誕生して長い時間が経つと、多くの細胞が集まった個体が出現する。個体として生きるほうが、細胞として生きるよりも生存に適していたからであろう。

多細胞の個体では、生物体にとって不可欠な条件となっていたエネルギーや物質、情報の取り込みが、分業の体制で分化した細胞で分担され、効率よく処理されるようになった。エネルギー・物質の摂取にかかわる系としては、消化、吸収、排泄などの各器官系を持ったし、また情報の受容にかかわる系としては、内分泌、

注1〔コロイド〕
物質が分子やイオンになって液体中に分散したものを液体というが、分子やイオンより大きい微粒子になり、液体中で凝集したり、沈殿したりすることなく、分散状態を保つ時、コロイドという。膠質ともいう。細胞の中の原形質中のタンパク質、核酸、脂質などは水の中に分散し、コロイドとなっている。

注2〔コアセルヴェート〕
コロイドの状態にある物質が液滴となり、周囲と境界を持つ状態になったものをいう。

●表2 情報の記号化の比較

神経系	電気的信号としての伝導	化学的信号としての神経伝達物質	細胞反応としてのシナプス形成
免疫系	×	×	細胞反応としての異物認識
内分泌系	×	化学的信号としてのホルモン	×

●表1 情報処理能力の比較

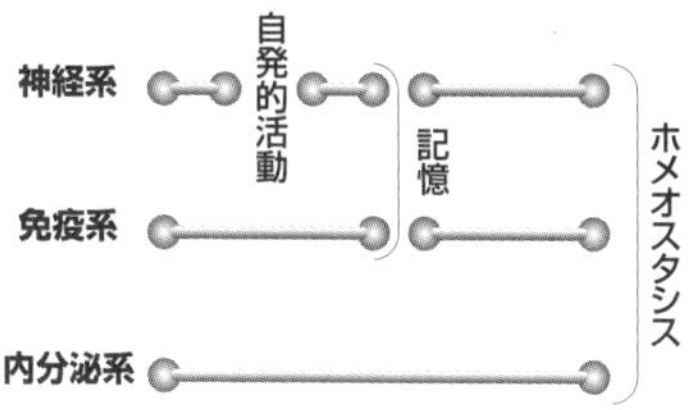

表1 表2とも木下清一郎『心の起源』(中公新書)を修正

免疫、神経などの各器官系を持つといった具合である。

　地球の海起源の生命体には必ず外界との間を区切り、自己の領分とし、それを維持しようとする性質がある。そのために外界に対する反応の一つとして、外界が変動しても、これに逆らい自己領域の環境は不変に保とうとする傾向がある。この能力を生物学ではホメオスタシスという。この能力は内分泌、免疫、神経の各系のいずれにも備わる。

　だが、外界に対して積極的に反応するために、外界に起こった変化を記憶し、将来に再び起こるかもしれない変化に向けて適用する能力は、免疫、神経系の二つとなる。さらに過去の経験を組み合わせ、まったく未知のものに対し積極的に働きかける自発的活動ができるのは、神経系のみだ（表1）。

ところで、外界の変化の情報は記号に変えられてはじめて、生物体に受容される。免疫系、内分泌系、神経系の三つは、それぞれそれなりに情報を記号化している（表2）。それぞれの器官系で働く記号は機能に応じた特異性をもつが、進化の糸で互いに繋がり、分子のレベルまで奥深く辿れば、おそらくは細胞としての情報交換の手段、一種のコミュニケーションに達する。

これらの記号の中で、新しい情報を蓄積したり、新旧の情報を照合したりする働きでは、神経系がとびぬけて有利。記号の体系の単純さと、それによる記号の照合の迅速さは、他と比べようもない。それこそヒトの心の座が神経系にある大きな理由の一つである。

ヒトの心が生み出すに到った地球規模のコンピュータ・ネットワークに、もし心が宿るとしたら、それはヒトの電気的信号が生体内で化学的信号や細胞反応との繋がりのしがらみから解放されて、金属内の電流や空間に広がる電磁波の自由を獲得し、宮沢賢治のいう「あらゆる透明な幽霊の複合体」となり、巨大な「因果交流電灯のひとつの青い照明」となるのではあるまいか。

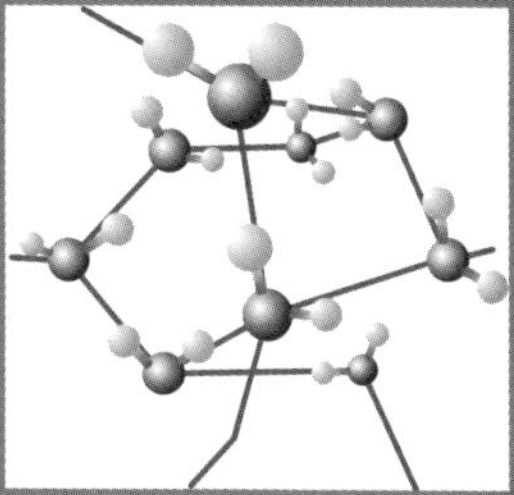

091
▼
100

第10章

自然の謎を化学する

091 海の水がしょっぱいわけ
092 海水はなぜ染み込んでいかないのか
093 火山はなぜ噴火するのか
094 地球ってどんな星なの
095 地球はどうして生まれたの
096 太陽はなぜ輝いているのか
097 オーロラって何?
098 彗星はどこからくるのか
099 石炭はなぜ地球の地下に埋まっているの
100 ものはなぜ燃えるのか

091 海の水がしょっぱいわけ

Point 海水が塩辛いのは塩類を含む陸地のさまざまな岩石などの鉱物が川の流れで運び込まれているからだ。

海の水は、塩辛い。それこそが海水の特徴とさえいわれる。文字通り、海の水には食塩（塩化ナトリウム）が含まれる。しかし、その他にもいろいろな塩《えん》類（注1）が溶け込んでいる。

海水一キログラムを蒸発させると、全体で三五グラム程度の塩類が残る。その塩類を成分で分けると、塩化ナトリウムが全体の約七八％を占める。ついで塩化マグネシウムが約十％、硫酸マグネシウムが約四％、硫酸カルシウムが約四％弱、硫酸カリウムが約三％、そして炭酸カルシウムが約一％弱といったところだ。

こうした海水中の塩類は、陸地のさまざまな岩石などの鉱物が空気にさらされ、くずれて風化したものが川の水に混じり、流れに運ばれ、海に流れ込んだものだ。塩類以外のさまざまな物質も混じって海に運ばれるが、それらの中でも塩類の含有量が多いのは、塩類が化学的に安定な物質だからだ。一度海水に溶け込むと、長い年月の間、海水中にたまる。そのため、河川から供給された微量な塩分が蓄積され、しょっぱい水になった。

注1〔塩類〕
塩（えん）の一族。塩（えん）は塩酸と塩基の中和反応によって生じる化合物で、水とともに生成することが多い。塩はまた酸の陰イオン成分、塩基は陽イオン成分を生じる。塩類のうち、塩化ナトリウムを食塩といい、塩（しお）ともいう。

〔死海〕
イスラエルとヨルダンの間にある死海は、魚が棲んでいないし、人が泳ぎもしな

●海水中の塩類（化合物別）

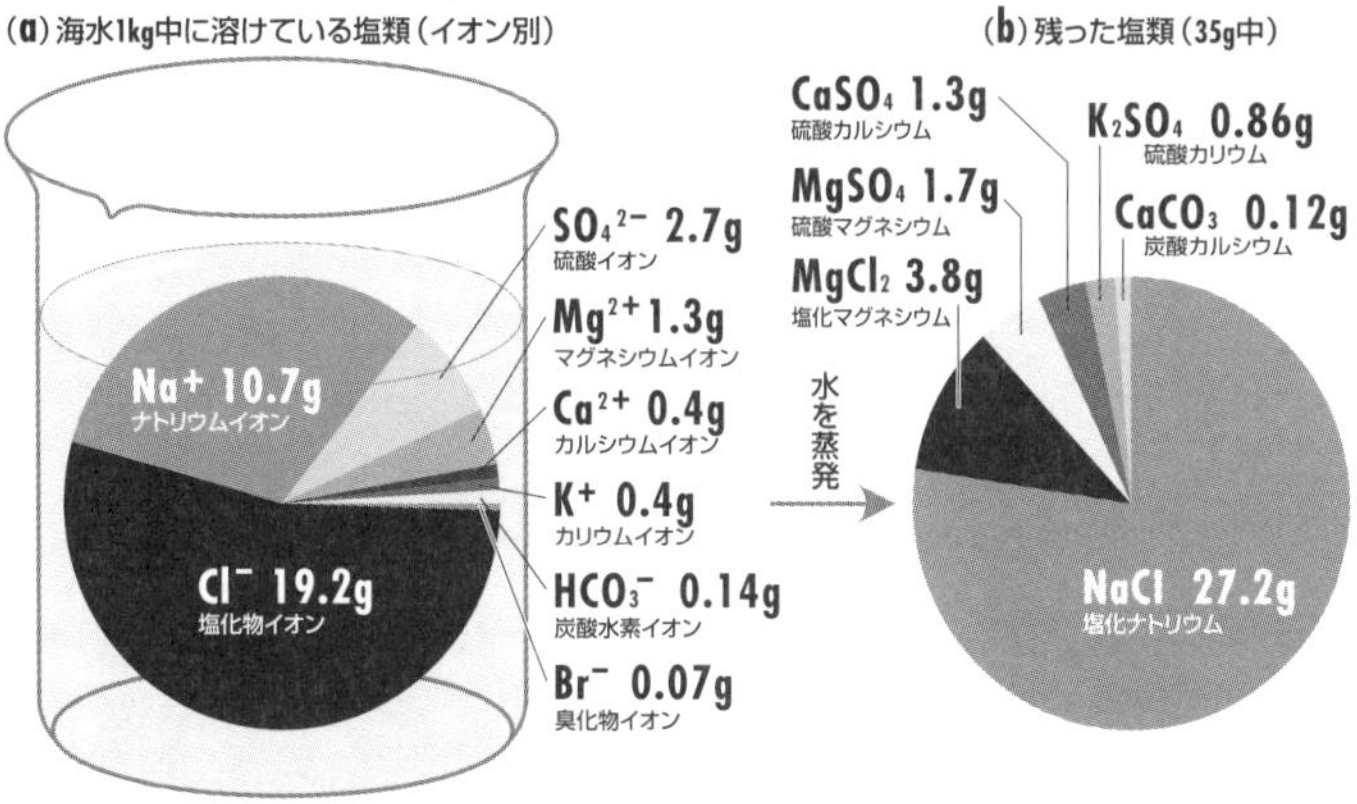

一方、河川水は塩分を海に残して蒸発し、再び陸地に戻り塩分を海に運ぶ。それなら、海水はどんどん塩辛くなっていくはずだが、生命が誕生した約三十五億年前に既に、海の塩分濃度は現在と同じ。

どうして、どんどん塩辛くならないのか。余剰の塩類は海底に沈殿して、塩分濃度が保たれるのではない。飽和状態より、ずっと薄い濃度で定常状態が保たれているからだ。最近の説によれば、それらの塩類が海水などと化学反応を起こし、鉱物を生成し、その一部が堆積することで除去され、定常状態を保っているという。

いのに浮いていられる。塩分が多いからだ。ヨルダン川など七つの川が流れこみ、水のはけ口がなく、熱帯で日照りが強く、雨も少なく、水分の蒸発を早め、河水の成分だけが濃くなっているのだ。死海へは毎日六五〇万トン水が流れこみながら、蒸発が激しく、水面が少しも高くならない。

米国ユタ州にも、塩分を海水の四倍も含むグレート・ソルト湖がある。やはり流れ出る口がない。

南極大陸には、海水の六倍も塩分を含む、世界一濃いといわれるドンファン湖がある。塩分が多いので不凍湖だ。塩分の主成分は塩化カルシウム。新しい鉱物なので「アントアクサイト（南極石）」と名づけられた。

092

海水はなぜ染み込んでいかないのか

Point
海の水は減ることもなく、海底に染みこんでいかないように見える。しかし、実は鉱物が生成されるときに閉じこめられているのだ。

実は海水は海底に染み込んでいっている。というと、海水がザアザア漏れていっているシーンを連想されたかもしれないが、もちろんそうではない。海水が海底の堆積物にゆっくり、じっくりと染み込んでいくのだ。

海底にはいろいろなものが堆積する。貝殻、サンゴ、珪藻《けいそう》、いろいろな植物などといった生物の遺体、岩塩や石膏など水溶液からの沈殿物、軽石や火山灰など火山噴出物が転がり溜まっていく。あるいは地表に露出していた岩石が風化して生じた岩石片や鉱物片や粘土鉱物が風に吹かれ、川に運ばれて海底に堆積する。

これらの堆積物は堆積し始めた頃は粒子の間に隙間も多く、固まっていないが、だんだん上に堆積物が積み重なってくると、隙間も減り、また新しい鉱物ができて、次第に硬い堆積岩になっていく。その際、硬い堆積岩からはちょっと想像できないが、それでも残る粒子間の隙間に水が入るし、あるいは緑泥石《りょくでいせき》などの粘土鉱物、蛇紋岩《じゃもんがん》（サーペンティン）など含水鉱物が、化学反応して生成する時に、鉱物の結晶格子の中に水が閉じ込められる。

注1〔火山活動との関係〕プレートが海嶺の下から湧き上がってくる時は、高温で比較的軽く柔らか。しかし、海底を旅している間に、プレートは冷えて、重く硬くなり、日本の手前でマントル（※）に沈み込んで行く。その際、海水を含んだ岩石ばかりか、堆積したばかりで水をたっぷり含んだものや、海水そのものをも引きずり込んでいく。日本列島を含む環太平洋火山帯の派手で危険な火山活動は、海水が染み込んだプレートの沈み込みによって起こり、日本列島をも生み出したといえるのだ。

●海水中の塩類（化合物別）

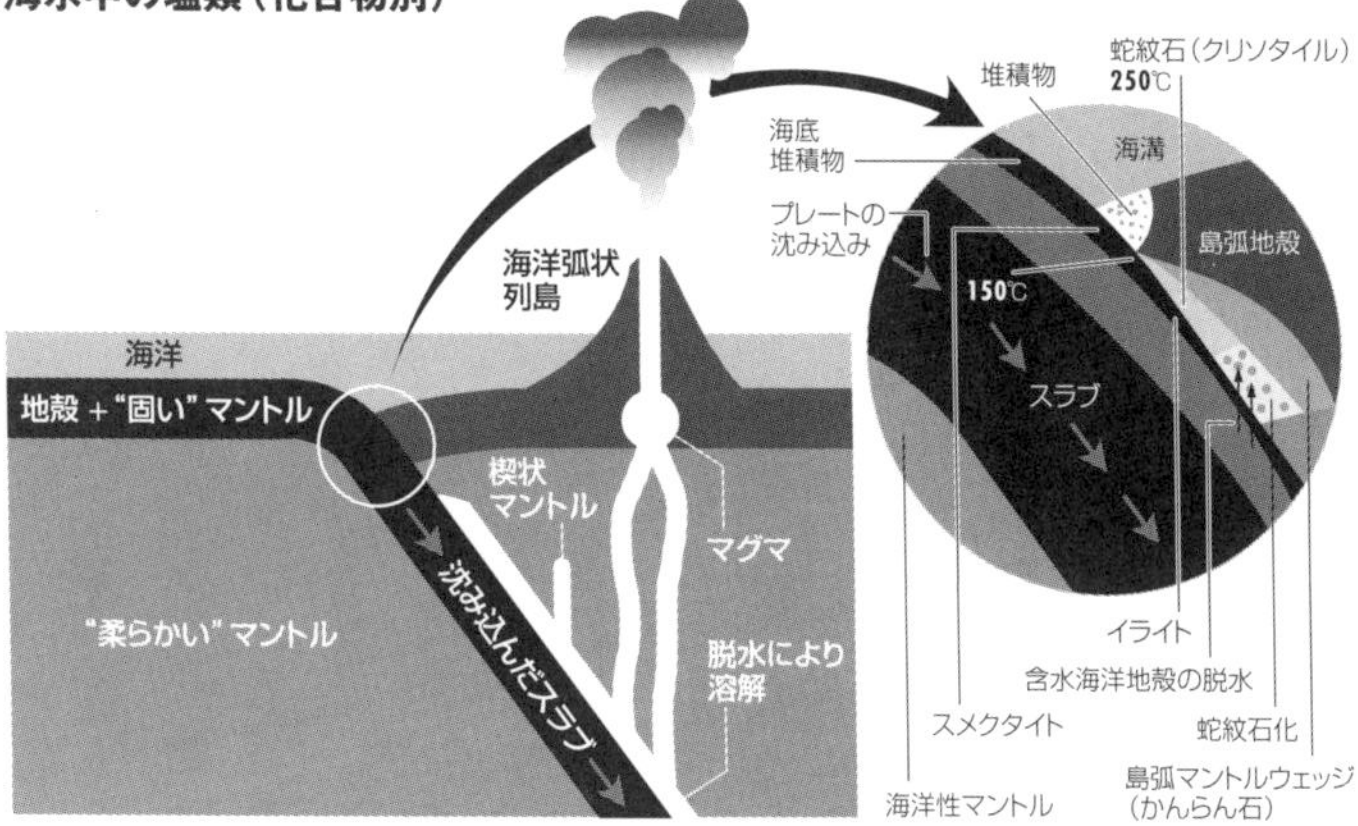

海水が既にある岩石に染み込んでいくのではなく、堆積岩が生成する時に組み込まれていくのだ。しかし、岩石の生成する時に水が閉じ込められていくにしても、その量はたいしたことはないのでは、と思われるかもしれない。

だが、そんなことはない。堆積岩がその上で生成される海のプレートは、ものすごく広い。その中でも地球上最大の太平洋プレートは中央海嶺で生まれて西進し、日本海溝や伊豆―マリアナ海溝に沈み込むまでに、およそ一億年かかる。一億年かけて海の底を移動するからには、海のプレートに、海水と反応して粘土鉱物など水を含む鉱物がたくさんできるのも、当然といえば当然なのだ（注1）。

※〔マントル〕地球は半熟卵に似ている。卵の殻に当たるのが地殻。白身がマントル。黄身が核だ。地殻とマントルの上層部分を合わせて、プレートという。プレートは硬く剛体だが、その下は剛体でなく比較的柔らかだ。

093 火山はなぜ噴火するのか

Point 火山の噴火はマグマによるもの。マグマ溜まりに溜まっているマグマが、限界を超すか、プレートの移動などによる外からの力を受けると上昇を開始する。

地下からマグマが上がってきて地表に噴出すると、火山の噴火が起きる。マグマというのは、珪酸（注1）を多く含む、どろどろに溶けた高温の液体部（メルト）と、それに混じる少量の結晶から成り立っている。

マグマが地下で固結するか、地表に出たものが溶岩だ。マグマは地表に流出すると、急冷して固まるので、大きな結晶ができず、細かな鉱物が集合したか、あるいは結晶しないガラス質の岩石になる。それが火山岩だ。

火山の地下、数キロメートルから一〇キロメートルほどの深さの所に「マグマ溜まり」と呼ばれるマグマのプールがあり、ここからマグマが上がってくる。マグマはここで作られるわけではない。

マグマのおもとは、地下深くにあるマントルの岩石が融けてできる。マントルは、地球・半熟卵の白身の部分。殻は我々が生活している地殻、黄身が核だ。黄身の核にはどろどろに溶けた金属の鉄がある。それに対し、白身のマントルは「橄欖岩《かんらんがん》」と呼ばれる岩石でできている。橄欖岩の主な要素は、珪酸イオン。こ

注1〔珪酸〕
二酸化珪素SiO_2、シリカともいう。なお、電子工学で使われるシリコンは、化学では珪素のこと。シリコーンは、シリコーン樹脂などのシリコーンと紛れやすいが、有機珪素化合物のこと。

注2〔マントル対流〕
地球は中心ほど熱く、その熱が表面まで運ばれる。そのエネルギーの流れが対流活動を引き起こす。物質は暖められると膨張し、密度が下がり、浮力を得て上昇する。マントルは固体だが、億年というタイムスケールでは流体のように運動している。この運動をマントル対流という。やがて、それは海洋地殻となって、大陸地殻とぶつかり、その下に沈み、マントルと同化する。

●図1 海嶺でのマグマの発生と海のプレートの誕生

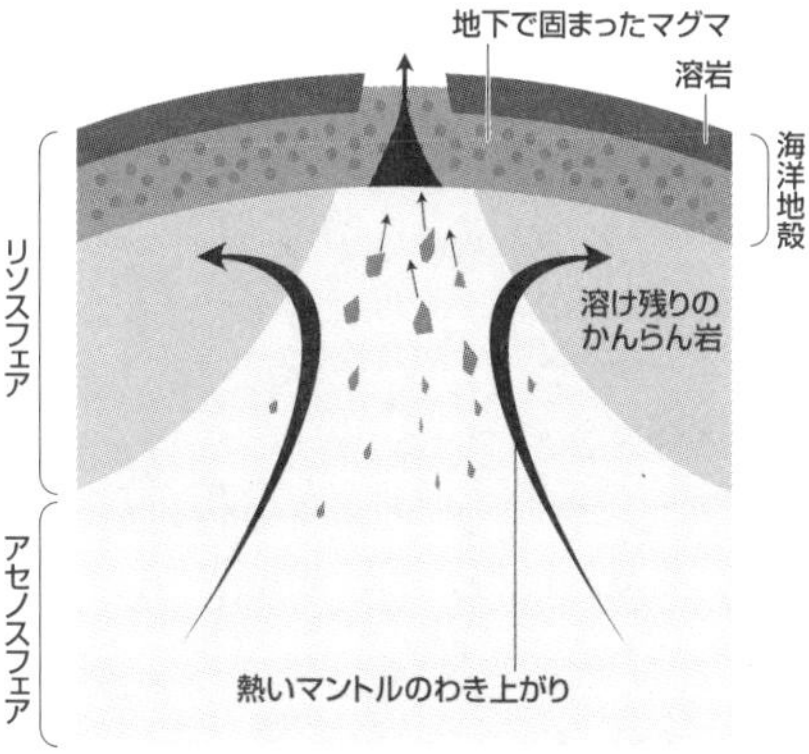

●図2 島弧でのマグマの変身

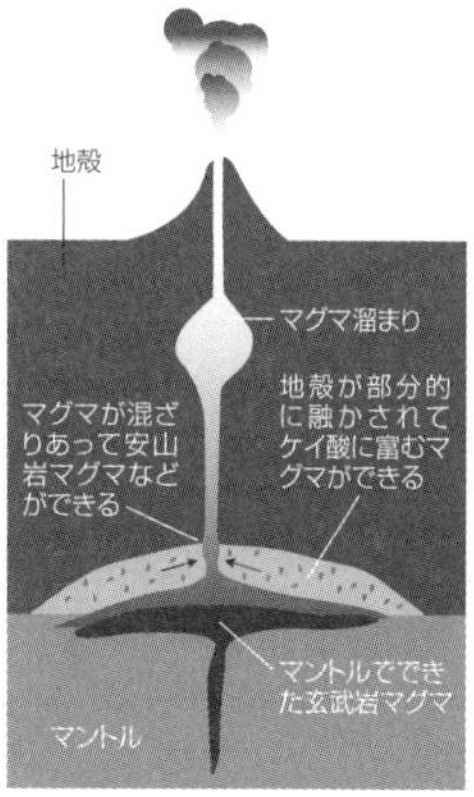

の珪酸イオンが地球の岩石の世界で千変万化、多彩な活躍をするが、まず一個が単位となって橄欖岩となり、地球誕生の始原物質となり、今ではマントルを形作っている。この橄欖岩が地下で融けてできるのが、マグマだ。

マグマはできる場所によって、その種類が違ってくる。マグマのできる場所は大きく三つある。一つは、「海嶺」と呼ばれる海洋底にそびえる巨大山脈の地下。二つ目は日本のような「島弧」とよばれる場所。三つ目はハワイのような「ホットスポット」とよばれる場所。

海嶺では、地下深いところの熱いマントル物質が、地球内部のマントル対流（注2）の上昇で、軽くなって湧き上がっている。すると、圧力が下がり、それまでは柔らかではあるが、固体であった橄欖岩が部分的に融け始める。

橄欖岩が二〇%くらい融けると、融けてできたマグマと、融け残りの部分とが分離してしまう。マグマの方が圧倒的に軽いからだ。その後、融けたマグマは浅い所まで上昇し、海底に噴き出したり、地下で固まったりして海の地殻を作る(図1)。マグマは冷えて固まると、茶褐色から黒色の岩石になり、玄武岩と呼ばれる火山岩となる。この玄武岩を作るマグマが「玄武岩質マグマ」だ。

これらのマグマがマグマ溜まりに溜まっていき、ある限界を超すか、プレートの移動などによる外からの力を受けると、さらに上昇を開始する。

マグマが爆発するのは、水蒸気や二酸化炭素、二酸化硫黄などの揮発性成分がマグマに含まれているためだ。揮発性成分は高い圧力の下では、マグマ中に多く溶け込んでいる。マグマが上昇するにつれ、マグマにかかる圧力が下がるので、揮発性成分が分離して、泡立ち、ガスになる。

水は水蒸気になると、何百倍にも体積が増加する。この気泡を含んだマグマは上昇すればするほど、圧力が減少し、ますます膨張しようとする。いっぽう岩盤に囲まれた地下ではスペースが限られ、狭いところに閉じ込められたマグマの圧力はいや増し、やがて大爆発が起きる。

094 地球ってどんな星なの

Point 地球は太陽系で唯一、生物圏を持つ。それは海と大陸を持ったことに大きな要因がある。

太陽系をつくる物質は非常に単純化していうと、四つ。金属、岩石、氷、ガスだ。たとえば地球の中心にあるのは、鉄とニッケルの合金。次にマントルや地殻は岩石。三つ目の氷は、水の氷であったり、メタンの氷であったりする。

さて、水は氷として、太陽系に限らず銀河系にもたくさんある、ありふれた存在だ。地球が太陽系でユニークなのは、唯一、天体の表面にむき出しの形で液体状態の水、すなわち海があるということなのだ。

地球は今では一つの天体だが、地球になる前は無数の小天体だった。無数の小天体が衝突を繰り返し、一つの天体に集まる時に位置エネルギーを解放し、熱くなる。最初、地表にはどろどろに煮えたぎるマグマがあり、その上にガス化しやすい物質が「原始大気」として地球を覆う。この生まれたての火の玉地球は熱かったが、だんだん熱を宇宙空間に発散し、冷えていく。

火の玉地球の状態から少し冷えると、マグマの海の表面に薄皮のように地殻が生まれ、主に水蒸気が含まれる原始大気が冷えると、水蒸気が凝結し、雨となって地表に降り注ぐ。年間降水量一〇メートルの雨が一〇〇〇年も続き、海が誕生した。全面が海原だけの地球がしばらく続く。

この海の惑星状態では、海から水が蒸発し、大気中で凝結し、その際大気中の二酸化炭素を溶かし込み、雨となって海に入る。しかし、水の蒸発のときに二酸化炭素も蒸発するので、全体としては大気中の二酸化炭素の量に変化はない。この状態で太陽が明るくなっていくと、地表温度は上がっていく。そのままだと、二酸化炭素の温室効果によって、海が蒸発してなくなってしまう。実際にそれが金星で起こったと考えられている。

地球では幸い、金星のように海がすべて蒸発してしまう前に、大陸地殻が生まれ、海の上にぽっかり顔をのぞかせた。そのため、大気中の二酸化炭素の量を調節する二酸化炭素の循環メカニズム（注1）が生まれ、地球に海が存続できた（※）。大陸が生まれると、海が安定して存続できるので、地球表面の環境が安定し、海の中に原始の生命が生まれた。

しばらく経って、それよりずっと大きい太陽からのエネルギーを使って、自分に必要な物質（有機物）をつくる光合成反応が生まれた。その効率は非常によく、光合成生物の量は増大し、生物圏という物質圏が生まれた。こうして海と陸と命あふれる星・地球が、いまここにある。

注1〔二酸化炭素の循環メカニズム〕
二酸化炭素は、大気と海洋と大陸地殻と海洋地殻とマントルという、地球システム（図参照）の中のサブ・システムの間を循環しながら、再分配されている。太陽の輝きが変動し暗くなると、地球表面温度が下がり、海からの水の蒸発量が減る。そのため、大気中の水蒸気量が減り、降雨量が少なくなる。その結果、大気中から二酸化炭素が除去される割合が減る。一方、地球の中から出てくる二酸化炭素の量は地表温度に関係ないので、一定だ。双方合わせて、大気中に二酸化炭素がたまる。温室効果を持つ二酸化炭素がたまると、地球表面温度が上がる。つまり、太陽が暗くなり、地球表面温度が低下すると、

●原始地球の形成過程

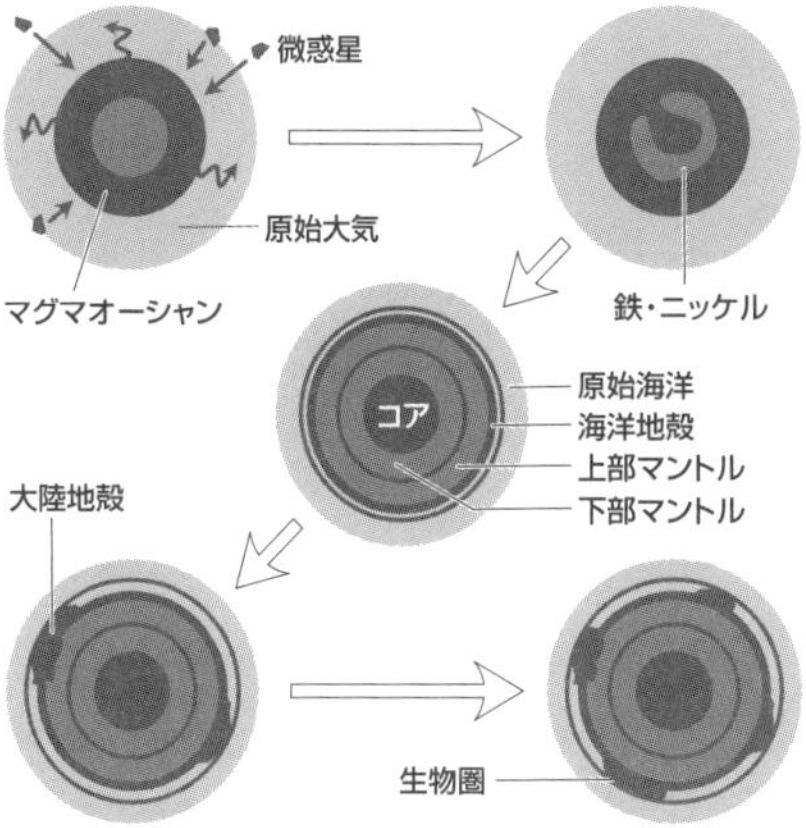

●地球システム

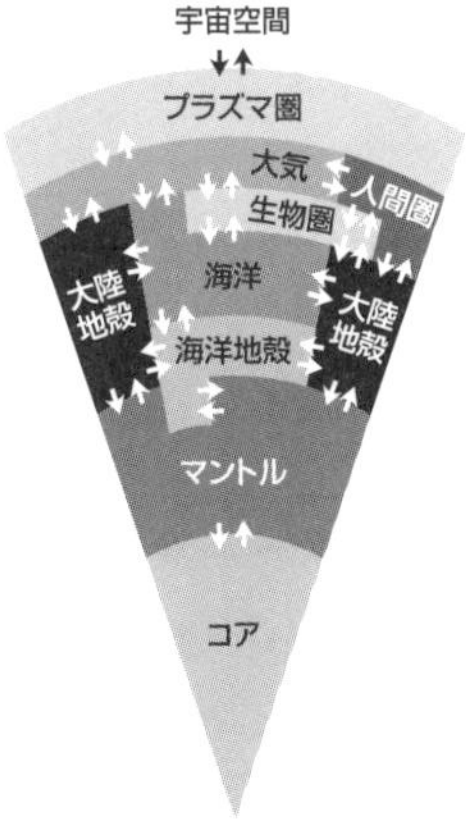

●炭素の地球化学的循環

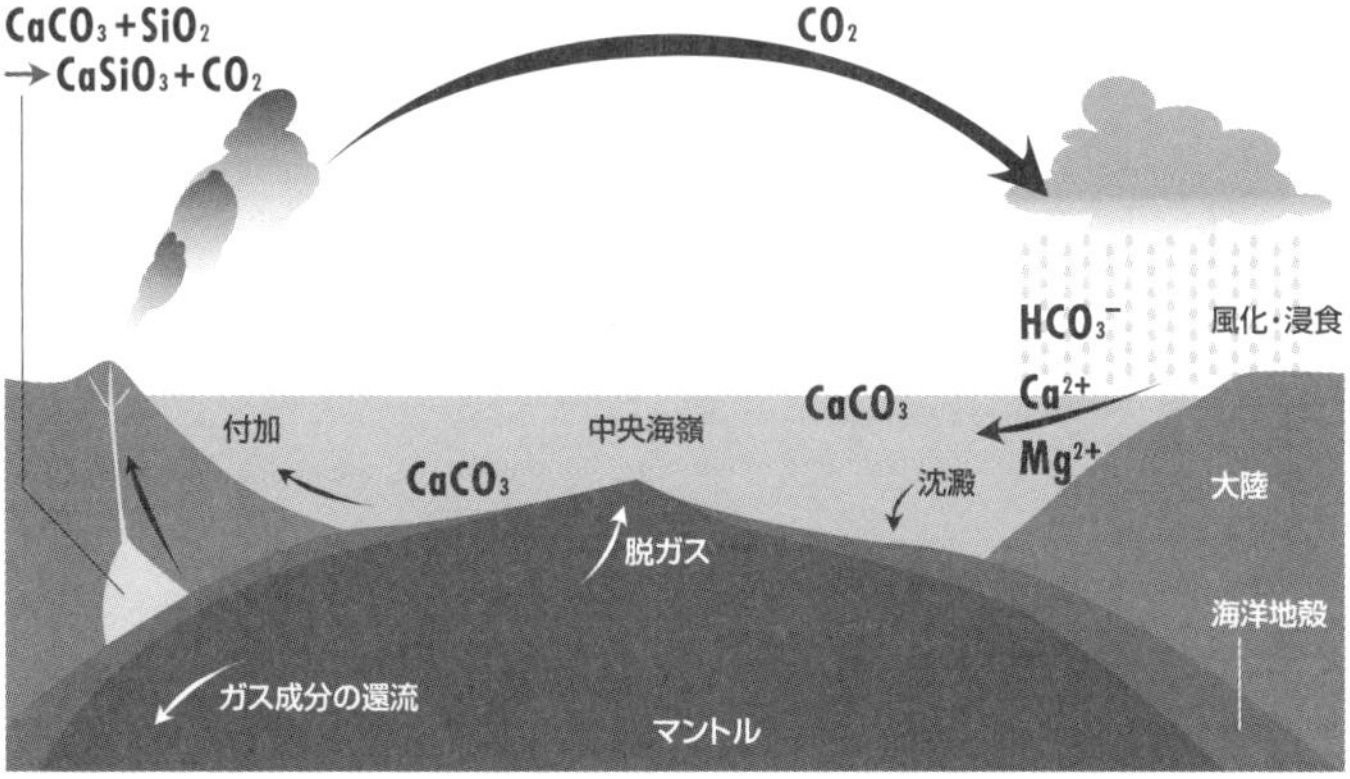

地球はシステムとして応答し、大気中の二酸化炭素の量は増え、地球表面温度が上昇する。太陽が明るくなると、逆のことが起きる。このように太陽の光度が変わっても、それに応じて大気中の二酸化炭素の量が変わり、地球表面温度が一定に保たれる。

※

地球に大陸ができたからこそ、地球が海を持ち続けることができた。地球にしか海がないので、地球にしか大陸がないともいえる。「もっといえば、地球にしか海と大陸がないので、地球にしか生命がいないということとも結びつきます。つまり、海と大陸と生命の存在は三位一体のような関係なのです。」(松井孝典)

095 地球はどうして生まれたの

Point 地球をはじめ、水星、金星、地球、火星といった岩石でできた地球型惑星は、原始惑星が巨大衝突して誕生した。

この宇宙は、何かとてつもない大爆発によって生まれたとされる。そう、ビッグバンというのだった。

大爆発が始まったばかりの頃、宇宙は陽子と中性子から成り立っていた。ものすごい高温で、しかもその陽子と中性子がぎゅっと詰まった高密度の状態だった。それが大爆発で一気に膨張して、宇宙が冷え始め、陽子と中性子が結合していき、最初の三分間で水素（注1）、ヘリウム（注2）といった軽い元素ができた。この時点で宇宙は、一〇〇％水素とヘリウムで占められていた。

それから一〇〇億年ほど経った今でも、水素とヘリウムは圧倒的に多い。宇宙に水素は重さで七〇％あり、次に多いのはヘリウムで二八％ある。残りの元素をまとめて重元素といい、炭素、窒素、酸素、珪素、鉄、ニッケルなどといったおなじみの元素たちで、二％を占める。

そのたった二％が地球を含む惑星系や生命の誕生の立役者になる。問題は、一〇〇％水素とヘリウムの宇宙から、どうして重元素が生まれたか、となる。

注1〔水素〕
元素記号H、原子番号1、原子量1・00794。陽子1個で質量数1の水素は軽水素、あるいはプロチウムと呼ばれる。陽子1個、中性子1個からなる質量数2の水素は重水素、ジュウテリウムといわれる。陽子1個、中性子2個からなる水素はトリチウムとよばれ、放射性元素だ。

注2〔ヘリウム〕
元素記号He、原子番号2、原子量4・002602。太陽の中から、そのスペクトル分析でこの元素の存在が発見され、ギリシャ語の太陽という語にちなんで、ヘリウムと命名された。

まず、水素やヘリウムはお互いに重力でくっつきあい、銀河や銀河団や超銀河系など、さまざまな宇宙の構造をつくっていった。銀河は水素ガスでできた巨大な渦のようなもの。その中で、ガスの雲がびゅんびゅん飛び回り、ものすごい勢いで衝突する。すると、ぶつかったときに、ぎゅッ、ぎゅっとお握りみたいに水素の塊りがあちこちで産まれる。それが銀河で最初の星たちだ。

それらの星たちの内、大きい星は水素がぎゅーっと集まるエネルギーで水素を少しずつヘリウムに変え、さらに炭素や酸素、鉄などといったさまざまな元素を作っていく。やがて、エネルギーが高まりすぎて、爆発する。そうして星の誕生が繰り返される中で、宇宙には何十億年もかけていろいろな元素が生まれていった。そのように星が世代交代を重ねるたびに、星間ガスの重元素の量が増えていく。これを「銀河の化学進化」という。

宇宙には銀河がたくさんあるが、我々の生きる銀河系もその一つ。銀河系は全体がハローと呼ばれる部分で球状に包まれた、平べったい円盤（ディスク）である。その中心には少しだけ膨らんだ、バルジ（注3）と呼ばれる恒星の密集している部分がある（図1）。

円盤部でも、中心に近いほど化学進化が進み、逆に端の方ではまだほとんど重元素がない。惑星系があって生命が存在できる場所は、重元素量が太陽の値の

注3〔バルジ〕
銀河中心部のバルジでは（図2参照）、一〇〇億年ほど前に、化学進化が進んでしまい、生命が誕生し、今頃は超高度の文明が展開している可能性はなくはない。しかし、恒星が死ぬときの爆発で、さまざまな元素が撒き散らされるだけでなく、ものすごい量の紫外線やX線、ガンマ線といった電磁波が発生する。これが生命に非常に有害。しかも恒星が密集している、こんな所で有害な電磁波が飛び交い、生命が発生する可能性はとても低い。ハローでは、逆に化学進化がほとんど進んでいない。

〇・五倍から一・五倍位の範囲だとされる。銀河系の中心から一万二〇〇〇光年から五万光年までが、銀河系で生命が存在できるハビタブルゾーンだ（図2）。

その銀河系のハビタブルゾーンの中、銀河系の中心から二万六〇〇〇光年ほどの距離の所で、今から五〇億年ぐらい前に、いろんな元素を多く含んだ星の残骸が集まって巨大な雲、星間分子雲ができた。この分子雲がゆっくり収縮して、中心部に原始星と呼ばれる星の卵が生まれ、やがて太陽として輝き出す。

その原始星の周りに取り囲むように、回転するガスの円盤ができる。原始惑星系円盤だ。円盤内のガスが冷えてくると、重元素の大部分は固体の微粒子、宇宙塵となる。固体であるチリの微粒子の方がガスの粒子より重く、チリは原始惑星系円盤の真ん中あたりに集まり、円盤状の薄い層をつくっていく。チリの層が成長すると、重力が強まり、薄い層ではいられなくなり、いくつかの塊りに分裂してしまう。こうしてできる直径一〇キロ程度の固体の塊りを、微惑星という。

この微惑星同士が衝突し合体して、もっと大きな原始惑星が太陽系全体で一〇〇個ほど誕生したはずだと計算されている。地球の重さにすると〇・一倍ほどだ。最後に原始惑星が巨大衝突して、水星、金星、地球、火星といった岩石でできた地球型惑星が誕生した（※）。

※

惑星系には太陽系のような生命が生存するに適しているハビタブルゾーンがある。太陽を中心にこれ以上太陽から近いとダメだという境界線と、これ以上太陽から遠いとダメだという境界線を、それぞれ円を描き、この二つの円にはさまれたドーナツの形をしたエリアだ。

太陽系で、地球がハビタブルゾーンの中にある唯一の惑星なのだ（図3）。

●図1 銀河系の構造

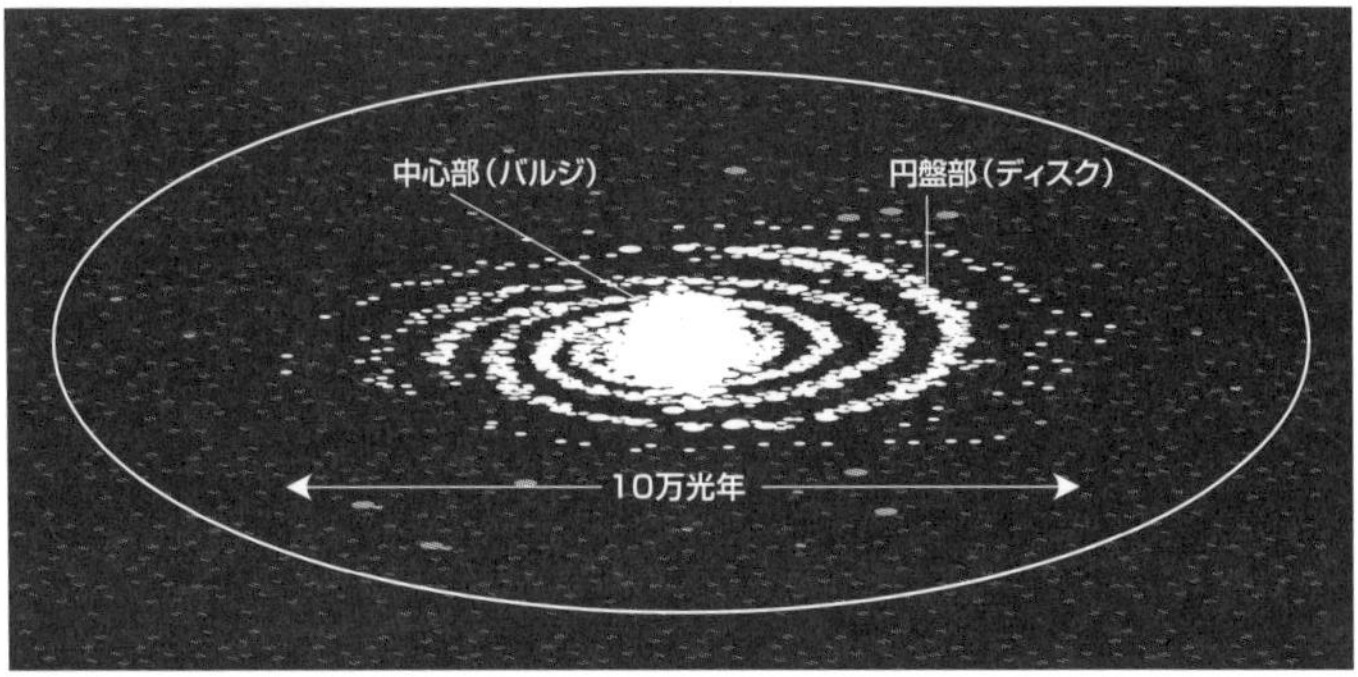

●図2

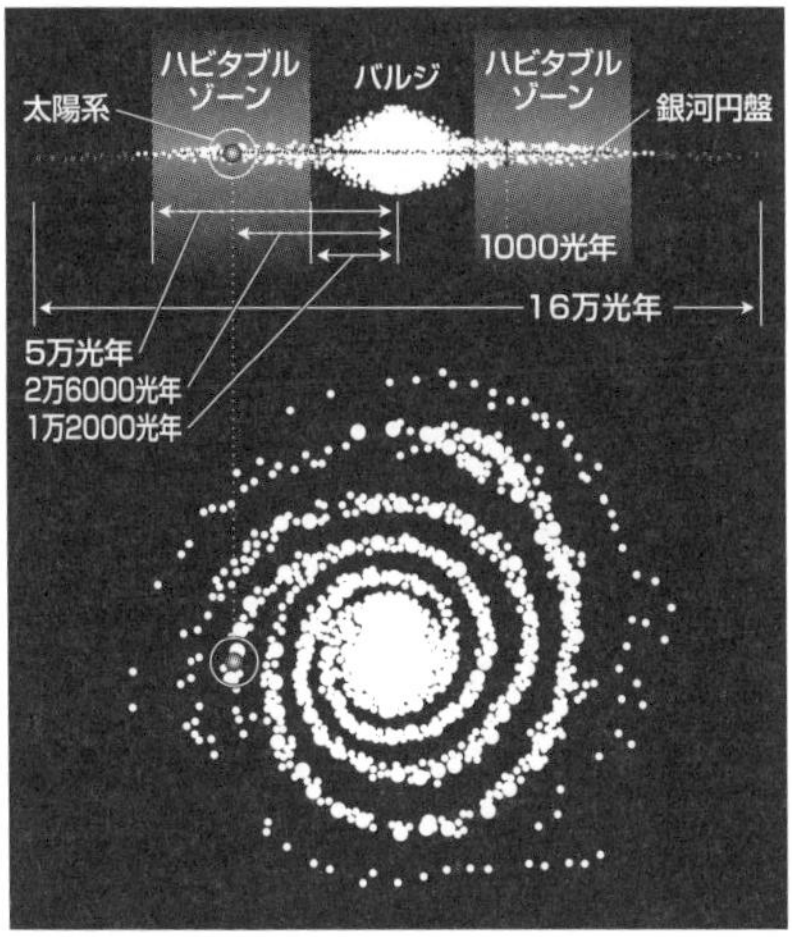

●図3

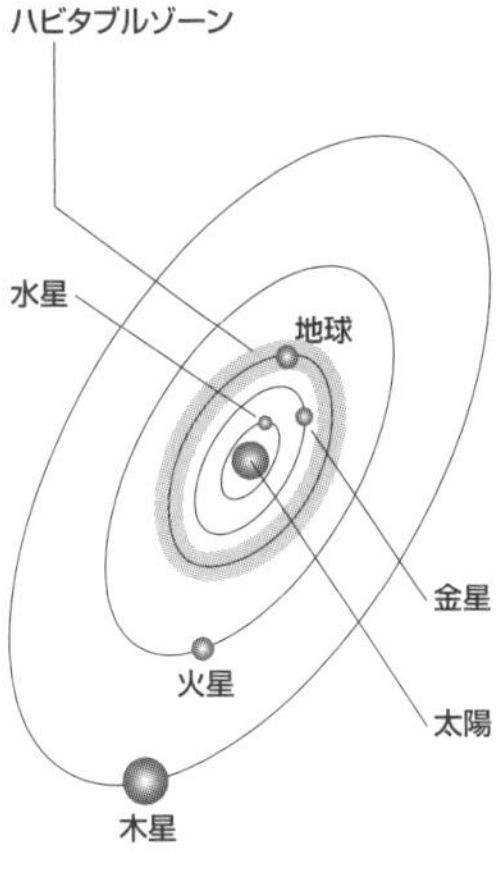

096 太陽はなぜ輝いているのか

Point 太陽の中心部には水素の原子核（陽子）が豊富にあり、陽子が互いに融合し、太陽を輝かせるエネルギー源になっている。

太陽からは光のエネルギーが、我々の住む地球に向かって絶えず降り注いでいる。光は電気と磁気のエネルギーが変化しながら進む波、電磁波の一種。その強さと向きが時間とともに周期的に変化しながら進んでいく波動だ。繰り返される変化の一単位が進む長さを波長という。波長は、長い方から短い方へ並べると、電波、マイクロ波、赤外線、可視光線、紫外線、X線、ガンマ線などだ。波長の順に並べた光の帯はプリズムでも見ることができる。それを光のスペクトルという。太陽からの光のスペクトルを写真にとると、たくさんの暗い筋が現われる。これを吸収線という。

そんなことから、太陽を作っている元素（注1）はほとんどが水素で、次にヘリウムが多く、あとはたくさんあっても量はごくわずかだとわかった。

輝く太陽が送り出す膨大なエネルギーの源は、この水素を使う以外にない。しかも、送り出されたエネルギーが再び太陽に戻ってくることがないからには、水素を使ってエネルギーを作り出す何らかの仕組みが、光球の内部にあるはず。

注1〔元素〕
新旧二つの定義がある。古くから二〇世紀始めまでの元素の定義は、「どんな複雑な組成の物質でも、それを適当な方法で構成成分に分けていけば、ついにはど

●太陽の光が放射されるまで

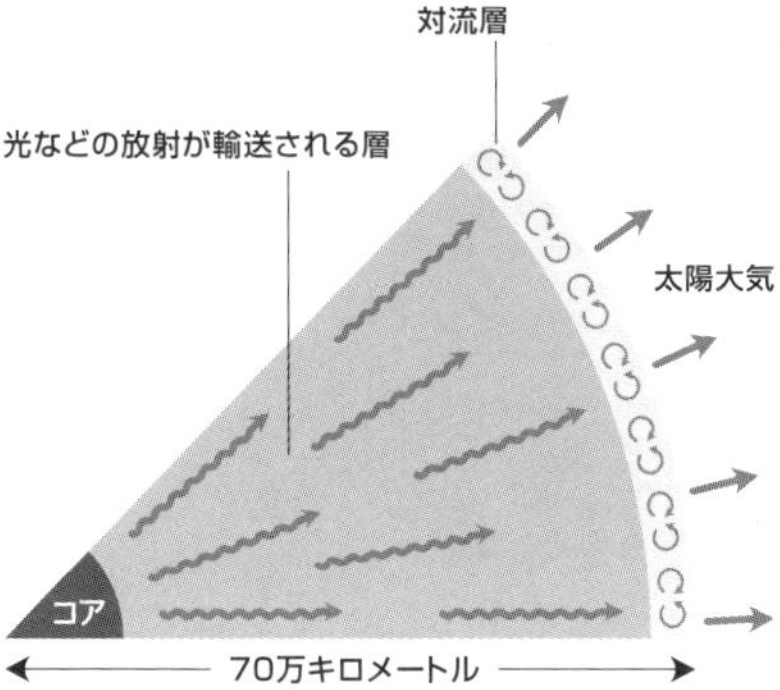

中心部（コア）で生まれた光は、100万年もかけて光球面に輸送される

●核融合反応

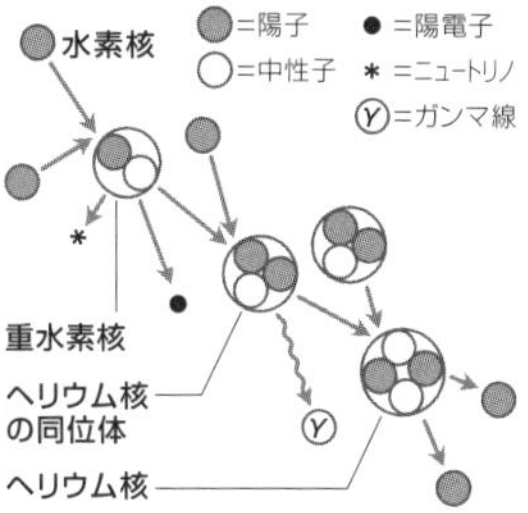

6個の陽子から2個のヘリウム核の同位体ができる。その後ヘリウム核と2個の陽子ができるので、差し引き4個の陽子からヘリウム核ができたことになる。陽子が中性子に変わるときに陽電子が放出されるが、これは電子と合体して消滅する。このとき、巨大なエネルギーが生まれる

それは太陽の中心部に最も豊富にある水素の原子核、つまり陽子が互いに融合し、陽子四個からヘリウムの原子核一個を作り出す反応だった。ヘリウムの原子核一個のほうが、水素の原子核（陽子）四個よりも軽く、その反応の際に物質が少しだけ失われ、それがエネルギーとして解放され、太陽を輝かせるエネルギー源になっている。

この核融合反応で解放された原子核のエネルギーが、太陽の中心部から太陽の内部を一〇〇万年もかけて光球面に送られ、遂には光として周囲の空間に放射される。今、我々が見ている太陽の光は、その中心部で今から一〇〇万年も前に作り出されたものなのだ。

んな化学的手段をもってしても、二種以上の物質に分離しない物に到達するが、その物質種」である。しかし、放射能の発見、同位体の存在、人工元素の製造などによって、この定義は不十分なものとなった。現在の元素の定義は「原子番号の等しい原子に与えられる名称」である。

この定義に従うと、例えば酸素は原子番号8で、質量数の異なる同位体すべてが含まれることになる。質量数とは、原子核を構成する陽子数と中性子数との和。酸素の天然の安定同位体には、質量数が16、17、18の三つある。同位体は質量数は異なるが、化学的性質がほとんど同じであるので、元素という概念は化学的な問題を扱う上でとても重要だ。

097 オーロラって何？

Point

太陽からやってきたイオン化したガスの雲やショック波が地球の磁気圏と出会い、オーロラができる。

太陽からは、前項で紹介したように可視光を中心とする光のエネルギーが、たえず我々の住む地球に向かって注がれている。その他、イオン化したガスも、太陽からの風、太陽風として地球の周囲に向かって送り出される。

太陽風のエネルギー量は、太陽光の一〇〇万分の一ほどしかないが、地球の周囲につくられる物理的な仕組みは太陽風のガスの流れによって決まる。まず、そもそもどうして太陽は太陽風を送り出すのか。

太陽の光球のすぐ外側には温度の低い大気層があり、この層の外側に高温の彩層があって、さらにその外側に超高温のコロナがある（図1）。太陽は、光球の内部から彩層、コロナへと大気（イオン化したガス）が連なっている。そのイオン化したガスの密度は、中心から外側に向かってほぼ同じ調子で減っていく。温度が一番低い所を光球の外縁という。そこでの温度は四三〇〇Kほどで、約六〇〇〇Kの光球に比べて低い。太陽の内部から出てきた光は、この低温の大気の層を通る時に一部が吸収され、吸収線ができる。なお、Kは絶対温度（注1）だ。

注1〔絶対温度〕理想気体が一二七三度Cで体積が0となる。これは考えられる限りの最低温度で、これを0度とし、新しい温度目盛をつくった、それ。絶対温度＝摂氏十（プラス）二七三・一五という関係だ。理想気体とは内部エネルギーが温度だけの関数である気体。

●図1 太陽のコロナ

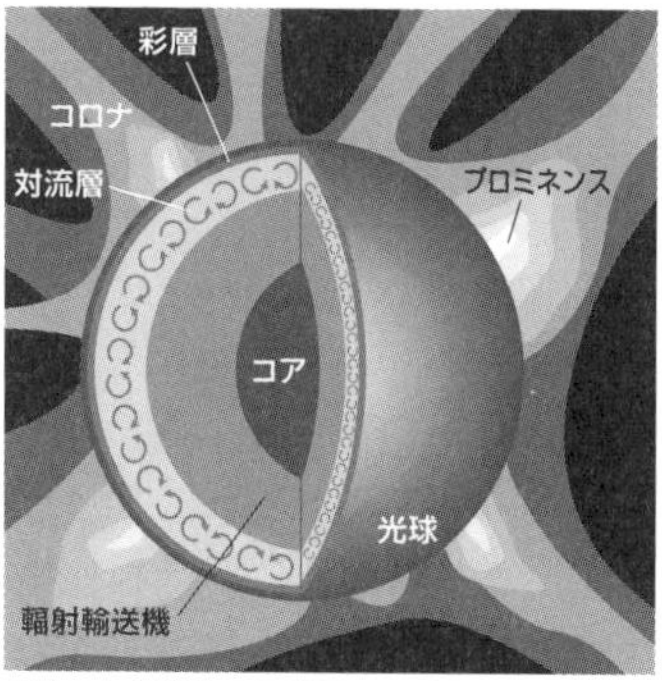

光球のすぐ外側にある彩層やその外に広がるコロナは、光球からの光を吸収しては放射する。プロミネンスは、コロナの中で輝くガスの雲だ

●図2 太陽風による地球への影響

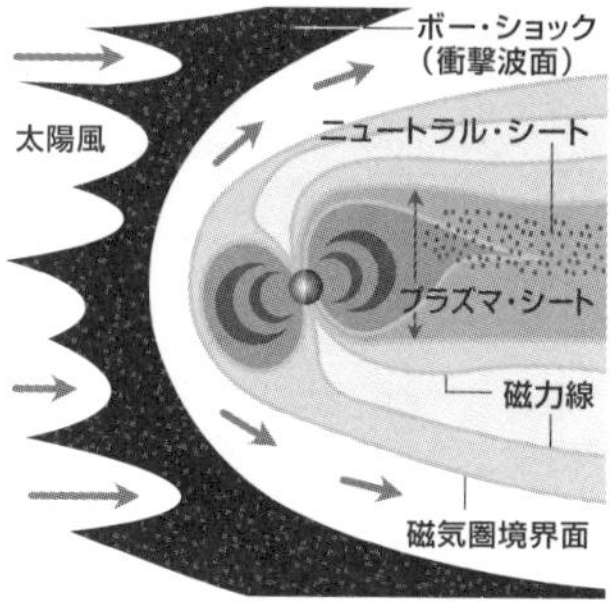

太陽風によって地球の磁気は夜側に長くのび、その中にシート状のプラズマのつまった領域がある。また、地球の近くにはソラマメ状に高エネルギー粒子のたまっているところもあり、ヴァン・アレン帯とよばれる

コロナの温度は光球に比べると大変高く、一〇〇万Kの大きさ。コロナのずっと外側では、太陽から遠いので、太陽からの重力（引力）がとても弱くなり、超高温のコロナのガスが外側に向かって膨張しようとする力（ガス圧）をとどめられなくなる。その結果、コロナのガスは太陽からあふれ出すようにして流れ出ていく。それが太陽風だ。そのスピードは全体として音速の六〇倍ほど、地球の近くを秒速約四五〇キロで通過し、太陽系の遥か彼方に及ぶ。

太陽風が地球に出会うと、地球から周囲に広がる磁力線は、この風に引きずられ、図2のような形になる。

ところで、太陽の光球面のすぐ内側には、対流層といわれるガスが流れている領域があり、この領域は彩層のいちばん下の所とつながっている（もう一度図1）。この対流層では、太陽の自転速度が赤道側と極側では違うので、複雑な流れが生まれ、その流れが磁場を生み出す。

磁場を作っている磁力線は太陽の自転速度が赤道側と極側で大きく違うのでねじれ、束になって磁束管を作る。強い磁場をもつ磁束管には、水平運動と垂直運動が入り混じった対流層の複雑な運動によって浮力が働き、だんだん浮き上がる。磁束管が圧力の低い太陽表面に近づくと、一気に膨らみ、外に飛び出す。その飛び出した時の出口は、周囲より温度が下がり、黒点として見られる。

黒点群には磁気が伴い、その磁気は彩層からコロナまで広がっている。黒点群が成長したり変動したりすると、磁気の広がりにも変化が引き起こされ、ときに磁気に蓄えられているエネルギーが急激に解放され、黒点群の上空や付近の大気のガスに与えられ、これを急に輝かせる。それがフレアと呼ばれる一種の爆発現象で、太陽の活動の中で最も荒々しい現象。

このフレアという太陽面爆発には、それに伴い色々な高エネルギー現象が起きていて、X線やガンマ線が大量に放射されたり、太陽宇宙線と呼ばれる高エネルギー粒子が発生したり、巨大なイオン化したガスの雲を放出したり、ショック波が押し寄せてきたりする（図3）。

●図3

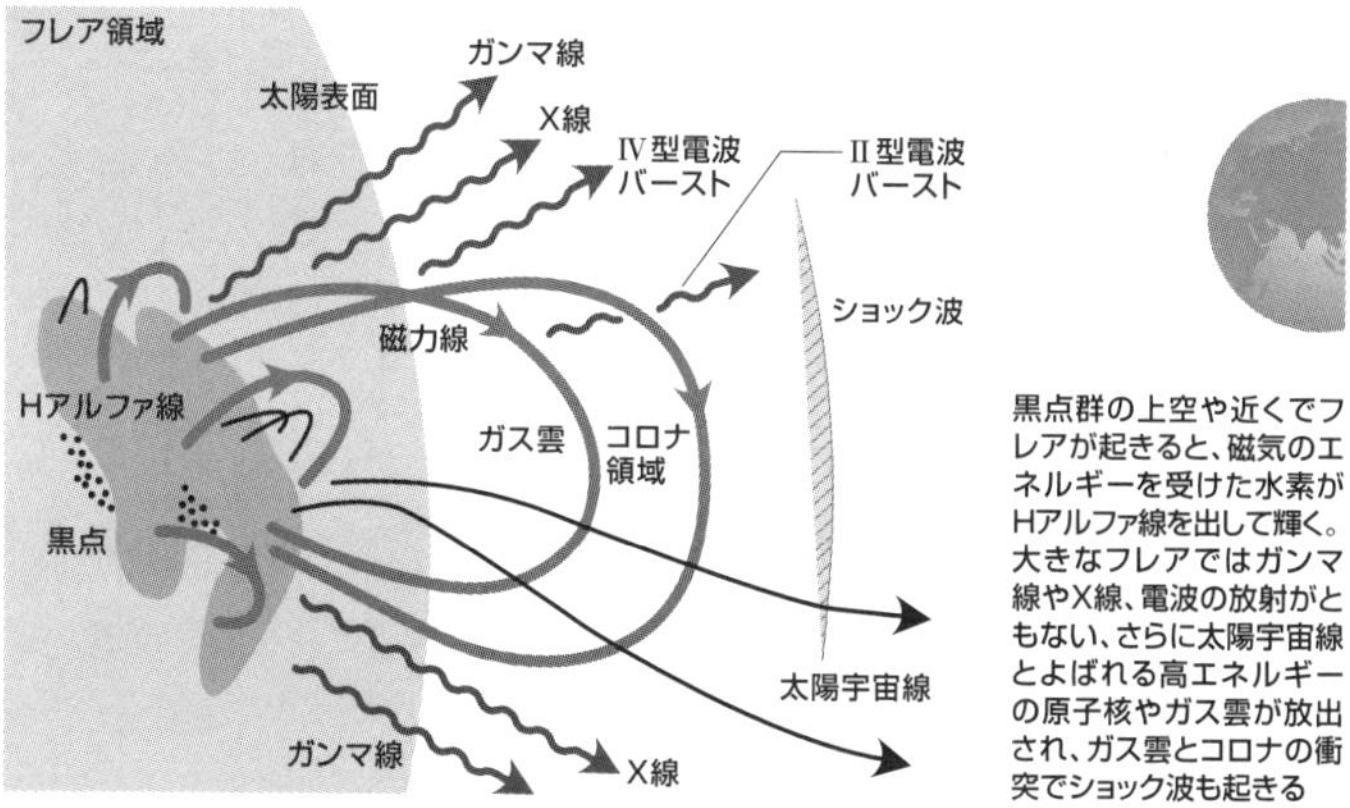

黒点群の上空や近くでフレアが起きると、磁気のエネルギーを受けた水素がHアルファ線を出して輝く。大きなフレアではガンマ線やX線、電波の放射がともない、さらに太陽宇宙線とよばれる高エネルギーの原子核やガス雲が放出され、ガス雲とコロナの衝突でショック波も起きる

そうしたイオン化したガスの雲やショック波が地球の磁気圏と出会うと、磁気圏の大きさが時には半分くらいにまで縮んでしまう。その結果、地球の磁気圏に蓄えられていた高エネルギーの陽子などのイオンや電子が、磁力線に沿って南北の極の方向に押されるようにして、極地方の上空に侵入する。とくに、夜側の〔プラズマ〕の詰まった領域からこぼれだした粒子群は、磁力線に沿って、磁気の緯度六五度付近の上空に飛び込んでくる。それらが地球大気中の酸素や窒素に衝突すると、その原子に特有な色の光が出て、色とりどりのオーロラになる。

オーロラは太陽と地球の宇宙を舞台にした壮大なスペース・ドラマといえる。

098 彗星はどこからくるのか

Point 流れ星の正体は、海王星の軌道の外側に広がる領域「エッジワース・カイパーベルト」から飛んでくると考えられている。

冥王星は他の惑星の衛星、地球の月、木星のイオ、エウロパ、ガニメデ、カリスト、天王星のタイタンなどより小さく、むしろ惑星というより、「エッジワース・カイパーベルト天体」のうち最も大きいものだと言われ始めている。

エッジワース・カイパーベルト天体というのは、海王星の軌道の外側に帯状に広がっている領域をエッジワース・カイパーベルトといい、その領域にある氷の小天体のこと。その中で、他の惑星や天体の影響を受けて、軌道を変えられたものが太陽に向かってきて、彗星になると考えられている。その名は、それを予測していたエッジワースとカイパーという二人の研究者の名前から付けられた。

この考えは、最初あまり受け入れられなかったが、一九九二年に最初の（冥王星をこれに入れれば二番目の）エッジワース・カイパーベルト天体が発見されてから、受け入れられるようになった。

短周期彗星（二〇〇年以下で太陽の周りを一周する彗星）の半分は、ここから来るとされる。さらにその先にも、〝彗星の巣〟があると考えられている。エッジ

●図1

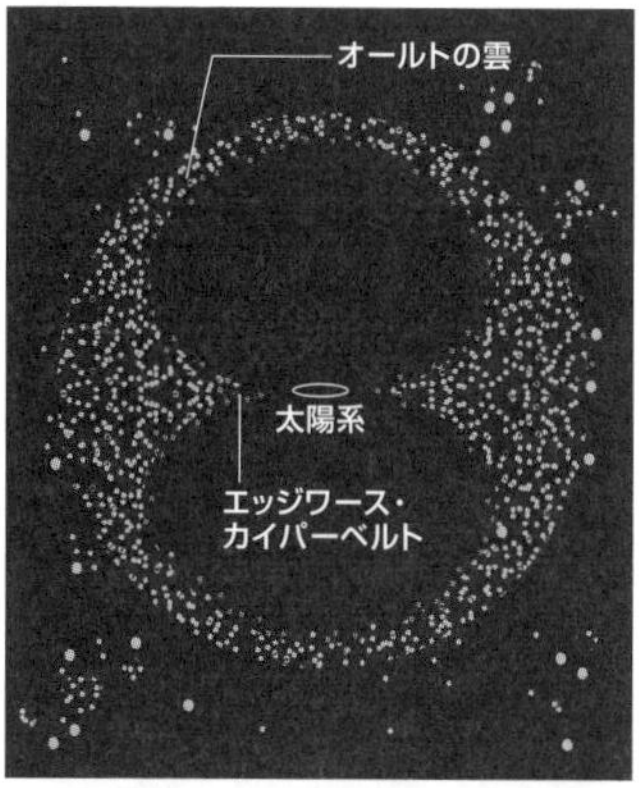

●図2 彗星の軌道と尾のでき方

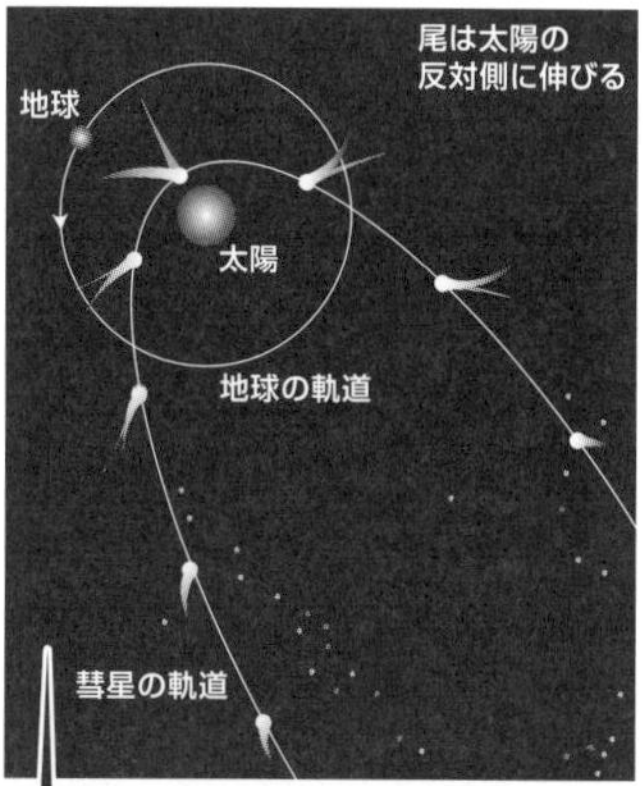

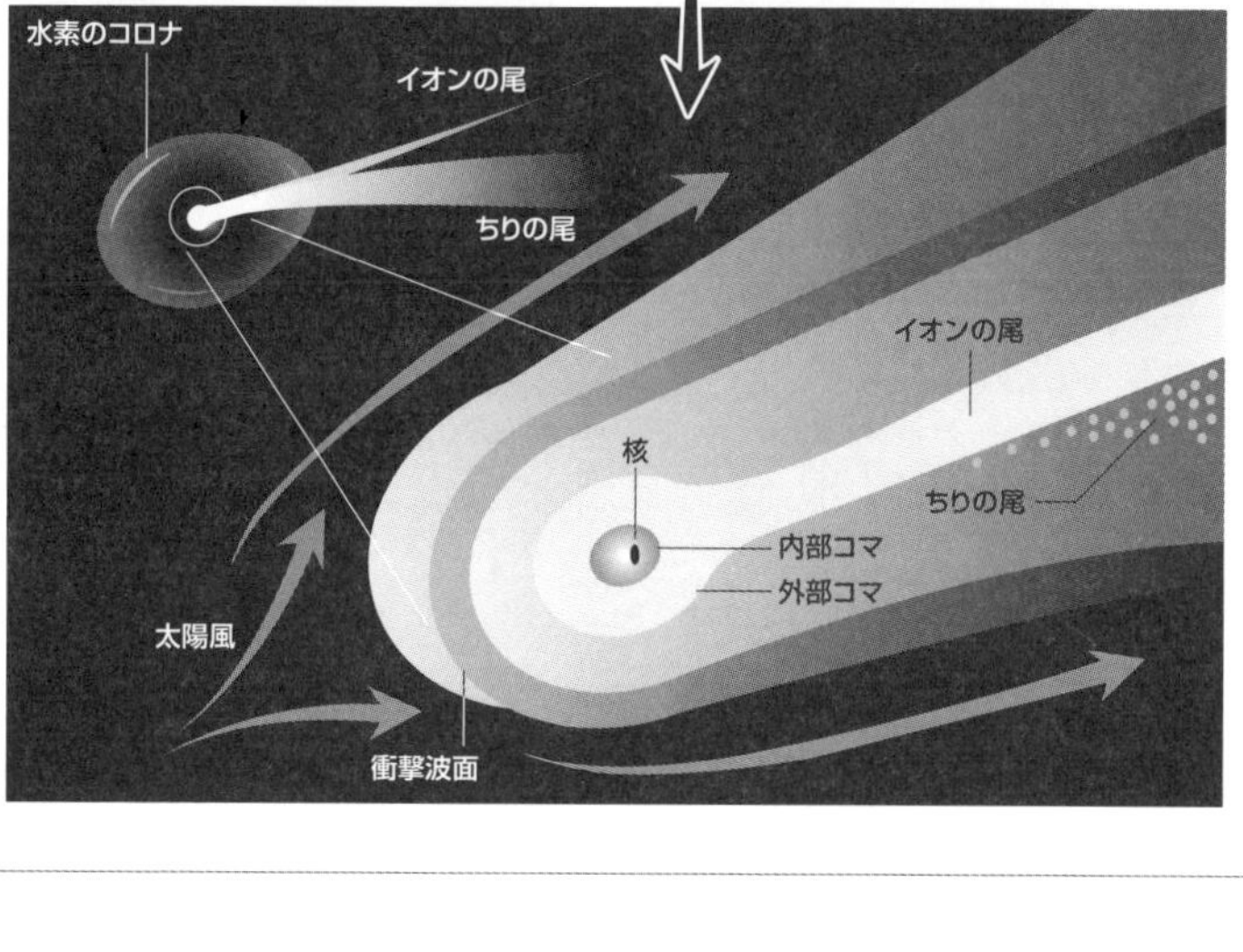

ワース・カイパーベルトにつながって、「オールトの雲」があり、太陽系の外側に太陽系全体を包むように存在しているとされる（図1）。ドイツの天文学者オールトが彗星の軌道から逆算して存在を仮定したのだが、まだ発見されていない。

彗星の本体は核と呼ばれ、ざくざくした氷に岩石や金属、メタン、アンモニア、二酸化炭素などが凍ったものが混じった、汚れた雪だるまのようなものと考えられている。太陽に近づくと、その熱の表面の雪は気体になり、全体がコマと呼ばれる大気で覆われ、このコマに太陽風が当たると、中の塵やガスが太陽と反対の方向に吹き飛ばされ、イオンや塵でできた彗星の尾がつくられる（図2）。

宇宙空間には彗星が残していった塵や、ぶつかりあった小惑星の細かい破片のようなものがたくさんある。それらが地球大気圏に飛び込んでくると、大気中の分子と衝突して明るく光る。流れ星だ。

太陽の近くを通る彗星は、核から吹き出した大量の塵をその通り道に振り撒いていき、軌道に沿った塵の帯となる。それが地球の軌道と交わっていると、そこを地球が通り過ぎる時、塵はいっせいに地球に降り注ぐので、毎年ある決まった時期に、同じ星座の方向に流星群が見えることになる。その星座の名前が流星群に付けられている。

099 石油はなぜ地球の地下に埋まっているの

Point
石油が地球の地下に埋まっている理由には二つの説があり、もっとも有力なのは、有機成因説だ。

石油はどうしてできたのだろうか。いろいろ説があるが、生物起源かどうかで、無機成因説と有機成因説の二つに分かれる。

無機成因説は非生物的な条件下で生成したという説で、さらに地球深部ガス説と宇宙成因説に二分される。

地球深部ガス説は、マントルなどの地球深部で炭素あるいは炭素化合物が、非生物条件下で反応して直接石油が生成したとする。宇宙成因説は、地球外の惑星の大気にも、メタンなどの炭化水素が存在するなどを根拠にして、地球の創生時に既に石油が存在したという説。

いずれも、経済的に見合うほどの量が濃集した石油鉱床の成因までを説明するのは困難とされる。ただ地球深部ガス説は、近年天然ガスが広く利用されることから、再び注目されるようになった。しかし今までのところ、深い坑井から商業規模の天然ガスは産出していない。

無機成因説に対し有機成因説によれば、経済的に見合う量の石油は、一度は生物体を形作る素材となった炭素と水素から形成された。有機成因説も、さらに生物炭化水素直接起源説、続成作用初期成因説、続成作用後期成因説といわれる三つの説に分けられる。しかし、前二者は欠点が多々指摘される。

そこで、ここでは続成作用後期成因説を中心に話を進めさせて頂く。実際の石油探鉱がこの説に基づき、行われているからだ。

まず、生物が死ぬと、生物体を構成しているリグニン、炭水化物、タンパク質、脂質などの高分子有機化合物は、運搬されて海底や湖底に沈積する。実はそれがそのまま、直接石油になるとするのが、生物炭化水素直接起源説である。続成作用の初期であれ、後期であれ、続成作用成因説は、まだ続いて成る作用、続成作用が石油生成には必要とする。

直接石油にはならず、その高分子有機化合物はそこで微生物によって分解され、加水分解（注1）などの作用も受けて、糖・アミノ酸・脂肪酸・アルコールなどのモノマー（単量体、注2）になる。その後、それらのモノマーは重合（注3）し、縮合（注4）して、再び別の形の高分子有機化合物が形成される。土壌中に存在するフミン、フミン酸、フルボ酸である（図1）。

これら有機物がさらに重合し、縮合し、環化重合（注5）し、脱アミノし、脱炭酸し、還元（注6）などの作用を受け、より複雑な構造の高分子化合物へと変

注1〔加水分解〕
化合物が水と反応して分解する現象。塩の水溶液についていう場合もあるが、ここでは有機化合物、たとえばタンパク質が水によって分解され、最後にはアミノ酸になるような反応。

注2〔モノマー（単量体）〕
ポリマー（重合体）の構成単位、あるいは出発物質。

注3〔重合〕
低分子化学では同一の化合物の分子が二分子以上結合する反応。高分子化学では、付加反応で高分子を生成する反応だが、広義には高分子生成反応をすべていう。なお、付加反応とは二種以上の分子が直接結合して、新しい別の化合物を生成する反応。

●図1 土壌中に含まれる有機物の分類

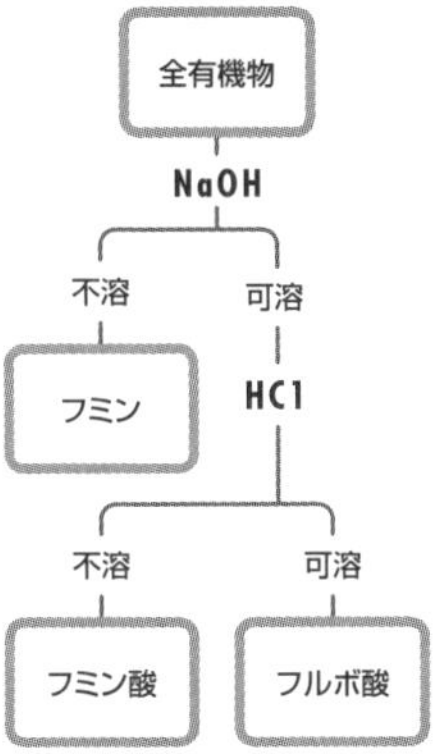

●図2 有機物の変化

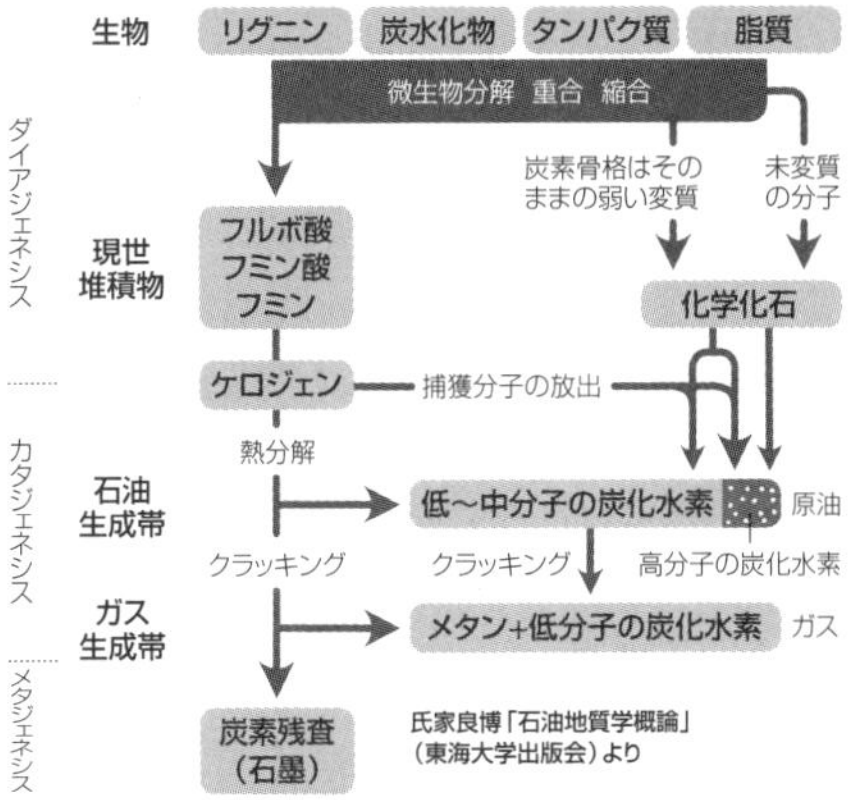

氏家良博「石油地質学概論」（東海大学出版会）より

化する。こうして形成されるのが、ケロジェンといわれる物質だ。

ここまでの過程が続成作用初期にあたる。続成作用初期成因説では、堆積物が沈着後、完全に固結する前に、堆積物中の有機物は分解、転化して「プロトペトリュウム」（前の石油という意）に転化する。これが貯留岩中に移動し、それとともに続成作用を受け、真の石油に変化する、とする。ところが、そのプロトペトリュウムなるものの正体が未だ不明なのだ。

それに対し続成作用後期成因説では、ケロジェン生成までをダイアジェネシス（狭義の続成作用）の段階とし、ケロジェンから石油生成への後期、カタジェネシスの段階がある、とする。

注4〔縮合〕化合物の二分子またはそれ以上の分子が反応し、簡単な分子が取れて、新しい化合物が作られる反応。

注5〔環化重合〕モノマーが次々に環を作りながら重合する反応。

注6〔還元〕狭義では、酸素化合物から酸素原子を奪う反応。広義では、ある物質が酸素を失うか、水素を得るか、電子を得る反応。酸化の逆の変化。

ケロジェン根源説ともいう。

堆積物の埋没がさらに進み、温度が上昇すると、ケロジェンは逆に熱分解を受けるようになる。その結果、ケロジェンから水や二酸化炭素と共に、大量の液状の炭化水素が急速に発生する。そのなかで、高分子の炭化水素が原油にほかならない（図2）。液状炭化水素の中には、生物の遺骸が形はとどめないものの化学的な成分はそのままの、化学化石が紛れ込んでいる。

埋没深度がもっと増大すると、さらなる熱分解（クラッキング）によって、湿性ガス（液体成分が〇・〇〇二％以上含まれる天然ガス）やコンデンセート（地中では気体だが、地表の温度、圧力の条件下では液体になる炭化水素）が生成される。さらに埋没が進み、続成作用末期のメタジェネシスの段階に入ると、熱分解によりケロジェンの炭化がさらに進行し、最終的に炭素一〇〇％の石墨（グラファイト）になる。いっぽうケロジェンから炭化水素ガスも、再度熱分解が繰返され、乾性ガス（液体成分が〇・〇〇二％以下の天然ガス）に、さらに最終的にメタンガスになってしまう。

こうしてみると、地球の地下は巨大な化学プラント。生物の死骸を原材料に、微生物というバイオ・ミクロプラントと堆積という膨大な時空とによって、天然の地下工場が原油という製品を作り出しているというわけだ。

100 ものはなぜ燃えるのか

Point
当たり前のように思えるが、ものが燃える現象を説明するのは化学上の難問だった。その鍵は「酸素」にあった。

ものが燃えるというコト（現象）には、二つの場合がある。一つは木や石油のように炎を出して燃える場合。もう一つは炭火のように真っ赤に燃えていても炎ができない場合である。

どうして、ものが燃えるのに炎が出る場合と出ない場合があるのだろうか。この炎は、もともとどこにあったのが出てきたものなのか。ものが燃えるって、どういうことなのか。そして、ものはなぜ燃えるのか。

この問題は実は昔からの大難問で、今から二千四百年ほど前にアリストテレスが答えている。「木とか油などにはもともと〝火〟という元素があって、燃えると炎となって出て行く。炎が上へ上がるのは、〝火〟の元素が軽さを持っているからだ。灰が燃えないのは既に火の元素がないからだ」などと、いかにもそれらしく答えている。その影響力は十八世紀初めのヨーロッパにまだ残っていた。

十八世紀の終わりになって、ようやくそれまでの〝火〟の考え方がひっくりかえされた。フランスのラボアジェが（図1）のような実験で、すべての段階の重さを精密に測って、燃えた金属の増加量と空気の減少量が等しいことを見出した。彼はこの実験結果から、金属が燃えて重くなるのは、"火"のためでなく、「空気の一部」が金属と結びついたためである、とした。

そして、一七七七年にその「空気の一部」を酸素と名づけ、「燃える」とは酸素から火が出るのではなく、ものが酸素と化合することだと提唱したのだった。

たとえばろうそくが燃える場合、ろうそくは炭素Cと水素Hの原子が結合してできているが、それらの原子と酸素Oの原子とが化合するには、それらが接触することが必要だ。それには固体、液体、気体の三状態のうち気体であれば、分子が飛び回っていて、接触するチャンスが多くなって、化合の化学反応が進みやすくなる。ろうそくでは、炎の熱で固体の蝋が溶けて液体になり、芯をのぼっていく。さらに熱せられて気体になり、この気体が燃えて炎となる（図2と※参照）。

では、どうしてものが燃えるとき、熱や光が出るのか。

原子同士が離れていて不安定な状態から、引き合って安定した状態になろうとして、互いに結合するとき余分なエネルギーを熱や光の形で放出している。

原子同士が引き合うとは、どういうことか。一個では電気的に中性でも、二個の原子が出会うとき、電子を放しやすい原子と、電子を奪ってでも世話したがる原子との間で、電気の＋－のバランスがくずれ、そのため原子同士が相互に引き

※〔炎を出さないで燃えるのはなぜ〕

木が燃えて出る炎は、木の成分が分解されて、メタンや水素、一酸化炭素といった気体が発生し、その気体が燃えている姿なのだ。ものが炎を出して燃えていたら、それはみな、燃える気体が発生していると考えていい。

石油も燃えるときには必ず炎を上げている。しかし、液体の形で燃えているのではなく、熱せられて揮発した可燃性ガスが油の表面で炎となって燃えている。

木炭は、空気が入れ替わらないような仕組みになった炭焼き窯で作られる。空気が入れ替わらないように熱すると、木の中の水分などと一緒に燃える気体も出ていってしまう。このようにして作られた木炭は、炎に

●図1　ラヴォアジエの実験

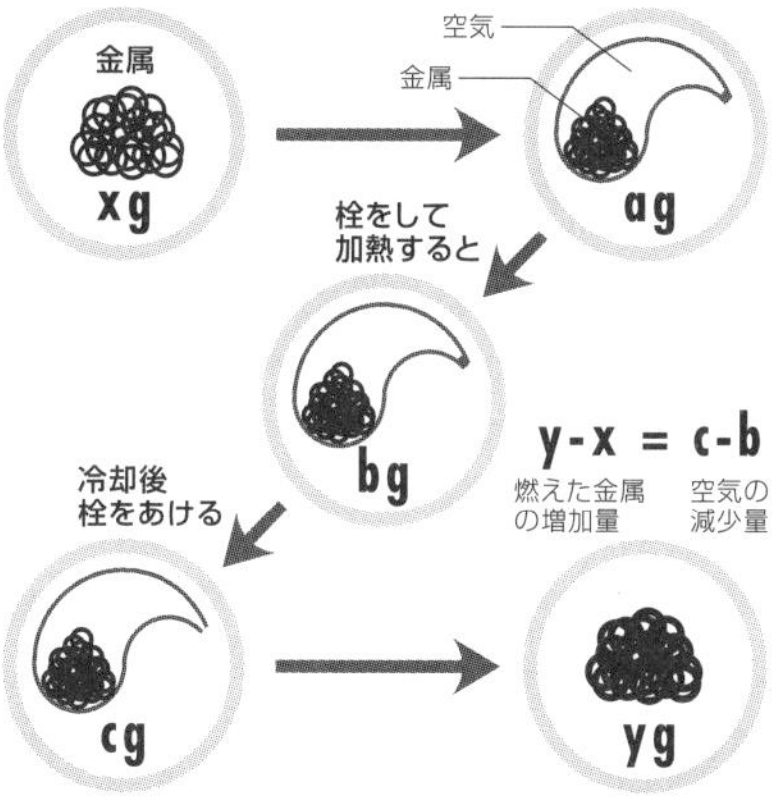

●図2　ろうそくの化学変化

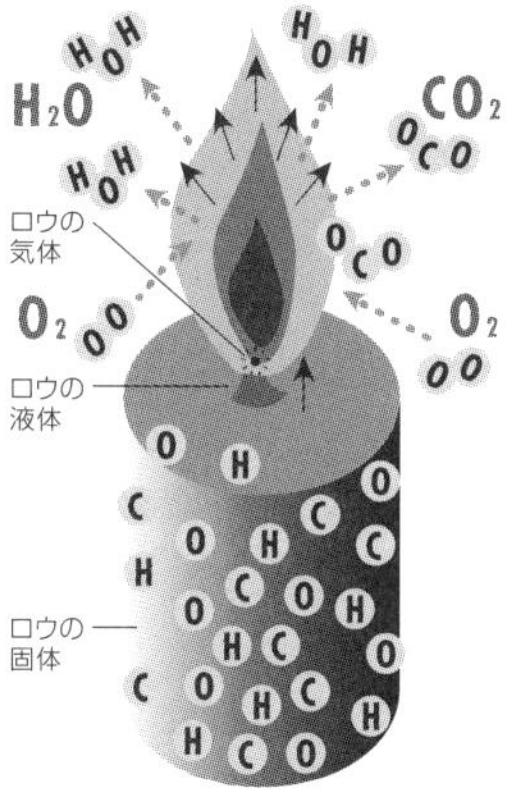

合う。電子を精子に例えれば、まぁ、男女の仲ってところ。

　宇宙に安定して存在する約百種の原子のうち、電子を奪いやすい原子の筆頭はフッ素（注1）で、二番目が酸素（注2）で、その次が塩素（注3）と続く。酸素が電子を奪いたがる原子であるが故に、ものが酸素と化合して燃えるのならば、フッ素や塩素にもそのような力があるはず。事実、ガラス瓶にフッ素や塩素を入れ、実験してみると、ものが燃える！

　地球の大気中には酸素が豊富に存在する。それと、酸素がほとんどの元素の原子の電子でも受け取ってしまう、まるで娼婦のような原子だ。これら二つの理由によって、地球ではものが燃

なる燃える気体がないので、炎を出さずに、赤く光って燃える。

注1〔フッ素〕
元素記号F、原子番号9。ハロゲンのひとつで、室温で特有の臭気をもつ黄色の気体。化学反応を起こしやすく、ほとんどの元素と作用してフッ化物を作る。

注2〔酸素〕
元素記号O、原子番号8。化学的に活発で、ほとんどすべての元素と酸化物を作る。

えるとき、酸素が使われる。

もっとも地球が誕生してからずっと、大気には酸素がほとんど含まれていなかった。つい四～五億年ほど前になってやっと、緑色植物の発達で光合成が盛んになり、酸素が大量発生し、今日では大気の二一％が酸素になっている。

これより少ないと、火が起きず、動物も体を動かすエネルギーが得られない。しかし、わずか四％増えて二五％になっただけで、地球上の全生物は燃え尽きてしまう。イギリスの科学者J・E・ラヴロックによれば、現在のレベルの酸素を維持しているのは緑色植物と藻類だという。もしそうだとすれば、われわれがものを燃やし、火を使い、遂には文明を展開しえたのも、植物の支えあってのこと。

それなのに、われわれはものを燃やし過ぎ、二酸化炭素を増やし、その温室効果により地球温暖化を暴走させ、地球を植物のまったくはえていない金星のような状態に向かってひた走っているかのようだ。ああ、なんたる恩知らずのことか。

注3〔塩素〕
元素番号Cl、原子番号17。ハロゲンのひとつで室温で刺激臭のある黄緑色の気体。化学的に活発で、希ガス、炭素、窒素、酸素以外の元素と反応して塩化物を作る。

「からだのしくみ・はたらきがわかる事典」西東社／「人体の驚異 その秘密と健康法「日本リーダース ダイジェスト社／「大安心健康の医学大事典」講談社／小林 弘「システマ整理 新生物」数研出版／「NHKサイエンス スペシャル驚異の小宇宙・人体2 しなやかなポンプー心臓・血管」日本放送出版協会／大木幸介「毒物雑学事典」講談社／近藤元治「エイズとガンの免疫学」CBS出版／スティーブ・パーカー「人体そのしくみとはたらき」講談社／「人のからだ」学習研究社／藤森弘「からだをまもるしくみー「めんえき」の話」偕成社／石浦章一「ヒトのからだ事典」岩波書店／上野川修一「からだとアレルギーのしくみ」日本実業出版社／日本化学会編「化学・意表を突かれる身近な疑問ー昆布はなんでダシが海水に溶け出さないの？」講談社

【第7章】病気の化学・稲田英一「からだのしくみと健康」駿台曜曜社／ロビン・マランツ・ヘニッグ「ウイルスの反乱」長野敬、赤松真紀訳、青土社／石本真「微生物は善玉か悪玉か」新日本出版社／ウエイン・ビドル「ウイルスたちの秘められた生活」春日倫子訳、角川書店／柳川弘志「RNA学のすすめー生命のはじまりからリボザイム、エイズまで」講談社／マイケル・タイン、マイケル・ヒックマン「現代生物科学辞典」講談社サイエンティフィク／稲田英一「病気のしくみ」ナツメ社／大山ハルミ、山田武「細胞の自殺ーアポトーシス」丸善／米山公啓「人間はどうやって死んでいくのか」青春出版社／新谷富士夫「ヒトはなぜ病気になるのかー人体と医療のなぜ・不思議」PHP研究所／井村裕夫「人はなぜ病気になるのかー進化医学の視点」岩波書店／平岩正樹「医者に聞けない抗癌剤の話」海竜社／ロバート・ワインバーグ「裏切り者の細胞がんの正体」草思社／小林博「がんの治療」岩波新書／「種の壁をこえる病原体プリオンとの戦いー動物衛生研究所プリオン病研究センターを訪ねて」(「ニュートン」2003年5月号所収）／石原コウ一郎、鹿野司「狂牛病パニック」竹書房

【第8章】大竹三郎「病気とからだーくらしのなかの医学」大日本図書／藤田紘一郎「コレラが街にやってくるー本当はコワーイ地球温暖化」朝日新聞社／中村泰治、中谷一泰「生化学の理論」三共出版／日本経済新聞2002年2月10日、2002年12月15日／ダカーポ2002年12月18日／越前宏俊「薬の効き方・飲み方・使い方」日本放送出版協会／工藤一彦、佐藤達夫「クスリとからだの本当の話」PHP研究所／矢田貝光克「よい煙わるい煙を科学する」中経出版／D.R.ヘッドリク「帝国の手先ーヨーロッパ膨張と技術」原田勝正・多田博一・老川慶喜訳、日本経済評論社／江島巣章二監修「魚の科学」朝倉書店／吉岡安之「有毒・有害物質がわかる事典」日本実業出版社／日本化学会編「生物毒の世界」大日本図書／ノーマン・テイラー「世界を変えた薬用植物」創元社／井上祥平「はじめての化学ー生活を支える基礎知識ー」化学同人社／江崎正直編著「色材の小百科」工業調査会／小見邦雄、山田隆、西島基弘「食品添加物を正しく理解する本」工業調査会

【第9章】大場信義「ホタルのコミュニケーション　動物—その適応戦略と社会16」東海大学出版会／大場信義「森の新聞4　ホタルの里」フレーベル館／栗林慧「ホタル そのひみつ」あかね書房／桑原安正「性フェロモン」講談社／石川良輔「昆虫の誕生」中央公論社／日高敏隆「昆虫という世界」朝日新聞社／ピーター・ファーブ「昆虫」安松京三訳　タイム　ライフ　インターナショナル／西田治文「植物のたどってきた道」日本放送出版協会／田中修「ふしぎの植物学」中央公論新社／拙著「生物の雑学事典」日本実業出版社／新関滋也「花の中の秘密—1億年の旅」筑摩書房／瀧本敦「花を咲かせるものは何か」中央公論新社／善本知孝「木のはなし」大月書店／石本真「微生物は善玉か悪玉か」新日本出版社／拙共著「科学読本　答えられないあなたのために」JICC出版局／濱田隆志（監修）「恐竜時代の博物誌」くもん出版／黒田弘義「イラスト読本　食の歴史・動物もヒトも食べることで自然を作る」農文協／キム・マーシャル「人類の長い旅—ビッグ・バンからあなたまでー」さ・え・ら書房／三木成夫「胎児の世界」中央公論社／富田京一「恐竜とともだちになる本」ブロンズ新社／「世界最大の恐竜博2002」カタログ　朝日新聞社／金子隆一(監修)「恐竜世界の秘密」学習研究社／「クジラ—そのなぞに満ちた生態」(「ニュートン」2002年10月号所収／木下清一郎「心の起源」中央公論新社

【第10章】金子和正「生命の歴史は海に始まるーある進化論の試みー」日刊現代通信社／山下輝夫(編著)「大地の躍動を見る」岩波書店／「地球の中で水は何をしているのか」(「科学」2002年2月号所収)／西村三郎「地球の海と生命—海洋生物地理学序説—」海鳴社／白水晴雄「石の話」技報堂出版／齋藤靖二「日本列島の生い立ちを読む」岩波書店／松井孝典「NHK人間講座　宇宙から見る生命と文明～アストロバイオロジーへの招待」日本放送出版協会／有本信雄「この宇宙に地球と似た星はあるのだろうか」サンマーク出版／桜井邦朋「歴史を変えた太陽の光ー太陽研究の発展」あすなろ書房／竹内均偏「月の不可思議学」同文書院／縣秀彦監修「一冊で宇宙と地球のしくみをのみこむ本」東京書籍／「宇宙」学習研究社／氏家良博「石油地質学概論」（第二版）東海大学出版会／大竹三郎「火ははたらくー科学と技術の誕生」大日本図書／城雄二「人と自然を原子の目で見る」仮説社

【参考文献一覧】

【第1章】花形康正「どうやって作るの？　MONO知り図鑑2　勉強・仕事でつかうもの」国土社／谷川俊太郎「いっぽんの鉛筆のむこうに」福音館書店／村山幸三郎「ふしぎ発見　できるまで図鑑4　文房具」アリス館／科学プロダクション　コスモピア「これでわかった　いろんなモノのできるまで」メイツ出版／朝日新聞2003年4月5日／「勉強でつかうもの　えんぴつ・セロハンテープ・電卓を調べる」学習研究社／「モノづくり解体新書」日刊工業新聞社／正田猛「メカのしくみ」東京書籍／「親子で楽しむモノづくり体験館」日刊工業新聞社／知的生活追跡班「「ハイテク」の大疑問」青春出版社／唐津一監修「図解　子供のなぜに答える本　ハイタッチ・テクノ」PHP研究所／中島彰夫、筏義人編「ハイテク高分子材料」／アグネ、本山卓彦「接着のひみつ」さ・え・ら書房／増子昇監修「アルミニウム」フレーベル館、根本茂「アルミと合金」あいうえお館／村山幸三郎「ふしぎ発見できるまで図鑑7　日用品2」アリス館／雀部晶「鉄のはなし」さ・え・ら書房／柳田博明「ファイン・セラミックスー「魔法の陶磁」を科学する」講談社／吉村イチ「ガラスの不思議」ポプラ社／由水常夫「ガラスのはなし」さ・え・ら書房／柳田博明監修「ガラス」フレーベル館

【第2章】井上祥平「はじめての化学—生活を支える基礎知識—」化学同人／荒井正（文）・塚野浩（絵）「分解図鑑6 テレビ・れいぞうこのしくみ」岩崎書店／拙著「学校では教えない　自然と科学のふしぎ発見100」講談社／伊藤広・岩村秀・斉藤太郎・渡辺範夫「化学物質の小事典」岩波書店／菊池誠「半導体の話ー物性と応用」日本放送出版協会／大竹三郎「リモコンの不思議」大日本図書／「読んで納得！ 図解で理解！電気のしくみ」新星出版社／

【第3章】平尾京子「香水からのメッセージ」郁朋社／日本化学会編「お化粧と科学」大日本図書／森田敦子「成分表示でわかる化粧品のなかみ」婦人生活社／日本消費者連盟編「最新　危ない化粧品」現代書館／高橋通泰「化学ノ散歩道」新生出版／拙著「学校では教えない　自然と科学のふしぎ発見」講談社／江崎正直編著「色材の小百科」工業調査会／日本化学会編「ファッションと化学」大日本図書／「ジーンズかんぺきブック」ソニー・マガジンズ／宮崎正勝「「モノ」の世界史」原書房／池田智・松本利秋「早わかりアメリカ」日本実業出版社／天野正子・桜井厚「「モノと女」の戦後史」平凡社／拙著「化学の常識　おもしろ知識」日本実業出版社／本宮達也「ハイテク繊維の世界」日刊工業新聞社／地盤工学会編「おもしろジオテク」技報堂出版／左巻健男「話題の化学物質100の知識」東京書籍／日本経済新聞2003年3月15日／朝日新聞2003年7月19日／堂山昌男、山本良一「ポリマー材料」東京大学出版会／細谷政夫・細谷文夫「花火の化学」東海大学出版会／高木仁三郎「新版　元素の小事典」岩波書店／近角送信、木越邦彦, 田沼静一「最新元素知識」東京書籍／日本化学会編「クルマと化学」大日本図書／井上勝也ら「すがたを変える物質」岩波書店

【第4章】河野友美「調理科学」化学同人／塩野緑子、荒川幸香、山口光子「調理の理論と手法」化学同人／川島四郎「炊飯の科学」光生館／杉田浩一「調理のコツの科学」講談社／品川弘子、川染節江、赤羽ひろ「調理とサイエンス」学文社／沖谷明はん編「肉の科学」朝倉書店／川端晶子「調理のサイエンス」柴田書店／古沢貴子「料理一子どもの実技教室シリーズ4」フレーベル館／遠藤一夫「食べものの発明発見物語ー縄文人の食卓から宇宙食まで」国土社／小泉武夫「発酵食品礼さん」文芸春秋／服部宏「チーズ入門」日本食糧新聞社／蓑田泰治「酒造り」（「酒ー東京大学公開講座22」東京大学出版会刊に所収）／玉村豊男「料理の四面体」TaKaRa酒文化研究所

【第5章】串間努「ザ・ガム大事典」扶桑社／アール・ミンデル「サプリメント・バイブル」荒井稔、丸田知美訳、同朋舎／「健康商品のウソホント」（「日経トレンディ」2002年9月号所収）／山西貞「お茶の科学」裳華房／生活環境教育研究会「おもしろふしぎ食べもの加工」農文協／「燻製の香味を愉しむ」（「サライ」2003年3号所収）／アスペクト編「至宝の伝統食4・うどん」アスペクト／石毛直道「日本は食文化の世界首都。この麺系統樹をみよ！」（「オブラ」2002年2月号所収）／「日本発！インスタントラーメン」（「グラフTEPCO」2001年10月号所収）／村田栄一「インスタントラーメンのひみつ」PHP研究所／中尾明「インスタントラーメン誕生物語」PHP研究所／小菅桂子「にっぽんラーメン物語」　堂出版／地盤工学会編「おもしろジオテク」技報堂出版／鴻巣章二監修「魚の科学」朝倉書店／拙著「化学の常識おもしろ知識」日本実業出版社／拙著「元素はすべての元祖です」日本実業出版社／社団法人資源協会食品成分調査研究所編「食と栄養の健康学」農林統計協会／池部誠「野菜探検隊アジア大陸縦横無尽」文芸春秋社／川島四郎「くだもの栄養学」新潮社／山本美恵子、吉村法子、大塚清子「たべもの教室別巻1おいしくつくる料理のひみつ」大月書店／菅原龍幸「キノコの科学」朝倉書店／善本知孝「木のはなし」大月書店

【第6章】保志宏「ヒトのからだをめぐる12章」裳華房／香川靖雄、浜本敏郎「コア 人体の分子生物学」丸善／富永裕久、深谷有花「そこが知りたい！人体の不思議」かんき出版／加藤征治「体の不思議」ナツメ社／浅野伍郎（監修）「からだのしくみ事典」成美堂出版／森亨（監修）

【ナ】
ナトリウム塩 100
ナトリウム・ポンプ 216
ニクロム 58
ニコチン 225
二酸化珪素 31
二酸化炭素 284
二重結合 106
乳酸 111
乳化剤 118
ノルアドレナリン 162,226
ヌクレオチド 185
脳下垂体 216

【ハ】
肺胞 163
パパペリン 234
バルジ 287
半数致死量 169,229
半導体 52
ヒアルロン酸 91
ヒスタミン 194
ビタミン 122
ヒドロキノン 41
フェノール 127
不活性ガス 44
フッ素 305
プラスチック 76
フロンガス 60
分極 38
分子言語 183
分子進化中立説 208
分子量 71
粉体塗装 84
ベークライト 27
ヘキサン 19
ヘミセルロース 144
ヘモグロビン 164
ヘリウム 286
芳香剤 88
ポリスチレン 73,74
ポリマー 120
ホルムアルデヒド 127

【マ】
マントル 279
マントル対流 280
水分子 117
ミネラル 122
メラノイシン 95
メラニン色素 90
モノマー 300

【ヤ】
ユーロピウム 46
油脂 107

【ラ】
ラジカル 149
ラビング処理 48
リオトロピック液晶 47
リグニン 259
利己的な遺伝子 196
硫化ソーダ 18
リン脂質 240
リンパ球 173
ルシフェラーゼ 247
レセプター 183
ろう 249

AMP 214
ATP 156
DNA 184,202
RNA 185

コデイン 234
コラジ酸 92
コラーゲン 94
コロイド 271

【サ】

サーモトロピック液晶 48
酢酸 41,171,232
錯体 164
酸化 39,168
酸化アルミニウム 31
酸性 171
酸素 305
死後硬直 94
脂質 188
湿式加熱 104
実用金属 80
脂肪 168
ジュール熱 58
シュウ酸カルシウム 142
縮合 301
食物繊維 109
植物性樹脂 120
植物ホルモン 254
臭化銀 40
重金属 171
重合 75,300
縮合反応 102
蒸発熱 151
シリコン 19
自律神経系 148
真核生物 207
真菌類 192
神経繊維 240
浸透力 86
水素 286
水素結合 23,151
青酸カリ 229
性フェロモン 246
生物時計 236
石灰 35,263
赤外線発光ダイオード 51
絶対温度 292
ゼラチン 40
セロトニン 227
遷移金属元素 55
ソーダ 34

【タ】

タール 224
田原結節 160
たたら製鉄 29
タングステンカーバイト 17
炭酸ナトリウム 134
炭酸カリウム 134
担子菌 262
炭水化物 108,255
単体 11
タンニン 124
タンパク質 155
チオ硫酸ナトリウム 41
チオクト酸 123
チャンネル 158
中枢神経系 148
腸内細胞 190
テクスチャー 136
天然繊維 70
糖質 113
透明電極 50
動物ウイルス 186
糖タンパク質 188
ドーパミン 226
トルエン 19

索引

【ア】

アセチル化 232
アドレナリン 227
アミロース 102
アミロペクチン 102
アミン 230
アミン類 138
アルカリ性 171
アルカロイド 100,226,232
アルキル基 222
アルコール発酵 114
アルデヒド 127
アルマイト 26
アルファー・リノレン酸 241
アレルギー 195
アントシアン 143
イオン 65,160
胃石 267
遺伝子重複 200
イントロン 199
エクソン 199
エステル 140
エタノール 88
エボキシ樹脂 83
塩化ビニル樹脂 13,14
炎色反応 78
塩酸 178
塩素 306
塩素酸カリウム 77
塩類 276

【カ】

加水分解 300
苛性ソーダ 18
カテキン 124
カフェイン 124
ガラクトース 140
ガラス転移温度 121
カルシウムイオン 161
カルボン酸ジオクチル 14
カロチノイド 126
ガンウイルス 201
還元 201
乾式加熱 105
基 87,149
気化 151
キチン 250
拮抗作用 111
胸腺 174
クチクラ 250
グリセリン 18
グルコミサン 123
グルテン 130
クロロフィル 252
軽金属 171
珪砂 34
建染材料 69
原尿 166
珪酸 280
元素 290
原虫 191
コアセルヴェート 271
光合成 251
光合成色素 126
合成繊維 70
酵素 96
抗体 210
高分子 71
高分子吸収材 25
コエンザイムQ10 122
黒鉛 10
コドン 197

【著者略歴】

大宮信光(おおみや・のぶみつ)

科学ジャーナリスト。
1938年東京神田生まれ。東京教育大学在学中から家庭教師、塾経営をはじめ、67年にSF同人誌『宇宙塵』に参加。78年頃からSF乱学者、科学評論家を名乗り、科学技術と文明の未来をテーマに森羅万象を狩猟採集する。
著書に『世界を変えた科学の大理論100』『面白いほどよくわかる相対性理論』(日本文芸社)、『学校では教えない自然と科学のふしぎ発見100』(講談社)などがある。

学校で教えない教科書

面白いほどよくわかる
化　学

*

平成15年10月30日　初版発行

著　者
大宮信光
発行者
阿部林一郎
DTP
セマーナ株式会社
印刷所
誠宏印刷株式会社
製本所
有限会社 松本紙工
発行所
株式会社日本文芸社
〒101-8407東京都千代田区神田神保町1-7
TEL.03-3294-8931［営業］, 03-3294-8920［編集］
振替口座　00180-1-73081

*

落丁・乱丁本はおとりかえいたします。

©Nobumitsu Ohmiya 2003　Printed in Japan

ISBN4-537-25173-5
112031020-112031020Ⓝ01
編集担当・松原

URL　http://www.nihonbungeisha.co.jp